## 정비지침서
### 보 충 판

본 정비지침서는 폐사의 오랫 동안 축적된 기술과 신기술 그리고, 노력으로 만들어진 "TUCSON"에 대한 정확하고 신속한 정비를 수행하는데 도움이 될 수 있도록 만들어진 것으로 정비 기술자가 읽고 이해하기 쉽도록 각 장치의 구조와 정비과정에 따르는 도안과 더불어 탈거 및 장착, 분해조립 방법, 고장 진단법등 여러 정비관련 내용들을 기술하고 있습니다.

폐사차량에 대한 소비자의 만족을 위해서는 적절한 정비 작업의 제공이 필수적입니다. 따라서 정비 기술자들이 본 정비지침서를 충분히 이해하고 필요시 신속한 참고 자료가 될 수 있도록 사용하여 주시길 바랍니다.

본 정비지침서를 이용하시는 동안 내용상의 오류, 오기가 발견되거나 의문사항이 있을 때는 서슴치 마시고 폐사로 연락하여 주시기 바랍니다.

본 정비지침서에 수록된 모든 내용은 발간 시점 당시에 적용된 사양을 기준으로 제작되었으므로, 기술이 진보함에 따라 설계변경이 있을 경우 정비통신 및 사양변경 통신으로 통보되고 있사오니 이점에 대해서는 양지하시기 바랍니다.

저희 현대자동차는 보다 완벽한 차량 생산 및 정비기술의 진보 향상에 연구 노력하고 있습니다.

본 정비지침서가 귀하께 보다 많은 도움이 되길 바랍니다.

* 본 책자에 수록된 내용 폐사의 설계변경에 따라 사전통보 없이 변경될 수도 있습니다.

* 본 정비지침서 (2007 TUCSON) 에 수록되지 않은 내용은 이전에 발간된 정비지침서를 참조하시기 바랍니다 (각 정비지침서별 상세 수록 내역 : 정비 지침서 안내 페이지 참조).

> ※ 폐사에서 지정하는 순정품(엔진오일, 변속기오일 등)을 사용하지 않거나 불량연료를 사용했을 경우에는 차량에 치명적인 손상을 줄 수 있습니다.

2007년 1월 16일
현대자동차주식회사
디지털써비스컨텐츠팀

### 목 차

| 배출가스 제어 장치 (G4GC - 가솔린 2.0) |
| 연료 장치 (G4GC - 가솔린 2.0) |
| 전장회로도 |

---

본 발간물 내용의 일부 혹은 전체를 사전 서면동의 없이 무단으로 인쇄, 복사, 기록 등의 방법을 이용하여, 어떠한 형태로도 복제, 재생, 배포하는 것을 금합니다.

# 중요 안전 사항

적절한 정비 방법과 정확한 정비 과정이 작업자의 인적안전 뿐만 아니라 모든 차량의 정상적인 작동을 위해 필수적이다. 이 정비 매뉴얼은 효율적인 정비 방법과 과정을 위한 일반적인 지시사항을 제공한다.

작업자의 기술 뿐만 아니라, 차량 정비를 위한 방법, 기술, 도구, 부품이 다양하다.
이 매뉴얼은 이러한 다양한 사항에 대해 모두 예측하거나 각각에 대한 충고, 경고 등을 할 수 없다.
따라서 이 매뉴얼에서 제공되는 지시사항을 준수하지 않는 사람들이 선택한 방법, 도구 부품이 인적 재해나 차량에 이상을 야기시키지 않도록 유의해야 할 것이다.

## 참고, 주의 및 경고

- 참고 : 특정한 절차에 부가적인 정보를 제공한다.

- 주의 : 인적 재해 또는 차량에 손상을 입힐 수 있는 실수를 방지하기 위해 제공된다.

- 경고 : 부주의로 인해 인적 재해를 야기 시킬 수 있는 부분에 특히 주의를 준다.

## 참고, 주의 및 경고

다음 항목은 차량 작업 시 따라야 하는 몇몇의 일반적인 경고를 포함한다.

- 눈을 보호하기 위해 항상 보호 안경을 착용하시오.
- 차체 아래에서 작업할 경우 반드시 안전 스탠드를 사용하시오.
- 절차과정에서 요구하지 않는 한 이그니션 스위치를 항상 OFF 위치에 두시오.
- 차량 작업시 주차 브레이크를 당겨 놓으시오. 만약 자동변속기 장착 차량일 경우, 특정한 작동사항이 지시되지 않는 한 PARK에 두시오.
- 차량의 급작스런 움직임에 대비하여 타이어의 앞, 뒤 쪽에 받침대를 사용하시오.
- 탄화, 일산화탄소의 위험을 피하기 위해 엔진은 통풍이 잘 되는 곳에서만 작동시키시오
- 엔진이 작동 할 때, 작동 부품에서 작업자와 작업자의 옷을 멀리하시오.
  특히 드라이브 벨트의 경우 주의하시오.
- 심한 화상을 방지하기 위해 라디에이터, 배기 매니폴드, 테일 파이프, 촉매 컨버터, 머플러와 같은 뜨거운 금속 부품에 접촉하지 마시오.
- 차량 작업 시 금연하시오.
- 작업 전 항상 반지, 시계, 보석류를 제거하고, 작업에 방해되는 옷차림을 피하시오.
- 후드 아래에서 작업 시, 손 또는 다른 물체를 라디에이터 팬 블레이드에 닿게하지 마시오
  쿨링 팬 장착 차량일 경우, 이그니션 스위치가 OFF 위치에 있더라도 팬이 작동될 수 있으므로 엔진 룸 밑에서 작업 할 시에는 반드시 라디에이터 전기 모터를 분리하시오.

# 정비지침서 안내

* 2007 TUCSON 정비지침서에 수록되어 있지 않는 내용은 해당 정비지침서에서 내용을 참고하시기 바랍니다.
* 각 정비지침서에는 다음과 같은 내용이 수록되어 있습니다.

| 항 목 | 구 분 | 정비지침서 ||||
|---|---|---|---|---|---|
| | | 2004모델 (신규) | 2005모델 (보충판) | 2006모델 (보충판) | 2007모델 (보충판) |
| 발간번호 | BOOK | A2ES-KO41A1 | A2ES-KO41A2 | A2ES-KO52B | A2ES-KO59C | A2ES-KO71D |
| | CD | - | - | - | - | A3BC-KO71B |
| 일반사항 | GI | ● | - | - | - | - |
| 엔진 | EM | D-2.0 | - | β-2.0 | D-2.0 (VGT) | - |
| 엔진 전장 | EE | D-2.0 | - | β-2.0 | D-2.0 (VGT) | - |
| 배출가스 제어장치 | EC | D-2.0 | - | β-2.0 | D-2.0 (VGT) | β-2.0 (KOBD) |
| 연료장치 | FL | D-2.0 | - | β-2.0 | D-2.0 (VGT) | β-2.0 (KOBD) |
| 클러치 시스템 | CH | - | ● | - | - | - |
| 수동변속기 | MT | - | M5GF1 | - | M6GF2 | - |
| 자동변속기 | AT | - | F4A42 | - | - | - |
| 드라이브 샤프트 및 액슬 | DS | - | - | - | - | - |
| 서스펜션 시스템 | SS | - | ● | - | - | - |
| 조향계통 | ST | - | ● | - | - | - |
| 에어백시스템 | RT | - | ● | - | - | - |
| 브레이크 시스템 | BR | - | ● | - | - | - |
| 보디(내장 및 외장) | BD | - | ● | - | - | - |
| 보디 전장 | BE | - | ● | - | - | - |
| 히터 및 에어컨 장치 | HA | - | ● | - | - | - |
| 전장회로도 | BOOK | A2EE-KO41A || A2EE-KO52B | - | A2EE-KO71C |
| | CD | - || - | - | A3BC-KO71B |
| 오버홀 (정비지침서) | M5GF1 | BOOK : MTMS-KO24A |||||
| | M6GF2 | BOOK : MTMS-KO56E |||||
| | F4A42 | BOOK : ATMS-KO24A, CD : A3BC-KO71B |||||

'●' 표기는 년도별 정비지침서(또는 CD)에 해당그룹의 내용이 기재된 것을 의미합니다.

# 배출가스 제어 장치
# (G4GC - 가솔린 2.0)

## 일반사항
- 개요 ......................................... EC-2
- 제원 ......................................... EC-2
- 체결 토크 .................................... EC-2
- 고장 진단 .................................... EC-3
- 부품 위치 .................................... EC-4
- 배출가스 제어장치 계통도 .................... EC-7

## 크랭크 케이스 배출가스 제어장치
- 구성 요소 .................................... EC-8
- 점검 ......................................... EC-9
- PCV 밸브
  - 작동 원리 ................................. EC-10
  - 탈거 ...................................... EC-11
  - 점검 ...................................... EC-11
  - 장착 ...................................... EC-11

## 증발가스 제어장치
- 구성 요소 ................................... EC-12
- 점검 ........................................ EC-13
- 캐니스터
  - 탈거 ...................................... EC-14
  - 점검 ...................................... EC-14
  - 장착 ...................................... EC-14
- 퍼지 컨트롤 솔레노이드 밸브
  - 점검 ...................................... EC-15
- 연료 주입구 마개
  - 작동 원리 ................................. EC-16
- 연료 탱크 에어 필터
  - 교환 ...................................... EC-17

## 배기가스 제어장치
- 개요 ........................................ EC-18
- 촉매
  - 개요 ...................................... EC-18
- CVVT 시스템
  - 구성 요소 ................................. EC-19
  - 작동 원리 ................................. EC-19

# 일반사항

## 개 요 K2AE0C98

배출가스 제어장치는 다음의 3가지 주요계통으로 이루어져 있다.

- 크랭크 케이스 배출가스 제어장치 : 크랭크 케이스 배출가스 제어장치는 블로 바이가스가 대기중으로 방출되는 것을 방지하는 장치로서 크랭크 케이스 내의 블로 바이가스를 흡기 매니폴드로 다시 보내 연소시키는 밀폐식 크랭크 케이스 통풍방식을 채택하고 있다.
- 배기가스 제어장치: 배기가스 제어장치는 머플러를 통해 배출되는 유해가스를 감소시키는 역할을 하며 공기 연료 조정 유니트, 3원 촉매장치로 구성되어 있다.
- 증발가스 제어장치: 연료 탱크내의 증발가스(HC)는 캐니스터에 모이는데 엔진의 적당한 조건이 이루어지면 ECM은 PCSV를 열어 캐니스터에 포집된 증발가스를 엔진으로 도입시켜 연소시킨다. 이렇게 함으로써 증발가스가 대기중으로 방출되는 것을 막는다.

## 제 원 K10E753E

퍼지 컨트롤 솔레노이드 밸브 (PCSV)

| 항 목 | 규 정 값 |
|---|---|
| 코일 저항 (Ω) | 24.5 ~ 27.5 Ω (20℃) |

연료 탱크 압력 센서 (FTPS)

▷ 형식 : 피에조 - 저항 압력 센서 (Piezo - Resistive Pressure Sensor) 형식

▷ 제원

| 압력 (kPa) | 출력 전압 (V) |
|---|---|
| -6.67 | 0.5 |
| 0 | 2.5 |
| +6.67 | 4.5 |

캐니스터 클로즈 밸브 (CCV)

| 항 목 | 규 정 값 |
|---|---|
| 코일 저항 (Ω) | 23.0 ~ 26.0 Ω (20℃) |

## 체결 토크 KEE8A1BE

| 항 목 | 규 정 치 (kgf·m) |
|---|---|
| PCV 밸브 | 0.8 ~ 1.2 |

# 일반사항

## 고장진단 K8A88D53

| 현 상 | 가능한 원인 | 정 비 |
|---|---|---|
| 엔진의 시동이 걸리지 않거나 시동을 걸기가 힘들다. | 진공호스가 빠지거나 손상됨 | 수리 혹은 교환 |
| 시동 걸기가 힘들다. | 퍼지 컨트롤 솔레노이드 밸브의 작동이 불량함 | 수리 혹은 교환 |
| 공회전이 불규칙하거나 엔진이 갑자기 정지한다. | 진공호스가 빠지거나 작동이 불량함 | 수리 혹은 교환 |
| | PCV 밸브의 작동이 불량함 | 교환 |
| 공회전시 불규칙하다. | 퍼지 컨트롤 장치의 작동이 불량함 | 장치를 점검 : 만일 문제가 있으면 구성부품을 차례로 점검 |
| 오일의 소모량이 과도하다. | 포지티브 크랭크 통풍 라인이 막힘 | 포지티브 크랭크 케이스 통풍 라인을 점검 |

# EC -4

## 부품 위치 K364580E

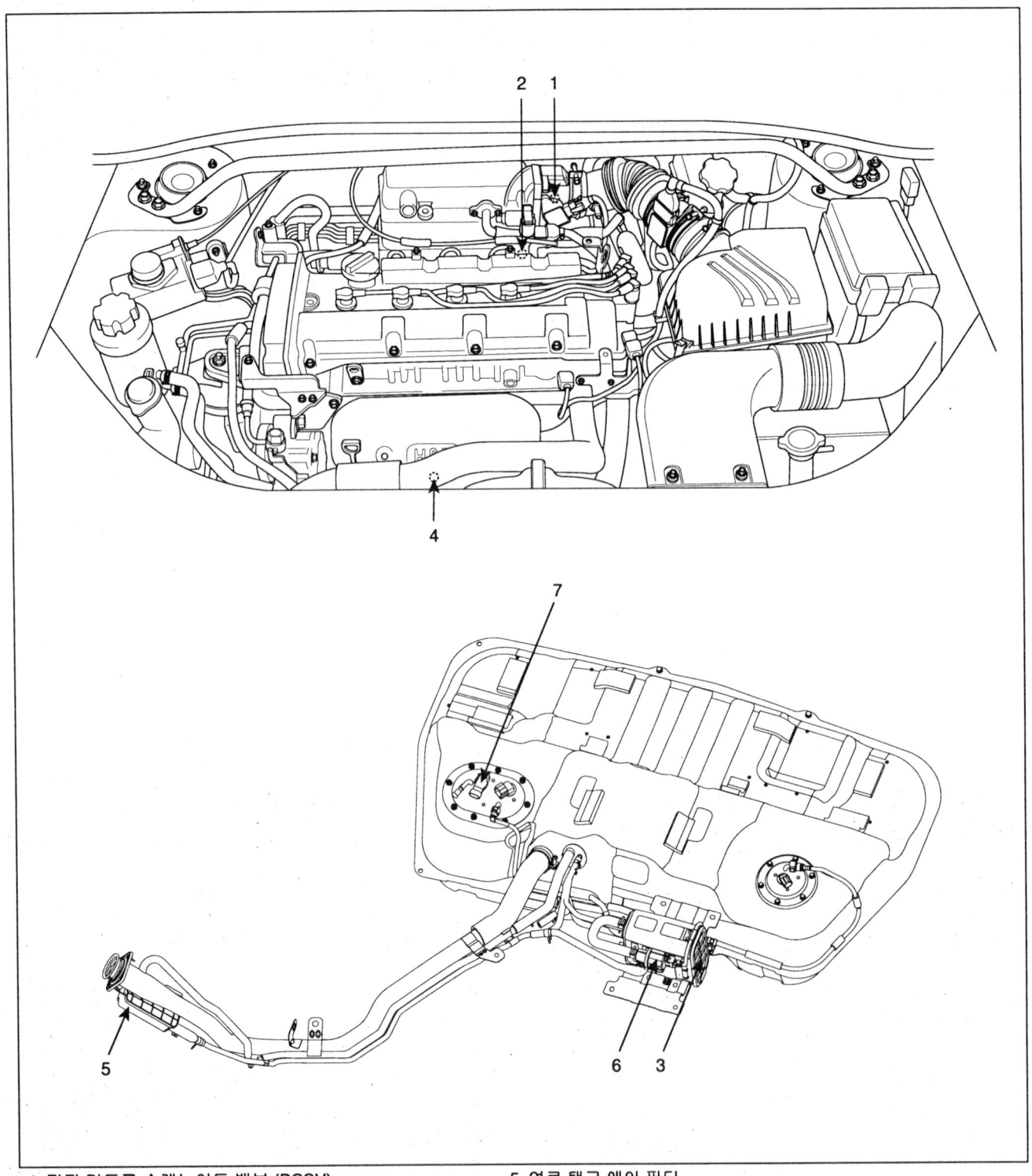

1. 퍼지 컨트롤 솔레노이드 밸브 (PCSV)
2. PCV 밸브
3. 캐니스터
4. 촉매
5. 연료 탱크 에어 필터
6. 캐니스터 클로즈 밸브 (CCV)
7. 연료 탱크 압력 센서 (FTPS)

# 일반사항

EC -5

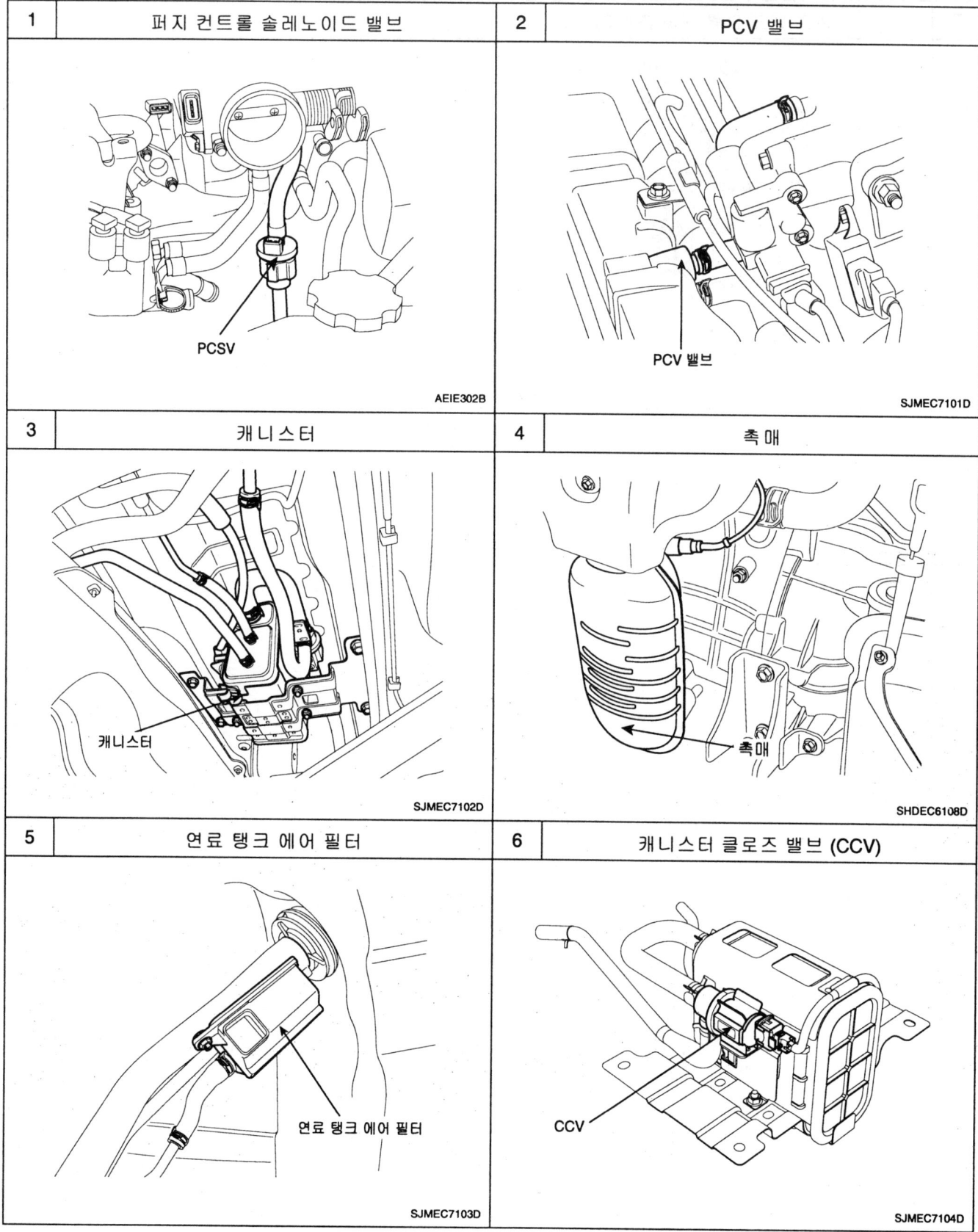

| 7 | 연료 탱크 압력 센서 (FTPS) | | |

# 일반사항

## 배출가스 제어장치 계통도 KDF051F9

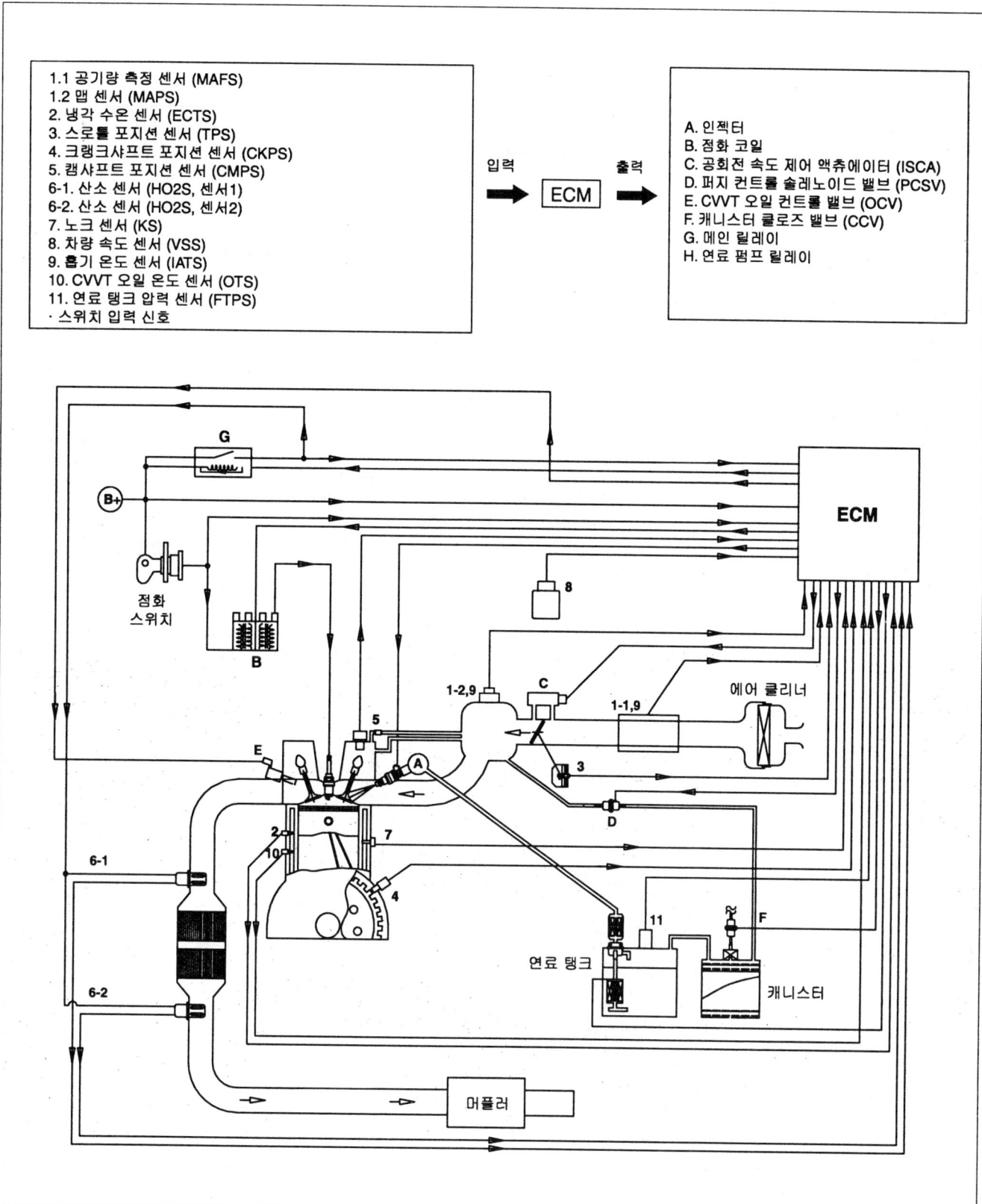

# 크랭크 케이스 배출가스 제어 장치

## 구성 요소 K99CB5C4

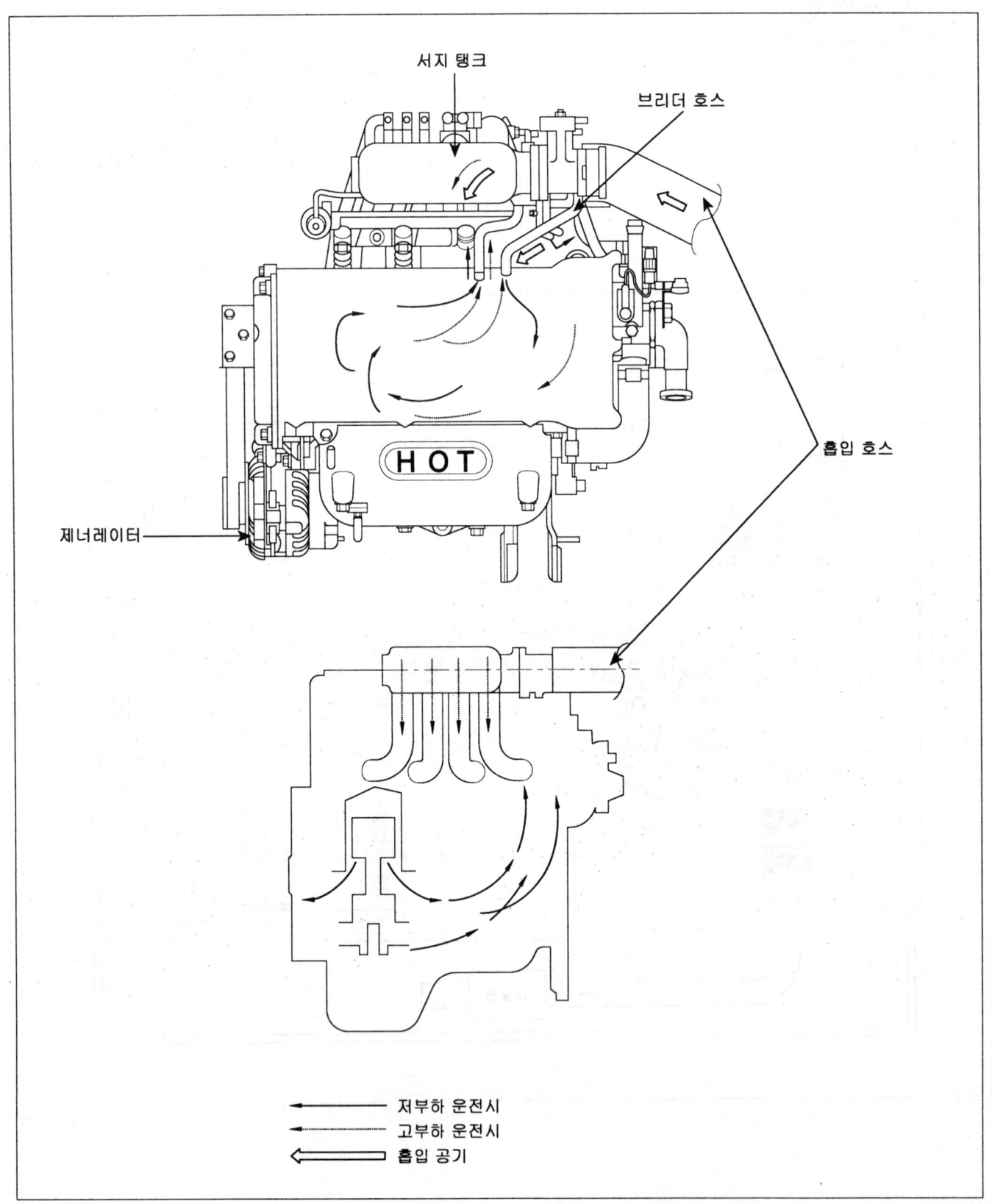

# 크랭크 케이스 배출가스 제어장치

## 점검  KCAD7E20

1. PCV 밸브에서 진공 호스를 분리시킨다. PCV 밸브를 로커커버에서 분리하고, 진공 호스에 재연결한다.

2. 엔진을 공회전시키며 PCV밸브의 개방된 끈을 손가락으로 막았을때 흡기매니폴드 진공이 느껴지는지 확인한다.

> 참고
> 
> *PCV* 밸브 내에 플런저가 앞뒤로 움직일 것이다.

3. 진공을 못느끼면 PCV 밸브와 진공 호스를 깨끗이 하거나 필요하면 교환한다.

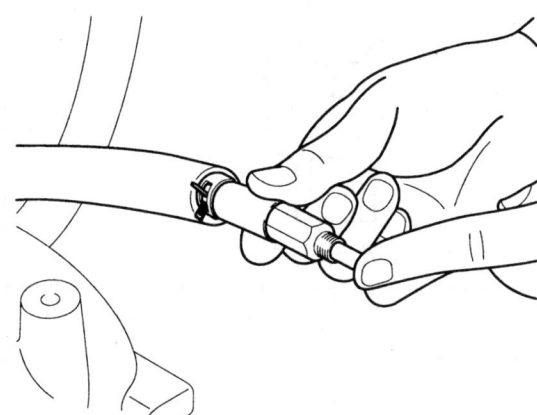

SCMEC6004L

# PCV 밸브

## 작동원리

### 흡기 매니폴드 측 (진공 없음)

로커 커버 측

| | |
|---|---|
| 엔진조건 | 비작동 |
| PCV 밸브 | 비작동 |
| 진공통로 | 막혀 있음 |

### 흡기 매니폴드 측 (높은 진공)

로커 커버 측

| | |
|---|---|
| 엔진조건 | 공회전 혹은 감속 |
| PCV 밸브 | 완전작동 |
| 진공통로 | 작음 |

### 흡기 매니폴드 측 (적당한 진공)

로커 커버 측

| | |
|---|---|
| 엔진조건 | 정상작동 |
| PCV 밸브 | 적당한 작동 |
| 진공통로 | 큼 |

### 흡기 매니폴드 측 (낮은 진공)

로커 커버 측

| | |
|---|---|
| 엔진조건 | 가속 및 과부하 |
| PCV 밸브 | 겨벼운 작동 |
| 진공통로 | 아주 큼 |

## 크랭크 케이스 배출가스 제어장치

### 탈거 K18B3ED6

1. 진공 호스(A)를 분리한 후, PCV 밸브(B)를 탈거한다.

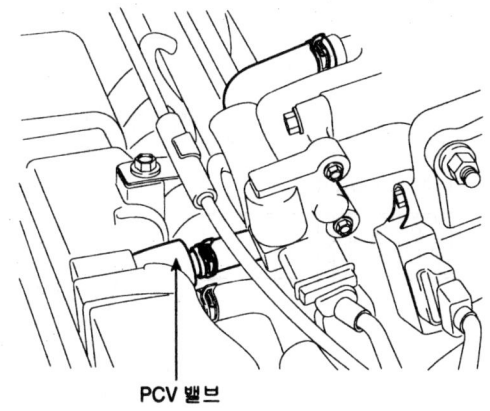

PCV 밸브

SJMEC7101D

### 점검 KE672AA7

1. PCV 밸브를 탈거한다.

2. 얇은 막대(A)를 PCV 밸브(B)의 나사진쪽에서 집어 넣어 플런저가 움직이는가를 확인한다.

3. 플런저가 움직이지 않으면 PCV 밸브가 막힌 것이므로 깨끗이 청소하거나 교환한다.

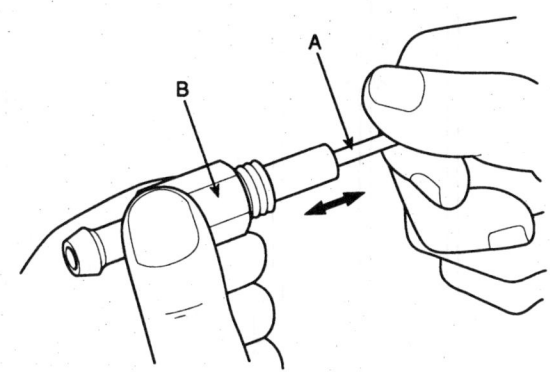

EEDA010B

### 장착 K9F40722

PCV 밸브를 장착하고 진공 호스를 연결한다.

조임 토크 : 0.8~1.2kgf·m

# 증발가스 제어장치

## 구성 요소 K5DC7AB7

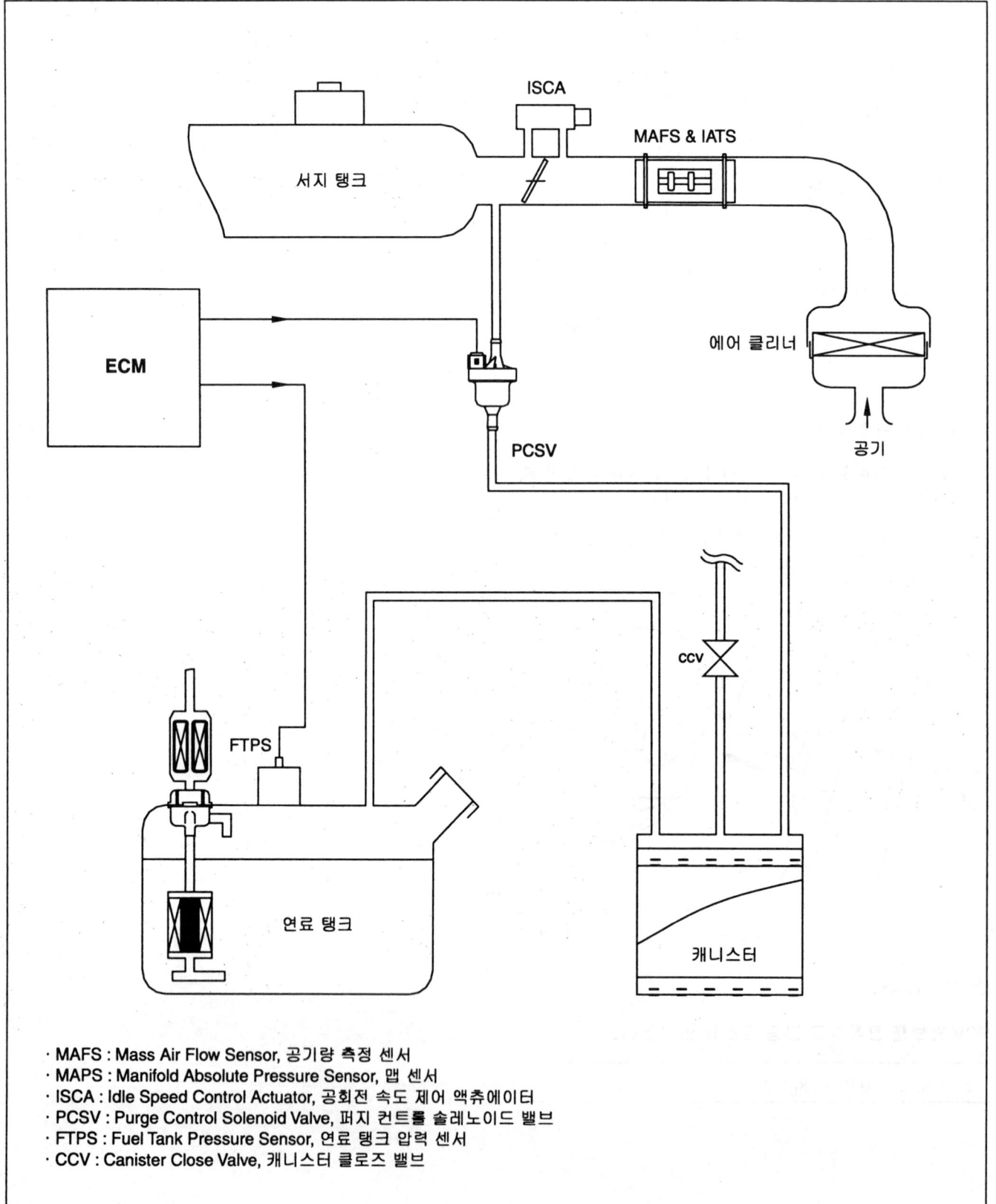

- MAFS : Mass Air Flow Sensor, 공기량 측정 센서
- MAPS : Manifold Absolute Pressure Sensor, 맵 센서
- ISCA : Idle Speed Control Actuator, 공회전 속도 제어 액츄에이터
- PCSV : Purge Control Solenoid Valve, 퍼지 컨트롤 솔레노이드 밸브
- FTPS : Fuel Tank Pressure Sensor, 연료 탱크 압력 센서
- CCV : Canister Close Valve, 캐니스터 클로즈 밸브

# 증발가스 제어장치

## 점검 K6E2A7B4

1. 스로틀 보디에서 진공호스를 분리시키고 핸드 진공 펌프를 연결한다.

2. 호스가 분리된 곳의 니플은 플러그로 막는다.

3. 핸드 진공 펌프로 진공을 가하면서 아래 항목을 점검한다.

엔진 냉간시 ( 엔진 냉각수온 < 60° )

| 엔진상태 | 진 공 | 결 과 |
|---|---|---|
| 공회전 | $0.5 kg/cm^2$ | 진공이 유지됨 |
| 3,000rpm | | |

엔진 웜업시 ( 엔진 냉각수온 > 80°C )

| 엔진상태 | 진 공 | 결 과 |
|---|---|---|
| 공회전 | $0.5 kg/cm^2$ | 진공이 유지됨 |
| 엔진이 시동되어 3000rpm이 된 3분 이내 | 진공을 가함 | 진공이 해체됨 |
| 엔진이 시동되어 3,000rpm이 된 3분이 지난후 | $0.5 kg/cm^2$ | 진공이 순간적으로 유지되다가 곧 해체됨 |

## 캐니스터

### 탈거  KA2CD8EE

1. 캐니스터 클로즈 밸브 커넥터 (A)를 분리한다.

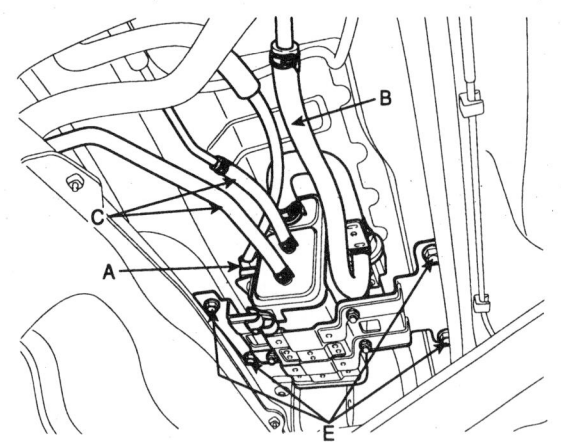

2. 진공 호스 (B,C)를 캐니스터로부터 분리한다.
3. 캐니스터 장착 볼트 (E)를 풀고, 캐니스터를 연료 탱크로부터 탈거한다.

### 점검  K68F1BFC

1. 연료 증발 라인의 연결부 풀림, 과도한 휨 및 손상으로 점검한다.
2. 캐니스터의 변형, 균열, 연료 누설을 점검한다.

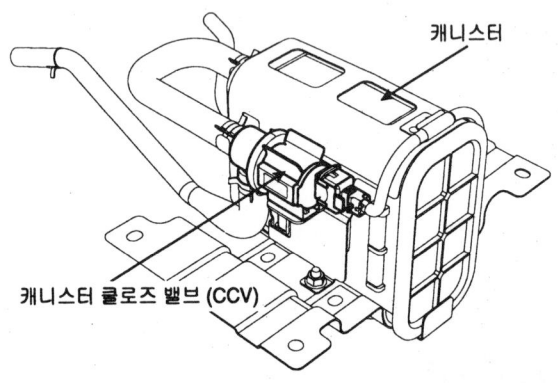

### 장착  K45CA3BA

1. 탈거 절차의 역순으로 캐니스터를 장착한다.

증발가스 제어장치

# 퍼지 컨트롤 솔레노이드 밸브 (PCSV)

## 점검  K31B04FF

> 📖 참고
> 진공호스를 분리시킬 때 식별표시를 해두어 원래 위치에 장착하기 용이하게 한다.

1. 퍼지 컨트롤 솔레노이드 밸브(PCSV)에서 진공호스를 분리시킨다.

2. 밸브 커넥터를 분리한다.

3. 핸드 진공펌프를 진공호스가 연결되었던 니플에 연결하고, 진공을 가한다.

4. 퍼지 컨트롤 솔레노이드 밸브 (PCSV) 전원단에 배터리 전원단(+)을 연결하고, 밸브 제어 단자에 배터리(-) 단자를 연결하였을 때 (밸브 작동)와 연결하지 않았을 때 (밸브 비작동)의 진공 상태를 점검한다.

| 배터리 전압 | 정 상 상 태 |
|---|---|
| 공급 했을때 | 진공이 해제됨(밸브 열림) |
| 공급치 않았을때 | 진공이 유지됨(밸브 닫힘) |

5. 퍼지 컨트롤 솔레노이드 밸브 (PCSV) 단자 사이의 저항을 측정한다.

기준값 : 24.5 ~ 27.5Ω (20℃)

## 연료 주입구 마개

### 작동 원리 KC7C5DCA

연료 주입구 마개에는 진공 해지 밸브가 있어, 연료 증발 가스가 대기중으로 빠져나가는 것을 막을 수 있다.

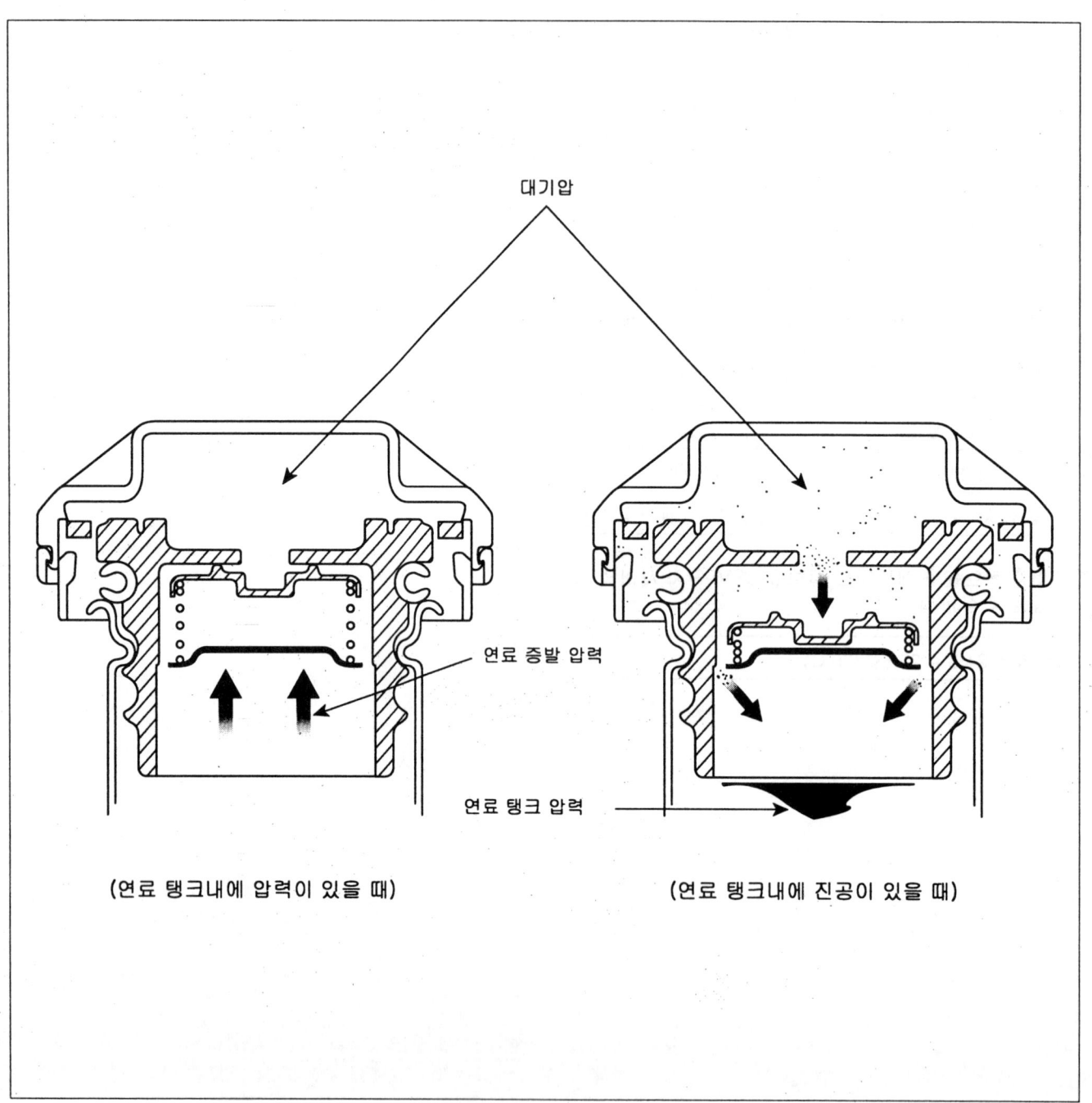

# 연료 탱크 에어 필터

### 교환  K085CA92

1. 뒷쪽 좌측 휠 하우스를 탈거한다.
 ("BD" 그룹 참조)

2. 캐니스터와 연결된 호스(A)를 분리하고, 연료 탱크 에어 필터 장착 너트 (B)를 푼다.

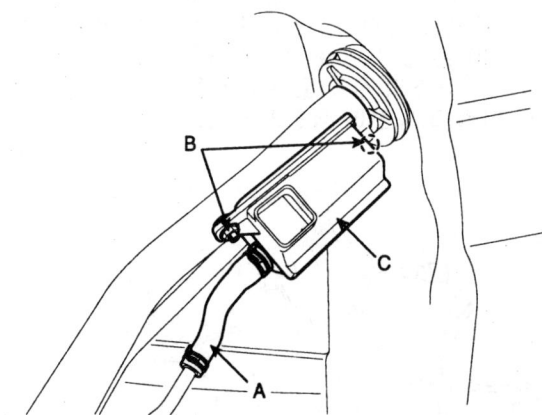

3. 연료 탱크 에어필터(C)를 필러-넥 어셈블리로 부터 탈거한다.

4. 새로운 연료 탱크 에어 필터를 장착한다.

## 배기가스 제어장치

### 개요 KECB4D0B

MPI 장치는 산소센서의 신호를 사용하여 매니폴드에 장착되어 있는 각 실린더의 인젝터를 작동시키고 제어하여 정확히 공기/연료 비율을 조정하여 배기가스를 감소 시키는 장치이다. 이 장치는 삼원촉매가 최적으로 작용할 수 있게 혼합비를 조절한다. 삼원촉매는 HC, CO, NOx등의 유해가스를 인체에 무해한 가스로 변환 시켜주는 역할을 한다. MPI장치의 작동모드는 다음과 같이 2가지 유형이 있다.

1. 개방회로 (Open Loop)
   공기/연료 비율이 ECM에 입력되 있는 정보에 의해 제어된다.

2. 폐쇄 회로(Closed Loop)
   산소센서에서 보내진 정보를 기초로 하여 ECM이 공기/연료 비율을 변화시킨다.

## 촉매

### 개요 K3609473

3원촉매 변환장치는 모노리스식(monolithic type)이며 공기-연료 피드백(feed back) 컨트롤과 함께 작동하여 CO와 HC를 산화시키고 NOx를 감소시키는 역할을 한다.

### 기능

3원촉매 변환장치는 이론 공연비점 부근에서 효과적으로 CO, HC, NOx를 감소시킨다. 산소센서는 공기-연료비율을 피드백시켜 이론 공기-연료 혼합비율로 조절하여 촉매 변환장치는 배기가스의 산화 및 환원작용을 촉진시켜 가스가 대기로 방출되기 전에 정화시킨다.

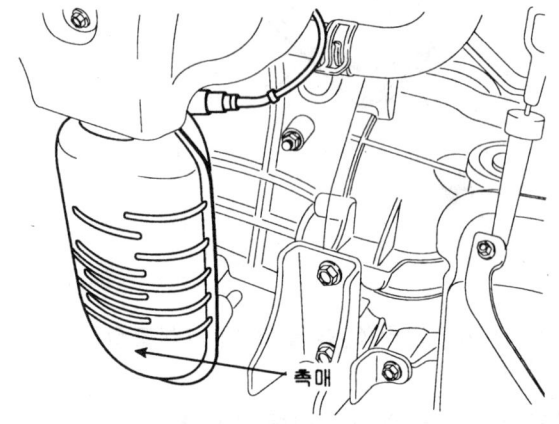

⚠️ 주의
- 촉매가 장착된 차량은 반드시 휘발유만을 사용하여야 한다. 만일 유연 및 유사 휘발유를 사용하면 촉매가 손상된다.
- 차량을 정상적으로 사용하면 촉매 변환장치는 정비를 할 필요가 없으나 엔진을 적절히 작동치 않으면 촉매 변환장치가 과열되어 손상될 수 있다.
- 파워 밸런스(Power balance)측정시 측정시간을 최대한 짧게 해야 하며 수동 파워 밸런스를 되도록 실시하지 않는다.

# CVVT 시스템

## 구성요소  KFE4A947

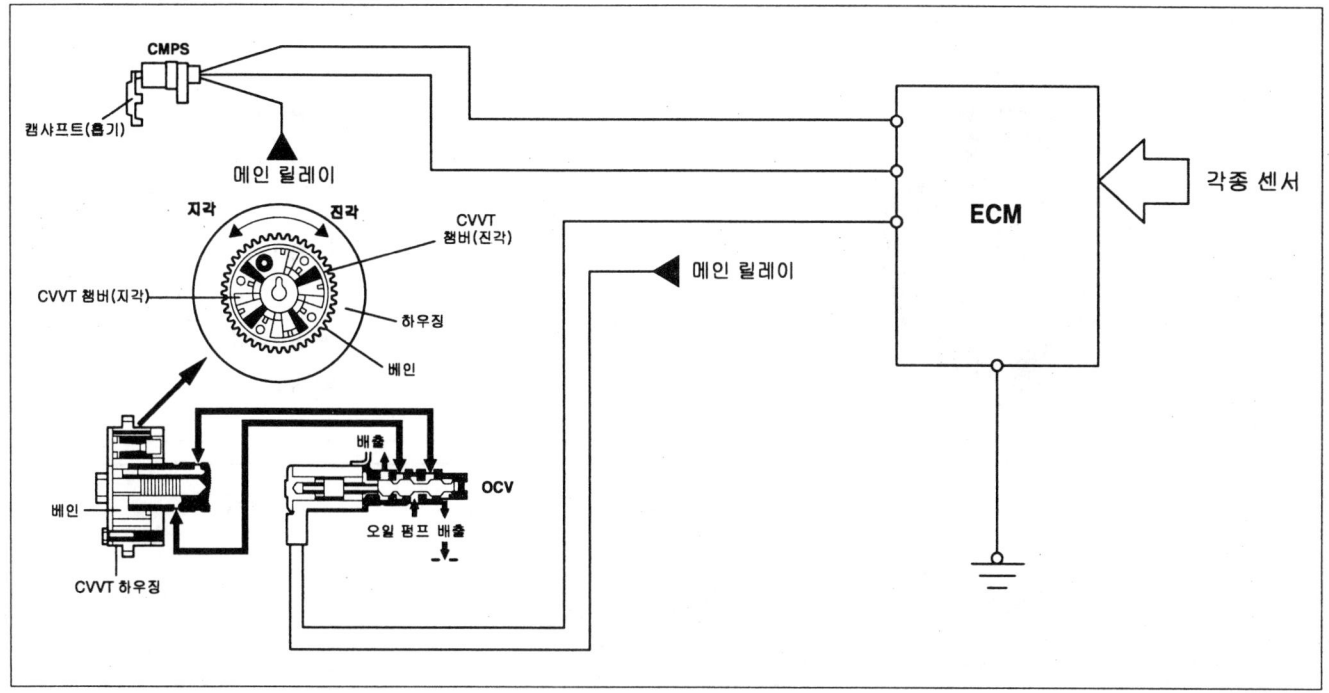

CVVT(Continuously Variable Valve Timing) 시스템은 흡기 캠샤프트에 장착되어 있으며, 흡기 밸브개폐시기를 엔진 회전수에 따라 최적으로 제어하여 엔진 성능을 향상시킨다.
이 때 CVVT 시스템은 밸브 오버랩 (Valve Over-lap) 최적 제어를 통하여 EGR (Exhaust Gas Recirculation) 효과를 발생시키며, 이는 엔진 회전수, 차량 속도 및 엔진 부하에 관계없이 전 운전 모드에서의 연료 효율성 향상과 NOx 배출량 저감 효과를 가져온다.
그리고 이 흡기 밸브의 상태 (진각/중립/지각)는 오일 압력에 의해서 연속적으로 변한다.

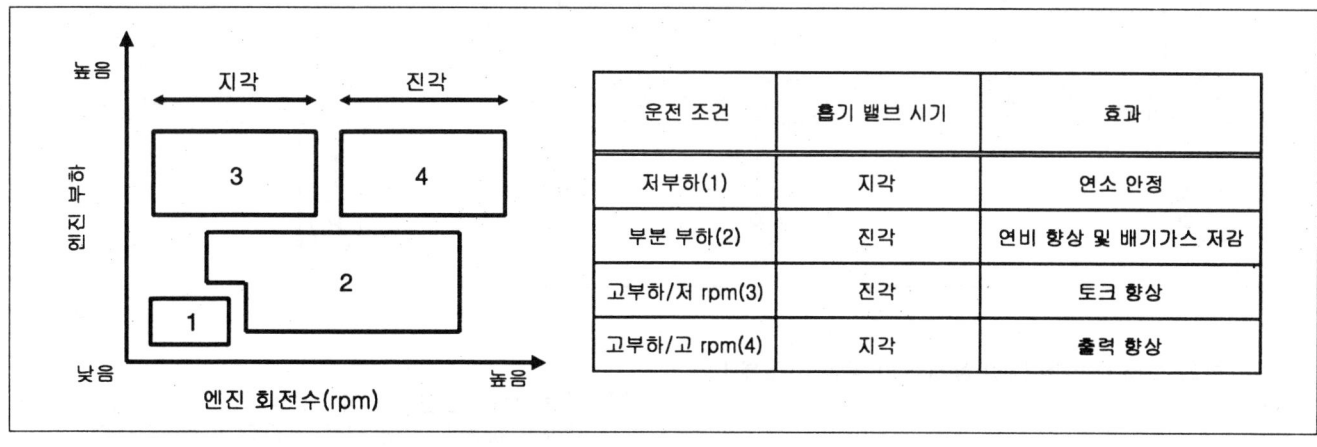

| 운전 조건 | 흡기 밸브 시기 | 효과 |
|---|---|---|
| 저부하(1) | 지각 | 연소 안정 |
| 부분 부하(2) | 진각 | 연비 향상 및 배기가스 저감 |
| 고부하/저 rpm(3) | 진각 | 토크 향상 |
| 고부하/고 rpm(4) | 지각 | 출력 향상 |

## 작동원리  KB84232A

- CVVT 시스템은 엔진 작동 조건에 따라 흡기 밸브 개폐 시기를 연속적으로 변화시킨다.
- 흡기 밸브 개폐 시기는 엔진 출력이 최대가 되도록 최적화된다.
- 캠샤프트는 EGR 효과 발생과 펌프 손실 저감을 위해 진각된다. 이 때 흡기 밸브는 흡기 포트로 유입되는

공기/연료 혼합기 량을 저감시키고 변경 효과를 향상시키기 위해 빠르게 닫힌다.
- 공회전 상태에서의 진각량을 줄이고, 연소를 안정화하며 엔진 속도를 낮춘다.

- 고장이 발생하면 CVVT 시스템 제어는 비활성화되며, 흡기 밸브 개폐 시기는 완전히 지각된 상태로 고정된다.

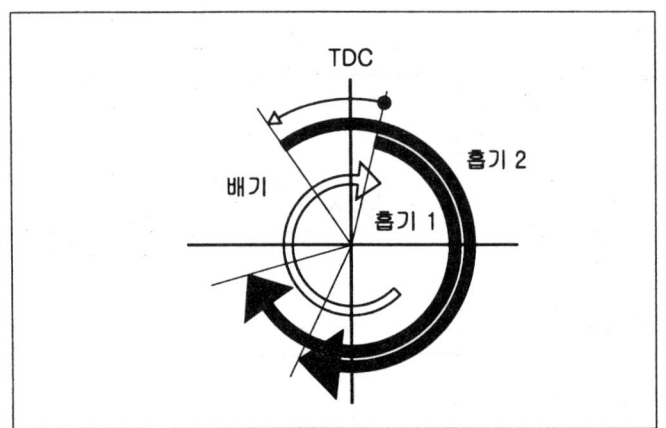

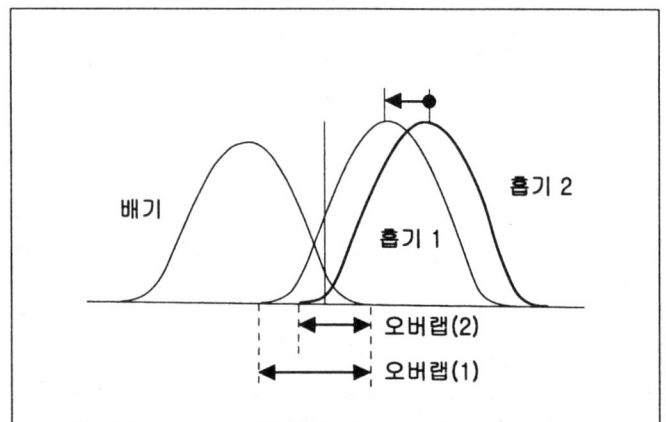

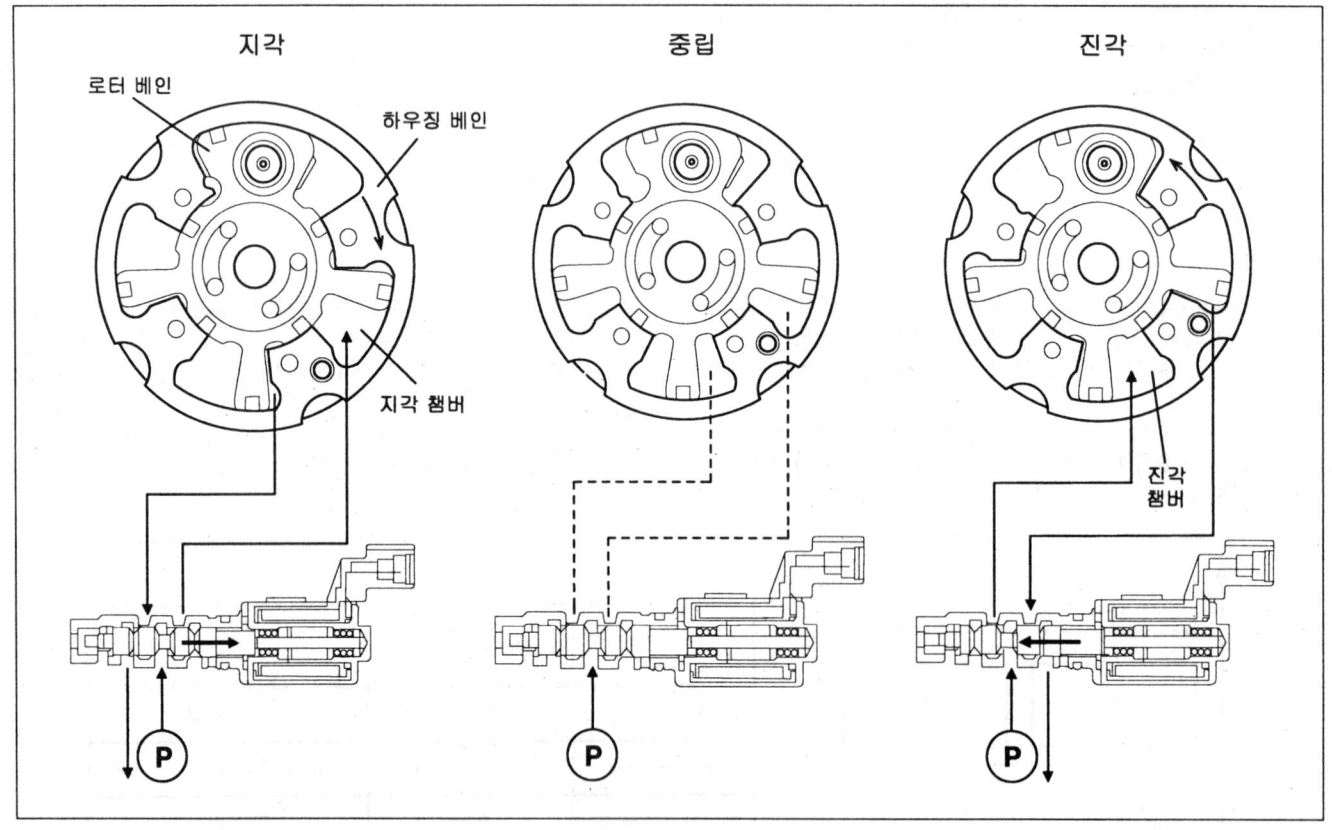

1. 이 그림은 로터 베인에 대한 상태적인 작동 구조를 보여준다.
2. CVVT 시스템이 특정 제어각에 고정되어 있다면, 이 상태를 유지하기 위하여 오일 펌프에서의 유출량만큼 오일을 재충전한다.

이 때의 OCV (Oil Control Valve)의 순환 경로는 아래와 같다.
오일 펌프 → 진각 오일 챔버 (진각 오일 챔버 입구가 점진적으로 열림) → 배출쪽이 거의 닫힘

엔진 작동상태 (엔진 회전수, 오일 온도, 오일 압력)에 따라서 각 위치에서의 약간의 차이점은 있을 수 있다.

# 연료 장치
# (G4GC - 가솔린 2.0)

## 일반사항
- 제원 .................................................. FL-3
- 검사 기준 ........................................... FL-6
- 체결 토크 ........................................... FL-6
- 특수 공구 ........................................... FL-7
- 기본 고장진단 가이드 ........................ FL-8
- 증상별 고장 진단 ............................... FL-15

## 가솔린 엔진 제어 시스템
- 개요 ................................................... FL-16
- 부품 위치 .......................................... FL-17
- ECM
  - ECM 하니스 커넥터 ..................... FL-21
  - ECM 단자 기능 ............................. FL-21
  - ECM 단자 입/출력 전압 ............... FL-23
  - 회로도 ........................................... FL-28
  - ECM 점검 절차 ............................. FL-31
- 공기량 측정 센서 (MAFS) ................. FL-32
- 흡기 온도 센서 (IATS) ....................... FL-34
- 냉각 수온 센서 (ECTS) ..................... FL-36
- 스로틀 포지션 센서(TPS) .................. FL-38
- 캠샤프트 포지션 센서 (CMPS) ......... FL-40
- 크랭크샤프트 포지션 센서 (CKPS) ... FL-42
- 산소 센서 (HO2S) .............................. FL-44
- 노크 센서 (KS) ................................... FL-46
- 인젝터 ................................................ FL-48
- 공회전 속도 제어 액츄에이터 (ISCA) ... FL-50
- CVVT 오일 컨트롤 밸브 (OCV) ......... FL-52
- 퍼지 컨트롤 솔레노이드 밸브 (PCSV) ...... FL-53
- CVVT 오일 온도 센서(OTS) .............. FL-54
- 연료 탱크 압력 센서 (FTPS) .............. FL-56
- 캐니스터 클로즈 밸브 (CCV) ............ FL-57

## 고장 진단
- 자기 진단 고장 코드(DTC) ................ FL-58
- 고장 진단 코드별 진단 절차
  - P0011 ............................................ FL-61
  - P0016 ............................................ FL-67
  - P0030 ............................................ FL-70
  - P0031 ............................................ FL-76
  - P0032 ............................................ FL-79
  - P0036 ............................................ FL-82
  - P0037 ............................................ FL-89
  - P0038 ............................................ FL-92
  - P0076 ............................................ FL-95
  - P0077 ............................................ FL-101
  - P0101 ............................................ FL-104
  - P0102 ............................................ FL-109
  - P0103 ............................................ FL-112
  - P0111 ............................................ FL-115
  - P0112 ............................................ FL-120
  - P0113 ............................................ FL-122
  - P0116 ............................................ FL-125
  - P0117 ............................................ FL-130
  - P0118 ............................................ FL-133
  - P0121 ............................................ FL-136
  - P0122 ............................................ FL-142
  - P0123 ............................................ FL-145
  - P0125 ............................................ FL-148
  - P0128 ............................................ FL-154
  - P0130 ............................................ FL-159
  - P0131 ............................................ FL-165
  - P0132 ............................................ FL-168
  - P0133 ............................................ FL-171
  - P0134 ............................................ FL-176
  - P0136 ............................................ FL-178
  - P0137 ............................................ FL-183
  - P0138 ............................................ FL-186
  - P0139 ............................................ FL-188
  - P0140 ............................................ FL-192
  - P0170 ............................................ FL-195
  - P0171 ............................................ FL-202
  - P0172 ............................................ FL-206
  - P0196 ............................................ FL-210
  - P0197 ............................................ FL-215
  - P0198 ............................................ FL-217
  - P0230 ............................................ FL-220
  - P0261 ............................................ FL-225

고장 진단 코드별 진단 절차
- P0262 .................................................. FL-230
- P0264 .................................................. FL-225
- P0265 .................................................. FL-230
- P0267 .................................................. FL-225
- P0268 .................................................. FL-230
- P0270 .................................................. FL-225
- P0271 .................................................. FL-230
- P0300 .................................................. FL-233
- P0301 .................................................. FL-241
- P0302 .................................................. FL-241
- P0303 .................................................. FL-241
- P0304 .................................................. FL-241
- P0325 .................................................. FL-249
- P0335 .................................................. FL-254
- P0340 .................................................. FL-260
- P0444 .................................................. FL-266
- P0445 .................................................. FL-271
- P0447 .................................................. FL-274
- P0448 .................................................. FL-278
- P0449 .................................................. FL-281
- P0451 .................................................. FL-284
- P0452 .................................................. FL-288
- P0453 .................................................. FL-291
- P0454 .................................................. FL-294
- P0455 .................................................. FL-298
- P0501 .................................................. FL-303
- P0506 .................................................. FL-309
- P0507 .................................................. FL-315
- P0560 .................................................. FL-319
- P0562 .................................................. FL-324
- P0563 .................................................. FL-326
- P0600 .................................................. FL-328
- P0605 .................................................. FL-333
- P0650 .................................................. FL-336
- P0700 .................................................. FL-339
- P1505 .................................................. FL-340
- P1506 .................................................. FL-346
- P1507 .................................................. FL-349
- P1508 .................................................. FL-352
- U0001 .................................................. FL-355
- U0101 .................................................. FL-360

연료 공급 장치
- 부품 위치 ................................................ FL-362
- 연료 압력 시험 ........................................ FL-363
- 연료 펌프
  - 탈거(연료필터 및 연료 압력 레귤레이터 포함) ........................... FL-366
  - 장착 ................................................... FL-367
- 연료 탱크
  - 탈거 ................................................... FL-368
  - 장착 ................................................... FL-369
- 서브 연료 센더
  - 탈거 ................................................... FL-370
  - 장착 ................................................... FL-370

# 일반사항

제원  KAC95AE0

연료 공급 시스템

| 항목 | 제원 | |
|---|---|---|
| 연료 탱크 | 용량 | 58ℓ |
| 연료 필터 (연료 펌프에 내장됨) | 형식 | 고압력식 |
| 연료 압력 레귤레이터(연료 펌프에 내장됨) | 조정 압력 | 3.45 ~ 3.55kgf/cm² |
| 연료 펌프 | 형식 | 탱크 내장 전기식 |
| | 구동 | 전기 모터 |
| 연료 공급 방식 | 형식 | 리턴리스(Returnless) 형식 |

센서

공기량 측정 센서 (MAFS)

▷ 형식: 핫-필름 (Hot-Film) 형식

| 공기 유량 (kg/h) | 출력 전압 (V) |
|---|---|
| 4.9 | 0.70 |
| 7.3 | 0.90 |
| 12.2 | 1.18 |
| 20.8 | 1.51 |
| 28.3 | 1.73 |
| 38.9 | 1.97 |
| 64.7 | 2.40 |
| 113.3 | 2.90 |
| 185.3 | 3.35 |
| 256.0 | 3.64 |
| 404.6 | 4.07 |
| 476.7 | 4.25 |
| 603.25 | 4.6 |

흡기 온도 센서 (IATS)

▷ 형식: 써미스터 (Thermistor) 형식
▷ 제원

| 온도 (℃) | 저항 (kΩ) |
|---|---|
| -40 | 41.26 ~ 47.49 |
| -30 | 23.94 ~ 27.21 |
| -20 | 14.26 ~ 16.02 |
| -10 | 8.72 ~ 9.69 |
| 0 | 5.50 ~ 6.05 |
| 10 | 3.55 ~ 3.88 |
| 20 | 2.35 ~ 2.54 |
| 25 | 1.94 ~ 2.09 |
| 30 | 1.61 ~ 1.73 |
| 40 | 1.11 ~ 1.19 |
| 60 | 0.57 ~ 0.6 |
| 80 | 0.31 ~ 0.32 |

냉각 수온 센서 (ECTS)

▷ 형식: 써미스터 (Thermistor) 형식
▷ 제원

| 온도 (℃) | 저항 (kΩ) |
|---|---|
| -40 | 48.14 |
| -20 | 14.13 ~ 16.83 |
| 0 | 5.79 |
| 20 | 2.31 ~ 2.59 |
| 40 | 1.15 |
| 60 | 0.59 |
| 80 | 0.32 |

## 스로틀 포지션 센서 (TPS)

▷ 형식: 가변 저항 형식
▷ 제원

| 스로틀 개도 | 출력 전압 (V) |
|---|---|
| C.T | 0.25 ~ 0.9V |
| W.O.T | 최소 4.0V |

| 항목 | 규정값 |
|---|---|
| 센서 저항 (kΩ) | 1.6 ~ 2.4 |

## 산소 센서 (HO2S) [뱅크 1 / 센서 1]

▷ 형식: 지르코니아 (ZrO2) 형식
▷ 제원

| 공연비 (A/F) | 출력 전압 (V) |
|---|---|
| 농후 | 0.6 ~ 1.0 |
| 희박 | 0 ~ 0.4 |

| 항목 | 규정값 |
|---|---|
| 히터 저항 (Ω) | 약 9.0 (20℃) |

## 산소 센서 (HO2S) [뱅크 1 / 센서 2]

▷ 형식: 지르코니아 (ZrO2) 형식
▷ 제원

| 공연비 (A/F) | 출력 전압 (V) |
|---|---|
| 농후 | 0.6 ~ 1.0 |
| 희박 | 0 ~ 0.4 |

| 항목 | 규정값 |
|---|---|
| 히터 저항 (Ω) | 약 9.0 (20℃) |

## 캠샤프트 포지션 센서 (CMPS)

▷ 형식: 홀 이펙트 (Hall Effect) 형식

## 크랭크샤프트 포지션 센서 (CKPS)

▷ 형식: 홀 이펙트 (Hall Effect) 형식

## 노크 센서 (KS)

▷ 형식: 피에조-전기 (Piezo-electricity) 형식
▷ 제원

| 항목 | 규정값 |
|---|---|
| 정전 용량 (pF) | 800 ~ 1,600 |
| 저항 (MΩ) | 1.0 이상 |

## CVVT 오일 온도 센서 (OTS)

▷ 형식: 써미스터 (Thermistor) 형식
▷ 제원

| 온도 (℃) | 저항 (kΩ) |
|---|---|
| -40 | 52.15 |
| -20 | 16.52 |
| 0 | 6.0 |
| 20 | 2.45 |
| 40 | 1.11 |
| 60 | 0.54 |
| 80 | 0.29 |

## 연료 탱크 압력 센서 (FTPS)

▷ 형식: 피에조-저항 압력 센서 (Piezo-Resistive Pressure Sensor) 형식
▷ 제원

| 압력 (kPa) | 출력 전압 (V) |
|---|---|
| -6.67 | 0.5 |
| 0 | 2.5 |
| +6.67 | 4.5 |

# 일반사항

엑추에이터

인젝터

▷ 개수: 4
▷ 제원

| 항목 | 규정값 |
|---|---|
| 코일 저항 (Ω) | 13.8 ~ 15.2 (20℃) |

공회전 속도 제어 액츄에이터 (ISCA)

▷ 형식: 이중 코일 형식
▷ 제원

| 항목 | 규정값 |
|---|---|
| 닫힘 코일 저항 (Ω) | 14.6 ~ 16.2 (20℃) |
| 열림 코일 저항 (Ω) | 11.1 ~ 12.7 (20℃) |

| 듀티 (%) | 공기 유량 (㎥/h) |
|---|---|
| 15 | 1.0 ~ 2.3 |
| 35 | 7.5 ~ 12.7 |
| 70 | 43.0 ~ 55.0 |
| 96 | 63.0 ~ 71.0 |

퍼지 컨트롤 솔레노이드 밸브 (PCSV)

▷ 제원

| 항목 | 규정값 |
|---|---|
| 코일 저항 (Ω) | 24.5 ~ 27.5 (20℃) |

**CVVT** 오일 컨트롤 밸브 (OCV)

▷ 제원

| 항목 | 규정값 |
|---|---|
| 코일 저항 (Ω) | 6.9 ~ 7.9 (20℃) |

점화 코일

▷ 형식: 스틱 (Stick) 형식
▷ 제원

| 항목 | 규정값 |
|---|---|
| 1차 코일 저항 (Ω) | 0.58Ω±10% (20℃) |
| 2차 코일 저항 (kΩ) | 8.8kΩ±15% (20℃) |

캐니스터 클로즈 밸브 (CCV)

▷ 제원

| 항목 | 규정값 |
|---|---|
| 코일 저항 (Ω) | 23.0 ~ 26.0 (20℃) |

## 검사 기준

| 점화 시기 | | | BTDC 5° ± 10° | |
|---|---|---|---|---|
| 공회전 속도 | A/CON OFF | 중립,N,P-단 | 700 ± 100 rpm | |
| | | D-단 | | |
| | A/CON ON | 중립,N,P-단 | | |
| | | D-단 | | |

## 체결 토크

### 엔진 제어 시스템

| 항목 | Kgf·m |
|---|---|
| ECM 장착 볼트 | 1.0 ~ 1.2 |
| 냉각 수온 센서 장착 | 2.0 ~ 4.0 |
| 스로틀 포지션 센서 장착 스크류 | 0.15 ~ 0.25 |
| 크랭크샤프트 포지션 센서 장착 볼트 | 1.0 ~ 1.2 |
| 캠샤프트 포지션 센서 장착 볼트 | 1.0 ~ 1.2 |
| 노크 센서 장착 볼트 | 1.7 ~ 2.7 |
| 산소 센서 (뱅크 1 / 센서 1) 장착 | 4.0 ~ 5.0 |
| 산소 센서 (뱅크 1 / 센서 2) 장착 | 4.0 ~ 5.0 |
| CVVT 오일 온도 센서 장착 | 1.5 ~ 2.0 |
| CVVT 오일 컨트롤 밸브 (OCV) 장착 볼트 | 1.0 ~ 1.2 |
| 점화 코일 어셈블리 장착 볼트/너트 | 1.9 ~ 2.7 |
| 스로틀 바디 장착 너트 | 1.9 ~ 2.4 |

### 연료 공급 시스템

| 항목 | Kgf·m |
|---|---|
| 연료 펌프 장착 볼트 | 0.2 ~ 0.3 |
| 딜리버리 파이프 장착 볼트 | 1.5 ~ 2.2 |
| 엑셀 페달 모듈 장착 볼트 | 0.8 ~ 1.2 |
| 연료 탱크 장착 볼트 | 4.0 ~ 5.5 |

일반사항  FL-7

## 특수공구  K6BBBF73

| 공구 (품번 및 품명) | 형상 | 용도 |
|---|---|---|
| 09353-24100<br>연료압력 게이지 및 호스 | EFDA003A | 연료 압력 측정 |
| 09353-38000<br>연료압력 게이지 어댑터 | BF1A025D | 딜리버리 파이브와 연료 공급 호스 연결 |
| 09353-24000<br>연료압력 게이지 커넥터 | EFDA003C | 연료 압력 게이지 및 호스 (09353-24100)과 연료 압력 게이지 어댑터 (09353-38000) 연결 |

## 기본 고장진단 가이드  K3047AAC

| 1 | 차량 입고 |
|---|---|

| 2 | 문제 분석 |
|---|---|

- 고객에게 문제 발생시의 주변 환경 및 차량 상태에 대하여 문의한다 ("문제 분석 쉬트" 작성).

| 3 | 증상 확인 후, 고장 코드 (DTC) 확인 |
|---|---|

- 자기 진단 커넥터 (DLC)에 진단 장비를 연결한다.
- 고장 코드를 확인한다.

> 📖 참고
>
> 고장 코드를 삭제할 경우는 단계 5를 참조한다.

| 4 | 시스템 및 부품에 대한 점검 절차 선택 |
|---|---|

- "증상별 고장 진단"을 활용하여, 적합한 점검 절차를 선택한다.

| 5 | 고장 코드 삭제 |
|---|---|

> ❌ 경고
>
> 고장 코드를 삭제하기 전에, 반드시 "문제 분석 쉬트"의 4. MIL/DTC 항목을 작성한다.

| 6 | 차량 육안 검사 |
|---|---|

- 고장 부위를 정확하게 파악했다면, 단계 11로 이동한다. 그렇지 않으면 다음 단계로 이동한다.

| 7 | 고장 코드에 대한 증상 재현 |
|---|---|

- 고객의 진술을 바탕으로 고장의 증상과 발생 조건을 재현한다.
- 고장 코드가 발생하면, 고장코드(DTC)별 고장 진단 절차에 따라 차량 문제 발생 조건을 재현한다.

| 8 | 고장의 증상 확인 |
|---|---|

- 고장 코드가 발생하지 않으면, 단계 9로 이동한다.
- 고장 코드가 발생하면, 단계 11로 이동한다.

| 9 | 증상 재현 |
|---|---|

- 고객의 진술을 바탕으로 차량 문제 발생 조건을 재현한다.

| 10 | 고장 코드 체크 |
|---|---|

- 고장 코드가 발생하지 않으면, "간헐적인 문제 점검 절차"를 수행한다.
- 고장 코드가 발생하면, 단계 11로 이동한다.

| 11 | 고장 코드(DTC)별 고장 진단 절차 수행 |
|---|---|

| 12 | 차량 상태를 조정하거나 수리한다. |
|---|---|

| 13 | 확인 테스트 |
|---|---|

| 14 | 종료 |
|---|---|

일반사항  FL -9

문제 분석 쉬트

### 1. 차량 정보

| VIN No. | | 변속기 | ☐ 수동 ☐ 자동 ☐ CVT ☐ 기타 |
|---|---|---|---|
| 생산 일자 | | 구동 방식 | ☐ 2WD (FF) ☐ 2WD (FR) ☐ 4WD |
| 주행 거리 | _____ (km/mile) | | |

### 2. 증상

| ☐ 시동 불능 | ☐ 엔진 크랭킹 안됨 ☐ 불완전 연소<br>☐ 초기 연소 안됨 |
|---|---|
| ☐ 시동 어려움 | ☐ 엔진 크랭킹 느림 ☐ 기타 _____ |
| ☐ 공회전 불량 | ☐ 엔진 부조 발생 ☐ 공회전 불규칙<br>☐ 공회전 불안정 (최고: _____ rpm, 최저: _____ rpm)<br>☐ 기타 _____ |
| ☐ 엔진 멈춤 | ☐ 시동 직후 멈춤 ☐ 엑셀 페달 밟은 직후 멈춤<br>☐ 엑셀 페달 뗀 후 멈춤 ☐ 에어컨 ON시 멈춤<br>☐ N → D단 변속 시 멈춤<br>☐ 기타 _____ |
| ☐ 기타 | ☐ 주행 불량 (덜컥거림) ☐ 노킹 발생 ☐ 연비 저하<br>☐ 역화 (Back fire) ☐ 후폭발 (After Burn)<br>☐ 기타 _____ |

### 3. 주변 환경

| 문제 발생 주기 | ☐ 일정 ☐ 가끔 (_____) ☐ 1회<br>☐ 기타 _____ |
|---|---|
| 기후 | ☐ 맑음 ☐ 흐림 ☐ 비 ☐ 눈 ☐ 기타 _____ |
| 기온 | 약 _____ ℃ |
| 장소 | ☐ 고속도로 ☐ 교외 ☐ 도심 ☐ 언덕(오르막) ☐ 언덕(내리막)<br>☐ 비포장도로 ☐ 기타 _____ |
| 엔진 온도 | ☐ 냉간 ☐ 난기 ☐ 난기후 ☐ 온도에 무관 |
| 엔진 작동 상태 | ☐ 시동 ☐ 지연 후 시동 (____ 분) ☐ 공회전 ☐ 레이싱 (차량정지상태)<br>☐ 주행중 ☐ 정속주행중 ☐ 가속중 ☐ 감속중<br>☐ 에어컨 스위치 ON/OFF ☐ 기타 _____ |

### 4. MIL/DTC

| 경고등 (MIL) | ☐ ON ☐ 가끔 깜빡임 ☐ OFF |
|---|---|
| DTC | ☐ DTC ( _____ ) |
| Freeze Frame 데이타 | |

### 5. ECM/PCM 정보

| ECM/PCM 부품 번호 | |
|---|---|
| ROM ID | |

SCMFL6470D

## 기본 고장 진단

### 저항 점검 조건

차량 운전 후 고온에서 측정된 저항값은 낮게 또는 높게 나올 수 있다. 그러므로 모든 저항은 실온 (20℃)에서 측정해야 한다 (특정 온도를 명기한 경우는 해당 온도에서 측정).

> 📖 참고
> 실온(20℃)에 대한 저항값 이외의 다른 온도에 대한 저항값은 단순 참고치입니다.

### 간헐적인 문제 점검 절차

고장 진단에 있어 가장 어려운 경우는 간헐적으로 발생한 문제이다. 예를 들어 차량 냉간 시에 발생한 문제는 난기 시에는 발생하지 않는다. 이 경우 차량 고장 시의 주변 환경과 조건들을 기록하여, 재현하는 것이 중요하다.

1. 고장 코드(DTC)를 삭제한다.
2. 커넥터의 연결 상태 및 각 단자의 결합 상태, 배선과의 연결 상태, 굽힘, 파손 또는 오염에 대하여 점검한다. 그리고 항상 커넥터의 고정 상태도 점검한다.

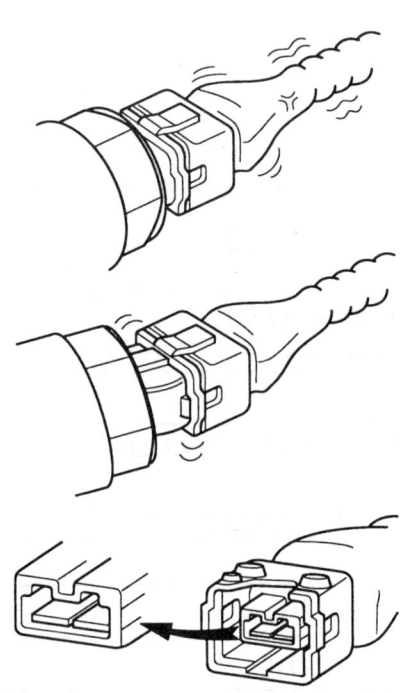

BFGE321A

3. 와이어링 하니스를 상하좌우로 살짝 흔든다.
4. 결함이 있는 부품은 수리 또는 교환한다.
5. 진단 장비를 이용하여, 문제가 해결되었는지 점검한다.

- 재현 (I) - 진동
  1) 센서와 액츄에이터: 센서, 액츄에이터 또는 릴레이를 손으로 흔든다.

  > ❌ 경고
  > 심한 진동은 센서, 액츄에이터 또는 릴레이에 손상을 줄 수 있으니, 삼가한다.

  2) 커넥터와 와이어링 하니스: 커넥터 또는 와이어링 하니스를 상하좌우로 흔든다.

- 재현 (II) - 온도 (열)
  1) 헤어 드라이 등으로 해당 부품에 열을 가한다.

  > ❌ 경고
  > - 무리한 가열은 부품을 손상할 수 있으니 주의할 것.
  > - **PCM**에 직접적으로 열을 가하지 말 것.

- 재현 (III) - 수분 (물)
  1) 비오는 날이나 습기가 많은 날을 재현할 시에는 차량 주변에 물을 뿌려준다.

  > ❌ 경고
  > - 엔진 구성 부품이나, 전기 부품 등 수분에 민감한 부분에는 직접적으로 물을 뿌리지 말 것.

- 재현 (IV) - 전기적인 부하
  1) 전기를 사용하는 부품 (오디오, 냉각팬, 램프 등)을 작동시킨다.

# 일반사항

## 커넥터 점검 절차

1. 커넥터 취급 방법
   a. 커넥터 분리시, 커넥터를 당겨서 분리하고 와이어링 하니스를 당기지 않는다.

   b. 락(Lock)이 부착된 커넥터 분리시, 락킹 레버(Locking Lever)를 누르거나 당긴다.

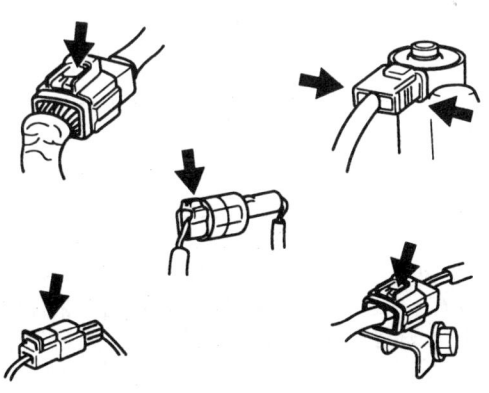

   c. 커넥터 연결 시, 장착음 ("딸깍")이 들리는지 확인한다.

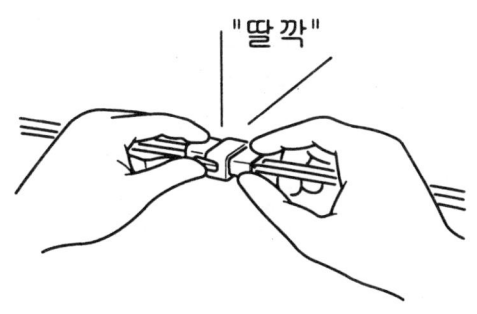

   d. 통전 상태 점검이나 전압 측정시, 항상 테스터 프루브를 와이어링 하니스측에 삽입한다.

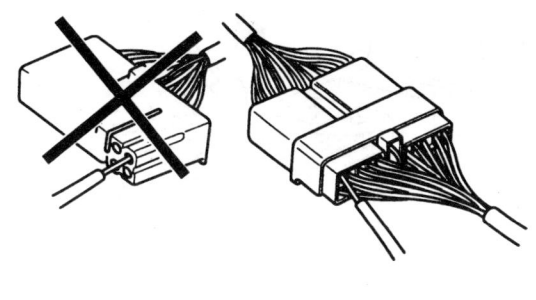

   e. 방수 처리된 커넥터의 경우는 와이어링 하니스측이 아닌, 커넥터 터미널측을 이용한다.

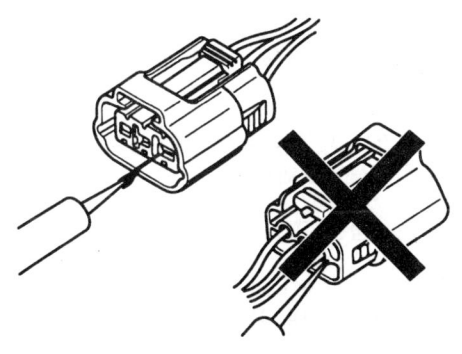

   참고
   테스트 중, 커넥터 단자가 손상되지 않도록 주의한다.

2. 커넥터 점검 포인트
   a. 커넥터가 연결되어 있을때: 커넥터의 연결 상태 및 락킹(Locking) 상태
   b. 커넥터가 분리되어 있을때: 와이어링 하니스를 살짝 당겨서 단자의 유실, 주름 또는 내부 와이어 손상에 대하여 점검한다. 그리고 녹 발생, 오염, 변형 및 구부러짐에 대하여 육안으로 점검한다.
   c. 단자 체결 상태: 단자(凹)와 단자(凸) 사이의 체결 상태를 점검한다.

d. 각각의 배선을 적당한 힘으로 당겨서, 연결 상태를 점검한다.

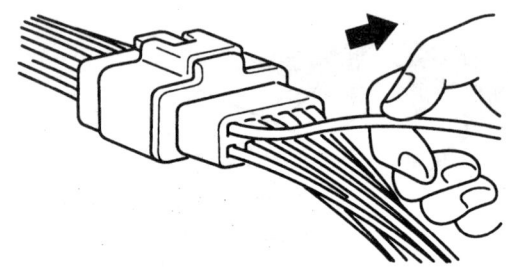

BFGE015K

3. 커넥터 터미널 수리
   a. 커넥터 터미널의 연결 부위를 에어건이나 샾타월로 세척한다.

   ⚠ 주의

   커넥터 터미널에 사포를 이용할 경우 손상될 수 있으니 주의한다.

   b. 커넥터간의 체결력이 부족할 경우는 터미널(凹)을 수리 또는 교체한다.

와이어링 하니스 점검 절차

1. 와이어링 하니스를 분리하기 전에 와이어링 하니스의 장착 위치를 확인하여, 재설치 및 교환 시 활용한다.

2. 꼬임, 늘어짐, 느슨해짐에 대하여 점검한다.

3. 와이어링 하니스의 온도가 비정상적으로 높지는 않은지 점검한다.

4. 회전 운동, 왕복 운동 또는 진동을 유발하는 부분이 와이어링 하니스와 간섭되지는 않은지 점검한다.

5. 와이어링 하니스와 단품의 연결상태를 점검한다.

6. 와이어링 하니스의 피복의 상태를 점검한다.

전기적인 회로 점검 절차

● 단선 회로

1. 단선 회로 점검 방법
   - 통전 점검법
   - 전압 점검법

   단선 회로 발생 부분은[그림1] 통전 점검법(2번) 또는 전압 점검법(3번)으로 고장 부위를 찾을 수 있다.

   그림 1

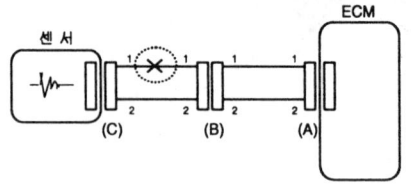

AFBE501A

2. 통전 점검법

기준값 (저항):
1Ω 이하: 정상 회로
1MΩ 이상: 단선 회로

   a. (A) 커넥터와 (C) 커넥터를 분리하고, 커넥터 (A)와 (C) 사이의 저항을 측정한다 [그림2]; 라인1의 측정 저항값이 "1MΩ 이상"이고, 라인2의 측정 저항값이 "1Ω 이하"라면, 라인1이 단선 회로이다 (라인2는 정상). 정확한 단선 부위를 찾기 위해서 라인1의 서브 라인을 점검한다 (다음 단계).

   그림 2

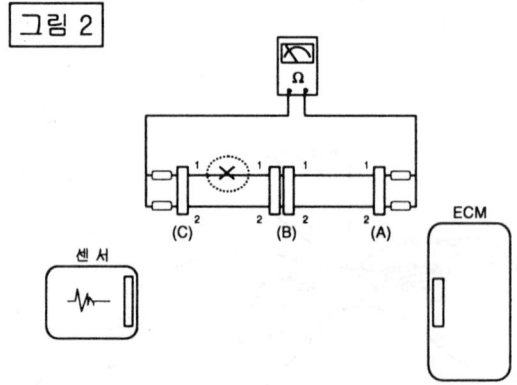

AFBE501B

   b. (B) 커넥터를 분리하고, 커넥터 (C)와 (B1), 커넥터 (B2)와 (A) 사이의 저항을 측정한다 [그림3];

# 일반사항

(C)와 (B1) 사이의 측정 저항값이 "1MΩ 이상"이고, (B2)와 (A) 사이의 측정 저항값이 "1Ω 이하"라면, 커넥터 (C)의 1번 단자와 커넥터 (B1)의 1번 단자 사이가 단선 회로이다.

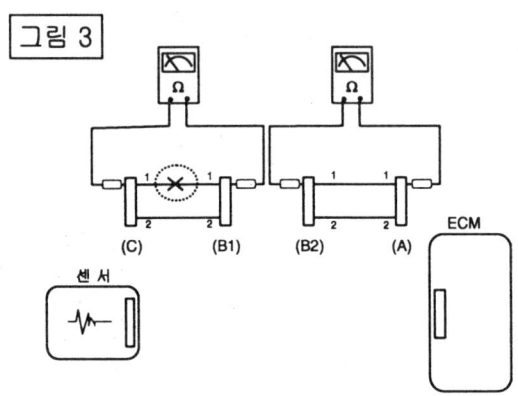

AFBE501C

3. 전압 점검법
   a. 모든 커넥터가 연결된 상태에서, 각 커넥터 (A), (B), (C) 커넥터의 1번 단자와 샤시 접지 사이의 전압을 측정한다 [그림4]; 측정 전압이 각각 5V, 5V, 0V라면, (C)와 (B) 사이의 회로가 단선 회로이다.

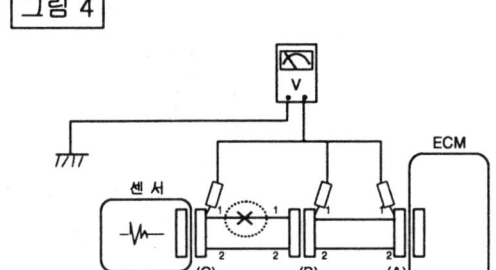

AFBE501D

● 단락 회로

1. 단락(접지) 회로 점검 방법
   • 접지와의 통전 점검법

   단락(접지) 회로 발생 부분은 [그림5] 접지와의 통전 점검법(2번)으로 고장 부위를 찾을 수 있다.

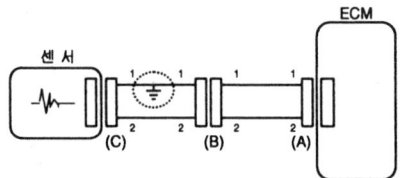

AFBE501E

2. 접지와의 통전 점검법

   기준값 (저항):
   1Ω 이하: 단락(접지) 회로
   1MΩ 이상: 정상 회로

   a. (A) 커넥터와 (C) 커넥터를 분리하고, 커넥터 (A)와 접지 사이의 저항을 측정한다 [그림6]; 라인1의 측정 저항값이 "1Ω 이하"이고, 라인2의 측정 저항값이 "1MΩ 이상"라면, 라인1이 단락 회로이다 (라인2는 정상). 정확한 단락 부위를 찾기 위해서 라인1의 서브 라인을 점검한다 (다음 단계).

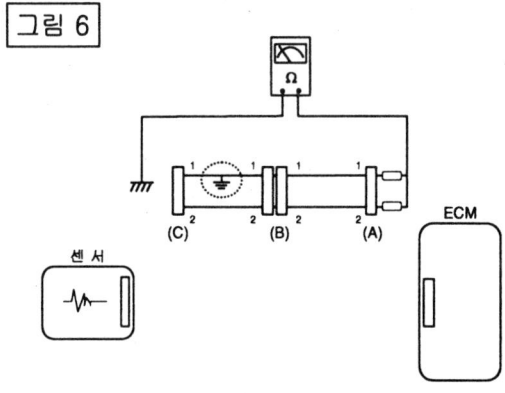

AFBE501F

   b. (B) 커넥터를 분리하고, 커넥터 (A)와 샤시 접지, 커넥터 (B1)과 샤시 접지 사이의 저항을 측정한다 [그림7]; 커넥터 (B1)과 샤시 접지 사이의 측정

저항값이 "1Ω 이하"이고 커넥터 (A)와 샤시 접지 사이의 측정 저항값이 "1MΩ 이상"이라면, 커넥터 (B1)의 1번 단자와 커넥터 (C)의 1번 단자 사이가 단락(접지) 회로이다.

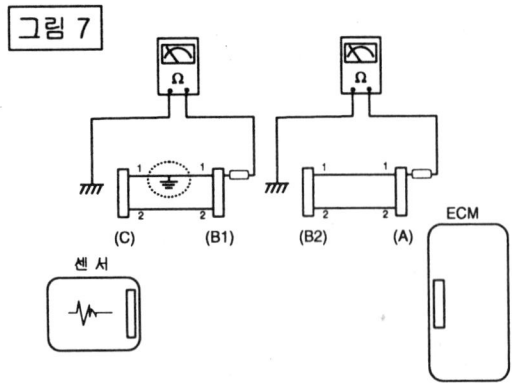

그림 7

일반사항  FL-15

증상별 고장 진단

| 주요 증상 | 점검 절차 | 비고 |
|---|---|---|
| 시동 불능<br>(엔진 크랭킹 안됨) | 1. 배터리 점검 (그룹 "EE" 참조)<br>2. 스타터 점검 (그룹 "EE" 참조)<br>3. 인히비터 스위치 | |
| 시동 불능<br>(불완전 연소) | 1. 배터리 점검 (그룹 "EE" 참조)<br>2. 연료 압력 점검 ("연료 공급 장치"편 참조)<br>3. 점화 회로 점검 (그룹 "EE" 참조)<br>4. 이모빌라이저 (Immobilizer) 점검 (이모빌라이저 램프 ON시) | • 고장코드 (DTC)<br>• 압축 압력 낮음<br>• 흡기 누설<br>• 타이밍 벨트 불량<br>• 연료 오염 |
| 시동 어려움 | 1. 배터리 점검 (그룹 "EE" 참조)<br>2. 연료 압력 점검 ("연료 공급 장치"편 참조)<br>3. 냉각 수온 센서 및 회로 점검 (고장코드 확인)<br>4. 점화 회로 점검 (그룹 "EE" 참조) | • 고장코드 (DTC)<br>• 압축 압력 낮음<br>• 흡기 누설<br>• 연료 오염<br>• 점화 스파크 미약 |
| 공회전 불량<br>(엔진 부조, 공회전 불규칙, 공회전 불안정) | 1. 연료 압력 점검 ("연료 공급 장치"편 참조)<br>2. 인젝터 점검<br>3. 연료량 장기 학습치 (Long-Term Fuel Trim) 및 단기 학습치 (Short-Term Fuel Trim) 점검<br>4. 공회전 속도 제어 시스템 점검 (고장코드 확인)<br>5. 스로틀 바디 점검 및 테스트<br>6. 냉각 수온 센서 및 회로 점검 (고장코드 확인) | • 고장코드 (DTC)<br>• 압축 압력 낮음<br>• 흡기 누설<br>• 연료 오염<br>• 점화 스파크 미약 |
| 엔진 멈춤 | 1. 배터리 점검 (그룹 "EE" 참조)<br>2. 연료 압력 점검 ("연료 공급 장치"편 참조)<br>3. 공회전 속도 제어 시스템 점검 (고장코드 확인)<br>4. 점화 회로 점검 (그룹 "EE" 참조)<br>5. 크랭크샤프트 포지션 센서 및 회로 (고장코드 확인) | • 고장코드 (DTC)<br>• 흡기 누설<br>• 연료 오염<br>• 점화 스파크 미약 |
| 주행 불량<br>(덜컥거림) | 1. 연료 압력 점검 ("연료 공급 장치"편 참조)<br>2. 스로틀 바디 점검 및 테스트<br>3. 점화 회로 점검 (그룹 "EE" 참조)<br>4. 냉각 수온 센서 및 회로 점검 (고장코드 확인)<br>5. 배기 시스템 테스트 (그룹 "EM" 참조)<br>6. 연료량 장기 학습치 (Long-Term Fuel Trim) 및 단기 학습치 (Short-Term Fuel Trim) 점검 | • 고장코드 (DTC)<br>• 압축 압력 낮음<br>• 흡기 누설<br>• 연료 오염<br>• 점화 스파크 미약 |
| 노킹 발생 | 1. 연료 압력 점검 ("연료 공급 장치"편 참조)<br>2. 냉각수 점검 (그룹 "EM" 참조)<br>3. 라디에이터 및 냉각팬 점검 (그룹 "EM" 참조)<br>4. 점화 플러그 점검 (그룹 "EE" 참조) | • 고장코드 (DTC)<br>• 연료 오염 |
| 연비 저하 | 1. 운전자의 주행 패턴 체크<br>  • 에어컨이나 리어 열선을 항시 ON하는가?<br>  • 타이어압이 정상인가?<br>  • 차량에 과도한 짐이 실려있는지는 않은가?<br>  • 가속을 많이 하거나, 자주 하지는 않은가?<br>2. 연료 압력 점검 ("연료 공급 장치"편 참조)<br>3. 인젝터 점검<br>4. 배기 시스템 테스트 (그룹 "EM" 참조)<br>5. 냉각 수온 센서 및 회로 점검 (고장코드 확인) | • 고장코드 (DTC)<br>• 압축 압력 낮음<br>• 흡기 누설<br>• 연료 오염<br>• 점화 스파크 미약 |

# 가솔린 엔진 제어 시스템

## 개요  KD37E52E

가솔린 엔진 제어 시스템의 구성 부품 (센서류, 엑츄에이터류, ECM, 인젝터 등)이 정상적으로 작동하지 않을 경우, 다양한 엔진 작동 조건에 알맞은 연료량을 공급할 수 없게 되어 다음과 같은 고장이 발생한다.

1. 엔진 시동이 어렵거나, 전혀 시동이 걸리지 않는다.
2. 공회전이 불안정하다.
3. 엔진 주행능력이 불량하다.

만일 이와 같은 고장이 발견되면, 일단 자기 진단과 엔진 기본 점검 (점화 장치, 부적당한 엔진 조정 등)을 시행한 후에 다용도 테스터 또는 디지털 멀티미터를 이용하여 엔진 제어 장치의 구성 부품을 점검한다.

### ⚠ 주의

- 부품의 분리 또는 장착을 위해 배터리 (-) 단자를 분리할 시에는 자기 진단 코드(DTC)를 먼저 읽는다.
- 배터리 단자를 분리하기에 앞서, 점화 스위치를 OFF한다. 그리고 엔진 작동 중 혹은 점화 스위치 ON 상태에서는 배터리를 분리하거나 연결하지 않는다. 만약 그렇지 않을 경우, PCM 내부의 반도체가 손상되어, 차량이 비정상적으로 작동할 수 있다.

## 자기 진단

ECM은 엔진 제어 장치 구성 요소 (센서 및 액츄에이터)와 항상 또는 특정 시점에 신호를 주고 받는다. 만약 비정상적인 신호가 특정 시간 이상 발생하면 ECM은 고장이 발생 것으로 판단하고, 고장코드를 메모리에 기억시킨 후, 고장 신호를 자기 진단 출력 단자에 보낸다. 이 고장코드는 배터리에 의해 직접 백업되어 점화 스위치를 OFF시키더라도 고장진단 결과는 지워지지 않지만, 배터리 단자 혹은 ECM 커넥터를 분리하면 지워진다.

### ⚠ 주의

점화 스위치 ON 상태에서 센서 또는 액츄에이터 커넥터를 분리하면, 고장 코드 (DTC)가 기억되는데, 이런 경우 배터리의 (-) 단자를 15초 이상 분리시키면 고장진단 기억이 지워진다.

## 자기 진단 점검 절차

### ⚠ 주의

- 배터리 전압이 낮으면 자기 진단 기능이 저하되어, 고장이 발견되지 않을 수 있으므로 점검하기 전에 배터리의 전압 및 기타 상태를 점검해야 한다.
- 배터리 혹은 PCM 커넥터를 분리시키면 고장 항목이 지워지므로 고장 진단 결과를 완전히 읽기 전에는 배터리를 분리시키지 않는다.
- 점검 및 수리를 완료한 후에는 진단 장비를 이용하여 고장코드를 소거하는 방법이 가장 바람직하며, 배터리 (-) 단자를 15초 이상 분리시킨 후 재연결하여 고장코드가 지워졌는지 확인한다 (이 때 점화스위치는 필히 OFF할 것)

점검 절차 (진단 장비 사용)

1. 점화 스위치를 OFF한다.
2. 진단 장비를 자기 진단 커넥터 (DLC:Data Link Connector)에 연결한다.
3. 점화 스위치를 ON한다.
4. 진단 장비를 사용하여 자기 진단 코드를 점검한다.
5. 고장 코드 (DTC)에 대한 고장 진단 절차에 준하여 고장 부위를 수리한다.
6. 고장 코드 (DTC)를 삭제한다.
7. 진단 장비를 분리한다.

### 📖 참고

고장코드 삭제 시에는 가급적 진단 장비를 사용해야 한다. 그리고 배터리 단자를 분리하는 방법으로도 고장 코드 (DTC) 삭제가 가능하나, 이 경우 PCM 내부의 학습 데이터도 동시에 삭제됩니다.

# 가솔린 엔진 제어 시스템

## 부품 위치  KD65B557

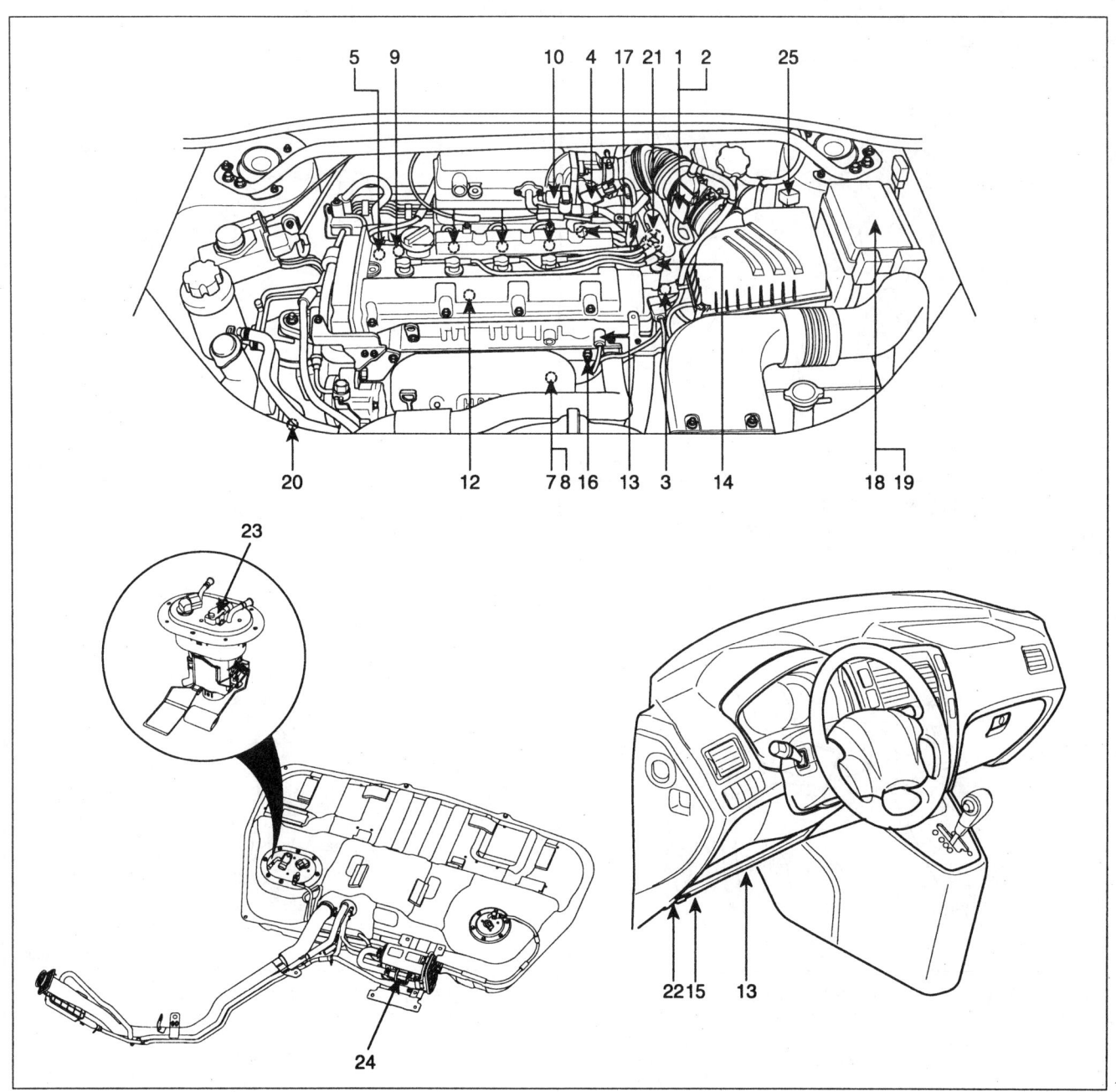

1. 공기량 측정 센서 (MAFS)
2. 흡기 온도 센서 (IATS)
3. 냉각 수온 센서 (ECTS)
4. 스로틀 포지션 센서 (TPS)
5. 캠샤프트 포지션 센서 (CMPS)
6. 크랭크 샤프트 포지션 센서 (CKPS)
7. 산소 센서 (HO2S) [뱅크1/센서1]
8. 산소 센서 (HO2S) [뱅크1/센서2]
9. 인젝터
10. 공회전 속도 제어 액츄에이터 (ISCA)
11. 차량 속도 센서 (VSS)
12. 노크 센서
13. CVVT 오일 컨트롤 밸브 (OCV)
14. 점화 스위치
15. ECM
16. CVVT 오일 온도 센서 (OTS)
17. 퍼지 컨트롤 솔레노이드 밸브 (PCSV)
18. 메인 릴레이
19. 연료 펌프 릴레이
20. 에어컨 압력 트랜스 듀서 (APT)
21. 점화 코일
22. 자기 진단 커넥터
23. 연료탱크 압력센서 (FTPS)
24. 캐니스터 클로즈 밸브 (CCV)
25. 다기능 체크 커넥터

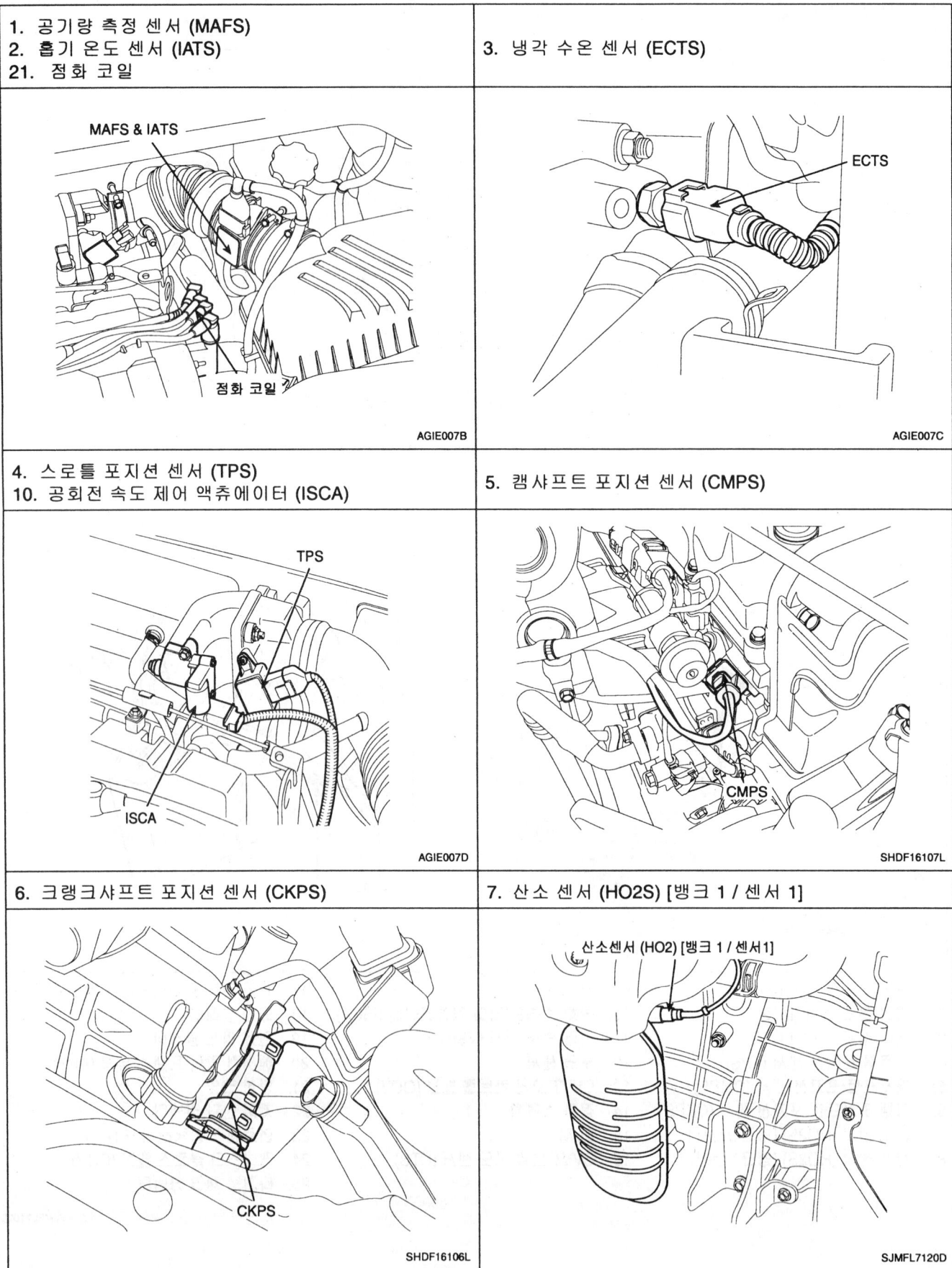

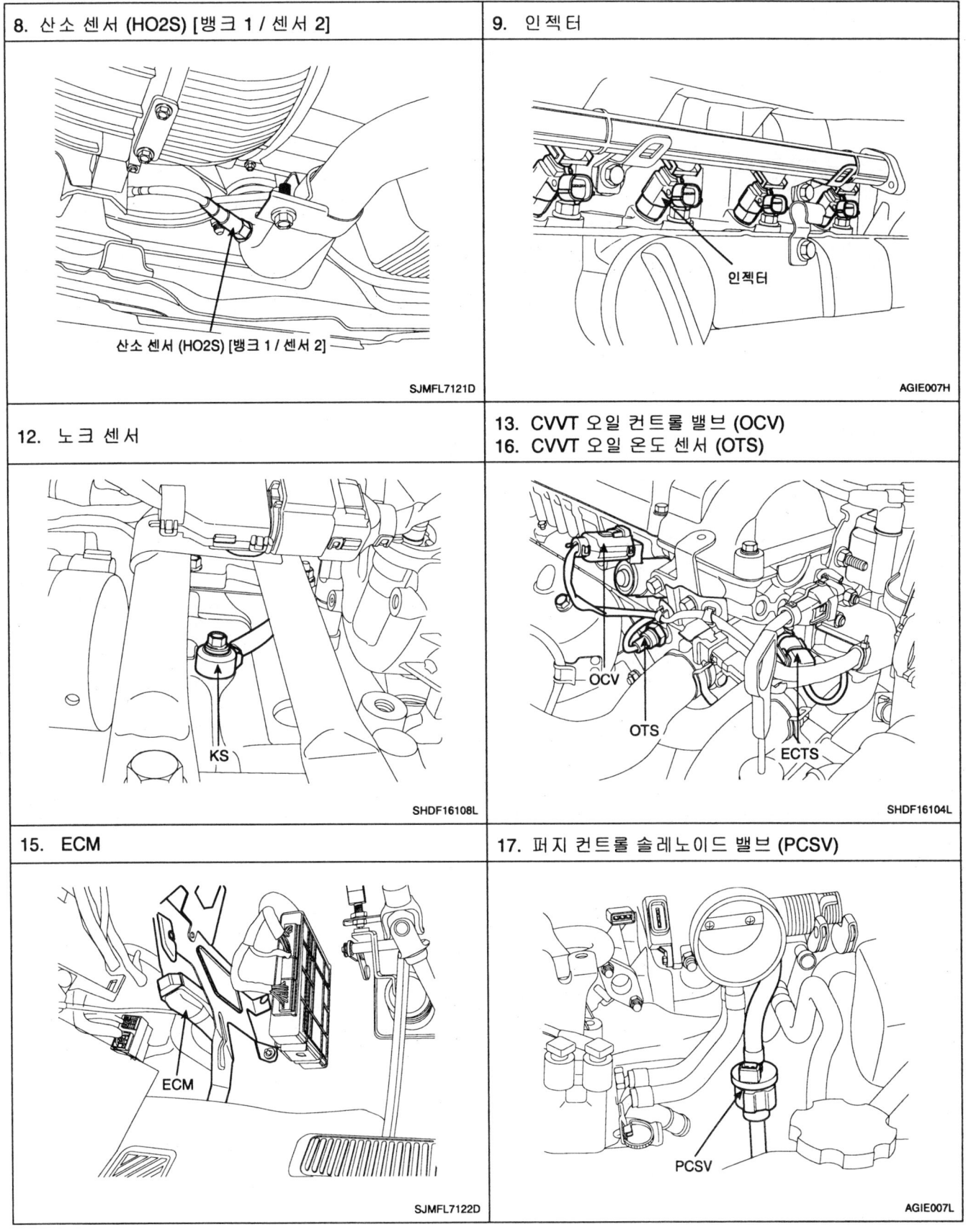

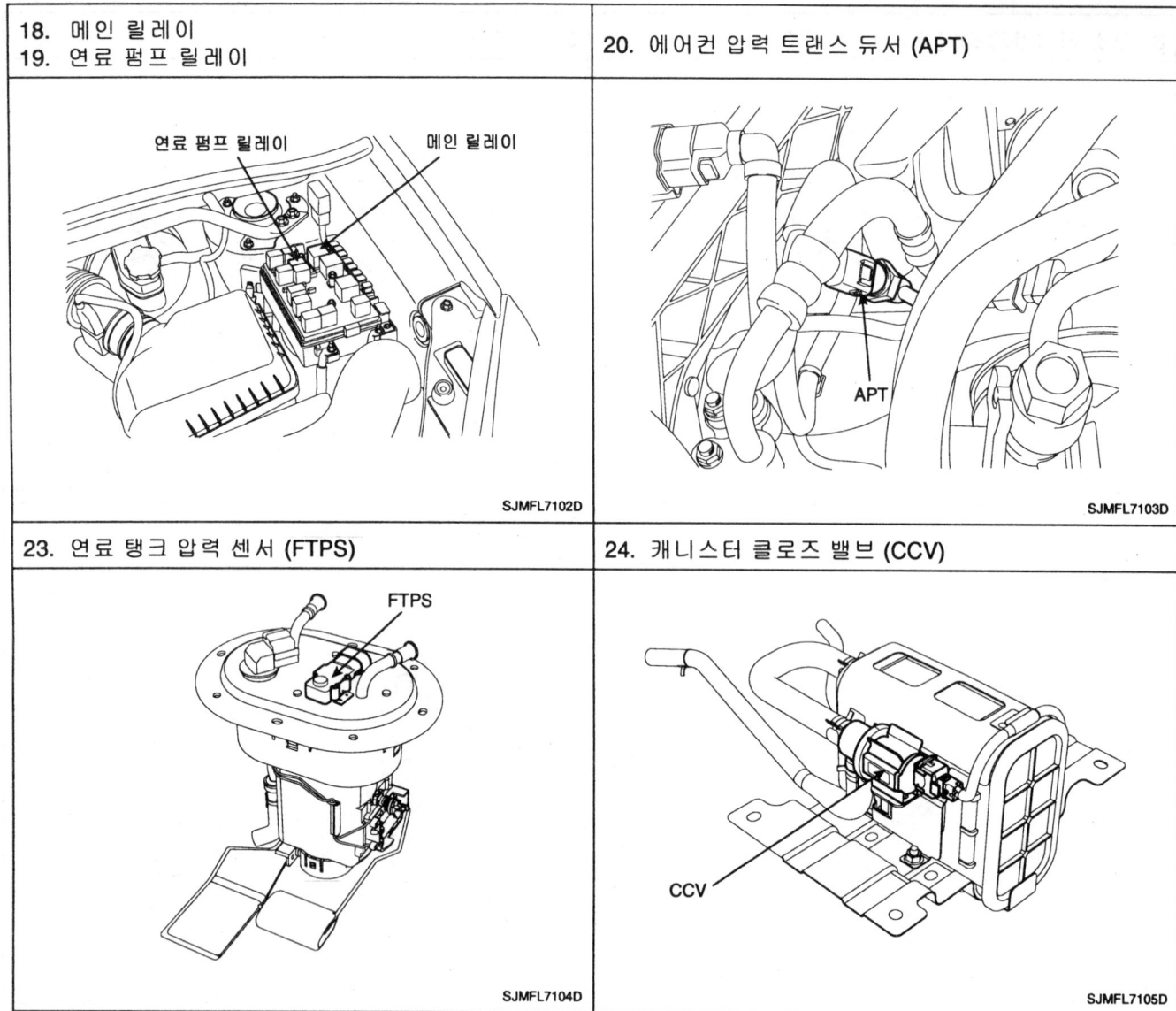

# ECM (ENGINE CONTROL MODULE)

## ECM 커넥터  K8A85F69

### 1. ECM (ENGINE CONTROL MODULE)

```
| 6 | 7 | 8 | 9 |10 |11 |12 |13 |14 |15 |16 |17 |18 |19 |20 |21 |22 |23 |24 | 5 | 4 |
|25 |26 |27 |28 |29 |30 |31 |32 |33 |34 |35 |36 |37 |38 |39 |40 |41 |42 |43 |       |
|44 |45 |46 |47 |48 |49 |50 |51 |52 |53 |54 |55 |56 |57 |58 |59 |60 |61 |62 |   3   |
|63 |64 |65 |66 |67 |68 |69 |70 |71 |72 |73 |74 |75 |76 |77 |78 |79 |80 |81 | 2 | 1 |
```

커넥터 [C130-1]

### 2. 단자 기능

| 단자 | 신호명 | 연결 부위 |
|---|---|---|
| 1 | ECM 접지 | 샤시 접지 |
| 2 | ECM 접지 | 샤시 접지 |
| 3 | ECM 전원 | 배터리 |
| 4 | 점화 코일 (실린더 #1, 4) 제어 | 점화 코일 |
| 5 | 점화 코일 (실린더 #2, 3) 제어 | 점화 코일 |
| 6 | CAN [로우] | TCM, ABS 제어 모듈, 4WD 제어 모듈 |
| 7 | CAN [하이] | TCM, ABS 제어 모듈, 4WD 제어 모듈 |
| 8 | 산소 센서 (HO2S) [뱅크 1 / 센서 1] 히터 제어 | 산소 센서 (HO2S) [뱅크 1 / 센서 1] |
| 9 | 산소 센서 (HO2S) [뱅크 1 / 센서 2] 히터 제어 | 산소 센서 (HO2S) [뱅크 1 / 센서 2] |
| 10 | 노크 센서 (KS) 신호 입력 | 노크 센서 (KS) |
| 11 | CVVT 오일 컨트롤 밸브 (OCV) 제어 | CVVT 오일 컨트롤 밸브 (OCV) |
| 12 | - | |
| 13 | - | |
| 14 | 배터리 전원 | 메인 릴레이 |
| 15 | - | |
| 16 | - | |
| 17 | 휠 속도 센서 [B] 신호 입력 [ABS/VDC 비장착 차량] | 휠 속도 센서 (WSS) |
| 18 | 휠 속도 센서 [A] 신호 입력 [ABS/VDC 비장착 차량] | 휠 속도 센서 (WSS) |
| 19 | - | |
| 20 | - | |
| 21 | 배터리 전원 | 메인 릴레이 |
| 22 | 배터리 전원 | 점화 스위치 |

| 단자 | 신호명 | 연결 부위 |
|---|---|---|
| 23 | 인젝터 (실린더 #4) 제어 | 인젝터 (실린더 #4) |
| 24 | 인젝터 (실린더 #1) 제어 | 인젝터 (실린더 #1) |
| 25 | 센서 전원 공급 (+5V) | - |
| 26 | 퍼지 컨트롤 솔레노이드 밸브 (PCSV) 제어 | 퍼지 컨트롤 솔레노이드 밸브 (PCSV) |
| 27 | 크랭크샤프트 포지션 센서 (CKPS) 접지 | 크랭크샤프트 포지션 센서 (CKPS) |
| 28 | - | |
| 29 | 크랭크샤프트 포지션 센서 (CKPS) 신호 입력 | 크랭크샤프트 포지션 센서 (CKPS) |
| 30 | 캠샤프트 포지션 센서 (CMPS) 접지 | 캠샤프트 포지션 센서 (CMPS) |
| 31 | 냉각 수온 센서 (ECTS) 신호 입력 | 냉각 수온 센서 (ECTS) |
| 32 | 스로틀 포지션 센서 (TPS) 신호 입력 | 스로틀 포지션 센서 (TPS) |
| 33 | 연료 탱크 압력 센서 신호 입력 | 연료 탱크 압력 센서 |
| 34 | 센서 접지 | 연료 탱크 압력 센서 |
| 35 | - | |
| 36 | - | |
| 37 | 산소 센서 (HO2S) [뱅크 1 / 센서 2] 접지 | 산소 센서 (HO2S) [뱅크 1 / 센서 2] |
| 38 | 스로틀 포지션 센서 (TPS) 접지 | 스로틀 포지션 센서 (TPS) |
| 39 | 차량 속도 센서 (VSS) 신호 입력 | 차량 속도 센서 (VSS) |
| 40 | - | |
| 41 | - | |
| 42 | 산소 센서 (HO2S) [뱅크 1 / 센서 2] 신호 입력 | 산소 센서 (HO2S) [뱅크 1 / 센서 2] |
| 43 | 산소 센서 (HO2S) [뱅크 1 / 센서 1] 신호 입력 | 산소 센서 (HO2S) [뱅크 1 / 센서 1] |
| 44 | 센서 전원 (+5V) | 연료 탱크 압력 센서 |
| 45 | 센서 전원 공급 (+5V) | 스로틀 포지션 센서 (TPS) |
| 46 | 센서 전원 공급 (+5V) | - |
| 47 | - | |
| 48 | 공기량 측정 센서 (MAFS) 접지 | 공기량 측정 센서 (MAFS) |
| 49 | - | |
| 50 | 에어컨 컴프레서 스위치 [하이/로우] 신호 입력 | 트리플 스위치 |
| 51 | 에어컨 컴프레서 스위치 [미들] 신호 입력 | 트리플 스위치 |
| 52 | CVVT 오일 온도 센서 (OTS) 신호 입력 | CVVT 오일 온도 센서 (OTS) |
| 53 | | |
| 54 | 노크 센서 (KS) 접지 | 노크 센서 (KS) |
| 55 | 점화 코일 쉴드 | 점화 코일 |
| 56 | 흡기 온도 센서 (IATS) 신호 입력 | 흡기 온도 센서 (IATS) |
| 57 | - | |

가솔린 엔진 제어 시스템　　　　　　　　　　　　　　　　　　　　　　　　　　　FL-23

| 단자 | 신호명 | 연결 부위 |
|---|---|---|
| 58 | 에어컨 스위치 "ON" 신호 입력 | 에어컨 스위치 |
| 59 | 산소 센서 (HO2S) [뱅크 1 / 센서 2] 접지 | 산소 센서 (HO2S) [뱅크 1 / 센서 2] |
| 60 | 공기량 측정 센서 (MAFS) 신호 입력 | 공기량 측정 센서 (MAFS) |
| 61 | 인젝터 (실린더 #3) 제어 | 인젝터 (실린더 #3) |
| 62 | 인젝터 (실린더 #2) 제어 | 인젝터 (실린더 #2) |
| 63 | - | |
| 64 | 냉각팬 릴레이 [하이] 제어 | 냉각팬 릴레이 |
| 65 | 냉각팬 릴레이 [로우] 제어 | 냉각팬 릴레이 |
| 66 | 엔진 속도 신호 출력 | 클러스터 (타코미터) |
| 67 | 메인 릴레이 제어 | 메인 릴레이 |
| 68 | 에어컨 컴프레셔 릴레이 제어 | 에어컨 컴프레셔 릴레이 |
| 69 | 연료 펌프 릴레이 제어 | 연료 펌프 릴레이 |
| 70 | 엔진 경고등 (MIL) 제어 | 클러스터 (엔진 경고등) |
| 71 | - | |
| 72 | 캠샤프트 포지션 센서 (CMPS) 신호 입력 | 캠샤프트 포지션 센서 (CMPS) |
| 73 | 냉각 수온 센서 (ECTS) 접지 | 냉각 수온 센서 (ECTS) |
| 74 | 스로틀 포지션 센서 (TPS) PWM 신호 출력 | |
| 75 | 연료 소모 신호 출력 | 트립 컴퓨터 |
| 76 | CVVT 오일 온도 센서 (OTS) 접지 | CVVT 오일 온도 센서 (OTS) |
| 77 | 자기 진단 라인 (K-라인) | 자기 진단 커넥터 (DLC : Data Link Connector) |
| 78 | 공회전 속도 제어 액츄에이터 (ISCA) [닫힘] | 공회전 속도 제어 액츄에이터 (ISCA) |
| 79 | 캐니스터 클로즈 밸브 (CCV) 제어 | 캐니스터 클로즈 밸브 (CCV) |
| 80 | 공회전 속도 제어 액츄에이터 (ISCA) [열림] | 공회전 속도 제어 액츄에이터 (ISCA) |
| 81 | - | |

## 3. ECM 단자 입/출력 전압

| 단자 | 신호명 | 조건 | 형식 | 레벨 | 측정치 (참고치) | 비고 |
|---|---|---|---|---|---|---|
| 1 | ECM 접지 | 공회전 | DC 전압 | 최대 50 mV | | |
| 2 | ECM 접지 | 공회전 | DC 전압 | 최대 50 mV | | |
| 3 | ECM 전원 | 시동키 탈거시 | 전류 | 1.0 mA 이하 | 0.09 mA | |
| | | 항시 | DC 전압 | 배터리 전압 | 13.16 V | |
| 4 | 점화 코일 (실린더 #1, 4) 제어 | 공회전 | PULSE | 1차 전압: 300~400V | 319.5 V | |
| | | | | ON전압: 최대 2V | 1.25 V | |

| 단자 | 신호명 | 조건 | 형식 | 레벨 | 측정치 (참고치) | 비고 |
|---|---|---|---|---|---|---|
| 5 | 점화 코일 (실린더 #2, 3) 제어 | 공회전 | PULSE | 1차 전압: 300~400V | 328 V | |
| | | | | ON전압: 최대 2V | 1.25 V | |
| 6 | CAN [로우] | RECESSIVE | PULSE | 2.0 ~ 3.0 V | 2.44 V | |
| | | DOMINANT | | 0.5 ~ 2.25 V | 1.48 V | |
| 7 | CAN [하이] | RECESSIVE | PULSE | 2.0 ~ 3.0 V | 2.41 V | |
| | | DOMINANT | | 2.75 ~ 4.5 V | 3.36 V | |
| 8 | 산소 센서 (HO2S, 센서 1) 히터 제어 | 엔진 구동중 | PULSE | 하이: 배터리 전압 | 14.18 V | 10Hz |
| | | | | 로우: 0 ~ 0.5 V | 0.25 V | |
| 9 | 산소 센서 (HO2S, 센서 2) 히터 제어 | 엔진 구동중 | PULSE | 하이: 배터리 전압 | 14.125 V | 10Hz |
| | | | | 로우: 0 ~ 0.5 V | 0.25 V | |
| 10 | 노크 센서 (KS) 신호 입력 | 정상 | 전압 | 2.0 ~ 3.0V | | |
| | | 노킹 발생 | 주파수 | - | | |
| 11 | CVVT 오일 컨트롤 밸브 (OCV) 제어 | 공회전 | PULSE | 하이: 배터리 전압 | 15.44 V | |
| | | | | 로우: 0~ 0.5 V | 0.188 V | |
| 12 | - | | | | | |
| 13 | - | | | | | |
| 14 | 배터리 전원 | IG OFF | DC 전압 | 최대 1.0 V | 0 V | |
| | | IG ON | | 배터리 전압 | 12.6 V | |
| 15 | - | | | | | |
| 16 | - | | | | | |
| 17 | 휠 속도 센서 [B] 신호 입력 [ABS/VDC 비장착 차량] | 주행중 (30km/h) | SINE 파형 | 15Hz: 최소 0.13Vp_p | | |
| | | | | 1,000Hz: 최소 0.2Vp_p | | |
| | | | | Overall: 최대 250Vp_p | | |
| 18 | 휠 속도 센서 [A] 신호 입력 [ABS/VDC 비장착 차량] | 주행중 (30km/h) | SINE 파형 | 15Hz: 최소 0.13Vp_p | | |
| | | | | 1,000Hz: 최소 0.2Vp_p | | |
| | | | | Overall: 최대 250Vp_p | | |
| 19 | - | | | | | |
| 20 | - | | | | | |
| 21 | 배터리 전원 | IG OFF | DC 전압 | 최대 1.0 V | 0 V | |
| | | IG ON | | 배터리 전압 | 12.6 V | |
| 22 | 배터리 전원 | IG OFF | DC 전압 | 최대 1.0 V | 0 V | |
| | | IG ON | | 배터리 전압 | 14.2 V | |

# 가솔린 엔진 제어 시스템

| 단자 | 신호명 | 조건 | 형식 | 레벨 | 측정치 (참고치) | 비고 |
|---|---|---|---|---|---|---|
| 23 | 인젝터 (실린더 #4) 제어 | 공회전 | PULSE | 하이: 배터리 전압 | 14.13 V | 서지전압: 53.2 V (5.83 Hz) |
|  |  |  |  | 로우: 최대 1.0V | 0.375 V |  |
| 24 | 인젝터 (실린더 #1) 제어 | 공회전 | PULSE | 하이: 배터리 전압 | 14.06 V | 서지전압: 53.2 V (5.83 Hz) |
|  |  |  |  | 로우: 최대 1.0V | 0.375 |  |
| 25 | 센서 전원 공급 (+5V) | IG OFF | DC 전압 | 최대 0.5V | 0 V |  |
|  |  | IG ON |  | 4.9 ~ 5.1V | 5.04 V |  |
| 26 | 퍼지 컨트롤 솔레노이드 밸브 (PCSV) 제어 | 비작동 | PWM | 하이: 배터리 전압 | 14.06 V | 서지전압: 49.06 V (20 Hz) |
|  |  | 작동 |  | 로우: 최대 0.5V | 0.0625 V |  |
| 27 | 크랭크샤프트 포지션 센서 (CKPS) 접지 | 공회전 | DC 전압 | 최대 50 mV | 20.52 mV |  |
| 28 | - |  |  |  |  |  |
| 29 | 크랭크샤프트 포지션 센서 (CKPS) 신호 입력 | 엔진 구동중 | PULSE | 하이: Vcc | 5.04 V |  |
|  |  |  |  | 로우: 최대 0.5V | 0.163 V |  |
| 30 | 캠샤프트 포지셔 센서 (CMPS) 접지 | 공회전 | DC 전압 | 최대 0.5V | 21.122 mV |  |
| 31 | 냉각 수온 센서 (ECTS) 신호 입력 | 엔진 구동중 | DC 전압 | 0.5V ~4.5V | 1.125 V | 냉각수온 =90 °C 일 때 |
| 32 | 스로틀 포지션 센서 (TPS) 신호 입력 | C.T | DC 전압 | 0.2 ~ 0.9V | 0.288 V |  |
|  |  | W.O.T |  | 4.0 ~ 5.0V | 4.23 V |  |
| 33 | 연료 탱크 압력 센서 신호 입력 | 공회전 | DC 전압 | 0.4 ~ 4.6V | 2.58V |  |
| 34 | 센서 접지 | 공회전 | DC 전압 | 최대 50 mV | 16.1 mV |  |
| 35 | - |  |  |  |  |  |
| 36 | - |  |  |  |  |  |
| 37 | 산소 센서 (HO2S, 센서 2) 접지 | 공회전 | DC 전압 | 최대 50 mV | 20.2 mV |  |
| 38 | 스로틀 포지션 센서 (TPS) 접지 | 공회전 | DC 전압 | 최대 50 mV | 20.1 mV |  |
| 39 | 차량 속도 센서 (VSS) 신호 입력 | 주행중 | PULSE | 하이: 최소 5.0V | 4.66 V | 58.139 Hz |
|  |  |  |  | 로우: 최대 1.0V | 0.975 V |  |
| 40 | - |  |  |  |  |  |
| 41 | - |  |  |  |  |  |
| 42 | 산소 센서 (HO2S, 센서 2) 신호 입력 | 엔진 구동중 | 아날로그 | 농후: 0.6 ~ 1.0V | 0.755 V |  |
|  |  |  |  | 희박: 0 ~ 0.4V | 0.136 V |  |
| 43 | 산소 센서 (HO2S, 센서 1) 신호 입력 | 엔진 구동중 | 아날로그 | 농후: 0.6 ~ 1.0V | 0.724 V |  |
|  |  |  |  | 희박: 0 ~ 0.4V | 0.105 V |  |
| 44 |  |  |  |  |  |  |

| 단자 | 신호명 | 조건 | 형식 | 레벨 | 측정치 (참고치) | 비고 |
|---|---|---|---|---|---|---|
| 45 | 센서 전원 공급 (+5V) | IG OFF | DC 전압 | 최대 0.5V | 0 V | |
| | | IG ON | | 4.9 ~ 5.1V | 5.05 V | |
| 46 | 센서 전원 공급 (+5V) | IG OFF | DC 전압 | 최대 0.5V | 0 V | |
| | | IG ON | | 4.9 ~ 5.1V | 5.05 V | |
| 47 | - | | | | | |
| 48 | 센서 전원 (+5V) | IG OFF | DC 전압 | 최대 0.5V | 3.16 mV | |
| | | IG ON | | 4.9 ~ 5.1V | 5.06V | |
| 49 | - | | | | | |
| 50 | 에어컨 컴프레셔 스위치 [하이/로우] 신호 입력 | A/C OFF | DC 전압 | 최대 0.5V | 12.56 V | |
| | | A/C ON | | 배터리 전압 | 0 V | |
| 51 | 에어컨 컴프레셔 스위치 [미들] 신호 입력 | MID OFF | DC 전압 | 최대 0.5V | 12.06 V | |
| | | MID ON | | 배터리 전압 | 0 V | |
| 52 | CVVT 오일 온도 센서 (OTS) 신호 입력 | 공회전 | 아날로그 | 0.5 ~ 4.5V | 0.937 V | 오일 온도 =94 ℃ 일 때 |
| 53 | - | | | | | |
| 54 | 노크 센서 (KS) 접지 | 공회전 | DC 전압 | 최대 50 mV | 21.55 mV | |
| 55 | 점화 코일 쉴드 | 공회전 | DC 전압 | 최대 50 mV | 21.36 mV | |
| 56 | 흡기 온도 센서 (IATS) 신호 입력 | 엔진 구동중 | 아날로그 | 0 ~ 5.0V | 1.8624 V | 흡기 온도 =42 ℃ 일 때 |
| 57 | - | | | | | |
| 58 | 에어컨 스위치 "ON" 신호 입력 | 에어컨 OFF | DC 전압 | 최대 1.0V | 0 V | |
| | | 에어컨 ON | | 배터리 전압 | 12.5 V | |
| 59 | 산소 센서 (HO2S, 센서 2) 접지 | 공회전 | DC 전압 | 최대 50 mV | 22.15 mV | |
| 60 | 공기량 측정 센서 (MAFS) 신호 입력 | 공회전 | 아날로그 | 0 ~ 2.0V | 1.07 V | |
| | | 3000 rpm | | 1.0 ~ 4.5V | 1.98 V | |
| 61 | 인젝터 (실린더 #3) 제어 | 공회전 | PULSE | 하이: 배터리 전압 | 13.8 V | 서지전압 : 53.31V |
| | | | | 로우: 최대 1.0V | 0.375 V | |
| 62 | 인젝터 (실린더 #2) 제어 | 공회전 | PULSE | 하이: 배터리 전압 | 13.75 V | 서지전압 : 53.31V |
| | | | | 로우: 최대 1.0V | 0.313 V | |
| 63 | - | | | | | |
| 64 | 냉각팬 릴레이 [하이] 제어 | 릴레이 OFF | DC 전압 | 배터리 전압 | 13.81 V | 서지전압 : 49.7V |
| | | 릴레이 ON | | 최대 1.0V | 0.188 V | |
| 65 | 냉각팬 릴레이 [로우] 제어 | 릴레이 OFF | DC 전압 | 배터리 전압 | 14.19 V | 서지전압 : 49.6V |
| | | 릴레이 ON | | 최대 1.0V | 0.188 V | |

## 가솔린 엔진 제어 시스템

| 단자 | 신호명 | 조건 | 형식 | 레벨 | 측정치 (참고치) | 비고 |
|---|---|---|---|---|---|---|
| 66 | 엔진 속도 신호 출력 | 공회전 | PULSE | 하이: 배터리 전압 | 12.56 V | |
| | | | | 로우: 최대 0.5V | 0 V | |
| | | | | 공회전 = 20 ~ 26Hz(참조) | 23.36 Hz | |
| 67 | 메인 릴레이 제어 | 릴레이 OFF | DC 전압 | 배터리 전압 | 13 V | 서지전압 : 50V |
| | | 릴레이 ON | | 최대 1.0V | 0.75 V | |
| 68 | 에어컨 컴프레셔 릴레이 제어 | A/C OFF | DC 전압 | 배터리 전압 | 14 V | 서지전압 : 49.6V |
| | | A/C ON | | 최대 1.0V | 0.125 V | |
| 69 | 연료 펌프 릴레이 제어 | 엔진 정지 | DC 전압 | 배터리 전압 | 13 V | 서지전압 : 49.5V |
| | | IG ON 직후 | | 최대 1.0V | 0.125 V | |
| 70 | 엔진 경고등 (MIL) 제어 | MIL OFF | DC 전압 | 배터리 전압 | 13 V | |
| | | MIL ON | | 최대 1.0V | 0.063 V | |
| 71 | - | | | | | |
| 72 | 캠샤프트 포지션 센서 (CMPS) 신호 입력 | 엔진 구동중 | PULSE | 하이: Vcc | 5.05 V | 5.86Hz |
| | | | | 로우: 최대 0.5V | 0.213 V | |
| 73 | 냉각 수온 센서 (ECTS) 접지 | 공회전 | DC 전압 | 최대 50 mV | 20.86 mV | |
| 74 | 스로틀 포지션 센서 (TPS) PWM 신호 출력 | 공회전 | PULSE | 하이: 배터리 전압 | 13.44 V | 100 Hz |
| | | | | 로우: 0 ~ 0.5 V | 0.125 V | |
| 75 | 연료 소모 신호 출력 | 공회전 | PULSE | 하이: 배터리 전압 | 13.19 V | 3.33 Hz |
| | | | | 로우: 최대 0.5V | 0.188 V | |
| 76 | CVVT 오일 온도 센서 (OTS) 접지 | 공회전 | DC 전압 | 최대 50 mV | 22.2 mV | |
| 77 | 자기 진단 라인 (K-라인) | 통신 시 | PULSE | 하이: 배터리 전압 ×70% 이상 | 13 V | |
| | | | | 로우: 배터리 전압 ×30% 이하 | 0 V | |
| 78 | 공회전 속도 제어 액츄에이터 (ISCA) [닫힘] | 공회전 | PULSE | 하이: 배터리 전압 | 14.81 V | |
| | | | | 로우: 최대 1.0V | 0.25 V | |
| 79 | 캐니스터 클로즈 밸브 제어 | 작동 비작동 | 펄스 | 하이: 배터리 전압 | 14.0 V | |
| | | | | 로우: 최대 1.0V | 170mV | |
| 80 | 공회전 속도 제어 액츄에이터 (ISCA) [열림] | 공회전 | PULSE | 하이: 배터리 전압 | 14.63 V | |
| | | | | 로우: 최대 1.0V | 0.187 V | |
| 81 | - | | | | | |

# FL -28

## 회로도 KCFE2E00

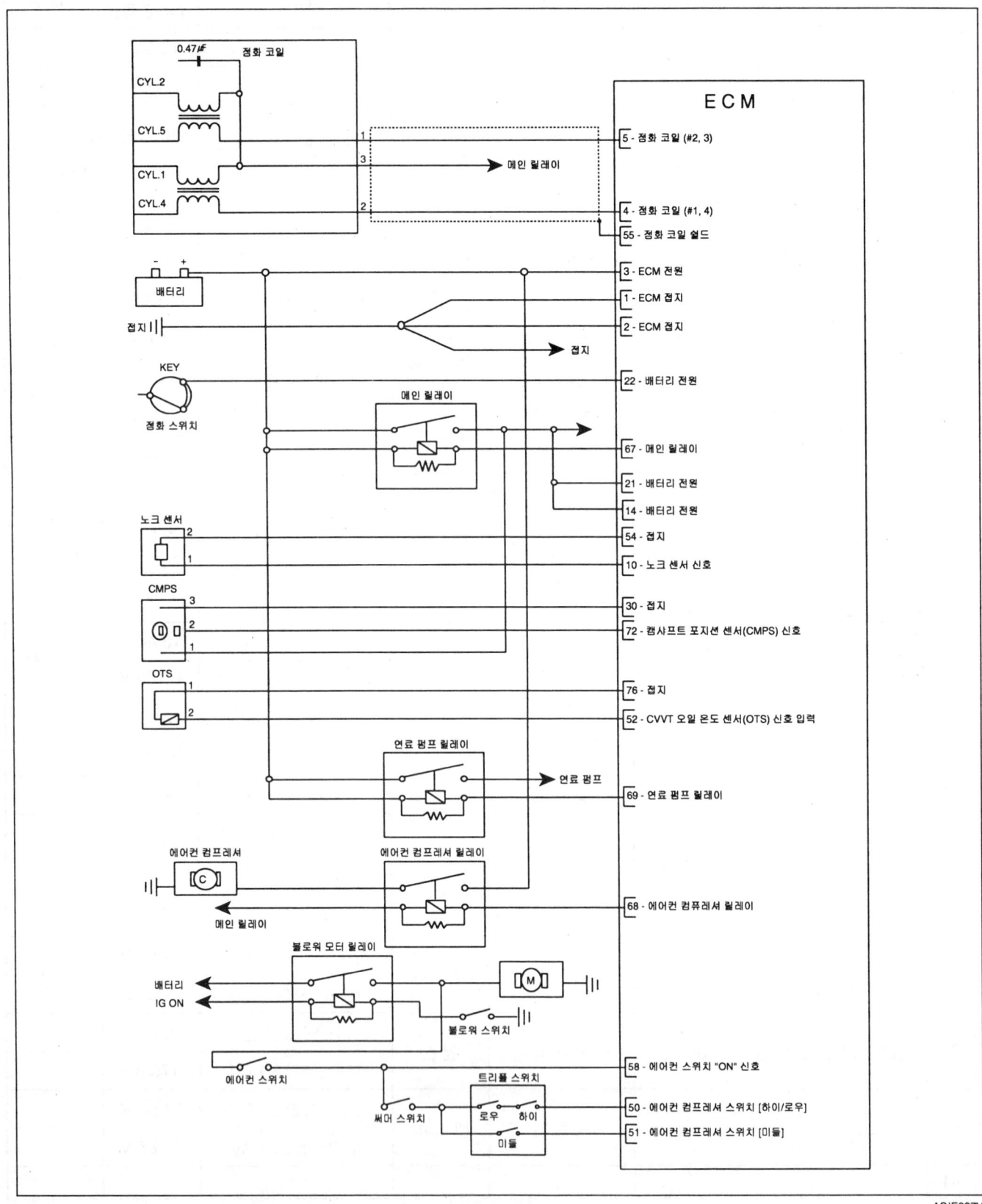

# 가솔린 엔진 제어 시스템

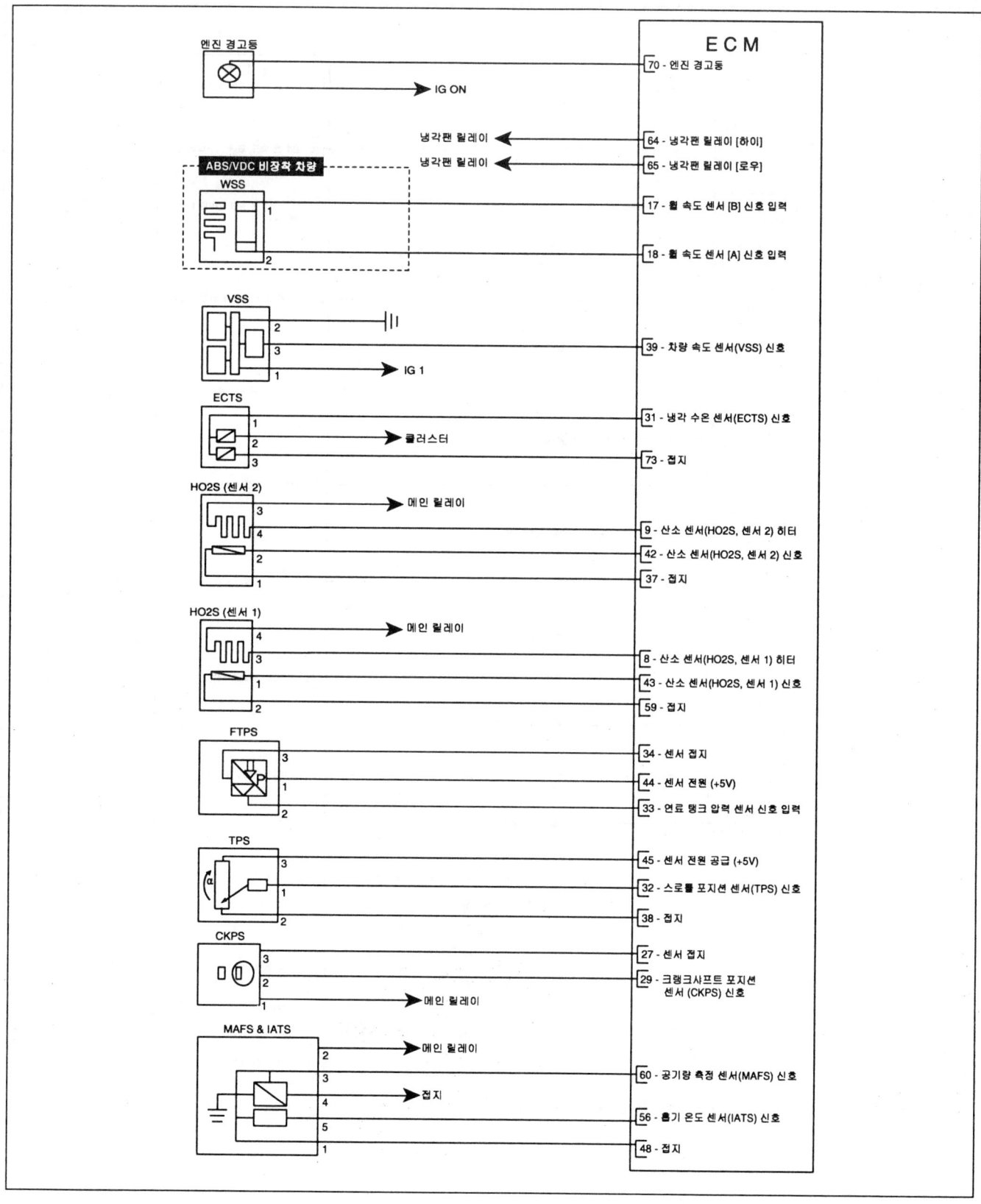

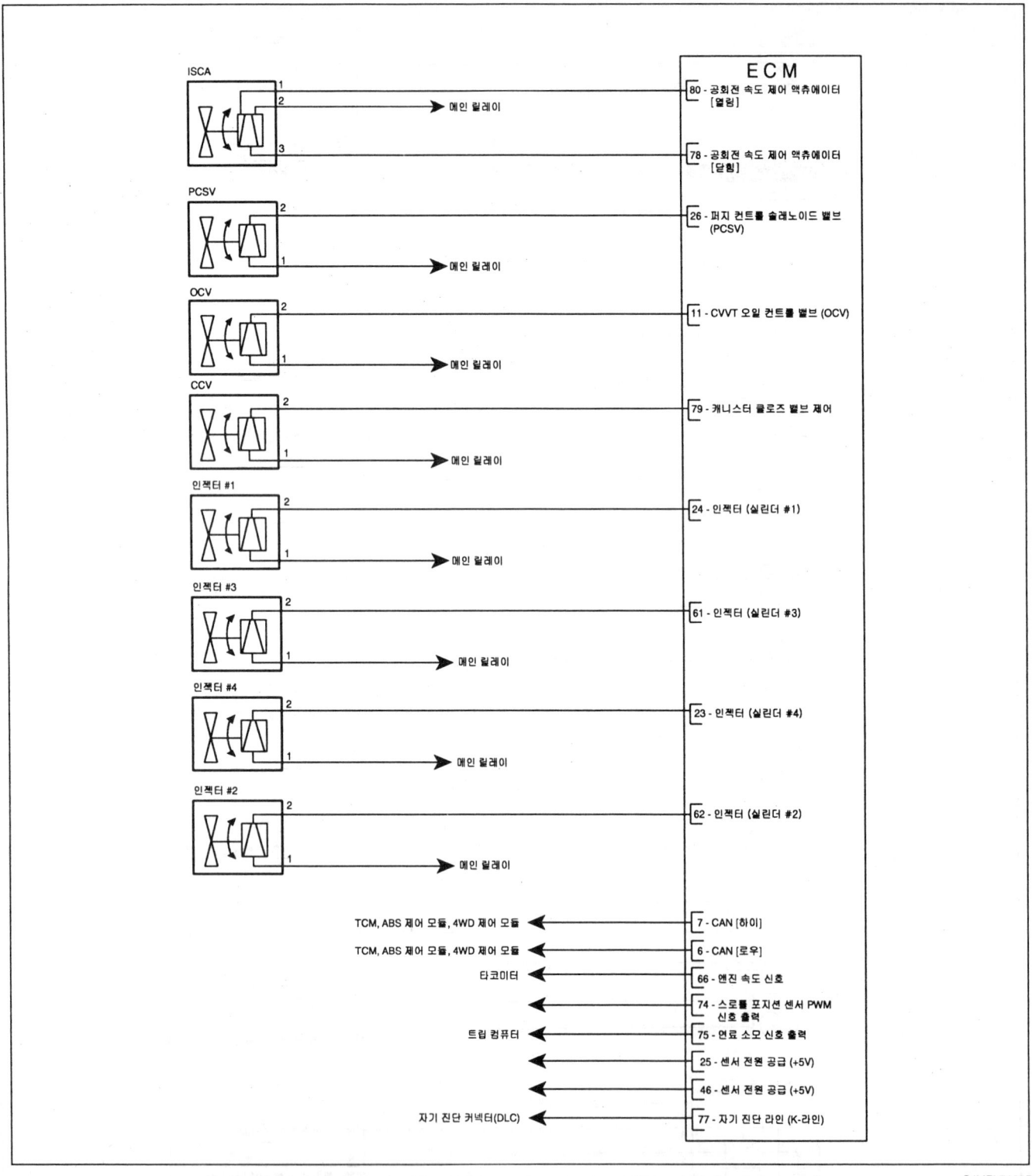

SJMFL7108D

## ECM 점검 절차   K13BEEFC

1. ECM 접지 회로 점검 : ECM과 샤시 접지 사이의 저항을 측정한다. (샤시 접지와 연결되는 단자를 점검하되, 하니스 커넥터의 뒤편을 ECM측 점검 포인터로 한다).

기준값 (저항) : 1Ω 이하

2. ECM 커넥터 점검 : ECM 커넥터를 분리하고, ECM측과 하니스측 커넥터의 접지 단자에 대하여 구부러짐, 체결압에 대하여 육안으로 점검한다.

3. 단계 1과 2에서 문제가 발생되지 않으면 ECM 자체 결함인 경우이다. 이때는 ECM을 정상품으로 교환하여, 차량 상태를 점검한 후, 차량이 정상적으로 작동한다면, ECM을 교환한다.

4. ECM 재점검 : 3단계에서 고장으로 판정된 ECM을 다른 차량(정상 작동하는) 에 장착한 후, 그 차량의 작동 상태를 체크한다. 만약 그 차량이 정상적으로 작동한다면, 이는 간헐적인 고장이다{"간헐적인 문제 점검 절차" 참조).

## 공기량 측정 센서 (MAFS)

### 점검  K7D2803A

### 기능 및 작동원리

공기량 측정 센서 (MAFS: Mass Air Flow Sensor)는 핫-필름 (Hot-Film) 형식으로서 에어크리너와 스로틀 바디 사이에 위치하며, 엔진내로 유입되는 흡입 공기 유량을 측정하는 센서이다. 이 센서는 튜브, 센서 어셈블리 및 벌집형의 하니셀 (Honey Cell)로 구성되어 있다.

하니셀에 의하여 형성된 층류 공기가 핫-필름 주변을 흐르게 되면, 핫-필름으로 부터 대류에 의한 열전달이 발생하게 되고, 이 열전달로 인하여 공기량 측정 센서의 에너지 손실이 발생한다. 이 에너지 손실량을 이용하여 흡입 공기 유량을 측정하며, 이를 주파수의 형태로 ECM에 흡입 공기 유량 정보를 전달하게 된다. ECM은 이 정보를 이용하여 연료의 분사량, 점화시기 등을 결정한다.

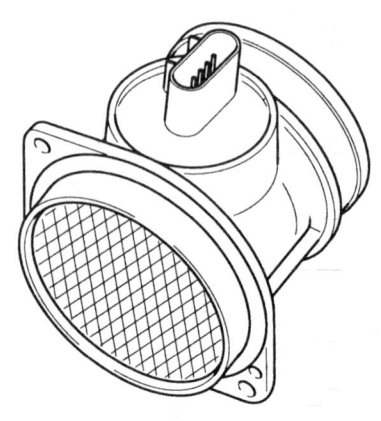 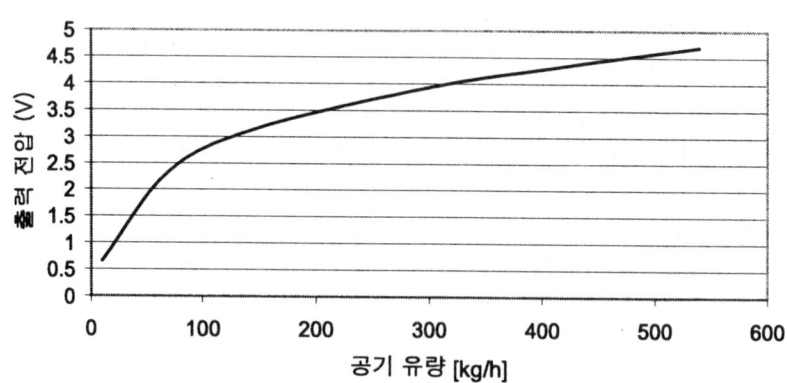

### 제원

| 공기 유량 (kg/h) | 출력 전압 (V) |
|---|---|
| 4.9 | 0.70 |
| 7.3 | 0.90 |
| 12.2 | 1.18 |
| 20.8 | 1.51 |
| 28.3 | 1.73 |
| 38.9 | 1.97 |
| 64.7 | 2.40 |
| 113.3 | 2.90 |
| 185.3 | 3.35 |
| 256.0 | 3.64 |
| 404.6 | 4.07 |
| 476.7 | 4.25 |
| 603.25 | 4.6 |

## 가솔린 엔진 제어 시스템

회로도

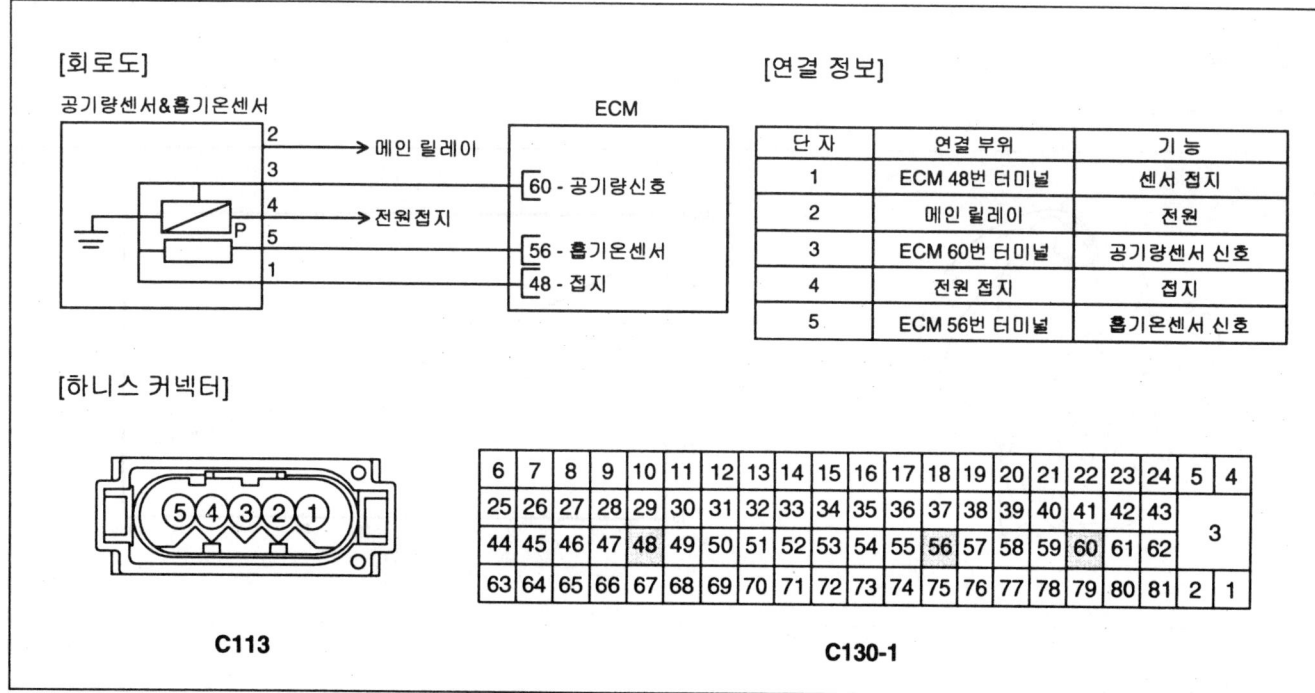

## 흡기 온도 센서 (IATS)

### 점검 K90C54F5

기능 및 작동 원리

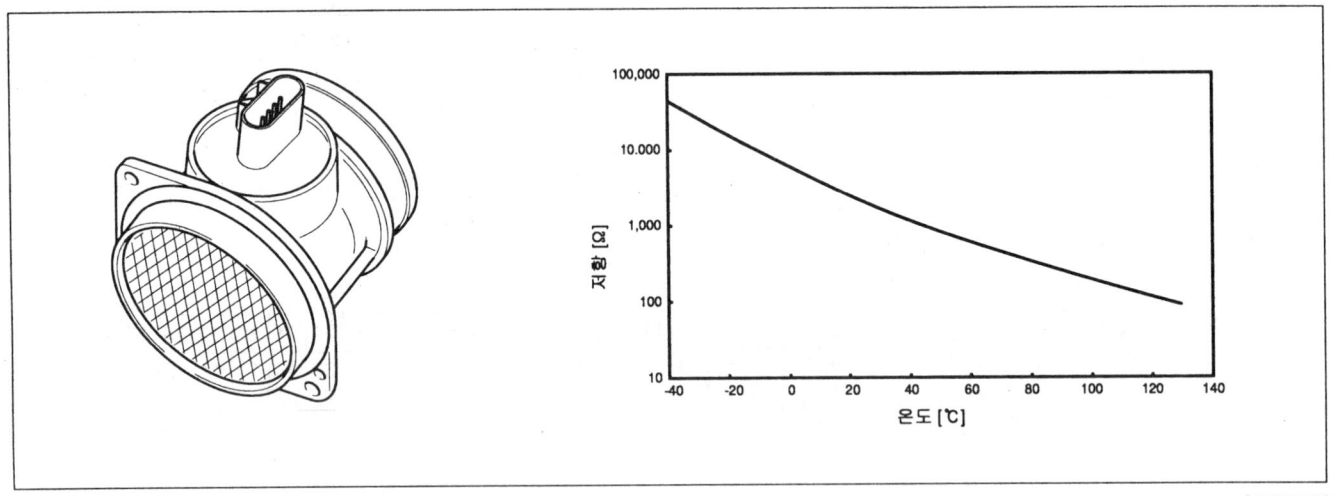

흡기 온도 센서 (IATS: Intake Air Temperature Sensor)는 공기량 측정 센서 (MAFS) [A/T] 또는 맵 센서 (MAPS) [M/T] 내부에 장착되어 있으며, 흡기 온도를 측정한다. 공기는 온도에 따라 밀도가 변화하기 때문에, 정확한 공기 유량을 측정하기 위해서는 흡기온에 따른 밀도 변화량을 보정하여야 한다. ECM은 공기량 측정 센서 또는 맵 센서의 유량 정보와 흡기 온도 센서의 온도 정보를 이용하여 정확한 흡입 공기량을 계산한다.

흡기 온도 센서는 공기 중에 노출되어 있으며, 써미스터 (Thermistor)는 온도가 올라가면 저항이 감소하고, 온도가 내려가면 저항이 증가되는 부저항온도계수 (NTC: Negative Temperature Coefficient) 특성을 가지고 있다.

제원

| 온도 (℃) | 저항 (kΩ) |
| --- | --- |
| -40 | 41.26 ~ 47.49 |
| -30 | 23.94 ~ 27.21 |
| -20 | 14.26 ~ 16.02 |
| -10 | 8.72 ~ 9.69 |
| 0 | 5.5 ~ 6.05 |
| 10 | 3.55 ~ 3.88 |
| 20 | 2.35 ~ 2.54 |
| 25 | 1.94 ~ 2.09 |
| 30 | 1.61 ~ 1.73 |
| 40 | 1.11 ~ 1.19 |
| 60 | 0.57 ~ 0.6 |
| 80 | 0.31 ~ 0.32 |

# 가솔린 엔진 제어 시스템

회로도

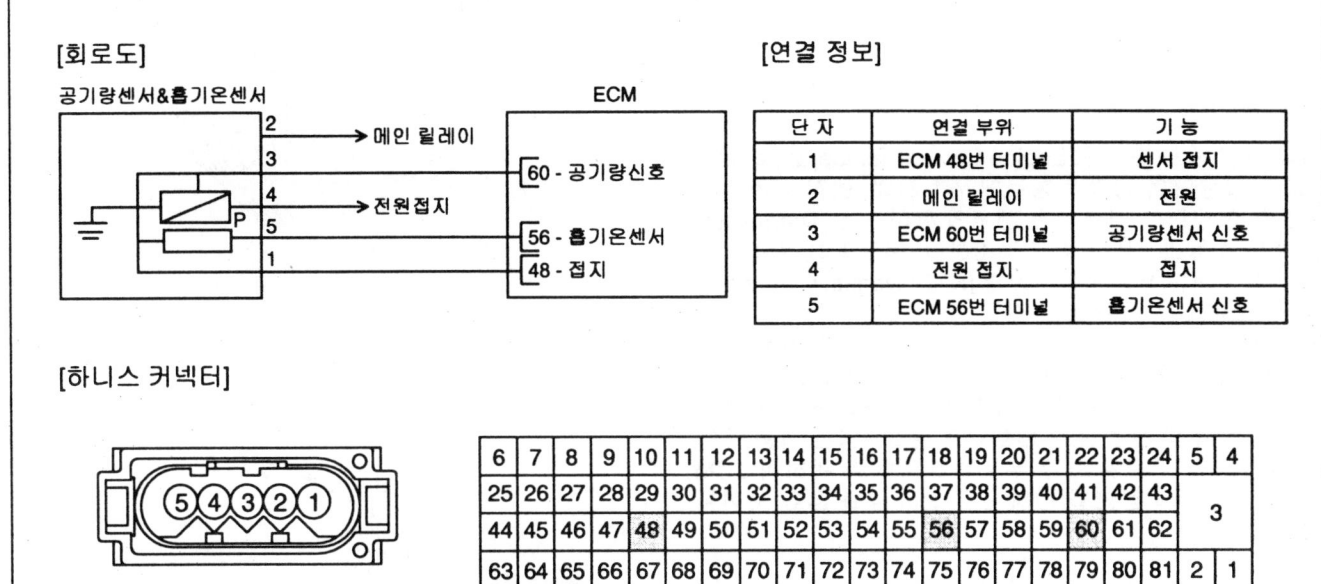

단품 점검

1. 점화 스위치를 OFF 시킨다.

2. 흡기 온도 센서 커넥터를 분리한다.

3. 센서 단자 1과 5 사이의 저항을 측정한다.

4. 제원값을 참조하여 저항이 제원값과 상이한지 확인한다.

규정값: "제원" 참조

# 냉각 수온 센서 (ECTS)

### 점검 K35DFBDE

### 기능 및 작동 원리

냉각 수온 센서 (ECTS: Engine Coolant Temperature Sensor)는 실린더의 냉각수 통로에 위치하며, 엔진 냉각수의 온도를 측정한다. 냉각 수온 센서의 써미스터 (Thermistor)는 온도가 올라가면 저항이 감소하고, 온도가 내려가면 저항이 증가되는 부저항온도계수 (NTC: Negative Temperature Coefficient) 특성을 가지고 있다.

ECM의 전원은 하나의 저항체를 거쳐 냉각 수온 센서에 공급되며, 그 저항체와 써미스터는 직렬로 연결되어 있다. 따라서 냉각 수온의 변화에 따라 써미스터의 전기 저항이 변화하면 출력 신호 또한 변화하게 된다. 냉간 시동시 엔진의 시동 꺼짐 혹은 엔진 부조를 방지하기 위하여 ECM은 냉각 수온의 정보를 통해 연료 분사량과 점화 시기를 보정한다.

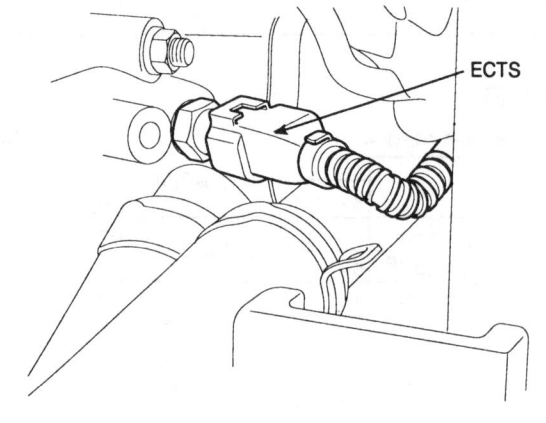

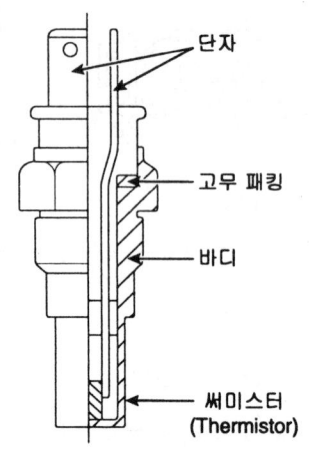

### 제원

| 온도 (℃) | 저항 (kΩ) |
| --- | --- |
| -40 | 48.14 |
| -20 | 14.13 ~ 16.83 |
| 0 | 5.79 |
| 20 | 2.31 ~ 2.59 |
| 40 | 1.15 |
| 60 | 0.59 |
| 80 | 0.32 |

## 가솔린 엔진 제어 시스템

FL -37

회로도

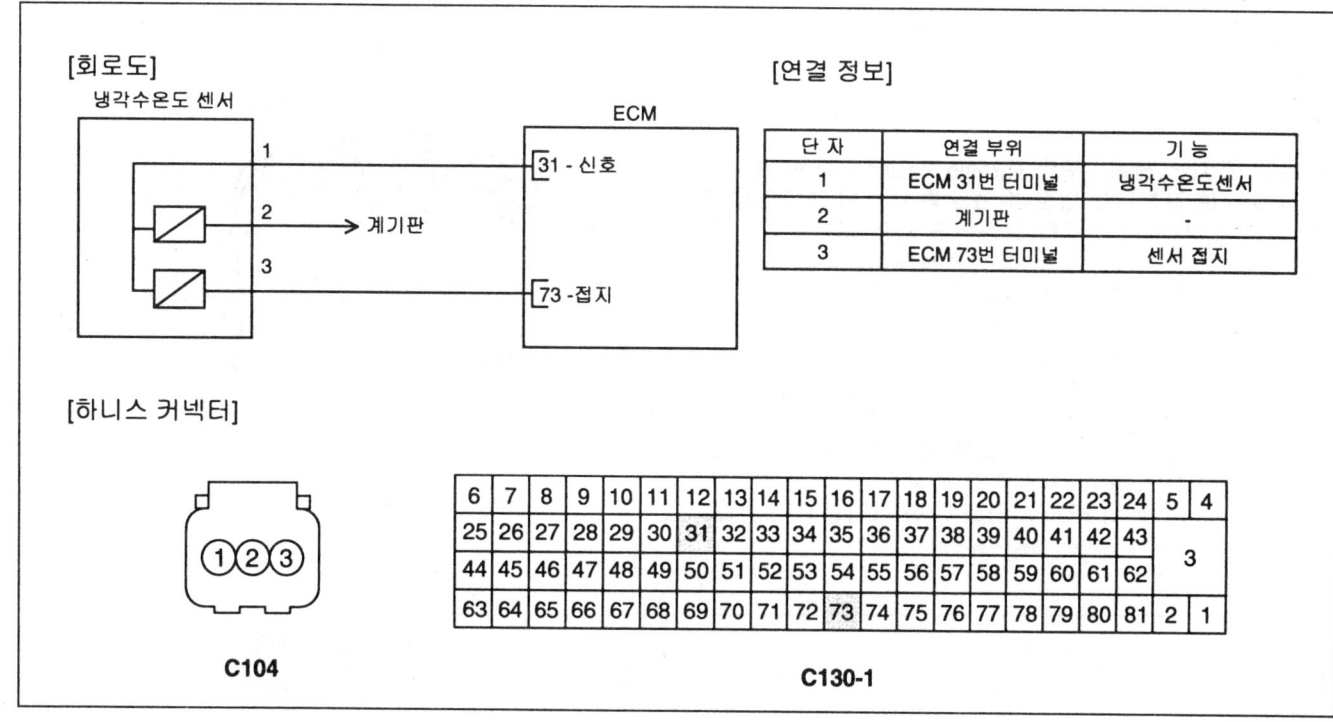

단품 점검

1. 점화 스위치를 OFF 시킨다.

2. 냉각 수온 센서 커넥터를 분리한다.

3. 냉각 수온 센서를 탈거한다.

4. 엔진 냉각수 안에 센서의 써미스터를 담근 후에 냉각 수온 센서 신호 단자와 센서 접지 단자 사이의 저항을 측정한다.

5. 제원을 참조하여 측정된 저항이 제원과 상이한지 확인한다.

규정값: "제원" 참조

## 스로틀 포지션 센서(TPS)

### 점검 K3F6A930

#### 기능 및 작동 원리

스로틀 포지션 센서 (TPS: Throttle Position Sensor)는 스로틀 바디에 장착되어 있으며, 스로틀 밸브의 개도량을 측정한다. 이 센서는 스로틀 회전량에 따라 저항이 변하는 가변 저항을 내장하고 있어서, 가속시에서는 센서 전원 단자와 신호 단자 사이의 저항값이 감소하여, 출력 전압이 커지며, 감속시에는 이 저항값이 증가하여, 출력 전압을 작아진다. 즉, 센서 출력 전압은 스로틀 개도량에 비례한다. ECM은 센서 전원 (+5V)를 공급하며, 이 스로틀 포지션 센서 신호를 이용하여, 작동 조건 (공회전, 부분 부하, 가속/감속, 전개 등)을 결정하며, 스로틀 포지션 센서 신호에 따른 흡입 공기량 신호 (공기량 측정 센서 또는 맵 센서 신호)를 이용하여, 인젝터 분사 시간과 점화 시기를 조정한다.

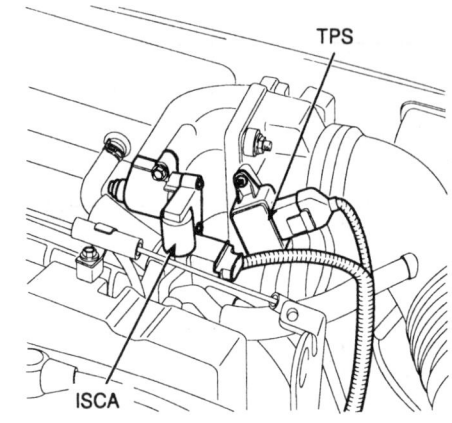

#### 제원

| 스로틀 개도 | 출력 전압 (V) |
|---|---|
| C.T | 0.25 ~ 0.9V |
| W.O.T | 최소 4.0V |

| 항목 | 규정값 |
|---|---|
| 센서 저항 (kΩ) | 1.6 ~ 2.4 |

#### 회로도

[회로도]

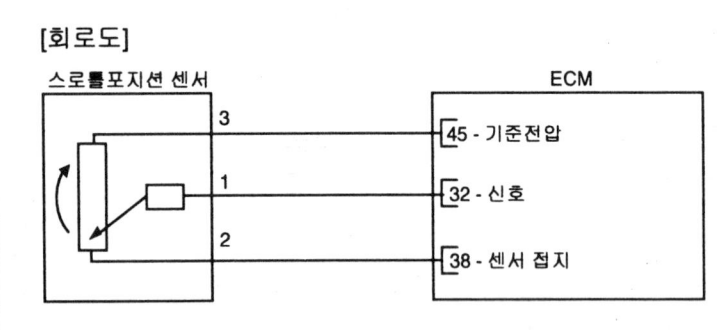

[연결 정보]

| 단자 | 연결 부위 | 기능 |
|---|---|---|
| 1 | ECM 32번 터미널 | 스로틀포지션센서 신호 |
| 2 | ECM 38번 터미널 | 센서 접지 |
| 3 | ECM 45번 터미널 | 기준 전압 |

[하니스 커넥터]

| 6 | 7 | 8 | 9 | 10 | 11 | 12 | 13 | 14 | 15 | 16 | 17 | 18 | 19 | 20 | 21 | 22 | 23 | 24 | 5 | 4 |
|---|---|---|---|---|---|---|---|---|---|---|---|---|---|---|---|---|---|---|---|---|
| 25 | 26 | 27 | 28 | 29 | 30 | 31 | 32 | 33 | 34 | 35 | 36 | 37 | 38 | 39 | 40 | 41 | 42 | 43 | | 3 |
| 44 | 45 | 46 | 47 | 48 | 49 | 50 | 51 | 52 | 53 | 54 | 55 | 56 | 57 | 58 | 59 | 60 | 61 | 62 | | |
| 63 | 64 | 65 | 66 | 67 | 68 | 69 | 70 | 71 | 72 | 73 | 74 | 75 | 76 | 77 | 78 | 79 | 80 | 81 | 2 | 1 |

C159　　　　　　　　　　　C130-1

# 가솔린 엔진 제어 시스템

## 단품 점검

1. 진단 장비를 자기 진단 커넥터 (DLC)에 연결한다.

2. 엔진 구동 후, 스로틀 전폐 (C.T) 상태와 전개 (W.O.T) 상태에서의 센서 출력 전압을 측정한다.

규정값: "제원" 참조

3. 점화 스위치를 OFF하고, 진단 장비를 자기 진단 커넥터 (DLC)로부터 분리한다.

4. 센서 커넥터를 분리하고, 센서 단자 2와 3 사이의 저항을 측정한다.

규정값: "제원" 참조

## 캠샤프트 포지션 센서 (CMPS)

### 점검 KCBAB869

기능 및 작동 원리

캠샤프트 포지션 센서 (CMPS: Camshaft Position Sensor) 는 홀 센서 (Hall Sensor)라고도 하며, 홀소자를 이용하여 캠 샤프트의 위치를 검출하는 센서로, 크랭크샤프트 포지션 센서와 동일 기준점으로 하여 크랭크샤프트 포지션 센서에서 확인이 불가능한 개별 피스톤의 위치를 확인할 수 있게 한다.

캠샤프트 포지션 센서는 엔진 헤드 커버에 장착되어 있으며, 캠 샤프트 또는 캠 기어에 기준 위치에 잡고 센서에 의해 이를 감지한다. 이 센서에는 홀 피펙트 (Hall Effect) IC 가 내장되어 있으며, 이 IC에 전류가 흐르는 상태에서 자계를 인가하면 전압이 변하는 원리로 작동된다. 캠샤프트 포지션 센서에 의해 비로소 정확한 각 실린더의 위치(행정)을 알 수 있으며, 이 경우 각 실린더별로 독립적으로 순차 연료분사 (Sequential Injection)가 가능하게 된다.

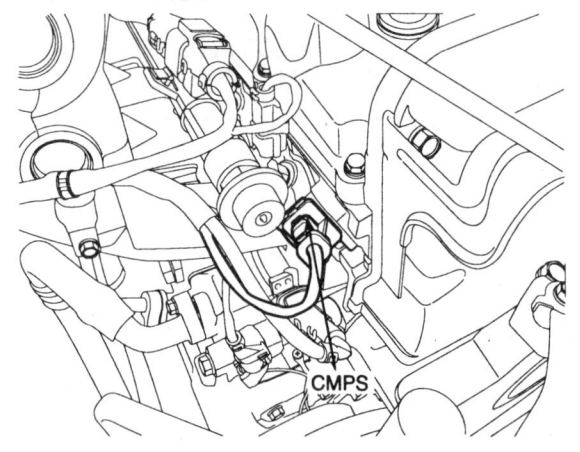

파형

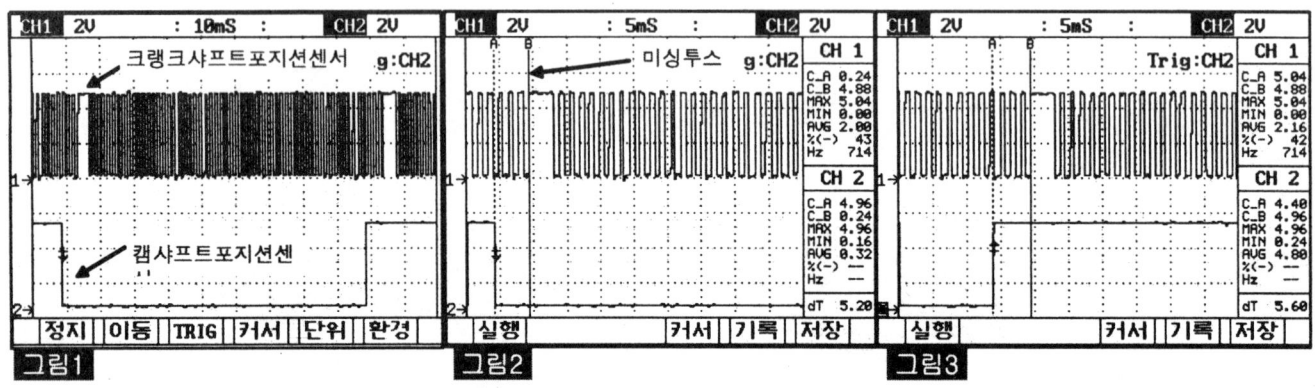

그림 1) 캠신호의 1/2 주기동안 크랭크신호는 미싱투스 포함 60개의 돌기 신호가 표출 됨. 각 신호의 잡음, 개수 틀림 및 위치 상이등을 점검 한다

그림 2,3) 캠신호 하강(상승) 신호와 미싱투스 사이에는 3~5개의 크랭크 샤프트 돌기 신호가 표출 되어야 함

# 가솔린 엔진 제어 시스템

FL-41

회로도

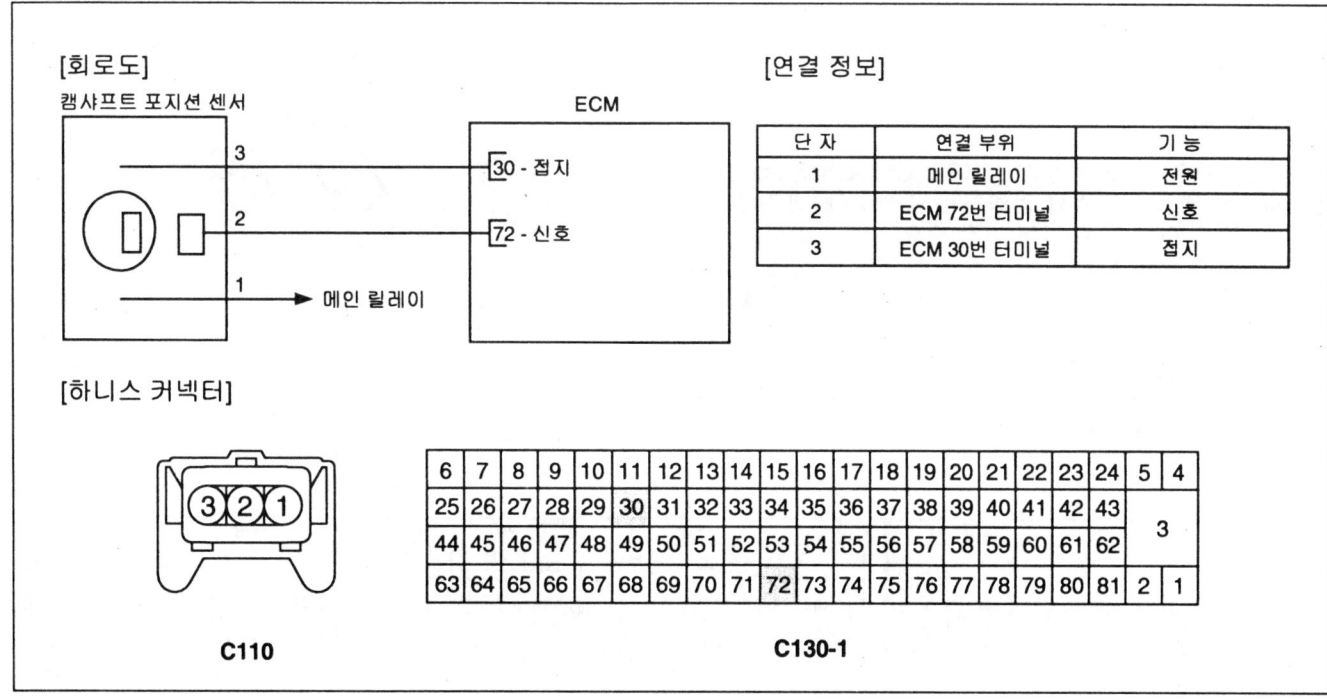

단품 점검

1. 진단 장비를 이용하여, 캠샤프트 포지션 센서와 크랭크 샤프트 포지션 센서의 파형을 점검한다.

규정값: "파형" 참조

# 크랭크샤프트 포지션 센서 (CKPS)

## 점검 K8C075BE

### 기능 및 작동 원리

크랭크샤프트 포지션 센서 (CKPS: Crankshaft Position Sensor)는 엔진 회전수를 검출하는 센서이다. 엔진 회전수는 전자 제어 엔진에 있어 가장 중요한 변수이며, 엔진 회전수 신호가 ECM으로 입력이 되지 않으면, 연료 공급이 되지 않고 메인 릴레이가 작동하지 않는다 (운행 불가). 크랭크샤프트 포지션 센서는 변속기 하우징에 장착되어 있으며, 타겟-휠 (Target-Wheel)에 의해 현재의 피스톤 위치를 감지한다. 타겟-휠은 크랭크 각(CA: Crank Angle) 360도에 58개의 슬롯과 2개의 빈 슬롯으로 구성되어 있다.

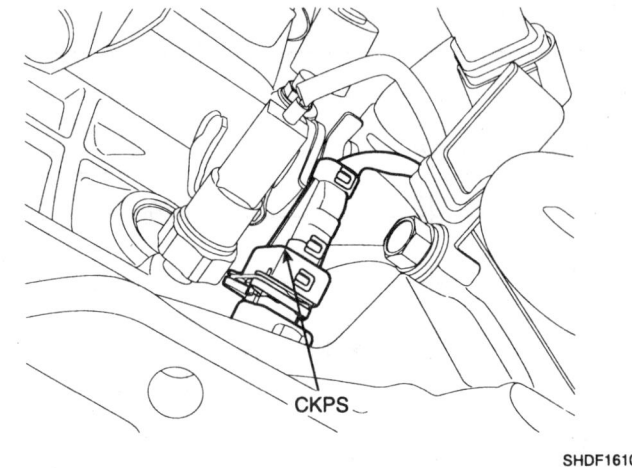

### 파형

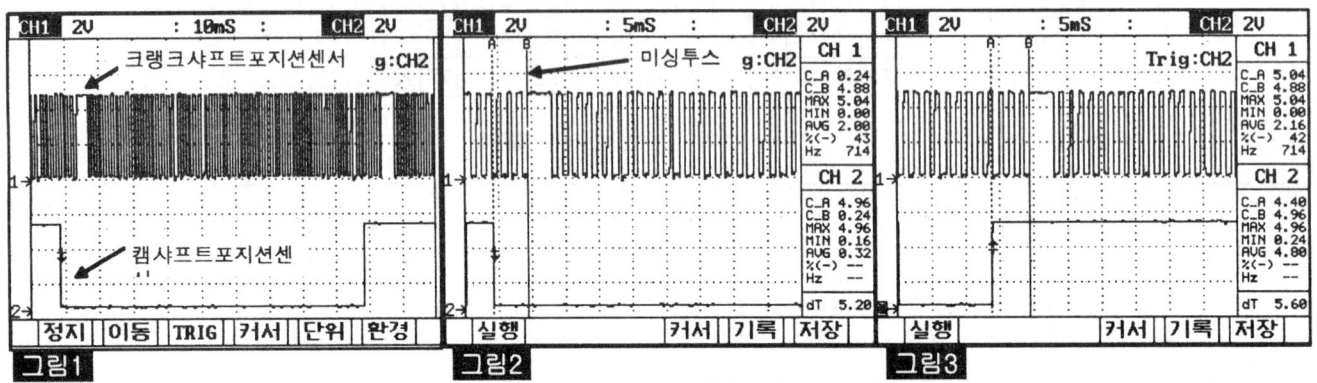

그림 1) 캠신호의 1/2 주기동안 크랭크신호는 미싱투스 포함 60개의 돌기 신호가 표출 됨. 각 신호의 잡음, 개수 틀림 및 위치 상이등을 점검 한다

그림 2,3) 캠신호 하강(상승) 신호와 미싱투스 사이에는 3~5개의 크랭크 샤프트 돌기 신호가 표출 되어야 함

## 가솔린 엔진 제어 시스템

회로도

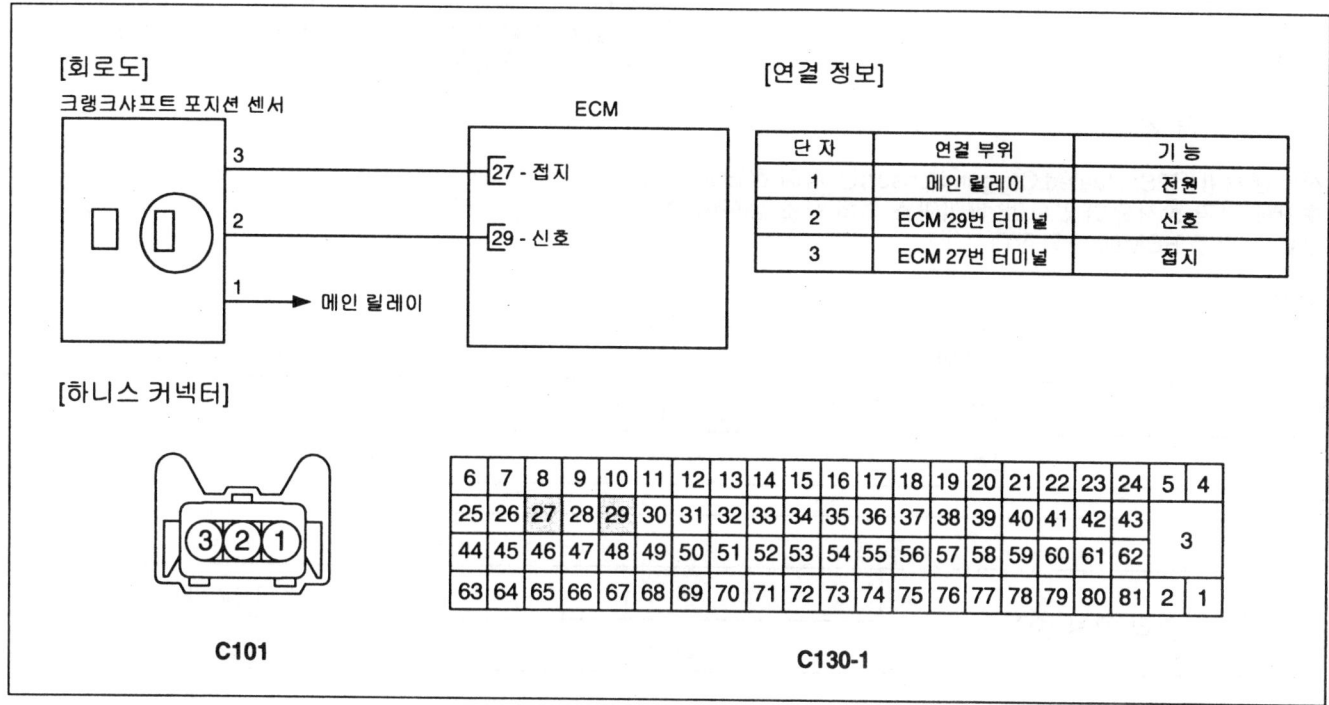

단품 점검

1. 진단 장비를 이용하여, 캠샤프트 포지션 센서와 크랭크 샤프트 포지션 센서의 파형을 점검한다.

규정값: "파형" 참조

## 산소 센서 (HO2S)

### 점검　K179DEAB

### 기능 및 작동 원리

산소센서 (HO2S: Heated Oxygen Sensor)는 촉매 전단과 후단에 각각 장착되어 있으며, 배기가스 속의 산소 농도에 따른 전압을 ECM에 전달한다.

산소 센서 내부에는 듀티 제어 형식의 히터가 내장되어 있으며, 이는 배기 가스의 온도가 일정 온도 이하인 경우, 산소 센서가 정상적으로 작동하도록 센서 팁 부분의 온도를 일정 온도로 유지하는 역할을 한다.

### 제원

| 공연비 (A/F) | 출력 전압 (V) |
|---|---|
| 농후 | 0.6 ~ 1.0 |
| 희박 | 0 ~ 0.4 |

| 항목 | | 규정값 |
|---|---|---|
| 히터 저항 (Ω) | 센서 1 | 약 9.0Ω (20℃) |
| | 센서 2 | 약 9.0Ω (20℃) |

### 회로도

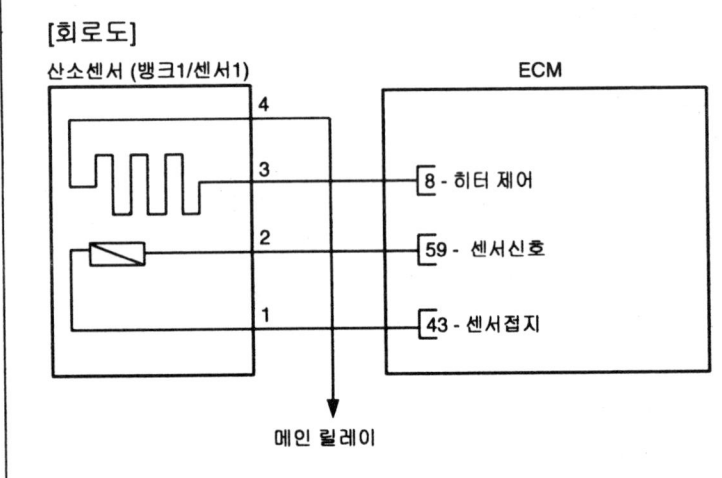

| 단자 | 연결 부위 | 기능 |
|---|---|---|
| 1 | ECM 43번 터미널 | 센서접지 |
| 2 | ECM 59번 터미널 | 센서신호 |
| 3 | ECM 8번 터미널 | 히터제어 |
| 4 | 메인 릴레이 | 전원 |

[하니스 커넥터]

C127

| 6 | 7 | 8 | 9 | 10 | 11 | 12 | 13 | 14 | 15 | 16 | 17 | 18 | 19 | 20 | 21 | 22 | 23 | 24 | 5 | 4 |
|---|---|---|---|---|---|---|---|---|---|---|---|---|---|---|---|---|---|---|---|---|
| 25 | 26 | 27 | 28 | 29 | 30 | 31 | 32 | 33 | 34 | 35 | 36 | 37 | 38 | 39 | 40 | 41 | 42 | 43 | 3 | |
| 44 | 45 | 46 | 47 | 48 | 49 | 50 | 51 | 52 | 53 | 54 | 55 | 56 | 57 | 58 | 59 | 60 | 61 | 62 | | |
| 63 | 64 | 65 | 66 | 67 | 68 | 69 | 70 | 71 | 72 | 73 | 74 | 75 | 76 | 77 | 78 | 79 | 80 | 81 | 2 | 1 |

C130-1

# 가솔린 엔진 제어 시스템 FL-45

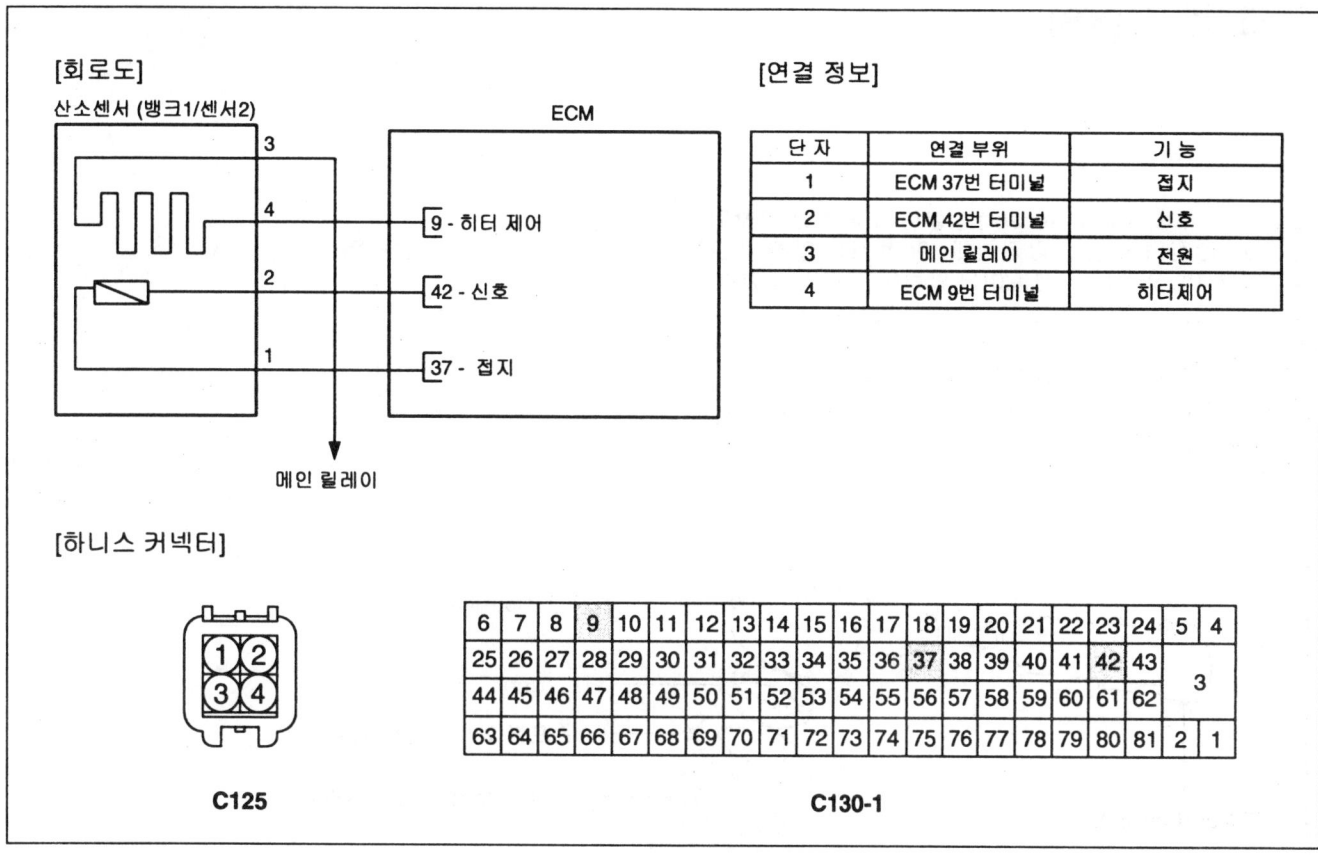

단품 점검

1. 점화 스위치를 OFF 시킨다.

2. 산소 센서 커넥터를 분리한다.

3. 산소 센서 단자 3과 4 사이의 저항을 측정한다.

4. 제원을 참조하여 측정된 저항이 제원과 상이한지 확인한다.

규정값: "제원" 참조

# 노크 센서 (KS)

## 점검 KFED3BEF

기능 및 작동 원리

노크 센서 (KS: Knock Sensor)는 실린더 블록에 장착되어 있으며, 엔진의 노킹을 감지한다. 이 센서는 압전 세라믹을 응용하여, 외부에서 진동이나 압력이 세라믹 소자에 가해지면, 기준 전압보다 높은 전압을 발생시킨다.
노킹 발생 시, 노크 센서가 전압 형태로 노킹 신호를 ECM으로 전달하며, 이 때 ECM은 점화시기를 지각시키고, 지각 후 노킹발생이 없으면 다시 진각시키는 연속 제어를 통하여, 토크, 출력 및 연비를 최적이 되도록 점화 시기를 제어한다.

KS

SHDF16108L

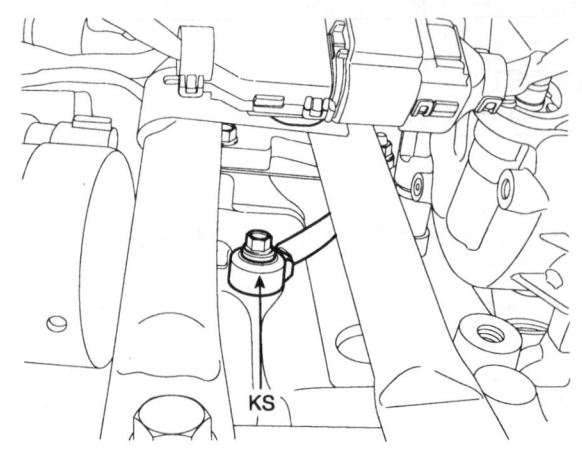

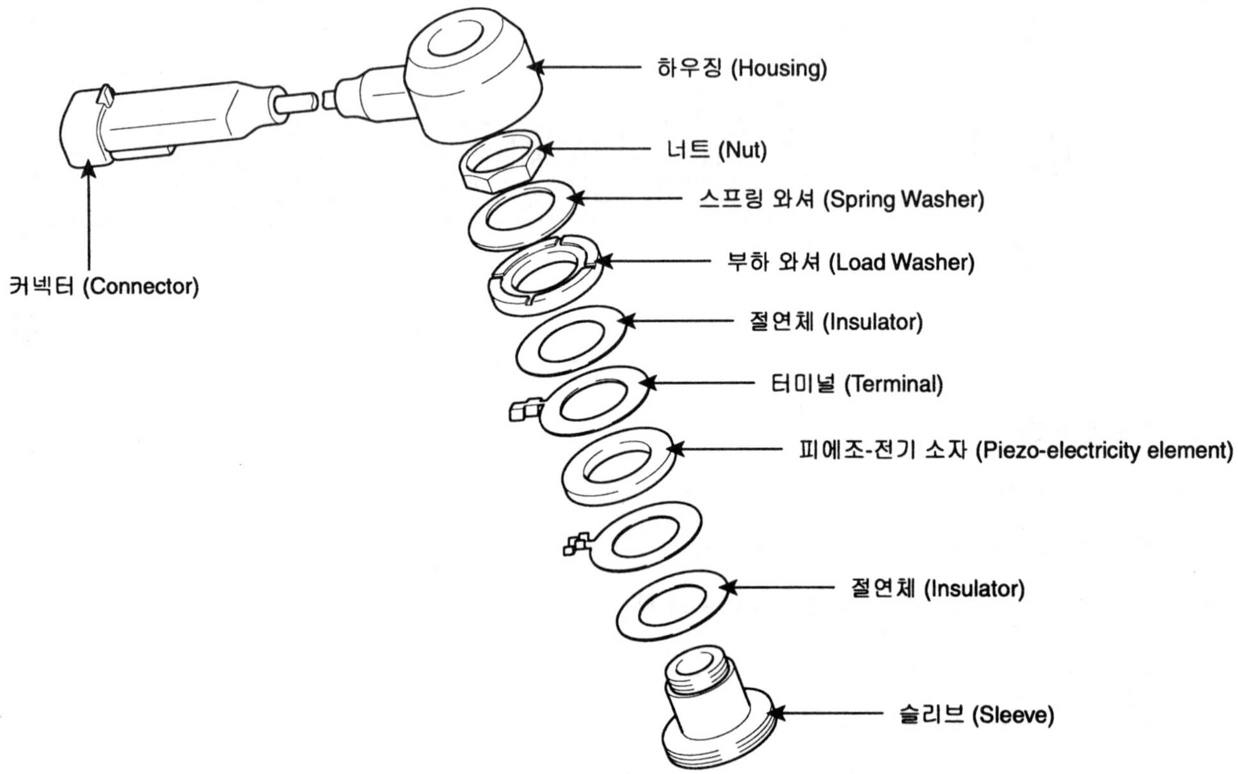

하우징 (Housing)
너트 (Nut)
스프링 와셔 (Spring Washer)
부하 와셔 (Load Washer)
커넥터 (Connector)
절연체 (Insulator)
터미널 (Terminal)
피에조-전기 소자 (Piezo-electricity element)
절연체 (Insulator)
슬리브 (Sleeve)

KFCF102U

제원

| 항목 | 규정값 |
|---|---|
| 정전 용량 (pF) | 800 ~ 1,600 |
| 저항(MΩ) | 1.0 이상 |

# 가솔린 엔진 제어 시스템

## 회로도

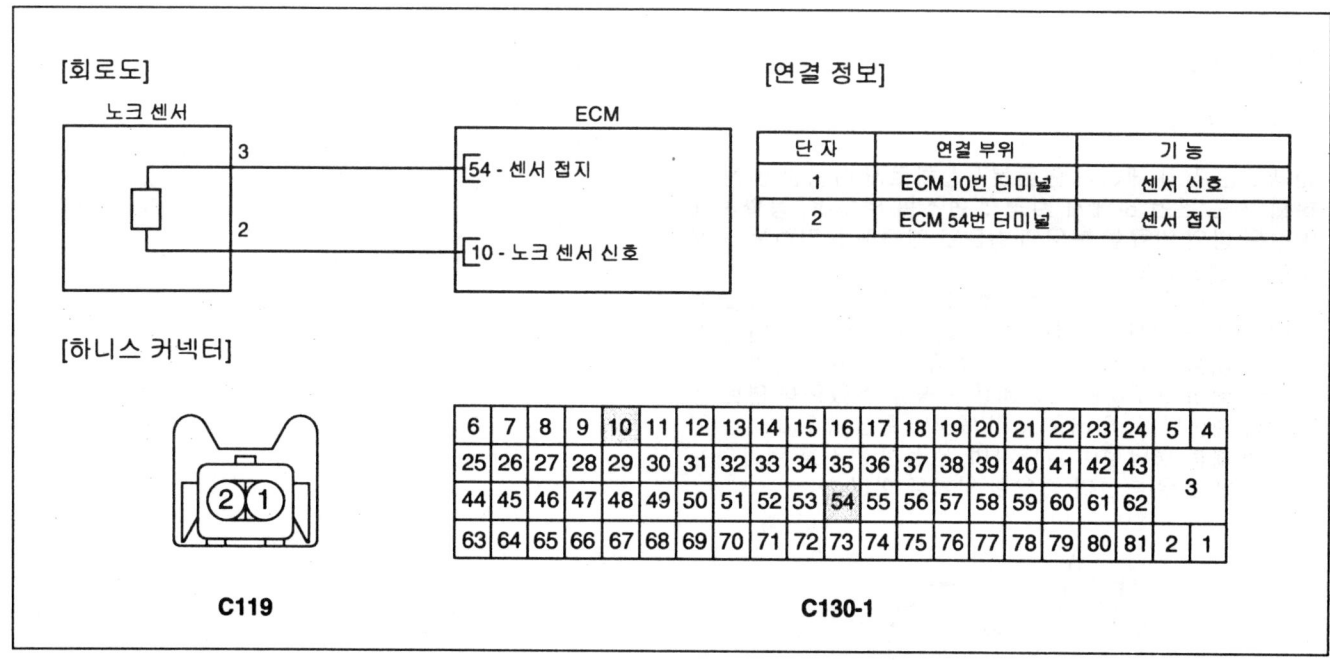

# 인젝터

## 점검

### 기능 및 작동 원리

인젝터는 전자 제어식 연료분사장치로서 다양한 엔진 부하와 속도 조건 하에서 최적의 연소를 위하여, 정확하게 계산된 양의 연료를 분무의 형태로 엔진에 공급하는 솔레노이드 밸브이다.

연료 소비량 절감, 엔진 성능 향상 및 배기가스 저감을 위하여, ECM은 실린더 내로 유입되는 공기 유량과 배기 중의 공연비를 반영하여, 인젝터의 작동시간을 조절함으로써 시스템이 요구하는 공연비를 만족할 수 있도록 연료 분사량을 제어한다. 이러한 제어 특성의 향상을 위하여는 인젝터의 빠른 응답성이 필요하며, 완전한 연소를 위하여는 인젝터의 분무 특성이 중요한 역할을 한다.

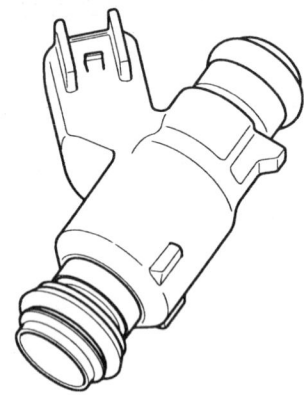

## 가솔린 엔진 제어 시스템

### 제원

| 항목 | 규정값 |
|---|---|
| 코일 저항 (Ω) | 13.8 ~ 15.2 (20℃) |

### 회로도

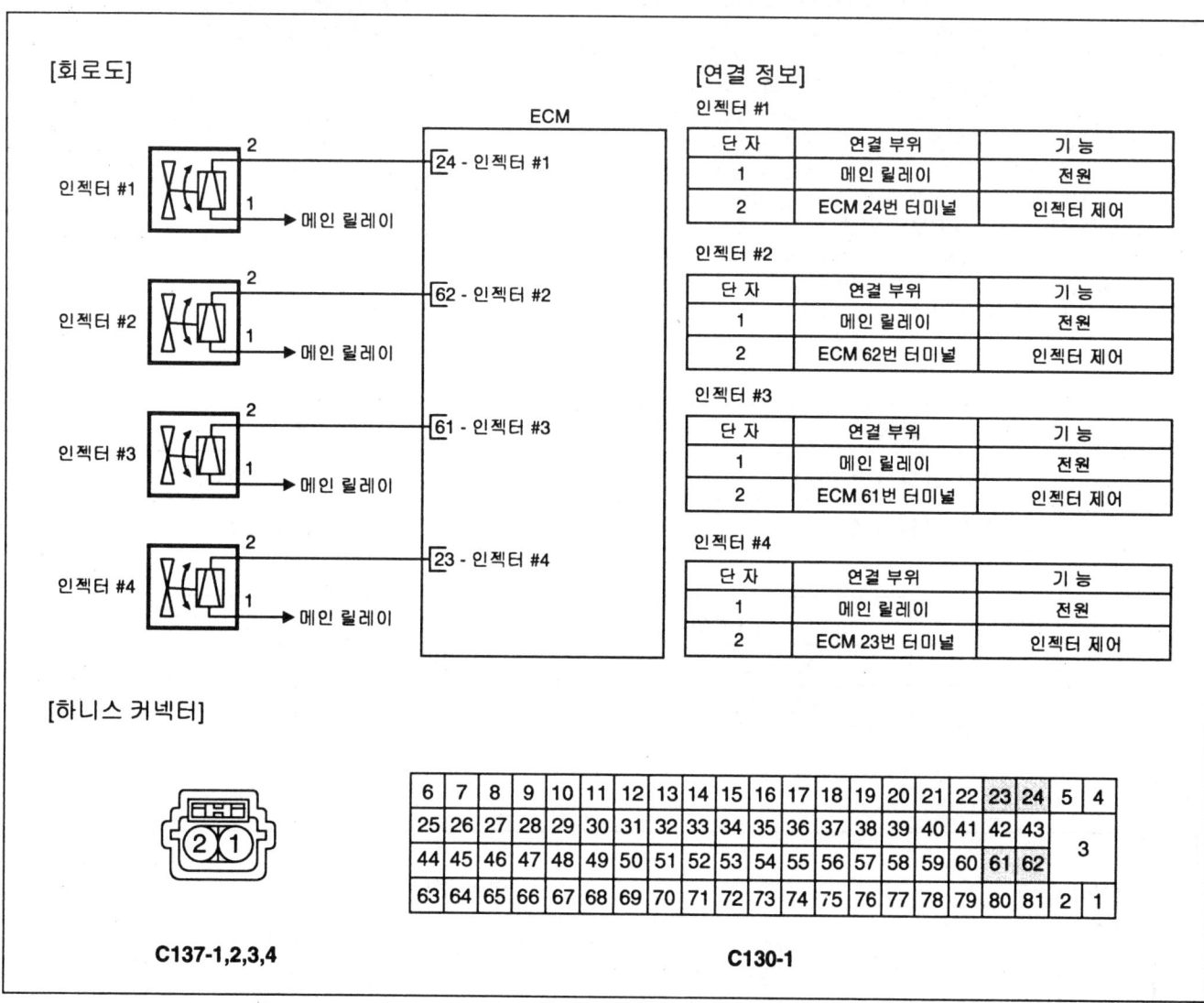

### 단품 점검

1. 점화 스위치를 OFF 시킨다.

2. 인젝터 커넥터를 분리한다.

3. 인젝터 단자 1과 2 사이의 저항을 측정한다.

4. 제원을 참조하여 측정된 저항이 제원과 상이한지 확인한다.

규정값: "제원" 참조

## 공회전 속도 제어 액츄에이터 (ISCA)

점검  K5BD31FD

### 기능 및 작동 원리

공회전 속도 제어 액츄에이터 (ISCA: Idle Speed Control Actuator)는 스로틀 바디에 장착되어 있으며, 로터, 이 로터를 움직이는 닫힘 코일과 열림 코일 및 영구 자석으로 구성되어 있다. 이 액츄에이터는 스로틀 밸브가 닫혀 있을 때, 스로틀 밸브를 거치지 않고 바이 패스되는 흡입 공기 유량을 제어한다. 공회전시에는 다양한 엔진 부하와 조건에 따른 공회전 속도 유지를 위해, 엔진 시동시에는 추가로 소요되는 흡기량을 조절하기 위하여, 바이 패스되는 공기 유량을 제어한다. ECM은 각종 센서 신호를 기준으로, 닫힘 코일과 열림 코일을 접지 제어하여 로터를 작동시키며, 이 로터는 바이 패스 통로를 개폐하여, 엔진으로 유입되는 공기 유량을 제어할 수 있다.

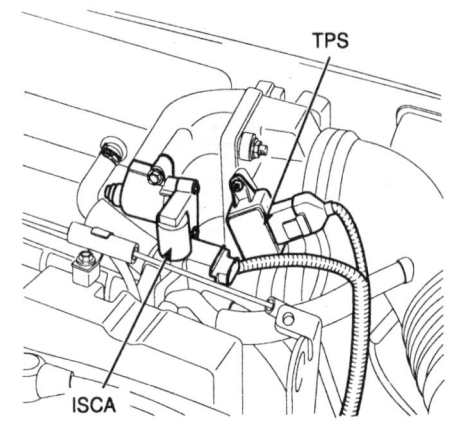

### 제원

| 항목 | 규정값 |
| --- | --- |
| 닫힘 코일 저항 (Ω) | 14.6 ~ 16.2 (20℃) |
| 열림 코일 저항 (Ω) | 11.1 ~ 12.7 (20℃) |

| 듀티 (%) | 공기 유량 (㎥/h) |
| --- | --- |
| 15 | 1.0 ~ 2.3 |
| 35 | 7.5 ~ 12.7 |
| 70 | 43.0 ~ 55.0 |
| 96 | 63.0 ~ 71.0 |

### 회로도

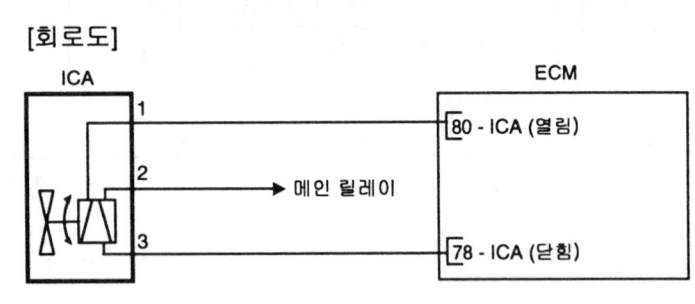

[연결 정보]

| 단자 | 연결 부위 | 기능 |
| --- | --- | --- |
| 1 | ECM 80번 터미널 | ICA (열림) |
| 2 | 메인 릴레이 | 전원 |
| 3 | ECM 78번 터미널 | ICA (닫힘) |

[하니스 커넥터]

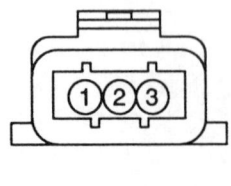

C115

| 6 | 7 | 8 | 9 | 10 | 11 | 12 | 13 | 14 | 15 | 16 | 17 | 18 | 19 | 20 | 21 | 22 | 23 | 24 | 5 | 4 |
| - | - | - | - | - | - | - | - | - | - | - | - | - | - | - | - | - | - | - | - | - |
| 25 | 26 | 27 | 28 | 29 | 30 | 31 | 32 | 33 | 34 | 35 | 36 | 37 | 38 | 39 | 40 | 41 | 42 | 43 | 3 | |
| 44 | 45 | 46 | 47 | 48 | 49 | 50 | 51 | 52 | 53 | 54 | 55 | 56 | 57 | 58 | 59 | 60 | 61 | 62 | | |
| 63 | 64 | 65 | 66 | 67 | 68 | 69 | 70 | 71 | 72 | 73 | 74 | 75 | 76 | 77 | 78 | 79 | 80 | 81 | 2 | 1 |

C130-1

## 가솔린 엔진 제어 시스템

단품 점검

1. 점화 스위치를 OFF 시킨다.

2. 공회전 속도 제어 액츄에이터 커넥터를 분리한다.

3. 공회전 속도 제어 액츄에이터 단자 2와 1 사이의 저항을 측정한다 [열림 코일].

4. 공회전 속도 제어 액츄에이터 단자 2와 3 사이의 저항을 측정한다 [닫힘 코일].

5. 제원을 참조하여 측정된 저항이 제원과 상이한지 확인한다.

규정값: "제원" 참조

# CVVT 오일 컨트롤 밸브 (OCV)

점검

## 기능 및 작동 원리

CVVT (Continuous Variable Valve Timing) 시스템은 ECM 의 신호를 받아 강제적으로 캠샤프트를 회전시켜 밸브 오버 랩 (Overlap)을 제어함으로서, 엔진 내부의 EGR(Exhaust Gas Recirculation) 량을 필요에 따라 조절하는 장치이다. 이 시스템은 엔진 오일 압력에 의하여 작동되며, 배기 가 스 저감 (NOx, HC), 연비 향상, 공회전 안정성 향상, 저속 토크 향상 및 고속 출력 향상의 효과가 있다.
이 시스템은 ECM의 PWM (Pulse Width Modulation) 신호 를 받아 엔진 오일의 경로를 바꿔 캠 페이저 (Cam Phaser) 로 오일을 공급 또는 유출시키는 CVVT 오일 컨트롤 밸브 (OCV: Oil Control Valve), 엔진 오일의 온도를 측정하는 CVVT 오일 온도 센서(OTS: Oil Temperature Sensor) 및 엔진 오일의 유압으로 캠샤프트의 위상을 변경시키는 캠 페이저 (Cam Phaser)로 구성되어 있다.

CVVT 오일 컨트롤 밸브로 부터 전달된 오일은 캠 페이저 내의 캠축과 연결된 로터를 회전시켜 캠축을 엔진의 회전 방향(흡기 진각/배기 지각) 또는 반대방향(흡기 지각/배기 진각)으로 회전시켜, 캠의 위상각을 변화시킨다.

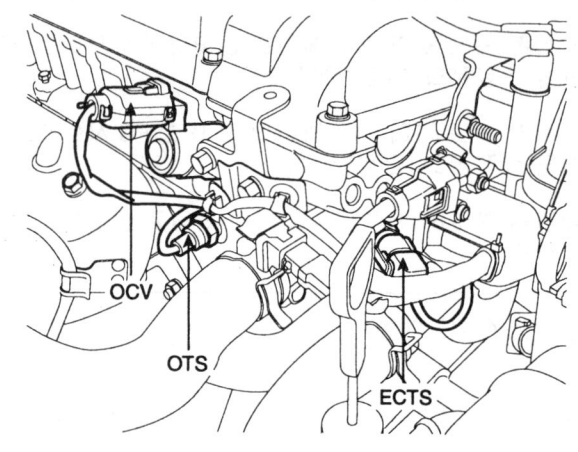

## 제원

| 항목 | 규정값 |
| --- | --- |
| 코일 저항 (Ω) | 6.9 ~ 7.9 (20℃) |

## 회로도

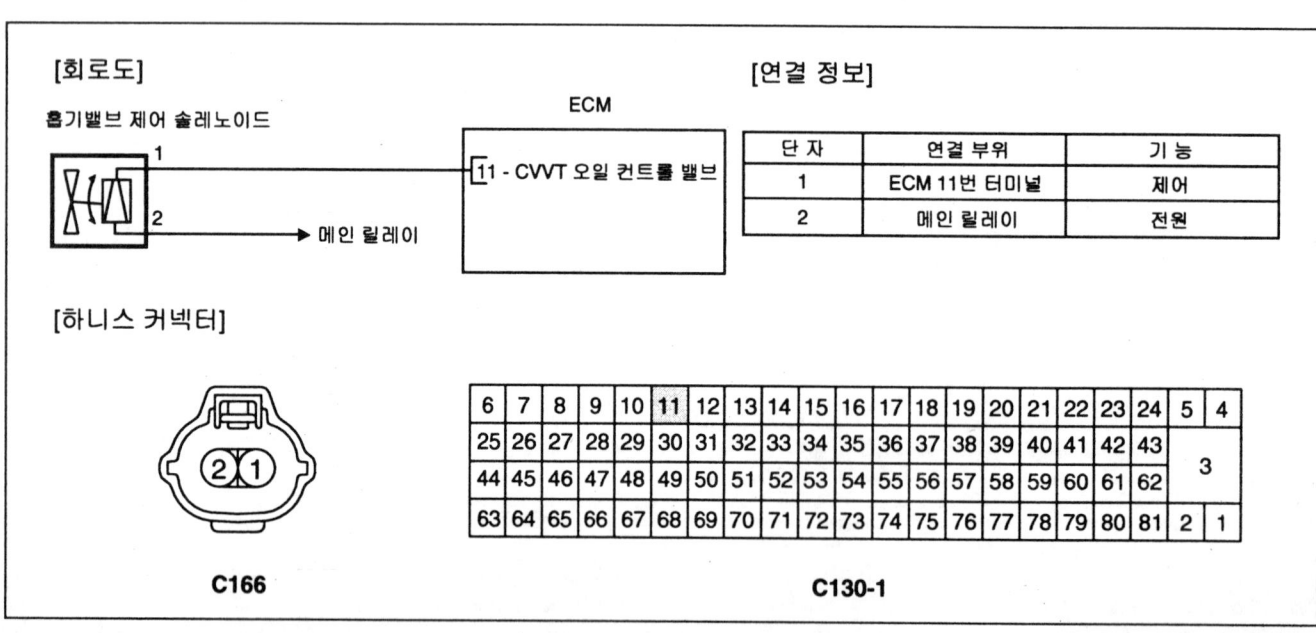

## 단품 점검

1. 점화 스위치를 OFF 시킨다.
2. CVVT 오일 컨트롤 밸브 커넥터를 분리한다.
3. CVVT 오일 컨트롤 밸브 단자 1과 2 사이의 저항을 측정한다.
4. 제원을 참조하여 측정된 저항이 제원과 상이한지 확인한다.

규정값: "제원" 참조

# 가솔린 엔진 제어 시스템

FL-53

## 퍼지 컨트롤 솔레노이드 밸브 (PCSV)

### 점검

기능 및 작동 원리

퍼지 컨트롤 솔레노이드 밸브 (PCSV: Purge Control Solenoid Valve)는 캐니스터와 흡기 라인을 연결하는 통로를 제어한다. 밸브는 전자석 원리를 이용하여, 코일에 전류가 인가될 경우 전자석이 되며, 자력에 의해 밸브를 열고 닫으면서 유량을 조절한다. 캐니스터에 저장된 연료 증발 가스는 퍼지 컨트롤 솔레노이드 밸브가 열릴 때 연소실로 공급되며, 퍼지 컨트롤 솔레노이드 밸브는 ECM에 의해 제어된다.

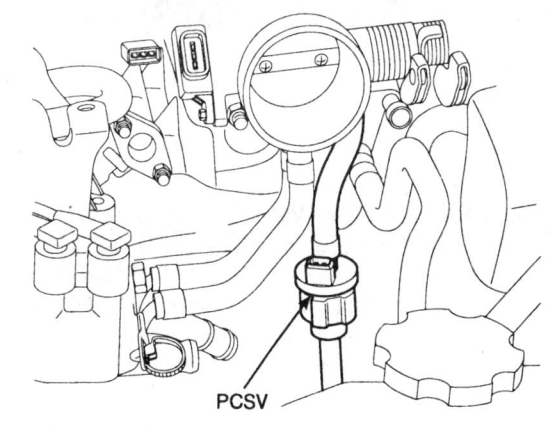

제원

| 항목 | 규정값 |
|---|---|
| 코일 저항 (Ω) | 24.5 ~ 27.5 (20℃) |

회로도

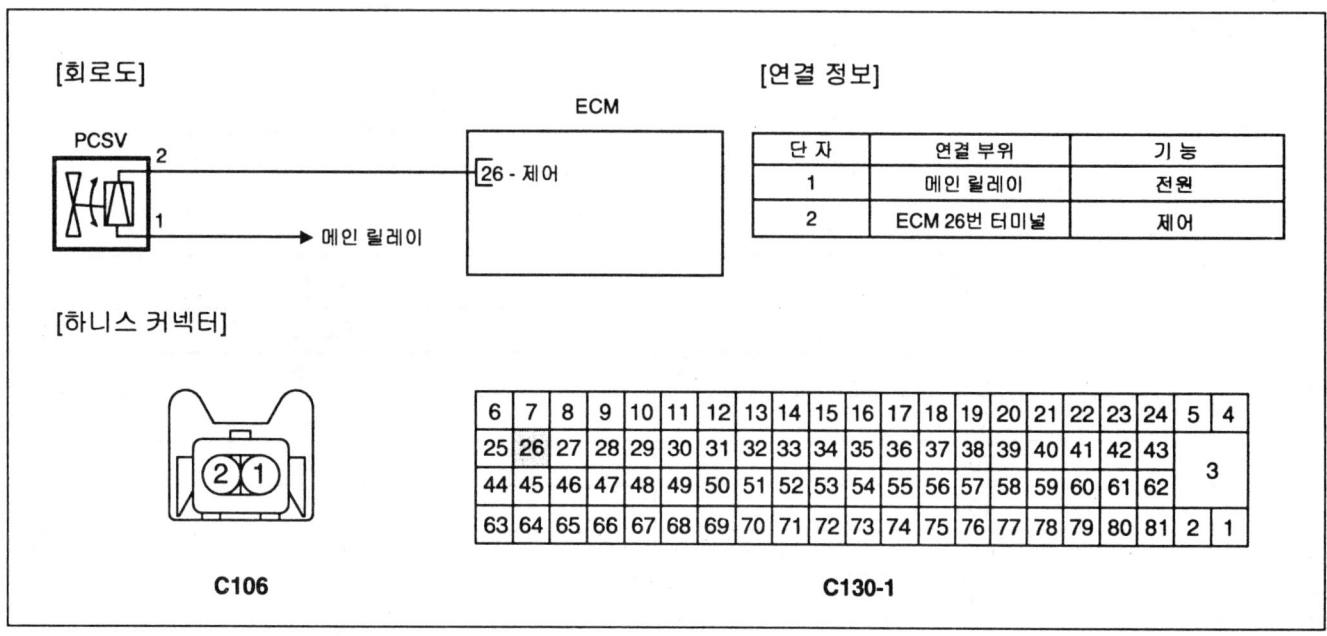

규정값: "제원" 참조

단품 점검

1. 점화 스위치를 OFF 시킨다.

2. 퍼지 컨트롤 솔레노이드 밸브 커넥터를 분리한다.

3. 퍼지 컨트롤 솔레노이드 밸브 단자 1과 2 사이의 저항을 측정한다.

4. 제원을 참조하여 측정된 저항이 제원과 상이한지 확인한다.

# CVVT 오일 온도 센서(OTS)

점검  KD528C83

기능 및 작동 원리

CVVT (Continuous Variable Valve Timing) 시스템은 ECM 의 신호를 받아 강제적으로 캠샤프트를 회전시켜 밸브 오버 랩 (Overlap)을 제어함으로서, 엔진 내부의 EGR(Exhaust Gas Recirculation) 량을 필요에 따라 조절하는 장치이다. 이 시스템은 엔진 오일 압력에 의하여 작동되며, 배기 가 스 저감 (NOx, HC), 연비 향상, 공회전 안정성 향상, 저속 토크 향상 및 고속 출력 향상의 효과가 있다.
이 시스템은 ECM의 PWM (Pulse Width Modulation) 신호 를 받아 엔진 오일의 경로를 바꿔 캠 페이저 (Cam Phaser) 로 오일을 공급 또는 유출시키는 CVVT 오일 컨트롤 밸브 (OCV: Oil Control Valve), 엔진 오일의 온도를 측정하는 CVVT 오일 온도 센서(OTS: Oil Temperature Sensor) 및 엔진 오일의 유압으로 캠샤프트의 위상을 변경시키는 캠 페이저 (Cam Phaser)로 구성되어 있다.
CVVT 오일 컨트롤 밸브로 부터 전달된 오일은 캠 페이저 내의 캠축과 연결된 로터를 회전시켜 캠축을 엔진의 회전 방향(흡기 진각/배기 지각) 또는 반대방향(흡기 지각/배기 진각)으로 회전시켜, 캠의 위상각을 변화시킨다.

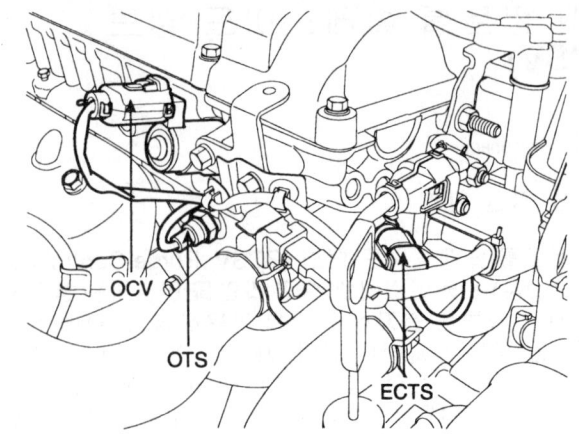

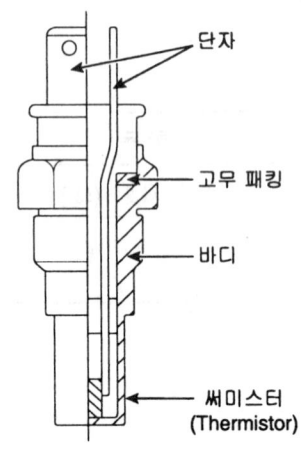

제원

| 온도 (℃) | 저항 (kΩ) |
| --- | --- |
| -40 | 52.15 |
| -20 | 16.52 |
| 0 | 6.0 |
| 20 | 2.45 |
| 40 | 1.11 |
| 60 | 0.54 |
| 80 | 0.29 |

# 가솔린 엔진 제어 시스템

회로도

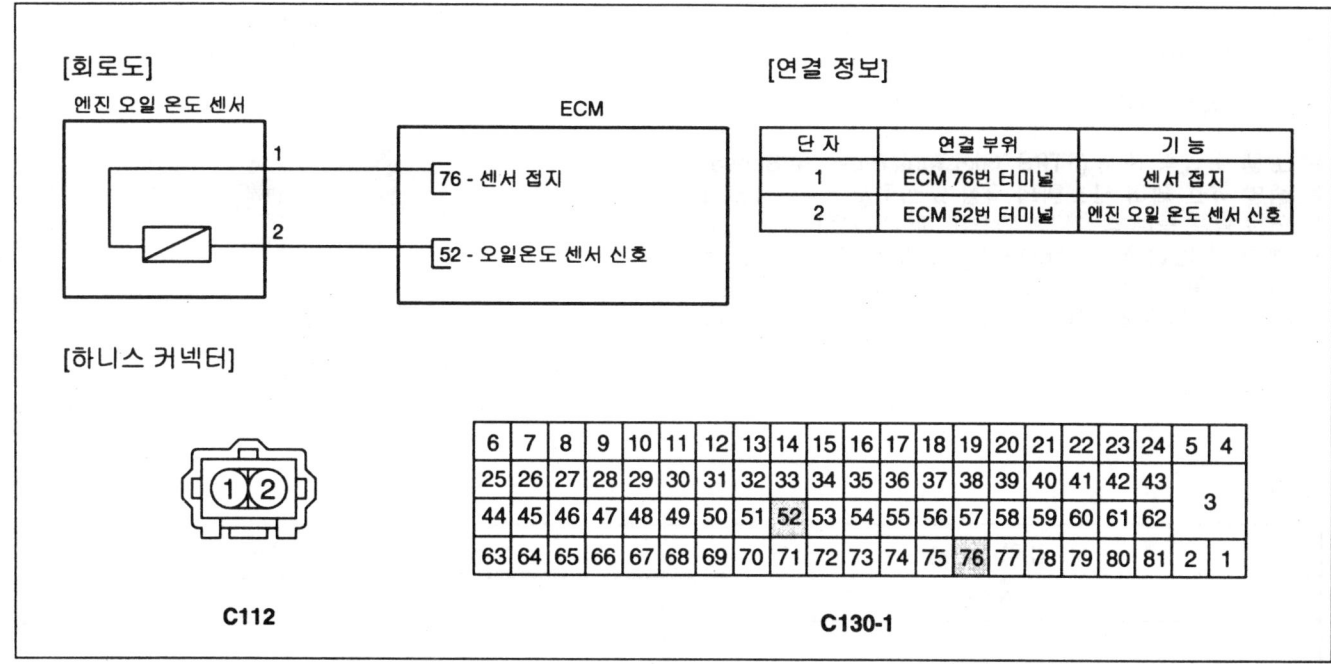

단품 점검

1. 점화 스위치를 OFF 시킨다.

2. CVVT 오일 온도 센서 커넥터를 분리한다.

3. CVVT 오일 온도 센서를 탈거한다.

4. 엔진 냉각수 안에 센서의 써미스터를 담근 후에 CVVT 오일 온도 센서 신호 단자와 센서 접지 단자 사이의 저항을 측정한다.

5. 제원을 참조하여 측정된 저항이 제원과 상이한지 확인한다.

규정값: "제원" 참조

# 연료 탱크 압력 센서 (FTPS)

## 점검 K5D742C2

### 기능 및 작동 원리

연료 탱크 압력 센서 (FTPS: Fuel Tank Pressure Sensor) 는 증발 가스 제어 시스템의 구성 요소로서, 연료 탱크 또는 연료 펌프 등에 장착되어 있으며, 퍼지 컨트롤 솔레노이드 밸브 (PCSV) 작동 상태와 퍼지 컨트롤 솔레노이드 작동 사이클 동안의 연료 탱크 압력 압력과 진공 레벨을 모니터링하여 증발 가스 제어 시스템의 누기 여부를 점검한다.

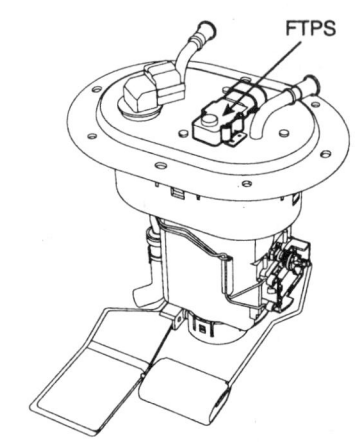

SJMFL7104D

### 제원

| 압력 (kPa) | 출력 전압 (V) |
|---|---|
| -6.67 | 0.5 |
| 0 | 2.5 |
| +6.67 | 4.5 |

### 회로도

[회로도]

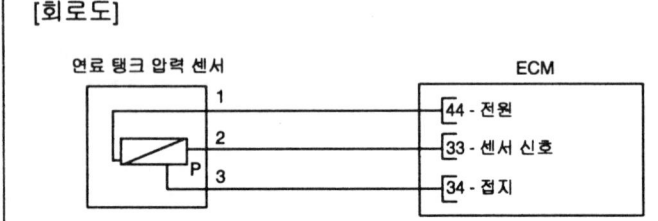

[연결 정보]

| 단자 | 연결 부위 | 기능 |
|---|---|---|
| 1 | ECM 44번 터미널 | 기준 전압 |
| 2 | ECM 33번 터미널 | 센서 신호 |
| 3 | ECM 34번 터미널 | 센서 접지 |

[하니스 커넥터]

F46

| 6 | 7 | 8 | 9 | 10 | 11 | 12 | 13 | 14 | 15 | 16 | 17 | 18 | 19 | 20 | 21 | 22 | 23 | 24 | 5 | 4 |
|---|---|---|---|---|---|---|---|---|---|---|---|---|---|---|---|---|---|---|---|---|
| 25 | 26 | 27 | 28 | 29 | 30 | 31 | 32 | 33 | 34 | 35 | 36 | 37 | 38 | 39 | 40 | 41 | 42 | 43 | 3 | |
| 44 | 45 | 46 | 47 | 48 | 49 | 50 | 51 | 52 | 53 | 54 | 55 | 56 | 57 | 58 | 59 | 60 | 61 | 62 | | |
| 63 | 64 | 65 | 66 | 67 | 68 | 69 | 70 | 71 | 72 | 73 | 74 | 75 | 76 | 77 | 78 | 79 | 80 | 81 | 2 | 1 |

C130-1

SJMFL7316D

### 단품 점검

1. 진단 장비를 자기 진단 커넥터 (DLC)에 연결한다.
2. 공회전 상태에서의 연료 탱크 압력 센서 전압을 측정한다.

| 조건 | 출력 전압 (V) |
|---|---|
| 공회전 | 약 2.5V |

# 가솔린 엔진 제어 시스템

## 캐니스터 클로즈 밸브 (CCV)

### 점검

### 기능 및 작동 원리

캐니스터 클로즈 밸브 (CCV: Canister Close Valve)는 캐니스터와 연료 탱크 에어 필터 사이에 장착되어 있으며, 증발 가스 제어 시스템의 누기 감지 시스템 작동시, 캐니스터와 대기를 차단하여 해당 시스템을 밀폐시키며, 또한 차량이 작동하지 않을 때, 캐니스터와 연료 탱크 에어 필터 (대기)사이를 차단하여 캐니스터의 증발 가스가 대기로 방출되지 않도록 한다.

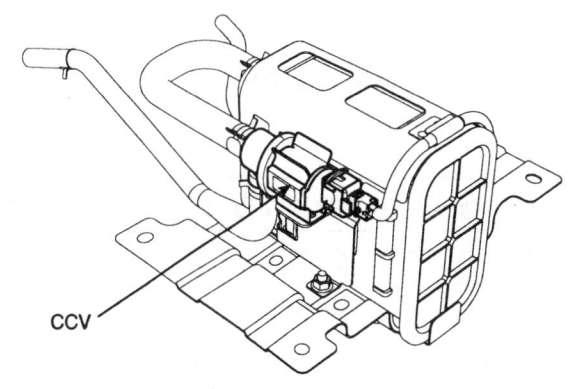

### 제원

| 항목 | 규정값 |
|---|---|
| 코일 저항 (Ω) | 23.0 ~ 26.0 (20℃) |

### 회로도

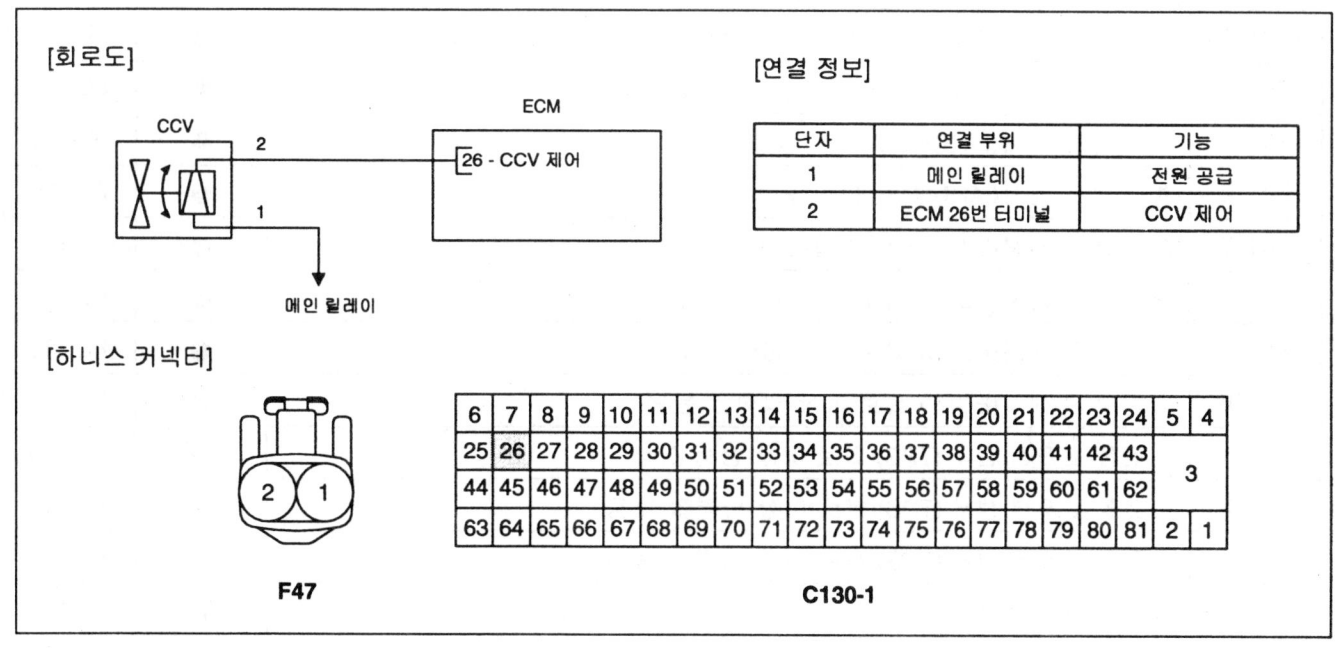

| 단자 | 연결 부위 | 기능 |
|---|---|---|
| 1 | 메인 릴레이 | 전원 공급 |
| 2 | ECM 26번 터미널 | CCV 제어 |

### 단품 점검

규정값: "제원" 참조

1. 점화 스위치를 OFF 시킨다.
2. 캐니스터 클로즈 밸브 커넥터를 분리한다.
3. 캐니스터 클로즈 밸브 단자 1과 2 사이의 저항을 측정한다.
4. 제원을 참조하여 측정된 저항이 제원과 상이한지 확인한다.

# 고장진단

## 자기 진단 고장 코드 (DTC) K77874AA

| DTC | 고장 내용 | 경고등 | 페이지 |
|---|---|---|---|
| P0011 | 캠샤프트 포지션 시간 초과 또는 성능이상 (뱅크 1) | ● | FL-61 |
| P0016 | 크랭크샤프트 및 캠샤프트 위치 상호 연관성 이상 (뱅크 1) | ● | FL-67 |
| P0030 | 산소센서 히터 제어회로 이상 (뱅크 1 / 센서 1) | ● | FL-70 |
| P0031 | 산소센서 히터 회로-제어값 낮음 (뱅크 1 / 센서 1) | ● | FL-76 |
| P0032 | 산소센서 히터 회로-제어값 높음 (뱅크 1 / 센서 1) | ● | FL-79 |
| P0036 | 산소센서 히터 제어회로 이상 (뱅크 1 / 센서 2) | ● | FL-82 |
| P0037 | 산소센서 히터 회로-제어값 낮음 (뱅크 1 / 센서 2) | ● | FL-89 |
| P0038 | 산소센서 히터 회로-제어값 높음 (뱅크 1 / 센서 2) | ● | FL-92 |
| P0076 | CVVT 오일 컨트롤 밸브(OCV)-입력값 낮음 (뱅크 1) | ● | FL-95 |
| P0077 | CVVT 오일 컨트롤 밸브(OCV)-입력값 높음 (뱅크 1) | ● | FL-101 |
| P0101 | 공기량 측정 센서(MAFS) 회로 이상-성능이상 | ● | FL-104 |
| P0102 | 공기량 측정 센서(MAFS) 회로 이상-입력값 낮음 | ● | FL-109 |
| P0103 | 공기량 측정 센서(MAFS) 회로 이상-입력값 높음 | ● | FL-112 |
| P0111 | 흡기 온도 센서(IATS) 회로 이상-성능이상 | ● | FL-115 |
| P0112 | 흡기 온도 센서(IATS) 회로 이상-입력값 낮음 | ● | FL-120 |
| P0113 | 흡기 온도 센서(IATS) 회로 이상-입력값 높음 | ● | FL-122 |
| P0116 | 냉각 수온 센서(ECTS) 회로 이상-성능이상 | ● | FL-125 |
| P0117 | 냉각 수온 센서(ECTS) 회로 이상-입력값 낮음 | ● | FL-130 |
| P0118 | 냉각 수온 센서(ECTS) 회로 이상-입력값 높음 | ● | FL-133 |
| P0121 | 스로틀 포지션 센서 (TPS) 회로 이상-성능 이상 | ● | FL-136 |
| P0122 | 스로틀 포지션 센서 (TPS) 회로 이상-입력값 낮음 | ● | FL-142 |
| P0123 | 스로틀 포지션 센서 (TPS) 회로 이상-입력값 높음 | ● | FL-145 |
| P0125 | 냉각수 온도 이상 | ● | FL-148 |
| P0128 | 써모스탯 작동 이상 | ● | FL-154 |
| P0130 | 산소 센서 회로 이상 (뱅크 1 / 센서 1) | ● | FL-159 |
| P0131 | 산소 센서 회로-입력값 낮음 (뱅크 1 / 센서 1) | ● | FL-165 |
| P0132 | 산소 센서 회로-입력값 높음 (뱅크 1 / 센서 1) | ● | FL-168 |
| P0133 | 산소 센서 회로-응답성 늦음 (뱅크 1 / 센서 1) | ● | FL-171 |
| P0134 | 산소 센서 회로-활성화 안됨 (뱅크 1 / 센서 1) | ● | FL-176 |
| P0136 | 산소 센서 회로 이상 (뱅크 1 / 센서 2) | ● | FL-178 |

고장진단

| DTC | 고장 내용 | 경고등 | 페이지 |
|---|---|---|---|
| P0137 | 산소 센서 회로-입력값 낮음 (뱅크 1 / 센서 2) | ● | FL-183 |
| P0138 | 산소 센서 회로-입력값 높음 (뱅크 1 / 센서 2) | ● | FL-186 |
| P0139 | 산소 센서 회로-응답성 늦음 (뱅크 1 / 센서 2) | ● | FL-188 |
| P0140 | 산소 센서 회로-활성화 안됨 (뱅크 1 / 센서 2) | ● | FL-192 |
| P0170 | 연료 학습제어 이상 (뱅크 1) | ● | FL-195 |
| P0171 | 연료 학습제어 이상-혼합비 희박 (뱅크 1) | ● | FL-202 |
| P0172 | 연료 학습제어 이상-혼합비 농후 (뱅크 1) | ● | FL-206 |
| P0196 | 엔진 오일 온도 센서 (EOTS)-성능이상 | ● | FL-210 |
| P0197 | 엔진 오일 온도 센서 (EOTS)-신호 낮음 | ● | FL-215 |
| P0198 | 엔진 오일 온도 센서 (EOTS)-신호 높음 | ● | FL-217 |
| P0230 | 연료 펌프 회로 이상 | ▲ | FL-220 |
| P0261 | 실린더 #1-인젝터 회로-신호 낮음 | ● | FL-225 |
| P0262 | 실린더 #1-인젝터 회로-신호 높음 | ● | FL-230 |
| P0264 | 실린더 #2-인젝터 회로-신호 낮음 | ● | FL-225 |
| P0265 | 실린더 #2-인젝터 회로-신호 높음 | ● | FL-230 |
| P0267 | 실린더 #3-인젝터 회로-신호 낮음 | ● | FL-225 |
| P0268 | 실린더 #3-인젝터 회로-신호 높음 | ● | FL-230 |
| P0270 | 실린더 #4-인젝터 회로-신호 낮음 | ● | FL-225 |
| P0271 | 실린더 #4-인젝터 회로-신호 높음 | ● | FL-230 |
| P0300 | 실린더 실화 발생 | ● | FL-233 |
| P0301 | 실린더 #1-실화발생 | ● | FL-241 |
| P0302 | 실린더 #2-실화발생 | ● | FL-241 |
| P0303 | 실린더 #3-실화발생 | ● | FL-241 |
| P0304 | 실린더 #4-실화발생 | ● | FL-241 |
| P0325 | 노크 센서(KS) #1 회로 이상 | ▲ | FL-249 |
| P0335 | 크랭크 샤프트 포지션 센서(CKPS) 회로 이상 | ● | FL-254 |
| P0340 | 캠샤프트 포지션 센서(CMPS) 회로 이상 (뱅크1) | ● | FL-260 |
| P0444 | 증발 가스 제어 시스템-PCSV 회로 단선 | ● | FL-266 |
| P0445 | 증발 가스 제어 시스템-PCSV 회로 단락 | ● | FL-271 |
| P0447 | 증발 가스 제어 시스템-캐니스터 클로즈 밸브 (CCV) 회로 단선 | ● | FL-274 |
| P0448 | 증발 가스 제어 시스템-캐니스터 클로즈 밸브 (CCV) 회로 단락 | ● | FL-278 |
| P0449 | 증발 가스 제어 시스템-캐니스터 클로즈 밸브 (CCV) 회로 이상 | ● | FL-281 |
| P0451 | 증발 가스 제어 시스템-연료 탱크 압력 센서(FTPS) 성능 이상 | ● | FL-284 |

| DTC | 고장 내용 | 경고등 | 페이지 |
|---|---|---|---|
| P0452 | 증발 가스 제어 시스템-연료 탱크 압력 센서(FTPS) 입력 신호 낮음 | ● | FL-288 |
| P0453 | 증발 가스 제어 시스템-연료 탱크 압력 센서(FTPS) 입력 신호 높음 | ● | FL-291 |
| P0454 | 증발 가스 제어 시스템-연료 탱크 압력 센서(FTPS) 간헐적 고장 | ● | FL-294 |
| P0455 | 증발 가스 제어 시스템-큰 누설발생 | ● | FL-298 |
| P0501 | 차량 속도 센서(VSS)-성능이상 | ● | FL-303 |
| P0506 | 공회전 제어 시스템-RPM 낮음 | ● | FL-309 |
| P0507 | 공회전 제어 시스템-RPM 높음 | ● | FL-315 |
| P0560 | 시스템 전원 이상 | ▲ | FL-319 |
| P0562 | 시스템 전원 낮음 | ● | FL-324 |
| P0563 | 시스템 전원 높음 | ● | FL-326 |
| P0600 | CAN 통신 에러 (ECM 및 TCM)-시간 초과 | ▲ | FL-328 |
| P0605 | ECM(EEPROM)-ROM 오장착 | ● | FL-333 |
| P0650 | 엔진 경고등 (MIL) 회로 이상 | ▲ | FL-336 |
| P0700 | TCM으로 부터 MIL 점등 요청 | ● | FL-339 |
| P1505 | 공회전 속도 제어 액츄에이터(ISCA) 코일 #1-신호 낮음 | ● | FL-340 |
| P1506 | 공회전 속도 제어 액츄에이터(ISCA) 코일 #1-신호 높음 | ● | FL-346 |
| P1507 | 공회전 속도 제어 액츄에이터(ISCA) 코일 #2-신호 낮음 | ● | FL-349 |
| P1508 | 공회전 속도 제어 액츄에이터(ISCA) 코일 #2-신호 높음 | ● | FL-352 |
| U0001 | CAN (Controller Area Network) 통신 이상 | ● | FL-355 |
| U0101 | CAN 통신 이상 (ECM/PCM - TCM) | ● | FL-360 |

참고
○ : MIL ON
△ : MIL OFF

고장진단

## DTC P0011 "A" 캠샤프트 포지션 과다 진각 또는 성능이상 (뱅크 1)

### 부품 위치

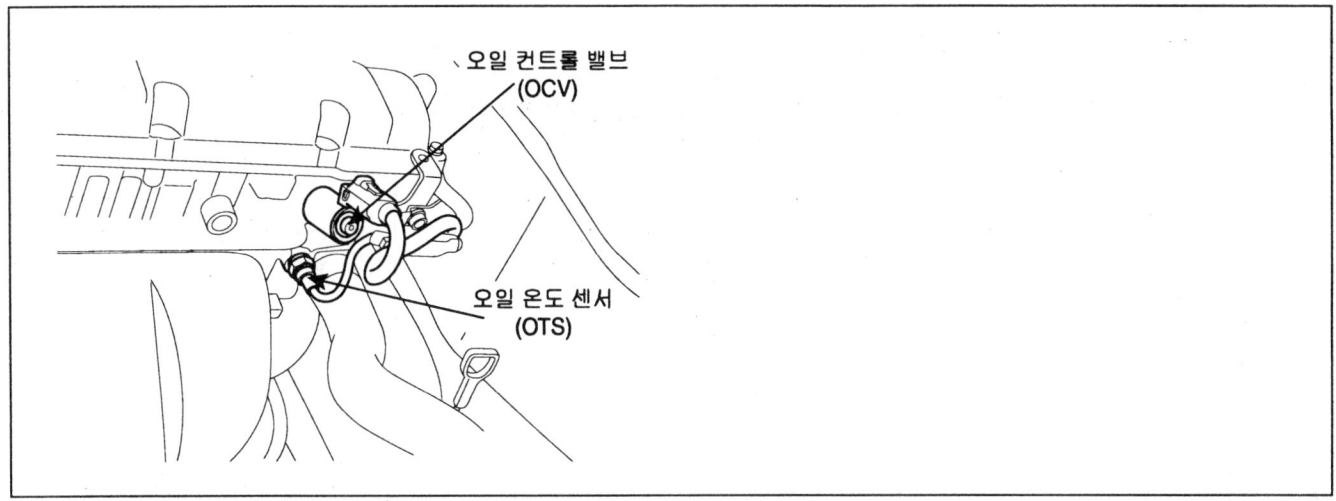

### 기능 및 역할

연속 가변 밸브 타이밍(Continuously Variable Valve Timing;CVVT)장치란 최적의 밸브오버랩을 통해 엔진 손실을 감소시켜 성능 및 연비를 증가시키는 시스템을 말한다. 엔진의 배기 캠축은 CVVT의 부싱 및 로터와 일체로 작동되며 CVVT의 하우징 및 스프로켓은 타이밍체인으로 흡기 캠샤프트와 연결된다. 결국 ECM은 CVVT의 진각실/지각실에 공급되는 오일량을 조절 함으로서 흡기와 배기캠의 위상차를 제어하여 밸브오버랩을 최적화 시킨다. CVVT의 적용으로 인해 흡기밸브 제어 솔레노이드(또는 오일 컨트롤 밸브),필터 및 오일 온도센서가 신규 장착되었다.

### 고장 코드 설명

ECM에 기록되어 있는 캠샤프트 위치의 계산값과 실제 측정된 값의 편차가 너무 크면 고장코드 P0011이 표출 된다

## 고장 판정 조건  K678B1D1

| 항 목 | 판정 조건 | 고장 예상 원인 |
|---|---|---|
| 검출 방법 | • 캠샤프트 위치의 계산값과 실제값과의 편차를 점검 | |
| 검출 조건 | • 관련 고장 없슴<br>• 11V < 배터리 전압 < 16V<br>• 위치 유지 학습기능 비작동<br>• CVVT 제어 : 가능<br>• 본 드라이빙 사이클동안 캠샤프트 위치는 5회 이상 이동<br>• 캠샤프트의 목표 위치는 1.125°CRK 이동량 보다 작으며 안정적이다.<br>• 600rpm < 엔진 회전수 < 5000rpm<br>• 20℃ < 엔진 오일 온도 < 100℃ | • 오일 누유<br>• 오일 펌프<br>• 흡기 밸브 제어 솔레노이드 |
| 판정값 | • 캠샤프트 위치의 총합 - 캠샤프트 실제 위치 > 150°CRK/초 | |
| 검출 시간 | • 2회 주행 사이클 | |
| 페일세이프 | • CVVT 제어 미작동 | |

## 제원  K13624D5

| 흡기 밸브 제어 솔레노이드 | 정상값 |
|---|---|
| 절연 저항 (Ω) | 50 MΩ 이상 |

| 온도(°C) | 저항(Ω) | 온도(°C) | 저항(Ω) |
|---|---|---|---|
| 0 | 6.2 ~ 7.4 | 60 | 8.0 ~ 9.2 |
| 10 | 6.5 ~ 7.7 | 70 | 8.3 ~ 9.5 |
| 20 | 6.8 ~ 8.0 | 80 | 8.6 ~ 9.8 |
| 30 | 7.1 ~ 8.3 | 90 | 8.9 ~ 10.1 |
| 40 | 7.4 ~ 8.6 | 100 | 9.2 ~ 10.4 |
| 50 | 7.7 ~ 8.9 | | |

# 고장진단

## 부분 회로도  KCC1D447

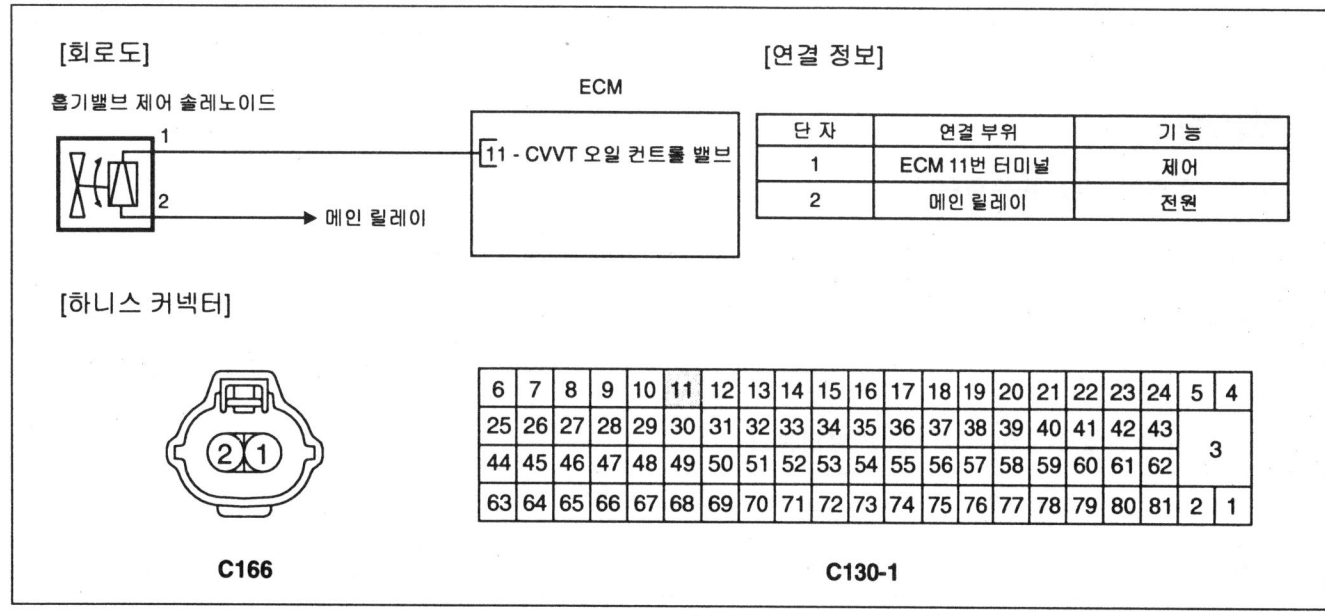

## 고장 코드 확인  KBE71676

1. 스캔툴의 "자기진단"기능을 선택 한다.

2. 하단 메뉴바의 "F4"를 눌러 고장 상세 정보를 선택 한다.

3. "고장 진단 완료 유무" 항목이 ""진단 완료""인지 확인한다.

   📖 참고
   미완료일경우 일반정보의 검출조건에서 지시하는대로 차량을 주행하여 진단을 완료 시킨다.

4. "고장 유형"항목의 결과값이 "과거 고장" 인가?

   **고장 상세 정보**

   1. 경고등상태 : OFF
   2. **고장 유형** : "과거고장" 또는 "현재고장"
   3. **고장진단 완료 유무** : "진단완료" 또는 "미완료"
   4. **동일고장 발생 횟수** : X (횟수가 기록됨)
   5. 고장발생후 경과시간 : 0분
   6. 고장소거후 경과시간 : 0분

   📖 참고
   - 과거 고장 : 이전에 발행한 고장임. 현재는 정상.
   - 현재 고장 : 현재 고장이 발생되어 있는 상태임.

**예**

- ▶ "동일고장 발생 횟수"항목 값이 2회 이상이면 간헐적인 고장이므로 "터미널 및 커넥터 점검"절차를 수행한다
- ▶ "동일고장 발생 횟수"가 1회 이하이면 과거고장이므로 진단을 종료한다

**아니오**

- ▶ "단품 점검" 절차를 수행한다.

## 단품 점검  K4A73821

저항 점검

1. 점화스위치 "OFF"

2. 흡기밸브 제어 솔레노이드 커넥터를 분리한다.

3. 솔레노이드의 터미널 1번과 2번간 저항을 측정한다.(단품측)

정상값

| 온도(°C) | 저항(Ω) | 온도(°C) | 저항(Ω) |
|---|---|---|---|
| 0 | 6.2 ~ 7.4 | 60 | 8.0 ~ 9.2 |
| 10 | 6.5 ~ 7.7 | 70 | 8.3 ~ 9.5 |
| 20 | 6.8 ~ 8.0 | 80 | 8.6 ~ 9.8 |
| 30 | 7.1 ~ 8.3 | 90 | 8.9 ~ 10.1 |
| 40 | 7.4 ~ 8.6 | 100 | 9.2 ~ 10.4 |
| 50 | 7.7 ~ 8.9 | | |

1. 제어
2. 전원

4. 측정값이 정상인가?

**예**

- ▶ 다음 점검 절차를 수행한다.

**아니오**

- ▶ 흡기밸브 제어 솔레노이드를 교환한 후, "고장 수리 확인" 절차를 수행한다.

작동 점검

[스캔툴 사용]

1. 점화스위치 "ON" & 엔진 "OFF"

# 고장진단

FL -65

2. 스캔툴을 연결하고 액츄에이터 점검 항목 중 "CVVT VALVE" 항목을 선택한다.
3. "시작(F1)"키를 눌러서 밸브의 작동여부를 확인한다.(솔레노이드 작동소리를 통해 확인한다)
4. 솔레노이드의 정확한 작동여부 확인을 위해 4 ~ 5회 정도 반복한다.

[스캔툴 미사용]

1. 점화스위치 "OFF"

2. 엔진에서 흡기밸브 제어 솔레노이드를 분리한다.

3. 흡기밸브 제어 솔레노이드의 스풀 컬럼 오염 여부를 육안으로 점검한다.

4. 솔레노이드의 터미널 2에 12V를 연결하고 터미널 1을 접지시킨다(단품측). 작동소리와 함께 스풀컬럼이 좌측으로 이동하는지 확인한다.(아래 그림 참조)

5. 전원 공급을 중지하였을 때, 스풀 컬럼이 원래 위치로 돌아가는지 확인한다.

6. 문제가 발견되었는가?

   **예**

   ▶ 수리 또는 교환한 후 "고장 수리 확인" 절차를 수행한다.

   **아니오**

   ▶ 다음 점검 절차를 수행한다.

## 육안 점검

1. 아래 항목을 점검한다.
   - 흡기밸브 제어 솔레노이드 필터의 고착 또는 오염
   - 엔진 오일 필터
   - 엔진 오일과 엔진 오일량

2. 문제가 발견되었는가?

   **예**

   ▶ 수리 또는 교환한 후 "고장 수리 확인" 절차를 수행한다.

   **아니오**

   ▶ 다음 점검 절차를 수행한다.

## 커넥터 및 터미널 점검   K4240776

1. 고장의 주요원인은 배선손상 및 연결상태의 불량에 있으므로 커넥터 접촉불량 및 터미널의 부식 또는 변형등을 전체적으로 점검한다.

2. 문제가 발견 되었는가?

   **예**

   ▶ 수리 또는 교환한 후 "고장 수리 확인" 절차를 수행한다.

   **아니오**

   ▶ ECM과 단품 사이의 커넥터 접촉불량 및 터미널의 부식 또는 변형을 점검한 후 이상이 있으면 수리한다.
   ▶ "고장 수리 확인" 절차를 수행한다.

## 고장 수리 확인  KA417C9C

"고장 코드 확인" 절차를 재수행하여 고장이 정확히 수리 되었는지 확인한다.

1. 스캔툴의 "자기진단"기능중 고장 상세 정보를 선택 한다.

    ⚠ 주의
    고장코드를 소거하지 말 것(상세정보도 함께 소거 됨)

2. "고장 진단 완료 유무" 항목이 "진단 완료"인지 확인한다.

    📖 참고
    미완료일경우 일반정보의 검출조건에서 지시하는대로 차량을 주행하여 완료 시킨다

3. "고장 유형"항목의 결과값이 "과거 고장" 인가?

    **예**

    ▶ 시스템 정상. 고장코드를 소거한다.

    **아니오**

    ▶ 적절한 수리절차를 재수행한다.

고장진단

## DTC P0016 크랭크샤프트 및 캠샤프트 위치 상호 연관성 이상 (뱅크 1 / 센서 1)

### 기능 및 역할  K5DFF255

연속 가변 밸브 타이밍(Continuously Variable Valve Timing;CVVT)장치란 최적의 밸브오버랩을 통해 엔진 손실을 감소시켜 성능 및 연비를 증가시키는 시스템을 말한다. 엔진의 배기 캠축은 CVVT의 부싱 및 로터와 일체로 작동되며 CVVT의 하우징 및 스프로켓은 타이밍체인으로 흡기 캠샤프트와 연결된다. 결국 ECM은 CVVT의 진각실/지각실에 공급되는 오일량을 조절 함으로서 흡기와 배기캠의 위상차를 제어하여 밸브오버랩을 최적화 시킨다. CVVT의 적용으로 인해 흡기밸브 제어 솔레노이드(또는 오일 컨트롤 밸브),필터 및 오일 온도센서가 신규 장착되었다.

### 고장 코드 설명  K734F7B8

부적합한 캠샤프트위치에 대한 고장코드로 체인이나 벨트의 오장착으로 인해 주로 발생한다. 진각과 지각의 범위가 규정값을 벗어나 이루어지면 ECM은 고장으로 인식하여 고장코드 P0016을 표출 한다

### 고장 판정 조건  KAA0C7AF

| 항 목 | 판정 조건 | 고장 예상 원인 |
|---|---|---|
| 검출 방법 | • 캠샤프트 신호변화 감지 | |
| 검출 조건 | • 오일 제어 밸브 정상<br>• 6V < 배터리 전압 < 16V<br>• CVVT 제어 상태 ="준비" 또는 "학습" 또는 "제어 가능" | • 캠샤프트 장착상태 이상<br>• 크랭크샤프트 장착상태 이상<br>• 톤휠 장착상태 이상 |
| 판정값 | • 실제 측정된 캠샤프트 위치가 최대 지연 위치("준비" 또는 "학습")에서 105~145 °CRK 범위를 벗어남.<br>• "가능" 위치에서 캠샤프트 위치가 70~140° 범위를 벗어남 | |
| 경고등 점등 | • 2회 주행 사이클 | |
| 검출 시간 | • 8초 | |

### 부분 회로도  KF36AD1D

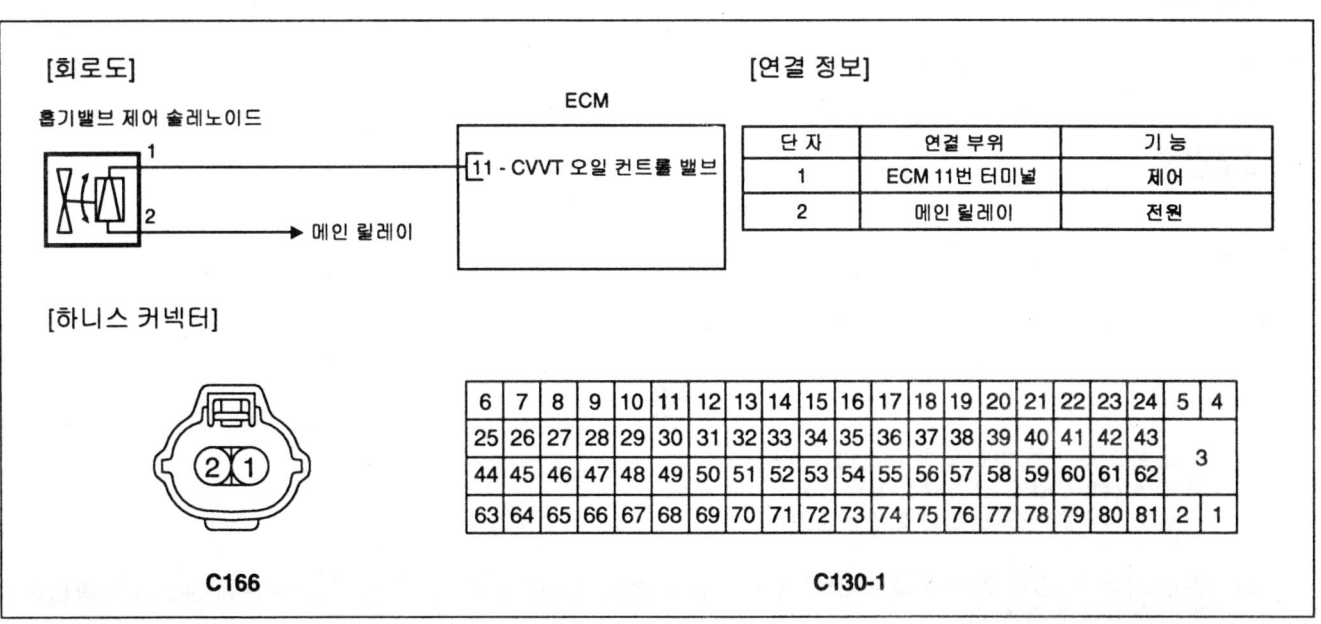

## 고장 코드 확인  K8C9C83C

1. 스캔툴의 "자기진단"기능을 선택 한다

2. 하단 메뉴바의 "F4"를 눌러 고장 상세 정보를 선택 한다

3. "고장 진단 완료 유무" 항목이 "진단 완료"인지 확인한다.

   📖 참고
   미완료일경우 일반정보의 검출조건에서 지시하는대로 차량을 주행하여 진단을 완료 시킨다

4. "고장 유형"항목의 결과값이 "과거 고장" 인가?

```
              고장 상세 정보

1. 경고등상태   : OFF
2. 고장 유형    : "과거고장" 또는 "현재고장"
3. 고장진단 완료 유무 : "진단완료" 또는 "미완료"
4. 동일고장 발생 횟수 : X (횟수가 기록됨)
5. 고장발생후 경과시간 :      0분
6. 고장소거후 경과시간 :      0분
```

   📖 참고
   - 과거 고장 : 이전에 발행한 고장임. 현재는 정상.
   - 현재 고장 : 현재 고장이 발생되어 있는 상태임.

   **예**

   ▶ "동일고장 발생 횟수"항목 값이 2회 이상이면 간헐적인 고장이므로 "터미널 및 커넥터 점검"절차를 수행한다
   ▶ "동일고장 발생 횟수"가 1회 이하이면 과거고장이므로 진단을 종료한다

   **아니오**

   ▶ "단품 점검" 절차를 수행한다.

## 단품 점검  K179A914

1. 타이밍 점검

   1) 오실로스코프를 아래와 같이 연결한다.
      채널 A (+): CKPS 터미널 2, (-): 접지
      채널 B (+): CMPS 터미널 2, (-): 접지

   2) 엔진 시동 후, CKP 센서 신호와 CMP 센서 파형이 정상적으로 출력되는지 또는 CKP 센서 신호가 누락되어 출력되는지를 점검한다.

# 고장진단

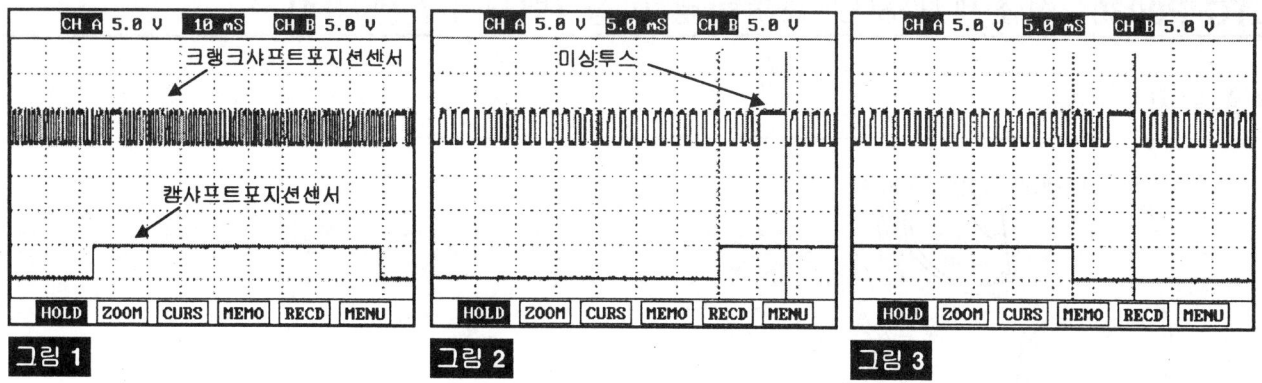

그림 1) 캠신호의 1/2 주기동안 크랭크신호는 미싱투스 포함 60개의 돌기 신호가 표출 됨. 각 신호의 잡음, 개수 틀림 및 위치 상이등을 점검 한다
그림 2,3) 캠신호 하강(상승) 신호와 미싱투스 사이에는 3~5개의 크랭크 샤프트 돌기 신호가 표출 되어야 함

3) 출력된 파형이 정상인가?

**예**

▶ ECM과 단품 사이의 커넥터 접촉불량 및 터미널의 부식 또는 변형을 점검한 후 이상이 있으면 수리한다.
▶ "고장 수리 확인" 절차를 수행한다.

**아니오**

▶ 아래 항목을 점검한다.
- 타이밍 벨트의 올바른 장착
- 캠샤프트 타이밍 체인의 정렬

▶ 재조정 및 수리 후, "고장 수리 확인" 절차를 수행한다.

## 고장 수리 확인

"고장 코드 확인" 절차를 재수행하여 고장이 정확히 수리 되었는지 확인한다

1. 스캔툴의 "자기진단"기능중 고장 상세 정보를 선택 한다

   ⚠ 주의
   고장코드를 소거하지 말 것(상세정보도 함께 소거 됨)

2. "고장 진단 완료 유무" 항목이 "진단 완료"인지 확인한다.

   📖 참고
   미완료일경우 일반정보의 검출조건에서 지시하는대로 차량을 주행하여 완료 시킨다

3. "고장 유형"항목의 결과값이 "과거 고장" 인가?

   **예**

   ▶ 시스템 정상. 고장코드를 소거한다

   **아니오**

   ▶ 적절한 수리절차를 재수행한다.

## DTC P0030 산소센서 히터 제어회로 이상 (뱅크 1 / 센서 1)

### 부품 위치

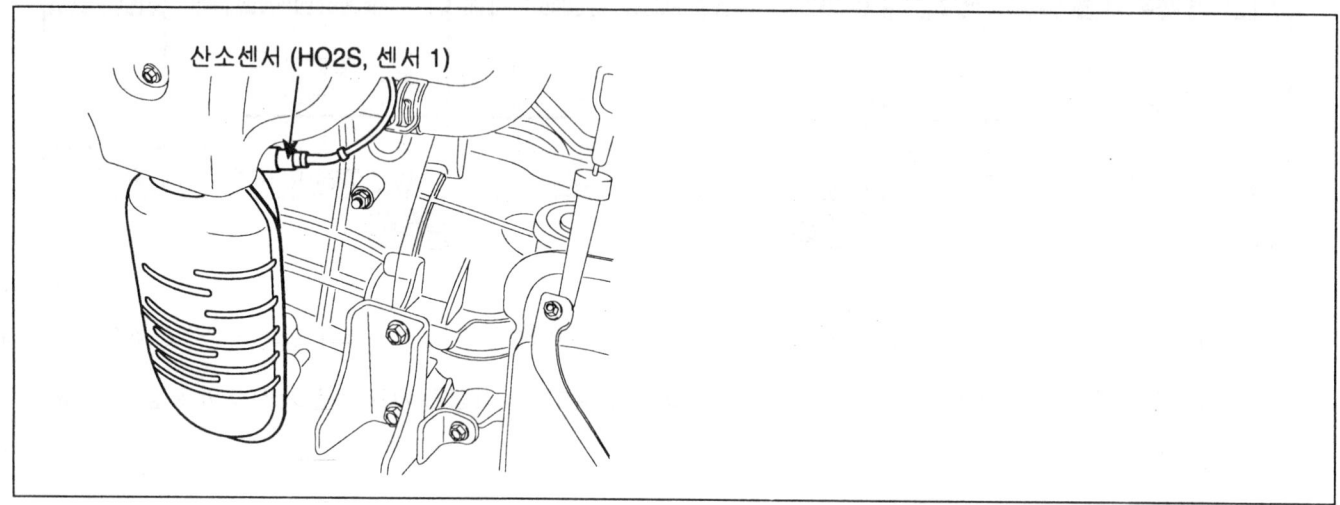
산소센서 (HO2S, 센서 1)

### 기능 및 역할

산소센서(HO2S)의 정상작동 온도는 350~850℃이다. HO2S 히터는 연료 컨트롤이 활성화 될때까지 시간을 크게 감소시킨다. ECM은 히터를 통해 전류를 조절하여 PWM 제어회로를 제공한다. 히터 열선이 차가워지면 저항값은 낮아지고 전류값은 높아진다. 이와 반대의 경우에는 열선의 온도는 올라가고 전류는 점차적으로 떨어진다.

### 고장 코드 설명

시동후 센서가 정상 작동 온도에 도달 한 후 산소센서 히터 저항값이 기준값 이상이면 ECM은 P0030의 고장코드를 표출한다.

### 고장 판정 조건

| 항 목 | 판정 조건 | 고장 예상 원인 |
|---|---|---|
| 검출 방법 | • 단품의 저항 측정을 통해 산소 센서 온도를 계산 | |
| 검출 조건 | • 센서 완전 예열 상태<br>• 엔진 시동 후 시간 경과: 240 초<br>• 11V < 배터리 전압 < 16V<br>• 1% < 히터 전원 < 99%<br>• 배기 가스 온도 계산값 < 650℃ | • 관련 퓨즈의 파손 및 분실<br>• 제어선 단선 또는 단락<br>• 전원선 단선 또는 단락<br>• 커넥터 접촉 저항<br>• 산소 센서 |
| 판정값 | • 산소 센서 단품 저항 > 2100 Ohm ( 단품 온도 < 500℃) | |
| 검출 시간 | • 5분 | |
| 경고등 점등 | • 2회 주행 사이클 | |
| 페일세이프 | • 증발가스 제어 밸브는 최소 작동모드로 제어 | |

## 고장진단

### 제원

| 온도(°C) | 전방 산소센서 히터저항(Ω) | 온도(°C) | 전방 산소센서 히터저항(Ω) |
|---|---|---|---|
| 20 | 9.2 | 400 | 17.7 |
| 100 | 10.7 | 500 | 19.2 |
| 200 | 13.1 | 600 | 20.7 |
| 300 | 14.6 | 700 | 22.5 |

### 부분 회로도

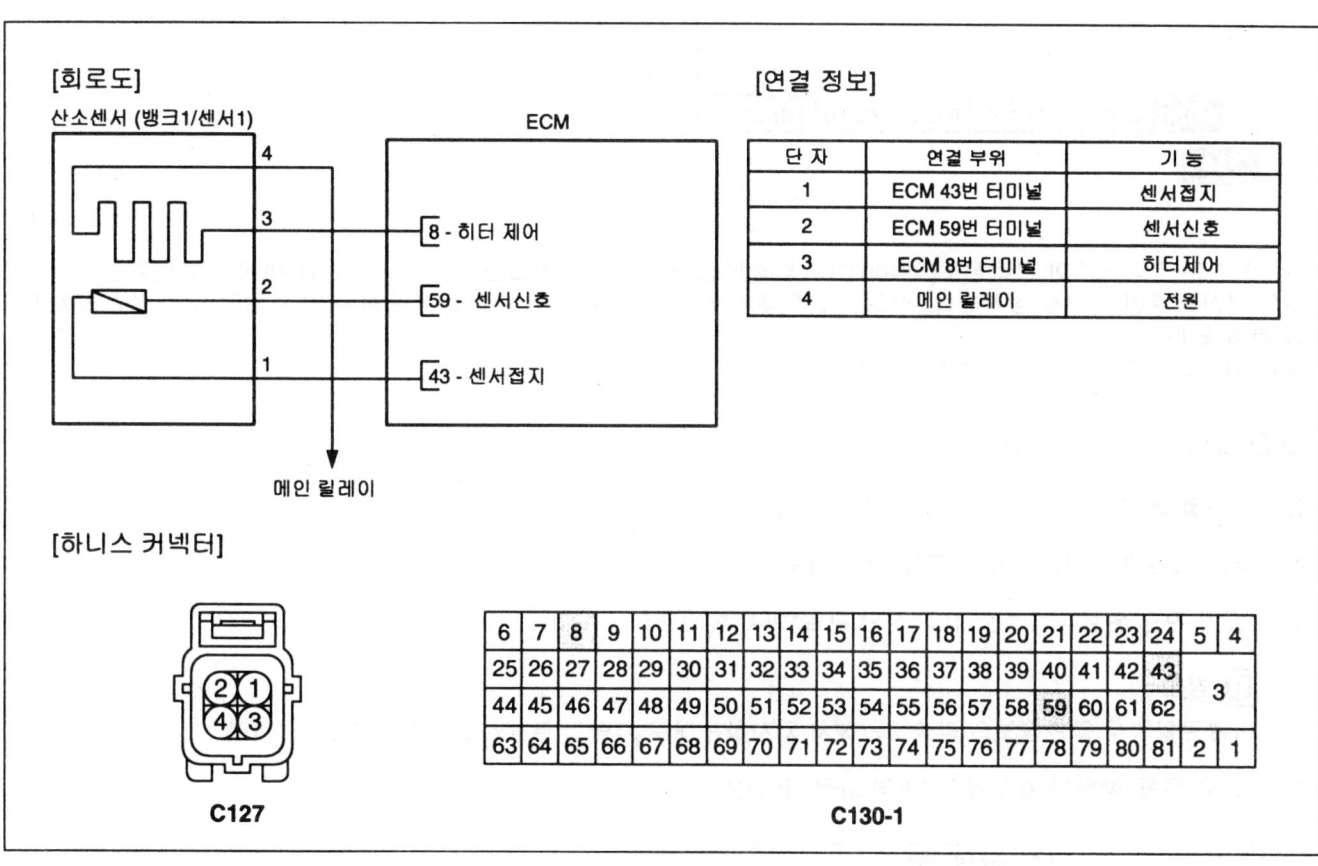

## 기준 파형 및 데이터   KD8C65C5

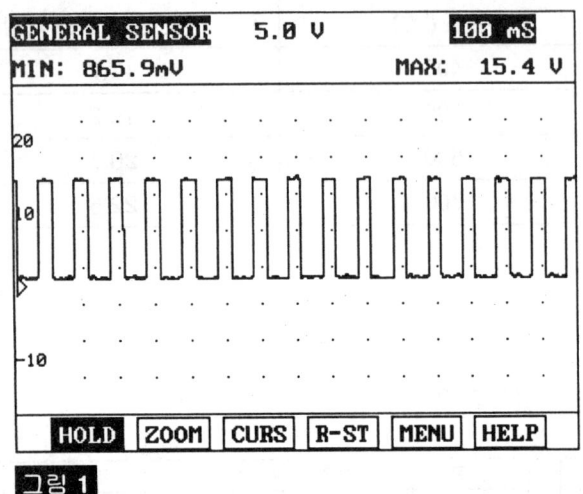

그림 1

산소센서는 자체온도가 일정온도(약400℃)이상에서 정상적으로 작동되므로 최단시간내에 이론 공연비제어가 가능하도록 센서내부에 히터를 장착한다. 히터는 컨트롤 모듈에 의해 듀티 작동되며 작동량은 엔진 냉각 수온 센서값등에 의해 변화 한다.

그림 1) : 난기후 공회전 상태에서의 히터 파형

## 고장 코드 확인   K4C77C2E

1. 스캔툴의 "자기진단"기능을 선택 한다

2. 하단 메뉴바의 "F4"를 눌러 고장 상세 정보를 선택 한다

3. "고장 진단 완료 유무" 항목이 "진단 완료"인지 확인한다.

    📖 참고
    미완료일경우 일반정보의 검출조건에서 지시하는대로 차량을 주행하여 진단을 완료 시킨다

4. "고장 유형"항목의 결과값이 "과거 고장" 인가?

📖 참고
- 과거 고장 : 이전에 발행한 고장임. 현재는 정상.

# 고장진단 FL-73

- 현재 고장 : 현재 고장이 발생되어 있는 상태임.

**예**

▶ "동일고장 발생 횟수" 항목 값이 2회 이상이면 간헐적인 고장이므로 "터미널 및 커넥터 점검" 절차를 수행한다
▶ "동일고장 발생 횟수"가 1회 이하이면 과거고장이므로 진단을 종료한다

**아니오**

▶ "배선 점검" 절차를 수행한다.

## 커넥터 및 터미널 점검  K1A59AC5

1. 고장의 주요원인은 배선손상 및 연결상태의 불량에 있으므로 커넥터 접촉불량 및 터미널의 부식 또는 변형등을 전체적으로 점검한다.

2. 문제가 발견 되었는가?

**예**

▶ 수리 또는 교환한 후 "고장 수리 확인" 절차를 수행한다.

**아니오**

▶ "전원선 점검" 절차를 수행한다.

## 전원선 점검  K748F744

1. 점화스위치 "OFF"
2. 산소 센서 커넥터를 분리한다.
3. 점화스위치 "ON" & 엔진 "OFF"
4. 산소센서 커넥터 4번 터미널과 접지간 전압을 측정한다.

정상값 : 배터리 전압

5. 측정값이 정상인가?

**예**

▶ "제어선 점검" 절차를 수행한다.

**아니오**

▶ 메인릴레이와 산소센서 사이의 전원선 단선을 점검한다.
▶ 10A 센서 퓨즈가 정상인지를 확인한다.
▶ 수리 또는 교환한 후 "고장 수리 확인" 절차를 수행한다.

## 제어선 점검  K94AA37C

1. 단선 점검

   1) 점화스위치 "OFF"

   2) ECM 커넥터를 분리한다.

3) 센서 커넥터 3번 터미널과 ECM 커넥터 8번 터미널간 저항을 측정한다.

정상값 : 약 0Ω

4) 측정값이 정상인가?

**예**

▶ 다음 점검 절차를 수행한다.

**아니오**

▶ 배선 수리 후, "고장 수리 확인" 절차를 수행한다.

2. 접지 단락 점검

   1) 산소 센서 커넥터 3번 터미널과 접지간 저항을 측정한다.

정상값 : 무한대

   2) 측정값이 정상인가?

**예**

▶ 다음 점검 절차를 수행한다.

**아니오**

▶ 배선 수리 후, "고장 수리 확인" 절차를 수행한다.

3. 배터리 단락 점검

   1) ECM 커넥터를 재연결 한다.

   2) 점화스위치 "ON" & 엔진 "OFF"

   3) 산소 센서 커넥터 3번 터미널과 접지간 전압을 측정한다.

정상값 : 약 0V

   4) 측정값이 정상인가?

**예**

▶ "단품 점검" 절차를 수행한다.

**아니오**

▶ 단선 또는 단락된 배선을 수리 후, "고장 수리 확인" 절차를 수행한다.

## 단품 점검   K3231EFB

1. 산소 센서 커넥터 3번과 4번 터미널간 저항을 측정한다.(단품측)

# 고장진단

정상값

| 온도(°C) | 전방 산소센서 히터저항(Ω) | 온도(°C) | 전방 산소센서 히터저항(Ω) |
|---|---|---|---|
| 20 | 9.2 | 400 | 17.7 |
| 100 | 10.7 | 500 | 19.2 |
| 200 | 13.1 | 600 | 20.7 |
| 300 | 14.6 | 700 | 22.5 |

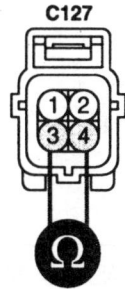

C127
1. 접지
2. 신호
3. 히터 제어
4. 전원

2. 온도에 따라 측정값이 정상인가?

**예**

▶ ECM과 단품 사이의 커넥터 접촉불량 및 터미널의 부식 또는 변형을 점검한 후 이상이 있으면 수리한다.
▶ "고장 수리 확인" 절차를 수행한다.

**아니오**

▶ 새로운 단품을 임시 장착하여 차량 상태를 확인한 후 정상이면 단품을 교환한다.
▶ "고장 수리 확인" 절차를 수행한다.

## 고장 수리 확인

"고장 코드 확인" 절차를 재수행하여 고장이 정확히 수리 되었는지 확인한다

1. 스캔툴의 "자기진단"기능중 고장 상세 정보를 선택 한다

⚠ 주의
고장코드를 소거하지 말 것(상세정보도 함께 소거 됨)

2. "고장 진단 완료 유무" 항목이 "진단 완료"인지 확인한다.

📖 참고
미완료일경우 일반정보의 검출조건에서 지시하는대로 차량을 주행하여 완료 시킨다

3. "고장 유형"항목의 결과값이 "과거 고장" 인가?

**예**

▶ 시스템 정상. 고장코드를 소거한다

**아니오**

▶ 적절한 수리절차를 재수행한다.

## DTC P0031 산소센서 히터 회로-제어값 낮음 (뱅크 1 / 센서 1)

### 부품 위치

DTC P0030 참조.

### 기능 및 역할

DTC P0030 참조.

### 고장 코드 설명

ECM이 전방 HO2S 히터선의 단선 또는 접지와의 단락을 검출하면 P0031 의 고장코드를 표출한다.

### 고장 판정 조건

| 항목 | 판정 조건 | 고장 예상 원인 |
|---|---|---|
| 검출 방법 | • 전방 산소센서 히터 회로의 접지 단락을 점검 | • 관련 퓨즈의 파손 및 분실<br>• 전원선 또는 제어선의 단선 또는 접지 단락<br>• 커넥터 접촉 저항<br>• 산소 센서 |
| 검출 조건 | • 11V < 배터리 전압 < 16V<br>• 1% < 히터 전원 < 99% | |
| 판정값 | • 접지 단락 | |
| 검출 시간 | • 10초 | |
| 경고등 점등 | • 2회 주행 사이클 | |
| 페일세이프 | • 히터 개회로 제어 | |

### 제원

DTC P0030 참조.

### 부분 회로도

DTC P0030 참조.

### 기준 파형 및 데이터

DTC P0030 참조.

### 고장 코드 확인

DTC P0030 참조.

### 커넥터 및 터미널 점검

DTC P0030 참조.

고장진단 FL -77

## 전원선 점검  KC6F1FA8

1. 점화스위치 "OFF"

2. 산소 센서 커넥터를 분리한다.

3. 점화스위치 "ON" & 엔진 "OFF"

4. 산소 센서 커넥터 4번 터미널과 차체 접지간 전압을 측정한다.

정상값 : 배터리 전압

5. 측정값이 정상인가?

   **예**

   ▶ "제어선 점검" 절차를 수행한다.

   **아니오**

   ▶ 메인릴레이와 산소센서 사이의 전원선 단선을 점검한다.
   ▶ 10A 센서 퓨즈가 정상인지를 확인한다.
   ▶ 수리 또는 교환한 후 "고장 수리 확인" 절차를 수행한다.

## 제어선 점검  K50D9FFE

1. 단선 점검

   1) 점화스위치 "OFF"

   2) ECM 커넥터를 분리한다.

   3) 센서 커넥터 3번 터미널과 ECM 커넥터 8번 터미널간 저항을 측정한다.

   정상값 : 약 0Ω

   4) 측정값이 정상인가?

      **예**

      ▶ 다음 점검 절차를 수행한다.

      **아니오**

      ▶ 배선 수리 후, "고장 수리 확인" 절차를 수행한다.

2. 접지 단락 점검

   1) 산소 센서 커넥터 3번 터미널과 접지간 저항을 측정한다.

   정상값 : 무한대

   2) 측정값이 정상인가?

      **예**

      ▶ 다음 점검 절차를 수행한다.

## 단품 점검

1. 산소 센서 커넥터 3번과 4번 터미널간 저항을 측정한다.(단품측)

정상값

| 온도(°C) | 전방 산소센서 히터저항(Ω) | 온도(°C) | 전방 산소센서 히터저항(Ω) |
|---|---|---|---|
| 20 | 9.2 | 400 | 17.7 |
| 100 | 10.7 | 500 | 19.2 |
| 200 | 13.1 | 600 | 20.7 |
| 300 | 14.6 | 700 | 22.5 |

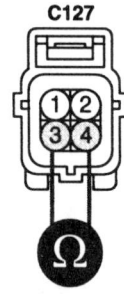

1. 접지
2. 신호
3. 히터 제어
4. 전원

2. 온도에 따라 측정값이 정상인가?

**예**

▶ ECM과 단품 사이의 커넥터 접촉불량 및 터미널의 부식 또는 변형을 점검한 후 이상이 있으면 수리한다.
▶ "고장 수리 확인" 절차를 수행한다.

**아니오**

▶ 새로운 단품을 임시 장착하여 차량 상태를 확인한 후 정상이면 단품을 교환한다.
▶ "고장 수리 확인" 절차를 수행한다.

## 고장 수리 확인

DTC P0030 참조.

고장진단

## DTC P0032 산소센서 히터 회로-제어값 높음 (뱅크 1 / 센서 1)

### 부품 위치

DTC P0030 참조.

### 기능 및 역할

DTC P0030 참조.

### 고장 코드 설명

ECM이 전방 HO2S 히터선과 배터리와의 단락을 검출하면 P0032의 고장코드를 표출한다.

### 고장 판정 조건

| 항목 | 판정 조건 | 고장 예상 원인 |
|---|---|---|
| 검출 방법 | • 전방 산소센서 히터선의 단선 또는 배터리 단락을 점검 | • 제어선의 단선 또는 배터리 단락<br>• 커넥터 접촉 저항<br>• 산소 센서 |
| 검출 조건 | • 11V < 배터리 전압 < 16V<br>• 1% < 히터 전원 < 99 | |
| 판정값 | • 단선 또는 배터리 단락 | |
| 검출 시간 | • 10초 | |
| 경고등 점등 | • 2회 주행 사이클 | |
| 페일세이프 | • 히터 개회로 제어 | |

### 제원

DTC P0030 참조.

### 부분 회로도

DTC P0030 참조.

### 기준 파형 및 데이터

DTC P0030 참조.

### 고장 코드 확인

DTC P0030 참조.

### 커넥터 및 터미널 점검

DTC P0030 참조.

## 제어선 점검  K78C3933

1. 단선 점검

    1) 점화스위치 "OFF"

    2) ECM 커넥터를 분리한다.

    3) 센서 커넥터 3번 터미널과 ECM 커넥터 8번 터미널간 저항을 측정한다.

    정상값 : 약 0Ω

    4) 측정값이 정상인가?

        **예**

        ▶ 다음 점검 절차를 수행한다.

        **아니오**

        ▶ 배선 수리 후, "고장 수리 확인" 절차를 수행한다.

2. 배터리 단락 점검

    1) ECM 커넥터를 재연결한다.

    2) 점화스위치 "ON" & 엔진 "OFF"

    3) 산소 센서 커넥터 3번 터미널과 차체 접지간 전압을 측정한다.

    정상값 : 약 0V

    4) 측정값이 정상인가?

        **예**

        ▶ "단품 점검" 절차를 수행한다.

        **아니오**

        ▶ 배선 수리 후 "고장 수리 확인" 절차를 수행한다.

## 단품 점검  KEBAEE85

1. 점화스위치 "OFF"

2. 산소 센서 커넥터 3번과 4번 터미널간 저항을 측정한다.(단품측)

    정상값

| 온도(°C) | 전방 산소센서 히터저항(Ω) | 온도(°C) | 전방 산소센서 히터저항(Ω) |
|---|---|---|---|
| 20 | 9.2 | 400 | 17.7 |
| 100 | 10.7 | 500 | 19.2 |
| 200 | 13.1 | 600 | 20.7 |
| 300 | 14.6 | 700 | 22.5 |

# 고장진단

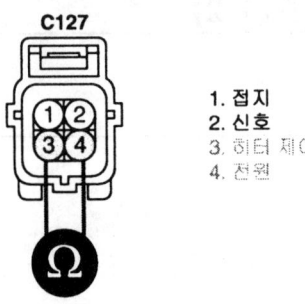

1. 접지
2. 신호
3. 히터 제어
4. 전원

3. 온도에 따라 측정값이 정상인가?

**예**

▶ ECM과 단품 사이의 커넥터 접촉불량 및 터미널의 부식 또는 변형을 점검한 후 이상이 있으면 수리한다.
▶ "고장 수리 확인" 절차를 수행한다.

**아니오**

▶ 새로운 단품을 임시 장착하여 차량 상태를 확인한 후 정상이면 단품을 교환한다.
▶ "고장 수리 확인" 절차를 수행한다.

## 고장 수리 확인

DTC P0030 참조.

## DTC P0036 산소센서 히터 제어회로 이상 (뱅크 1 / 센서 2)

### 부품 위치

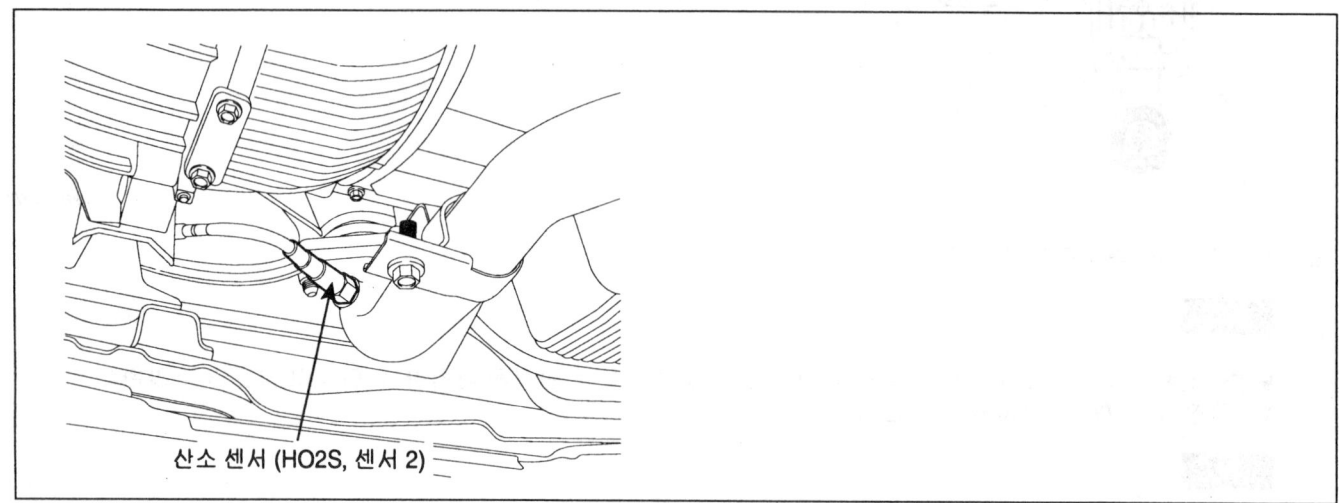

산소 센서 (HO2S, 센서 2)

### 기능 및 역할

HO2S의 정상작동 온도는 350~850이다.((662 to 1562°F)) HO2S 히터는 연료 컨트롤이 활성화 될때까지 시간을 크게 감소시킨다. ECM은 히터를 통해 전류를 조절하여 PWM 제어회로를 제공한다. HO2S 가 차가워지면 저항값은 낮아지고 전류값은 높아진다. 이와 반대의 경우에는 센서의 온도가 올라가고 전류는 점차적으로 떨어진다.

### DTC 감지 조건

ECM은 측정된 후방 HO2S 저항값이 기준값보다 작을 경우 P0036의 고장코드를 표출한다.

### 고장 판정 조건

| 항목 | 판정 조건 | 고장 예상 원인 |
|---|---|---|
| 검출 방법 | • 단품의 저항 측정을 통해 산소 센서 온도를 계산 | |
| 검출 조건 | • 센서 완전 예열 상태<br>• 엔진 시동 후 시간 경과: 240 초<br>• 11V 〈 배터리 전압 〈 16V<br>• 1% 〈 히터 전원 〈 99%<br>• 배기 가스 온도 계산값 〈 650℃ | • 관련 퓨즈의 파손 및 분실<br>• 제어선 단선 또는 단락<br>• 전원선 단선 또는 단락<br>• 커넥터 접촉 저항<br>• 산소 센서 |
| 판정값 | • 산소 센서 단품 저항 > 1100 Ohm(단품온도 < 500℃) | |
| 검출 시간 | • 5분 | |
| 경고등 점등 | • 2회 주행 사이클 | |
| 페일세이프 | • 증발가스 제어 밸브는 최소 작동모드로 제어 | |

# 고장진단

## 정상값  K83ADB6D

| 온도(°C) | 전방 산소센서 히터저항(Ω) | 온도(°C) | 전방 산소센서 히터저항(Ω) |
|---|---|---|---|
| 20 | 9.2 | 500 | 19.2 |
| 100 | 10.7 | 600 | 20.7 |
| 200 | 13.1 | 700 | 22.5 |
| 300 | 14.6 | 800 | 25.1 |
| 400 | 17.7 | 900 | 26.5 |

## 부분 회로도  K7A53CDF

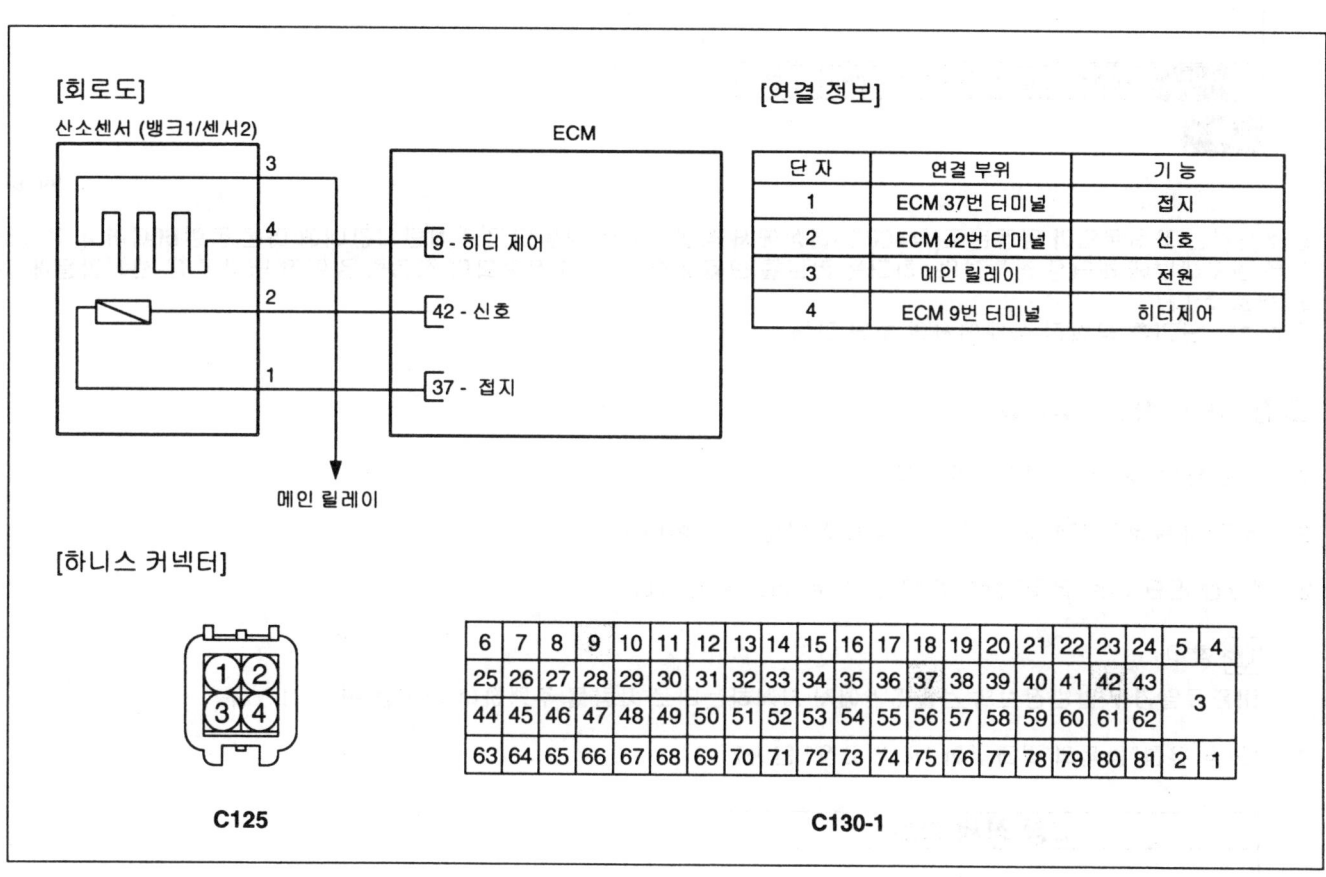

## 기준 파형 및 데이터  KE256CA0

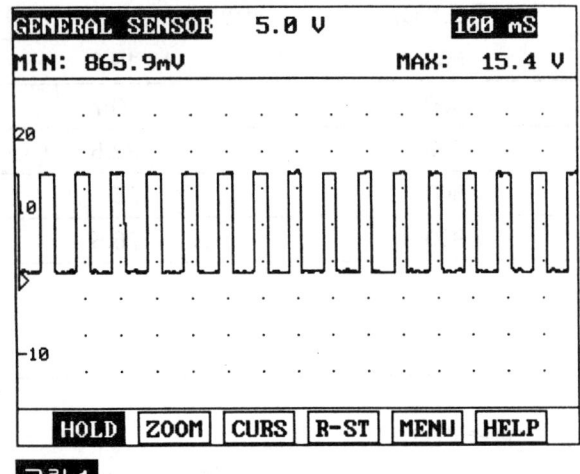
그림 1

산소센서는 자체온도가 일정온도(약400℃)이상에서 정상적으로 작동되므로 최단시간내에 이론 공연비제어가 가능하도록 센서내부에 히터를 장착한다. 히터는 컨트롤 모듈에 의해 듀티 작동되며 작동량은 엔진 냉각 수온 센서값등에 의해 변화 한다.
그림 1) : 난기후 공회전 상태에서의 히터 파형

## 고장 코드 확인  KC4A138D

1. 스캔툴의 "자기진단"기능을 선택 한다
2. 하단 메뉴바의 "F4"를 눌러 고장 상세 정보를 선택 한다
3. "고장 진단 완료 유무" 항목이 "진단 완료"인지 확인한다.

    📖 참고
    미완료일경우 일반정보의 검출조건에서 지시하는대로 차량을 주행하여 진단을 완료 시킨다

4. "고장 유형"항목의 결과값이 "과거 고장" 인가?

```
             고장 상세 정보

1.경고등상태 :  OFF
2. 고장 유형    : "과거고장" 또는 "현재고장"
3. 고장진단 완료 유무 :"진단완료" 또는 "미완료"
4. 동일고장 발생 횟수 : X (횟수가 기록됨)
5.고장발생후 경과시간:     0분
6.고장소거후 경과시간:     0분
```

📖 참고
- 과거 고장 : 이전에 발행한 고장임. 현재는 정상.

# 고장진단　　　　　　　　　　　　　　　　　　　　　　　　　　　　　FL-85

- 현재 고장 : 현재 고장이 발생되어 있는 상태임.

**예**

▶ "동일고장 발생 횟수"항목 값이 2회 이상이면 간헐적인 고장이므로 "터미널 및 커넥터 점검"절차를 수행한다
▶ "동일고장 발생 횟수"가 1회 이하이면 과거고장이므로 진단을 종료한다

**아니오**

▶ "배선 점검" 절차를 수행한다.

## 터미널 및 커넥터 점검　K2052E0F

1. 고장의 주요원인은 배선손상 및 연결상태의 불량에 있으므로 커넥터 접촉불량 및 터미널의 부식 또는 변형등을 전체적으로 점검한다.

2. 문제가 발견 되었는가?

**예**

▶ 수리 또는 교환한 후 "고장 수리 확인" 절차를 수행한다.

**아니오**

▶ "전원선 점검" 절차를 수행한다.

## 전원선 점검　K70D42AB

1. 점화스위치 "OFF"

2. 산소 센서 커넥터를 분리한다.

3. 점화스위치 "ON" & 엔진 "OFF"

4. 산소 센서 커넥터 3번 터미널과 차체 접지간 전압을 측정한다.

정상값 : 배터리 전압

5. 측정값이 정상인가?

**예**

▶ "제어선 점검" 절차를 수행한다.

**아니오**

▶ 메인릴레이와 산소센서 사이의 전원선 단선을 점검한다.
▶ 10A 센서 퓨즈가 정상인지를 확인한다.
▶ 수리 또는 교환한 후 "고장 수리 확인" 절차를 수행한다.

## 제어선 점검　K09CC042

1. 단선 점검

　1) 점화스위치 "OFF"

　2) ECM 커넥터를 분리한다.

3) 산소 센서 커넥터의 **4**번 터미널과 **ECM** 커넥터의 **9**번 터미널간 저항을 측정한다.

정상값 : 약 0Ω

4) 측정값이 정상인가?

**예**

▶ 다음 점검 절차를 수행한다.

**아니오**

▶ 배선 수리 후 "고장 수리 확인" 절차를 수행한다.

2. 접지 단락 점검

1) 산소 센서 커넥터 **4**번 터미널과 접지간 저항을 측정한다.

정상값 : 무한대

2) 측정값이 정상인가?

**예**

▶ 다음 점검 절차를 수행한다.

**아니오**

▶ 배선 수리 후, "고장 수리 확인" 절차를 수행한다.

3. 배터리 단락 점검

1) ECM 커넥터를 재연결한다.
2) 점화스위치 "ON" & 엔진 "OFF"
3) 산소 센서 커넥터 **4**번 터미널과 접지간 전압을 측정한다.

정상값 : 약 0V

4) 측정값이 정상인가?

**예**

▶ "단품 점검" 절차를 수행한다.

**아니오**

▶ 배선 수리 후 "고장 수리 확인" 절차를 수행한다.

## 단품 점검

1. 점화스위치 "OFF"
2. 산소 센서 커넥터 **3**번과 **4**번 터미널간 저항을 측정한다.(단품측)

# 고장진단

정상값

| 온도(°C) | 전방 산소센서 히터저항(Ω) | 온도(°C) | 전방 산소센서 히터저항(Ω) |
|---|---|---|---|
| 20 | 9.2 | 500 | 19.2 |
| 100 | 10.7 | 600 | 20.7 |
| 200 | 13.1 | 700 | 22.5 |
| 300 | 14.6 | 800 | 25.1 |
| 400 | 17.7 | 900 | 26.5 |

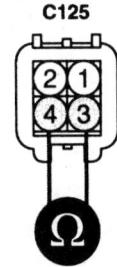

1. 신호
2. 접지
3. 히터 제어
4. 전원

3. 측정값이 정상인가?

   **예**

   ▶ ECM과 단품 사이의 커넥터 접촉불량 및 터미널의 부식 또는 변형을 점검한 후 이상이 있으면 수리한다.
   ▶ "고장 수리 확인" 절차를 수행한다.

   **아니오**

   ▶ 새로운 단품을 임시 장착하여 차량 상태를 확인한 후 정상이면 단품을 교환한다.
   ▶ "고장 수리 확인" 절차를 수행한다.

## 고장 수리 확인

"고장 코드 확인" 절차를 재수행하여 고장이 정확히 수리 되었는지 확인한다

1. 스캔툴의 "자기진단"기능중 고장 상세 정보를 선택 한다

   ⚠ 주의
   고장코드를 소거하지 말 것(상세정보도 함께 소거 됨)

2. "고장 진단 완료 유무" 항목이 "진단 완료"인지 확인한다.

   📖 참고
   미완료일경우 일반정보의 검출조건에서 지시하는대로 차량을 주행하여 완료 시킨다

3. "고장 유형"항목의 결과값이 "과거 고장" 인가?

   **예**

   ▶ 시스템 정상. 고장코드를 소거한다

   **아니오**

▶ 적절한 수리절차를 재수행한다.

고장진단　　　　　　　　　　　　　　　　　　　　　　　　　　　　　　　　　　　FL -89

# DTC P0037 산소센서 히터 회로-제어값 낮음 (뱅크 1 / 센서 2)

### 부품 위치

DTC P0036 참조.

### 기능 및 역할

DTC P0036 참조.

### DTC 감지 조건

ECM이 후방 HO2S 히터선의 단선 또는 접지와의 단락을 검출하면 P 0037 의 고장코드를 표출한다.

### 고장 판정 조건

| 항 목 | 판정 조건 | 고장 예상 원인 |
|---|---|---|
| 검출 방법 | • 후방 산소센서 히터선의 접지 단락을 점검한다. | • 관련 퓨즈의 파손 및 분실<br>• 전원선 또는 제어선의 단선 또는 접지 단락<br>• 커넥터 접촉 저항<br>• 산소 센서 |
| 검출 조건 | • 배터리 전압 < 16V<br>• 1% < 히터 전원 < 99% | |
| 판정값 | • 접지 단락 | |
| 검출 시간 | • 10초 | |
| 경고등 점등 | • 2회 주행 사이클 | |
| 페일세이프 | • 히터 개회로 제어 | |

### 정상값

DTC P0036 참조.

### 부분 회로도

DTC P0036 참조.

### 기준 파형 및 데이터

DTC P0036 참조.

### 고장 코드 확인

DTC P0036 참조.

### 터미널 및 커넥터 점검

DTC P0036 참조.

# FL -90  연료 장치

## 전원선 점검  K10977E4

1. 점화스위치 "OFF"

2. 산소 센서 커넥터를 분리한다.

3. 점화스위치 "ON" & 엔진 "OFF"

4. 산소 센서 커넥터 3번 터미널과 차체 접지간 전압을 측정한다.

정상값 : 정상값

5. 측정값이 정상인가?

    **예**

    ▶ "제어선 점검" 절차를 수행한다.

    **아니오**

    ▶ 메인릴레이와 산소센서 사이의 전원선 단선을 점검한다.
    ▶ 10A 센서 퓨즈가 정상인지를 확인한다.
    ▶ 수리 또는 교환한 후 "고장 수리 확인" 절차를 수행한다.

## 제어선 점검  KB970853

1. 단선 점검

    1) 점화스위치 "OFF"

    2) ECM 커넥터를 분리한다.

    3) 산소 센서 커넥터의 4번 터미널과 ECM 커넥터의 9번 터미널간 저항을 측정한다.

    정상값 : 약 0Ω

    4) 측정값이 정상인가?

        **예**

        ▶ 다음 점검 절차를 수행한다.

        **아니오**

        ▶ 배선 수리 후 "고장 수리 확인" 절차를 수행한다.

2. 접지 단락 점검

    1) 산소 센서 커넥터 4번 터미널과 접지간 저항을 측정한다.

    정상값 : 무한대

    2) 측정값이 정상인가?

        **예**

        ▶ "단품 점검" 절차를 수행한다.

# 고장진단

**아니오**

▶ 배선 수리 후, "고장 수리 확인" 절차를 수행한다.

## 단품 점검 K6E7B0E7

1. 점화스위치 "OFF"

2. 산소 센서 커넥터 3번과 4번 터미널간 저항을 측정한다.(단품측)

정상값

| 온도(°C) | 전방 산소센서 히터저항(Ω) | 온도(°C) | 전방 산소센서 히터저항(Ω) |
|---|---|---|---|
| 20 | 9.2 | 500 | 19.2 |
| 100 | 10.7 | 600 | 20.7 |
| 200 | 13.1 | 700 | 22.5 |
| 300 | 14.6 | 800 | 25.1 |
| 400 | 17.7 | 900 | 26.5 |

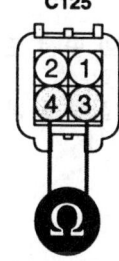

1. 신호
2. 접지
3. 히터 제어
4. 전원

3. 측정값이 정상인가?

**예**

▶ ECM과 단품 사이의 커넥터 접촉불량 및 터미널의 부식 또는 변형을 점검한 후 이상이 있으면 수리한다.
▶ "고장 수리 확인" 절차를 수행한다.

**아니오**

▶ 새로운 단품을 임시 장착하여 차량 상태를 확인한 후 정상이면 단품을 교환한다.
▶ "고장 수리 확인" 절차를 수행한다.

## 고장 수리 확인 KA20D42B

DTC P0036 참조.

## DTC P0038 산소센서 히터 회로-제어값 높음 (뱅크 1 / 센서 2)

**부품 위치**

DTC P0036 참조.

**기능 및 역할**

DTC P0036 참조.

**DTC 감지 조건**

ECM이 후방 HO2S 히터선과 배터리와의 단락을 검출하면 P0038 의 고장코드를 표출한다.

**고장 판정 조건**

| 항목 | 판정 조건 | 고장 예상 원인 |
|---|---|---|
| 검출 방법 | • 후방 산소센서 히터선의 배터리 단락을 점검한다. | • 제어선의 단선 또는 배터리 단락<br>• 커넥터 접촉 저항<br>• 산소 센서 |
| 검출 조건 | • 10V < 배터리 전압 < 10V<br>• 1% < 히터 전원 < 99% | |
| 판정값 | • 단선 또는 배터리 단락 | |
| 검출 시간 | • 10초 | |
| 경고등 점등 | • 2회 주행 사이클 | |
| 페일세이프 | • 히터 개회로 제어 | |

**정상값**

DTC P0036 참조.

**부분 회로도**

DTC P0036 참조.

**기준 파형 및 데이터**

DTC P0036 참조.

**고장 코드 확인**

DTC P0036 참조.

**터미널 및 커넥터 점검**

DTC P0036 참조.

# 고장진단

## 제어선 점검 K16DDDEB

1. 단선 점검

    1) 점화스위치 "OFF"

    2) ECM 커넥터를 분리한다.

    3) 산소 센서 커넥터의 4번 터미널과 ECM 커넥터의 9번 터미널간 저항을 측정한다.

    정상값 : 약 0Ω

    4) 측정값이 정상인가?

    **예**

    ▶ 다음 점검 절차를 수행한다.

    **아니오**

    ▶ 배선 수리 후 "고장 수리 확인" 절차를 수행한다.

2. 배터리 단락 점검

    1) ECM 커넥터를 재연결한다.

    2) 점화스위치 "ON" & 엔진 "OFF"

    3) 산소 센서 커넥터 4번 터미널과 차체 접지간 전압을 측정한다.

    정상값 : 약 0V

    4) 측정값이 정상인가?

    **예**

    ▶ "단품 점검" 절차를 수행한다.

    **아니오**

    ▶ 배선 수리 후, "고장 수리 확인" 절차를 수행한다.

## 단품 점검 K2E5B565

1. 점화스위치 "OFF"

2. 산소 센서 커넥터 3번과 4번 터미널간 저항을 측정한다.(단품측)

정상값

| 온도(°C) | 전방 산소센서 히터저항(Ω) | 온도(°C) | 전방 산소센서 히터저항(Ω) |
|---|---|---|---|
| 20 | 9.2 | 500 | 19.2 |
| 100 | 10.7 | 600 | 20.7 |
| 200 | 13.1 | 700 | 22.5 |

| 온도(°C) | 전방 산소센서 히터저항(Ω) | 온도(°C) | 전방 산소센서 히터저항(Ω) |
|---|---|---|---|
| 300 | 14.6 | 800 | 25.1 |
| 400 | 17.7 | 900 | 26.5 |

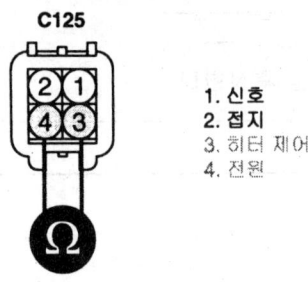

1. 신호
2. 접지
3. 히터 제어
4. 전원

3. 측정값이 정상인가?

**예**

▶ ECM과 단품 사이의 커넥터 접촉불량 및 터미널의 부식 또는 변형을 점검한 후 이상이 있으면 수리한다.
▶ "고장 수리 확인" 절차를 수행한다.

**아니오**

▶ 새로운 단품을 임시 장착하여 차량 상태를 확인한 후 정상이면 단품을 교환한다.
▶ "고장 수리 확인" 절차를 수행한다.

## 고장 수리 확인

DTC P0036 참조.

# DTC P0076 CVVT 오일 컨트롤 밸브 (OCV)-입력값 낮음 (뱅크 1)

## 부품 위치 K76E6DCC

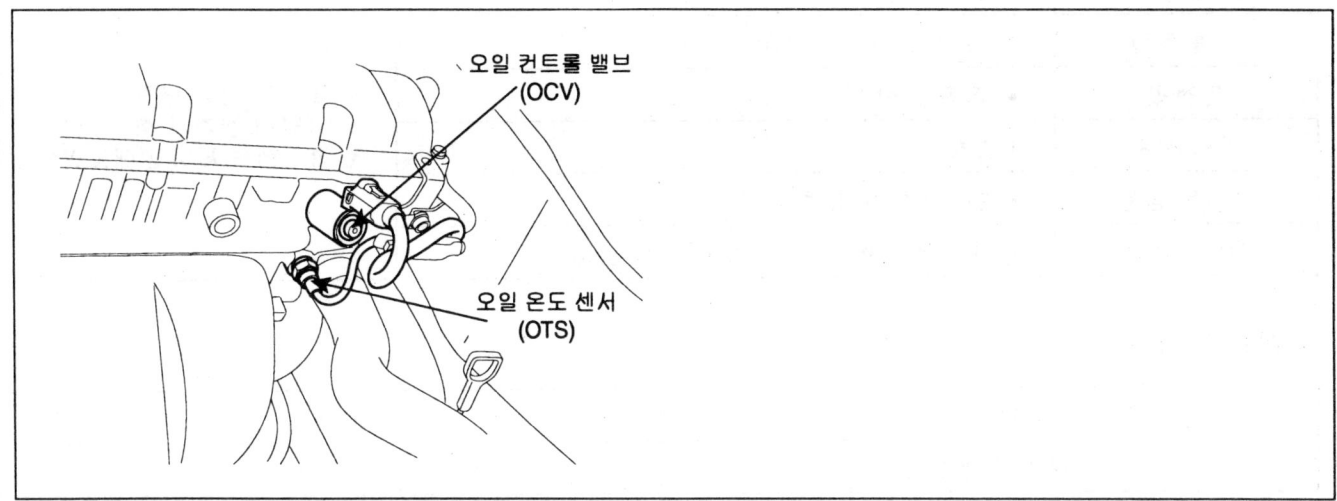

## 기능 및 역할 K0240C9D

ECM은 흡기밸브 제어 솔레노이드(또는 오일컨트롤밸브)를 듀티 제어하여 CVVT의 진각실/지각실에 공급되는 오일량을 조절 함으로서 흡기와 배기캠의 위상차를 제어하여 밸브오버랩을 최적화 시킨다. 작동 듀티값은 엔진 회전수와 부하가 커짐에 따라 비례하여 증가한다. 솔레노이드의 작동원리는 다음과 같다.

1. 흡기밸브 제어 솔레노이드의 플런저에는 영구자석이 있어 전원이 공급되면 코일에 의해 자기장이 형성되어 플런저를 밀어낸다.
2. 플런저와 붙어있는 스풀이 이동하면서 슬리브와의 상대위치가 변하여 유로를 형성한다.
3. 솔레노이드로 공급된 오일은 형성된 유로를 따라 캠샤프트를 거쳐 CVVT의 진각실 또는 지각실로 유입된다.

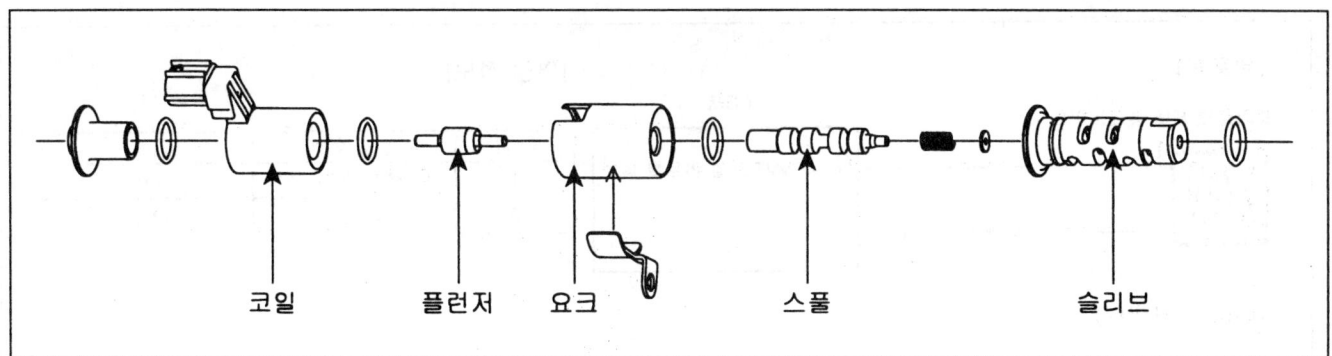

## 고장 코드 설명 K08B74E7

ECM은 제어선이 접지에 단락되었을때 고장코드 P0076을 표출 한다

## 고장 판정 조건

| 항목 | 판정 조건 | 고장 예상 원인 |
|---|---|---|
| 검출 방법 | • 전기적 점검 | |
| 검출 조건 | • 11 < 배터리 전압(V) < 16 | • 제어선 접지 단락 |
| 판정값 | • 접지 단락 | • 커넥터 접촉 저항 |
| 검출 시간 | • 2초 | • 흡기밸브 제어 솔레노이드 |
| 경고등 점등 | • 2회 주행 사이클 | |
| 페일세이프 | • 흡기밸브 제어 솔레노이드 작동 금지 | |

## 정상값

| 흡기 밸브 제어 솔레노이드 | 정상값 |
|---|---|
| 절연 저항 (Ω) | 50 MΩ 이상 |

| 온도(°C) | 전방 산소센서 히터저항(Ω) | 온도(°C) | 전방 산소센서 히터저항(Ω) |
|---|---|---|---|
| 0 | 6.2 ~ 7.4 | 60 | 8.0 ~ 9.2 |
| 10 | 6.5 ~ 7.7 | 70 | 8.3 ~ 9.5 |
| 20 | 6.8 ~ 8.0 | 80 | 8.6 ~ 9.8 |
| 30 | 7.1 ~ 8.3 | 90 | 8.9 ~ 10.1 |
| 40 | 7.4 ~ 8.6 | 100 | 9.2 ~ 10.4 |
| 50 | 7.7 ~ 8.9 | | |

## 부분 회로도

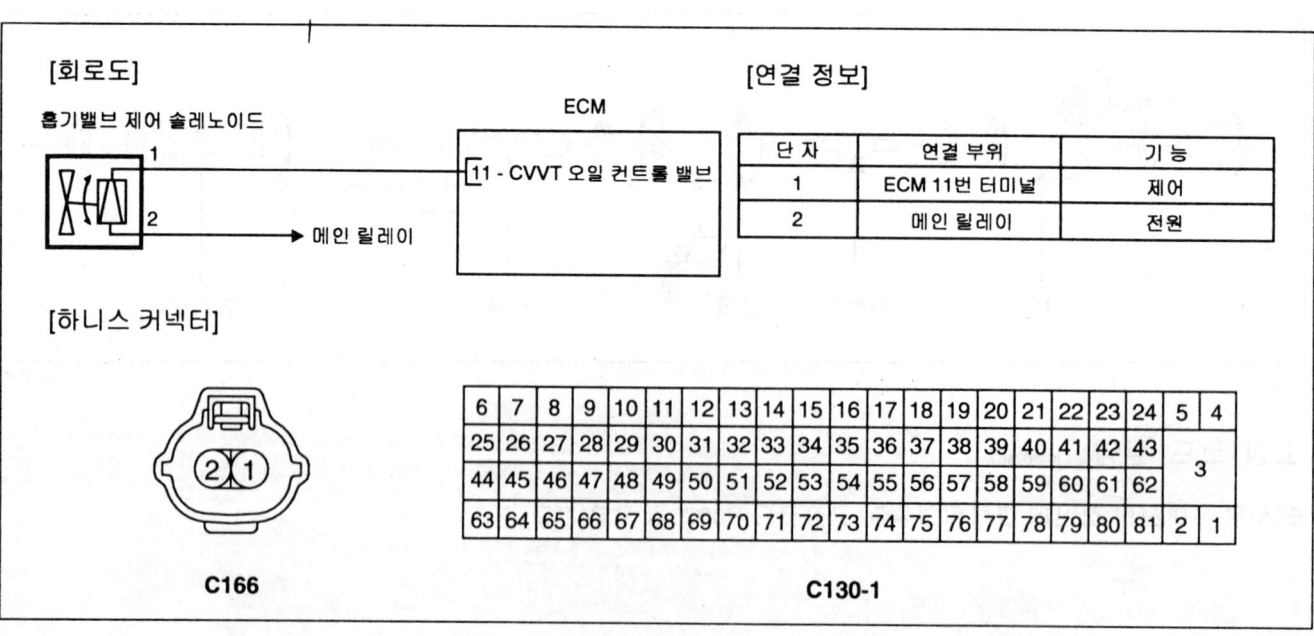

## 고장진단

### 기준 파형 및 데이터  K3F9382C

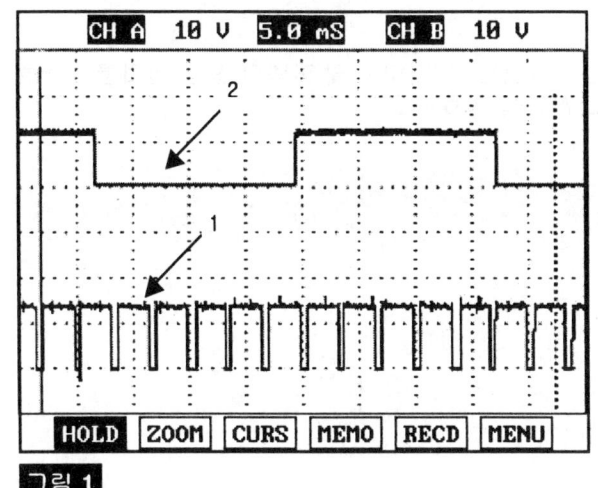
그림 1

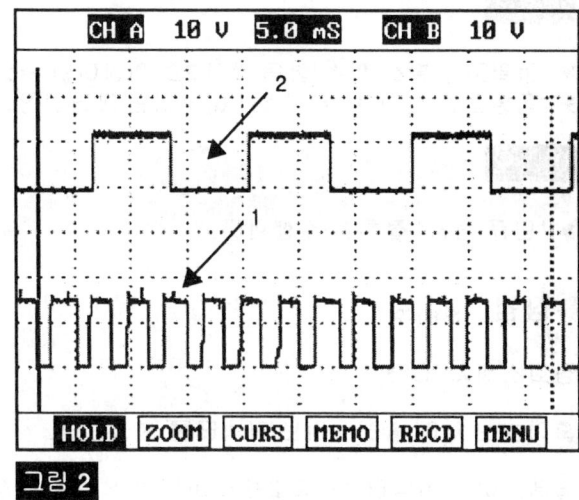
그림 2

1 : 흡기밸브 제어 솔레노이드, 2 : 엔진 회전수
그림 1) 공회전 상태에서의 솔레노이드 듀티 파형.
그림 2) 엔진 회전수 약 2000RPM에서의 솔레노이드 듀티 파형.
엔진 회전수와 부하의 증가량에 비례하여 작동 듀티값이 증가 함

### 고장 코드 확인  K45CB3BC

1. 스캔툴의 "자기진단"기능을 선택 한다

2. 하단 메뉴바의 "F4"를 눌러 고장 상세 정보를 선택 한다

3. "고장 진단 완료 유무" 항목이 "진단 완료"인지 확인한다.

    [U] 참고
    미완료일경우 일반정보의 검출조건에서 지시하는대로 차량을 주행하여 진단을 완료 시킨다

4. "고장 유형"항목의 결과값이 "과거 고장" 인가?

```
            고장 상세 정보

1. 경고등상태 :    OFF
2. 고장 유형  :    "과거고장" 또는 "현재고장"
3. 고장진단 완료 유무 : "진단완료" 또는 "미완료"
4. 동일고장 발생 횟수 :  X (횟수가 기록됨)
5. 고장발생후 경과시간:    0분
6. 고장소거후 경과시간:    0분
```

[U] 참고
- 과거 고장 : 이전에 발행한 고장임. 현재는 정상.

# FL -98    연료 장치

- 현재 고장 : 현재 고장이 발생되어 있는 상태임.

**예**

▶ "동일고장 발생 횟수" 항목 값이 2회 이상이면 간헐적인 고장이므로 "터미널 및 커넥터 점검" 절차를 수행한다
▶ "동일고장 발생 횟수"가 1회 이하이면 과거고장이므로 진단을 종료한다

**아니오**

▶ "단품 점검" 절차를 수행한다.

## 단품 점검   K13C1C09

1. 점화스위치 "OFF"

2. 흡기밸브 제어 솔레노이드 커넥터를 분리한다.

3. 솔레노이드 커넥터 1번과 2번 터미널간 저항을 측정한다.

정상값

| 온도(°C) | 전방 산소센서 히터저항(Ω) | 온도(°C) | 전방 산소센서 히터저항(Ω) |
|---|---|---|---|
| 0 | 6.2 ~ 7.4 | 60 | 8.0 ~ 9.2 |
| 10 | 6.5 ~ 7.7 | 70 | 8.3 ~ 9.5 |
| 20 | 6.8 ~ 8.0 | 80 | 8.6 ~ 9.8 |
| 30 | 7.1 ~ 8.3 | 90 | 8.9 ~ 10.1 |
| 40 | 7.4 ~ 8.6 | 100 | 9.2 ~ 10.4 |
| 50 | 7.7 ~ 8.9 | | |

1. 제어
2. 전원

SJMFL7201D

4. 측정값이 정상인가?

**예**

▶ "배선 점검" 절차를 수행한다.

**아니오**

▶ 새로운 단품을 임시 장착하여 차량 상태를 확인한 후 정상이면 단품을 교환한다.
▶ "고장 수리 확인" 절차를 수행한다.

## 전원선 점검   K7213026

1. 점화스위치 "ON" & 엔진 "OFF"

# 고장진단

2. 흡기밸브 제어 솔레노이드 커넥터 2번 터미널과 차체 접지간 전압을 측정한다.

   정상값 : 배터리 전압

3. 측정값이 정상인가?

   **예**
   ▶ 제어선 점검 절차를 수행한다.

   **아니오**
   ▶ 배선 수리 후 "고장 수리 확인" 절차를 수행한다.

## 제어선 점검  KE5E6122

1. 흡기밸브 제어 솔레노이드 커넥터 1번 터미널과 차체 접지간 저항을 측정한다.

   정상값 : 무한대

2. 측정값이 정상인가?

   **예**
   ▶ "터미널 및 커넥터 점검" 절차를 수행한다.

   **아니오**
   ▶ 배선 수리 후 "고장 수리 확인" 절차를 수행한다.

## 터미널 및 커넥터 점검  K4F5A5BD

1. 고장의 주요원인은 배선손상 및 연결상태의 불량에 있으므로 커넥터 접촉불량 및 터미널의 부식 또는 변형등을 전체적으로 점검한다.

2. 문제가 발견 되었는가?

   **예**
   ▶ 수리 또는 교환한 후 "고장 수리 확인" 절차를 수행한다.

   **아니오**
   ▶ ECM과 단품 사이의 커넥터 접촉불량 및 터미널의 부식 또는 변형을 점검한 후 이상이 있으면 수리한다.
   ▶ "고장 수리 확인" 절차를 수행한다.

## 고장 수리 확인  K7AFCA80

"고장 코드 확인" 절차를 재수행하여 고장이 정확히 수리 되었는지 확인한다

1. 스캔툴의 "자기진단"기능중 고장 상세 정보를 선택 한다

   ⚠ 주의
   고장코드를 소거하지 말 것(상세정보도 함께 소거 됨)

2. "고장 진단 완료 유무" 항목이 "진단 완료"인지 확인한다.

    📖 참고
    미완료일경우 일반정보의 검출조건에서 지시하는대로 차량을 주행하여 완료 시킨다

3. "고장 유형"항목의 결과값이 "과거 고장" 인가?

    **예**

    ▶ 시스템 정상. 고장코드를 소거한다

    **아니오**

    ▶ 적절한 수리절차를 재수행한다.

고장진단    FL-101

## DTC P0077 CVVT 오일 컨트롤 밸브 (OCV)-입력값 높음 (뱅크 1)

부품 위치  K21D5DBB

DTC P0076 참조.

기능 및 역할  KEDEDEDA

DTC P0076 참조.

고장 코드 설명  KD652F55

ECM은 제어선이 단선 또는 전원에 단락되었을때 고장코드 P0077을 표출 한다

고장 판정 조건  K76B015A

| 항 목 | 판정 조건 | 고장 예상 원인 |
|---|---|---|
| 검출 방법 | • 전기적 점검 | • 제어선 단선 또는 배터리 단락<br>• 커넥터 접촉 저항<br>• 흡기밸브 제어 솔레노이드 |
| 검출 조건 | • 10 〈 배터리 전압(V) 〈 16 | |
| 판정값 | • 단선 또는 배터리 단락 | |
| 검출 시간 | • 2초 | |
| 경고등 점등 | • 2회 주행 사이클 | |

정상값  K6C1B649

DTC P0076 참조.

부분 회로도  K6212EB4

DTC P0076 참조.

기준 파형 및 데이터  K6BB595B

DTC P0076 참조.

고장 코드 확인  KE51F161

DTC P0076 참조.

단품 점검  KDC9A68D

1. 점화스위치 "OFF"

2. 흡기밸브 제어 솔레노이드 커넥터를 분리한다.

3. 솔레노이드 커넥터 1번과 2번 터미널간 저항을 측정한다.

정상값

| 온도(°C) | 전방 산소센서 히터저항(Ω) | 온도(°C) | 전방 산소센서 히터저항(Ω) |
|---|---|---|---|
| 0 | 6.2 ~ 7.4 | 60 | 8.0 ~ 9.2 |
| 10 | 6.5 ~ 7.7 | 70 | 8.3 ~ 9.5 |
| 20 | 6.8 ~ 8.0 | 80 | 8.6 ~ 9.8 |
| 30 | 7.1 ~ 8.3 | 90 | 8.9 ~ 10.1 |
| 40 | 7.4 ~ 8.6 | 100 | 9.2 ~ 10.4 |
| 50 | 7.7 ~ 8.9 |  |  |

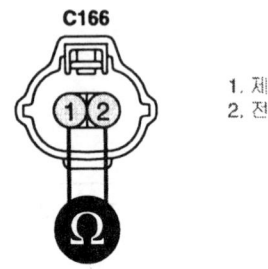

1. 제어
2. 전원

4. 측정값이 정상인가?

   **예**

   ▶ "배선 점검" 절차를 수행한다.

   **아니오**

   ▶ 새로운 단품을 임시 장착하여 차량 상태를 확인한 후 정상이면 단품을 교환한다.
   ▶ "고장 수리 확인" 절차를 수행한다.

## 제어선 점검

1. 점화스위치 "OFF"
2. 흡기밸브 제어 솔레노이드 커넥터와 ECM 커넥터를 분리한다.
3. 점화스위치 "ON"
4. 흡기밸브 제어 솔레노이드 커넥터 1번 터미널과 차체 접지간 전압을 측정한다.

정상값 : 0.5V 이하

5. 측정값이 정상인가?

   **예**

   ▶ "터미널 및 커넥터 점검" 절차를 수행한다.

   **아니오**

   ▶ 배선 수리 후 "고장 수리 확인" 절차를 수행한다.

# 고장진단

## 터미널 및 커넥터 점검 KBB45D39

DTC P0076 참조.

## 고장 수리 확인 K9C8C800

DTC P0076 참조.

# FL -104
연료 장치

## DTC P0101  공기량 측정 센서(MAFS) 회로 이상-성능이상

### 부품 위치  KBA121EB

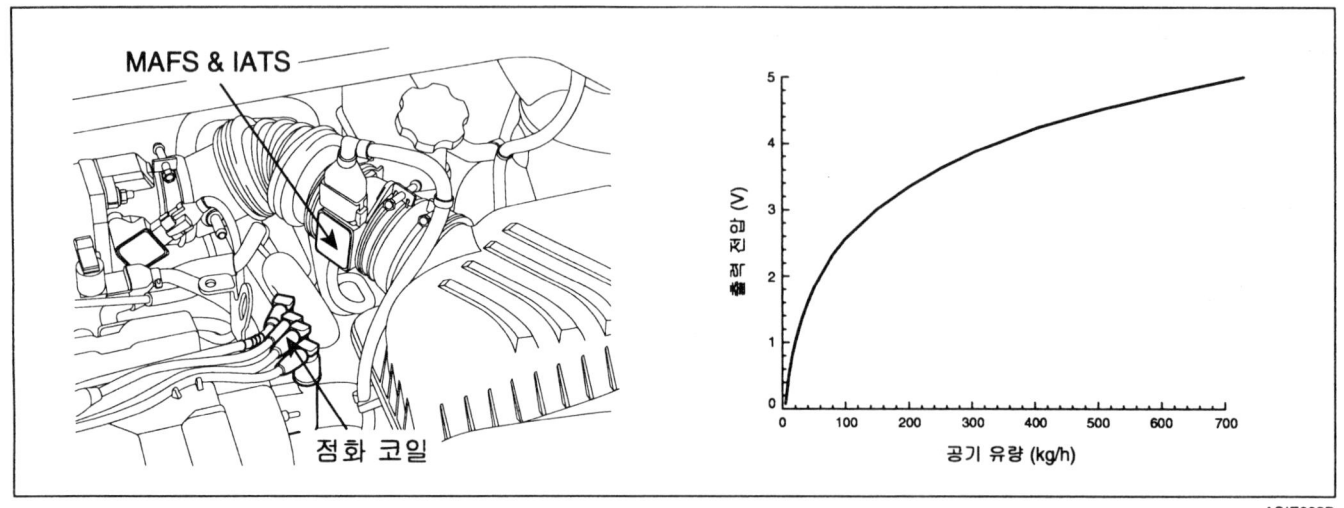

### 기능 및 역할  K37F0362

흡입공기량 센서(MAFS)는 핫필름 타입으로서 에어클리너와 스로틀바디사이에 위치해 있고 엔진으로 유입되는 공기의 양을 측정한다. 센서는 하우징과 메터링 덕트로 이루어져있다. 공기의 흐름양은 핫필름 프로브로부터 열의 이동을 감지하므로써 측정된다. 공기흐름양이 변하는 것은 핫필름 표면으로부터 대기까지 이동되는 열의양 변화에 의한 것이다. 흡입공기양이 많다는것은 가속이나 고부하 상태인 것이고 양이적다는것은 감속이거나 아이들상태인 것이다. 흡입공기량은 일정한 엔진회전수에서 안정되고 가속시에 증가 된다. ECM은 이정보를 이용하여 연료의 분사량과 점화시기를 결정한다.

### DTC 감지 조건  K0A1C8E6

ECM은 실제 측정된 공기량 신호와 기준값을 비교하여 그 차이가 너무 크거나 너무 작을때 고장코드 P0101을 표출 시킨다. 고장 발생시 기준 공기량값은 엔진 회전수, 스로틀 개도각, ICA 듀티값에 의해 결정된다.

### 고장 판정 조건  KBEF0A94

| 항 목 | 판정 조건 | 고장 예상 원인 |
|---|---|---|
| 검출 방법 | • 흡입공기량 계산값과 흡입공기량 신호를 비교 | • 에어크리너 오염<br>• 오일 캡 또는 오일 게이지의 분실/장착 불량<br>• 흡기시스템 공기 누설<br>• 커넥터 접촉 저항<br>• MAFS 또는 TPS |
| 검출 조건 | • 관련 고장 없슴<br>• 11 ≤ 배터리 전압(V) ≤ 16<br>• 공연비 제어 작동 | |
| 판정값 | • 흡입공기량 계산값-흡입공기량 실제값 > 300 mg/rev | |
| 검출 시간 | • 200 회전 | |
| 경고등 점등 | • 2회 주행 사이클 | |

# 고장진단

## 정상값

| 검사 조건 | MAF(V) | MAF(Kg/h) | TPS(V) | TPS(kΩ) |
|---|---|---|---|---|
| 아이들 | 0.6 ~ 1.0 | 11.66 ~ 19.85 | 0.2 ~ 0.8 | 0.71 ~ 1.38 |
| 3000 rpm | 1.7 ~ 2.0 | 43.84 ~ 58.79 | - | - |
| 전 개 | - | - | 4.3 ~ 4.8 | 0.2 ~ 3.4 |

## 부분 회로도

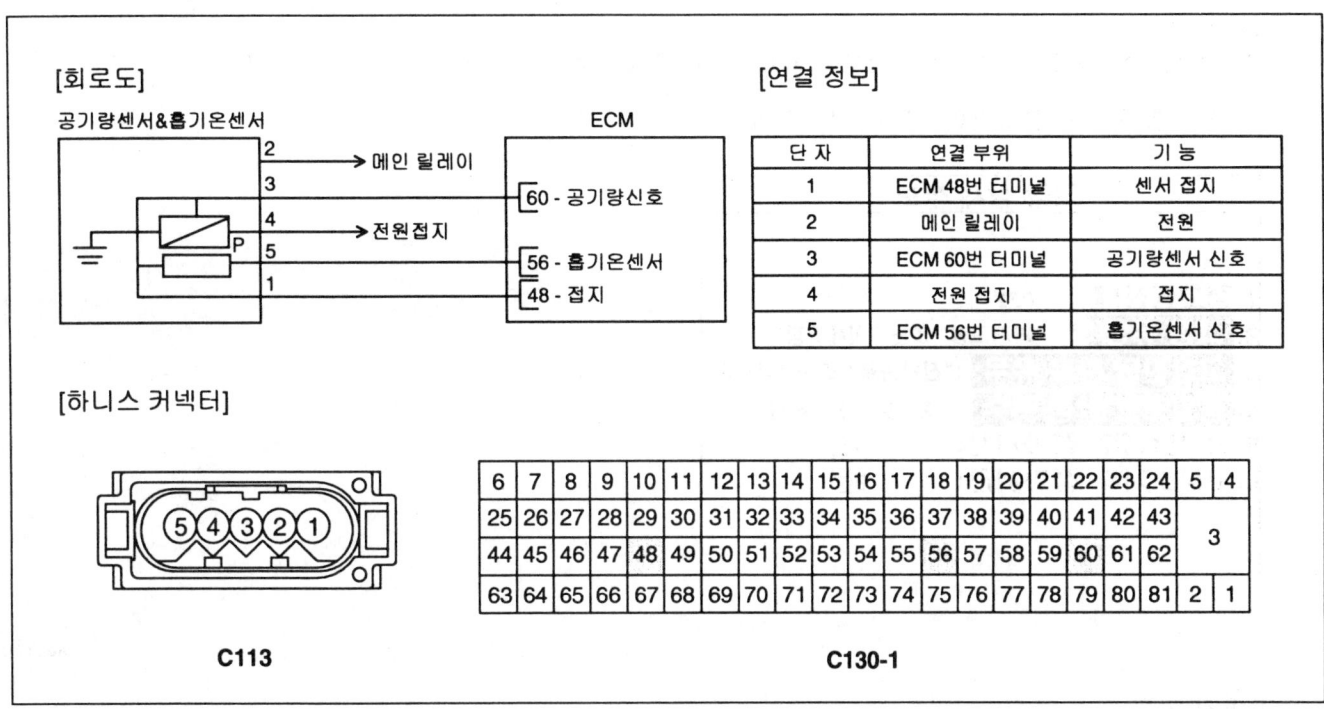

## 기준 파형 및 데이터

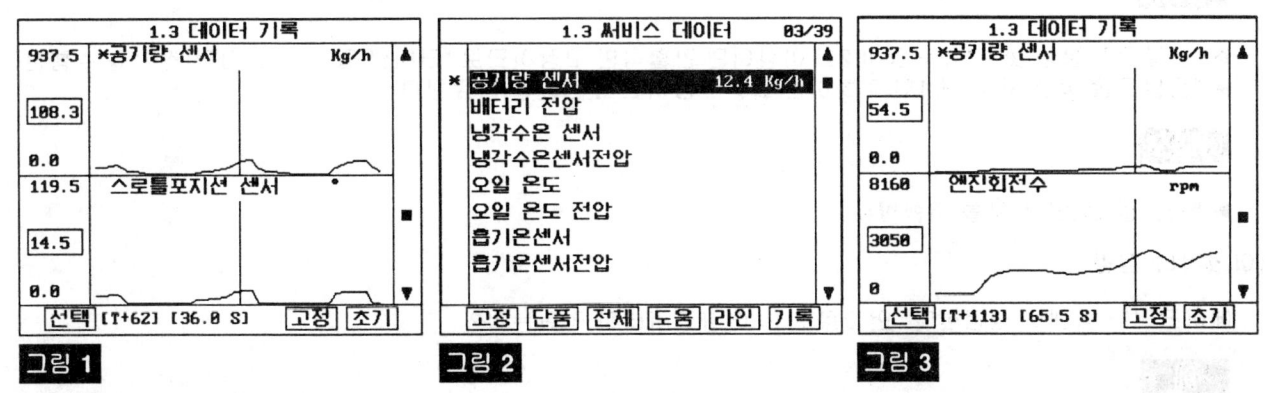

그림 1) 가속시와 감속시 정상값: 공기량센서와 스로틀포지션센서의 신호는 가속시에 증가하고 감속시에 감소하는 방향으로 동일하게 변화한다.
그림 2) 공회전, 난기후 정상값 : 약 11~20 kg/h
그림 3) 엔진회전수 3000, 난기후 무부하 정상값 : 약 43~59 kg/h

## 고장 코드 확인  KAFF0E2B

> 📖 참고
> TPS 또는 MAFS 와 관련된 고장코드가 저장되어 있으면, 저장되어 있는 코드와 관련된 모든 수리절차를 완료한 이후에 본 진단 절차를 수행한다.

1. 스캔툴의 "자기진단"기능을 선택 한다
2. 하단 메뉴바의 "F4"를 눌러 고장 상세 정보를 선택 한다
3. "고장 진단 완료 유무" 항목이 "진단 완료"인지 확인한다.

> 📖 참고
> 미완료일경우 일반정보의 검출조건에서 지시하는대로 차량을 주행하여 진단을 완료 시킨다

4. "고장 유형"항목의 결과값이 "과거 고장" 인가?

```
          고장 상세 정보

1.경고등상태    : OFF
2.고장 유형     : "과거고장" 또는 "현재고장"
3.고장진단 완료 유무 :"진단완료" 또는 "미완료"
4.동일고장 발생 횟수 : X (횟수가 기록됨)
5.고장발생후 경과시간:      0분
6.고장소거후 경과시간:      0분
```

> 📖 참고
> - 과거 고장 : 이전에 발행한 고장임. 현재는 정상.
> - 현재 고장 : 현재 고장이 발생되어 있는 상태임.

**예**

▶ "동일고장 발생 횟수"항목 값이 2회 이상이면 간헐적인 고장이므로 "터미널 및 커넥터 점검"절차를 수행한다
▶ "동일고장 발생 횟수"가 1회 이하이면 과거고장이므로 진단을 종료한다

**아니오**

▶ "시스템 점검" 절차를 수행한다.

## 에어크리너 점검

1. 에어크리너 상태를 점검한다. 먼지로 인해 에어크리너가 막혔는가?

**예**

▶ 에어크리너를 교환한 후, "고장 수리 확인" 절차를 수행한다.

**아니오**

▶ "공기 누설 점검" 절차를 수행한다.

# 고장진단

### 공기 누설 점검  K1205C88

1. 흡기관, **MAFS**, 호스 등에 공기 누설이 발생하는지 점검한다.

2. 오일 캡과 오일 게이지가 기밀이 유지되는지 확인한다.

3. 문제가 발견되었는가?

    **예**

    ▶ 수리 또는 교환 후, "고장 수리 확인" 절차를 수행한다.

    **아니오**

    ▶ "TPS 점검" 절차를 수행한다.

### **TPS** 점검

1. 점화스위치 "ON" & 엔진 "OFF"

2. 스캔툴을 연결한 후, 서비스데이터 항목중 "스로틀포지션센서"항목을 점검한다.

---
정상값 : 약 0.25~0.80V(전폐) / 약 4.0~4.4V(전개)
---

3. 표출값이 정상인가?

    **예**

    ▶ "터미널 및 커넥터 점검" 절차를 수행한다.

    **아니오**

    ▶ TPS와 배선을 점검하여 수리하거나 교환한다. "고장 수리 확인" 절차를 수행한다.

### 터미널 및 커넥터 점검  KF9C33DE

1. 고장의 주요원인은 배선손상 및 연결상태의 불량에 있으므로 커넥터 접촉불량 및 터미널의 부식 또는 변형등을 전체적으로 점검한다.

2. 문제가 발견 되었는가?

    **예**

    ▶ 수리 또는 교환한 후 "고장 수리 확인" 절차를 수행한다.

    **아니오**

    ▶ "단품 점검" 절차를 수행한다.

### 단품 점검  KCF2F0C8

1. 엔진 "ON"

2. 스캔툴을 연결한 후, 서비스데이터 항목중 "공기량 센서" 항목을 점검한다.

---
정상값 : 공회전, 난기후 정상값 : 약11~20 kg/h
---

3. 표출값이 정상인가?

   **예**

   ▶ ECM과 단품 사이의 커넥터 접촉불량 및 터미널의 부식 또는 변형을 점검한 후 이상이 있으면 수리한다.
   ▶ "고장 수리 확인" 절차를 수행한다.

   **아니오**

   ▶ 새로운 단품을 임시 장착하여 차량 상태를 확인한 후 정상이면 단품을 교환한다.
   ▶ "고장 수리 확인" 절차를 수행한다.

## 고장 수리 확인   K3B8D49B

"고장 코드 확인" 절차를 재수행하여 고장이 정확히 수리 되었는지 확인한다

1. 스캔툴의 "자기진단"기능중 고장 상세 정보를 선택 한다

   ⚠ 주의

   고장코드를 소거하지 말 것(상세정보도 함께 소거 됨)

2. "고장 진단 완료 유무" 항목이 "진단 완료"인지 확인한다.

   📖 참고

   미완료일경우 일반정보의 검출조건에서 지시하는대로 차량을 주행하여 완료 시킨다

3. "고장 유형"항목의 결과값이 "과거 고장" 인가?

   **예**

   ▶ 시스템 정상. 고장코드를 소거한다

   **아니오**

   ▶ 적절한 수리절차를 재수행한다.

고장진단　　　　　　　　　　　　　　　　　　　　　　　　　　　　　　　　　FL-109

## DTC P0102 공기량 측정 센서(MAFS) 회로 이상-입력값 낮음

부품 위치　KD2FB01F

DTC P0101 참조.

기능 및 역할　KE4ABD75

DTC P0101 참조.

### DTC 감지 조건　KF7470F2

ECM이 MAF센서의 정상값보다 낮은 전압을 검출할경우 P0102이란 고장코드를 표출한다.

고장 판정 조건　K1289387

| 항 목 | 판정 조건 | 고장 예상 원인 |
|---|---|---|
| 검출 방법 | • 전압 점검(접지 단락 또는 단선) | • 신호선 단선 또는 접지 단락<br>• 전원선 단선<br>• 커넥터 접촉 저항<br>• MAFS |
| 검출 조건 | • 10 ≤ 배터리 전압(V) ≤ 16<br>• 엔진 회전수 〉 약 544 rpm | |
| 판정값 | • 흡입공기량 측정값 〈 2 kg/h | |
| 검출 시간 | • 10 회전 | |
| 경고등 점등 | • 2회 주행 사이클 | |

정상값　K99910C6

DTC P0101 참조.

부분 회로도　K21EC5F0

DTC P0101 참조.

기준 파형 및 데이터　K32BC536

DTC P0101 참조.

고장 코드 확인　K523906E

DTC P0101 참조.

터미널 및 커넥터 점검　K0205380

DTC P0101 참조.

전원선 점검　K3C70415

1. 점화스위치 "OFF"

2. 공기량 센서 커넥터를 분리한다.

3. 점화스위치 "ON" & 엔진 "OFF"

4. 센서 커넥터 2번 터미널과 차체 접지간 전압을 측정한다.

정상값 : 배터리 전압

5. 측정값이 정상인가?

   **예**

   ▶ "신호선 점검" 절차를 수행한다.

   **아니오**

   ▶ 메인 릴레이와 공기량 센서 사이에 회로 단선 또는 접지 단락이 발생하였는지 점검한다. 배선 수리 후, "고장 수리 확인" 절차를 수행한다.

## 신호선 점검   KAA2D20A

1. 단선 점검

   1) 점화스위치 "OFF"

   2) ECM 커넥터를 분리한다.

   3) 센서 커넥터 3번 터미널과 ECM 커넥터 60번 터미널간 저항을 측정한다.

   정상값 : 약 0Ω

   4) 측정값이 정상인가?

   **예**

   ▶ 다음 점검 절차를 수행한다.

   **아니오**

   ▶ 단선 여부를 점검한다. 배선을 수리한 후, "고장 수리 확인" 절차를 수행한다.

2. 접지 단락 점검

   1) 센서 커넥터 3번 터미널과 차체 접지간 저항을 측정한다.

   정상값 : 무한대

   2) 측정값이 정상인가?

   **예**

   ▶ "단품 점검" 절차를 수행한다.

   **아니오**

   ▶ 배선의 접지 단락을 점검한다. 배선을 수리한 후, "고장 수리 확인" 절차를 수행한다.

# 고장진단

## 단품 점검  KCFF0FED

1. 엔진 "ON"

2. 스캔툴을 연결한 후, 서비스데이터 항목중 "공기량 센서" 항목을 점검한다.

   정상값 : 공회전, 난기후 정상값 : 약 11~20 kg/h

3. 표출값이 정상인가?

   **예**
   ▶ ECM과 단품 사이의 커넥터 접촉불량 및 터미널의 부식 또는 변형을 점검한 후 이상이 있으면 수리한다.
   ▶ "고장 수리 확인" 절차를 수행한다.

   **아니오**
   ▶ 새로운 단품을 임시 장착하여 차량 상태를 확인한 후 정상이면 단품을 교환한다.
   ▶ "고장 수리 확인" 절차를 수행한다.

## 고장 수리 확인  K166514C

DTC P0101 참조.

## DTC P0103 공기량 측정 센서(MAFS) 회로 이상-입력값 높음

### 부품 위치

DTC P0101 참조.

### 기능 및 역할

DTC P0101 참조.

### DTC 감지 조건

ECM이 MAF센서의 정상값보다 높은 전압을 검출할경우 P0103이란 고장코드를 표출한다.

### 고장 판정 조건

| 항목 | 판정 조건 | 고장 예상 원인 |
|---|---|---|
| 검출 방법 | • 전압 점검(배터리 단락) | • 접지선 단선<br>• 신호선 배터리 단락<br>• 커넥터 접촉 저항<br>• MAFS |
| 검출 조건 | • 11 ≤ 배터리 전압(V) ≤ 16<br>• 엔진 회전수 > 약 544 rpm | |
| 판정값 | • 흡입공기량 측정값 > 650 kg/h | |
| 검출 시간 | • 10 회전 | |
| 경고등 점등 | • 2회 주행 사이클 | |

### 정상값

DTC P0101 참조.

### 부분 회로도

DTC P0101 참조.

### 기준 파형 및 데이터

DTC P0101 참조.

### 고장 코드 확인

DTC P0101 참조.

### 터미널 및 커넥터 점검

DTC P0101 참조.

### 접지선 점검

1. 점화스위치 "OFF"

# 고장진단

2. 공기량 센서 커넥터를 분리한다.

3. 센서 커넥터 1번 터미널과 차체 접지간 저항을 측정한다.

정상값 : Approx. 0Ω

4. 측정값이 정상인가?

   **예**

   ▶ "신호선 점검" 절차를 수행한다.

   **아니오**

   ▶ 배선에 단선 또는 배터리 단락이 발생하였는지 점검한다. 배선 수리 후, "고장 수리 확인" 절차를 수행한다.

## 신호선 점검 K5622D15

1. 점화스위치 "ON" & 엔진 "OFF"

2. 센서 커넥터 3번 터미널과 차체 접지간 전압을 측정한다.

정상값 : 약 0V

3. 측정값이 정상인가?

   **예**

   ▶ "단품 점검" 절차를 수행한다.

   **아니오**

   ▶ 배터리 단락을 수리한 후, "고장 수리 확인" 절차를 수행한다.

## 단품 점검 K5981C98

1. 엔진 "ON"

2. 스캔툴을 연결한 후, 서비스데이터 항목중 "공기량 센서" 항목을 점검한다.

정상값 : 공회전, 난기후 정상값 : 약 11~20 kg/h

3. 표출값이 정상인가?

   **예**

   ▶ ECM과 단품 사이의 커넥터 접촉불량 및 터미널의 부식 또는 변형을 점검한 후 이상이 있으면 수리한다.
   ▶ "고장 수리 확인" 절차를 수행한다.

   **아니오**

   ▶ 새로운 단품을 임시 장착하여 차량 상태를 확인한 후 정상이면 단품을 교환한다.
   ▶ "고장 수리 확인" 절차를 수행한다.

## 고장 수리 확인

DTC P0101 참조.

고장진단  FL-115

## DTC P0111 흡기 온도 센서(IATS) 회로 이상-성능이상

### 부품 위치 K3BC3938

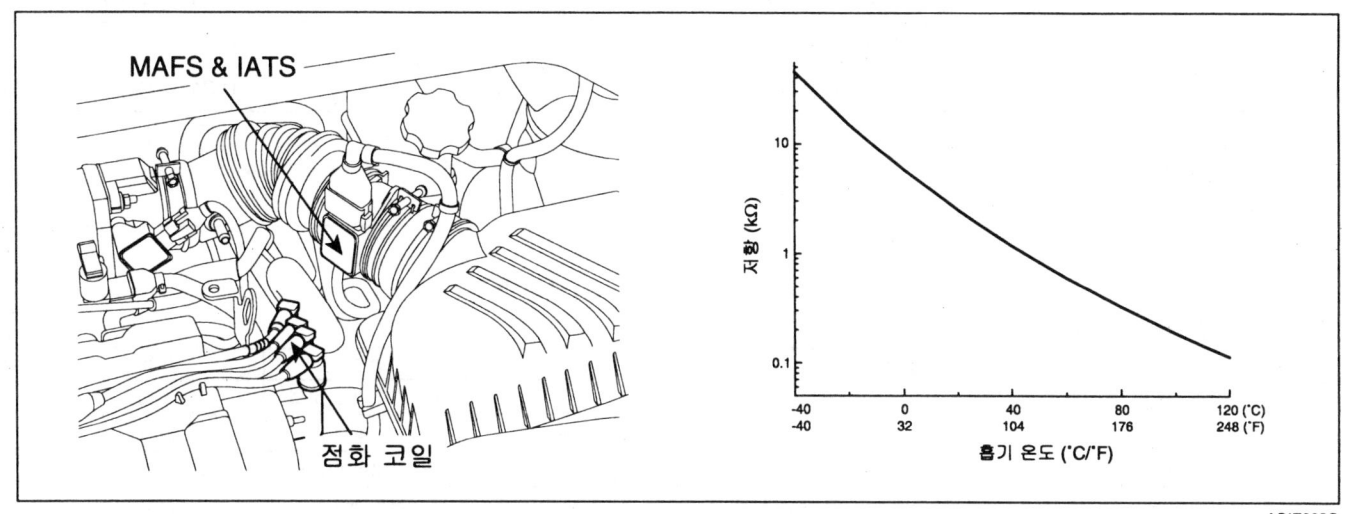

### 기능 및 역할 K5BC9FA0

흡입공기온도 센서(IATS)는 공기량 센서 내부에 장착되어 있으며 온도가 올라가면 저항이 감소하고, 온도가 내려가면 저항이 증가되는 부특성(NTC) 더미스트의 특성을 가지고 있다. 흡기온센서는 흡입되는 공기중에 노출되어 있으며 공기의 온도변화에 따라 더미스트의 저항값이 변화게 되는데 ECM은 이 변화값을 검출하여 흡기온도를 계산하며 이를 통해 연료분사량과 점화시기를 보정한다.

### DTC 감지 조건 K168C8F8

흡입 공기 온도 신호의 고착 유,무를 판정하는 코드로서 ECM은 시동시 공기 온도와 최저 공기 온도의 차이를 기억한 후 일정시간이 경과한 후에도 그 차이가 계속해서 낮을경우 고장코드 P0111을 표출 한다

### 고장 판정 조건 KC9B9D94

| 항 목 | 판정 조건 | 고장 예상 원인 |
|---|---|---|
| 검출 방법 | • 흡입공기온도 신호 고착(최대와 최소값 비교) | • 커넥터 접촉 저항<br>• IATS |
| 검출 조건 | • 엔진 시동 후 경과시간 > 300sec.<br>• 냉각수 온도 > 76℃(169°F)<br>• 엔진 시동 후 냉각수 온도 증가량 > 40℃<br>• 차량 속도가 70km/h이상 주행한 시간 > 100sec<br>• 관련 고장 없음 | |
| 판정값 | • 기준값은 시동시 흡기온도에 따라 다르다<br>0℃ : 1.5, 30℃ : 2.5, 60℃ : 3.0, 80℃ : 4.5 | |
| 검출 시간 | • 5초 | |
| 경고등 점등 | • 2회 주행 사이클 | |

## 정상값

| 온도(°C) | 저항(Ω) | 온도(°C) | 저항(Ω) |
|---|---|---|---|
| -20 | 14.26 ~ 16.02 | 40 | 1.11 ~ 1.19 |
| 0 | 5.50 ~ 6.05 | 60 | 0.57 ~ 0.60 |
| 20 | 2.35 ~ 2.54 | 80 | 0.31 ~ 0.32 |

## 부분 회로도

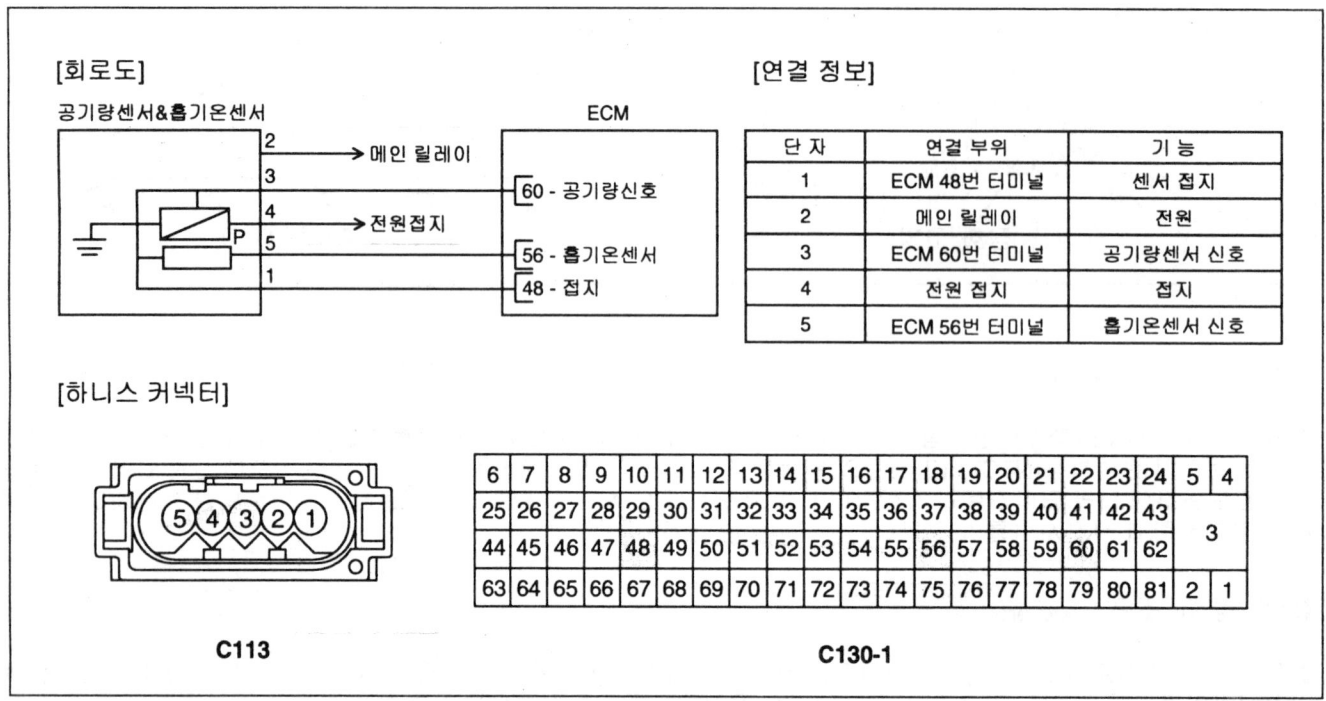

## 기준 파형 및 데이터

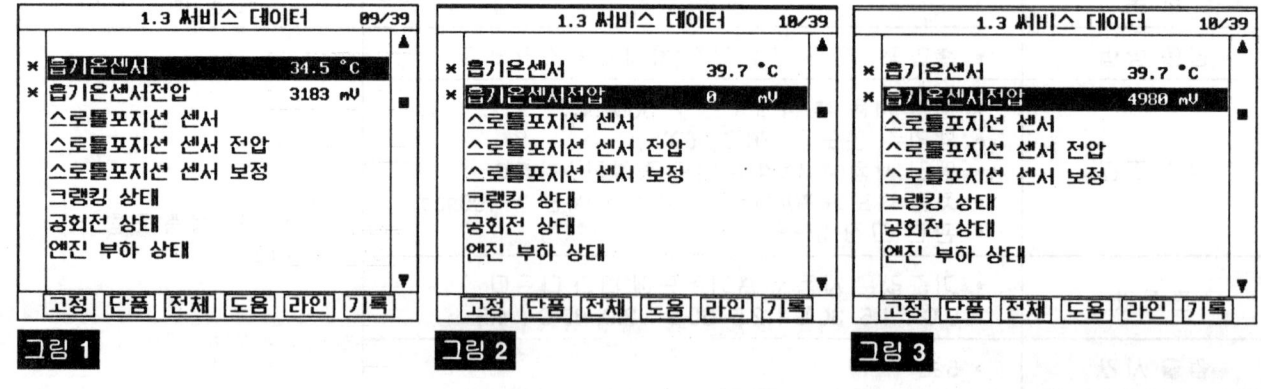

그림 1) 정상 상태 흡기온도 센서 전압 : 약 3.2V(약 34.5℃), 출력 전압은 온도가 높을수록 낮아지고 온도가 낮아지면 증가한다
그림 2) 신호선 접지 단락 : 약 0V
그림 3) 신호선 단선 또는 접지선 단선 : 약 5V

# 고장진단    FL -117

## 고장 코드 확인   K789C60F

1. 스캔툴의 "자기진단"기능을 선택 한다
2. 하단 메뉴바의 "F4"를 눌러 고장 상세 정보를 선택 한다
3. "고장 진단 완료 유무" 항목이 "진단 완료"인지 확인한다.

   **참고**
   미완료일경우 일반정보의 검출조건에서 지시하는대로 차량을 주행하여 진단을 완료 시킨다

4. "고장 유형"항목의 결과값이 "과거 고장" 인가?

```
           고장 상세 정보

1. 경고등상태 :    OFF
2. 고장 유형    :  "과거고장" 또는 "현재고장"
3. 고장진단 완료 유무 : "진단완료" 또는 "미완료"
4. 동일고장 발생 횟수  :  X (횟수가 기록됨)
5. 고장발생후 경과시간:       0분
6. 고장소거후 경과시간:       0분
```
AGIE001X

   **참고**
   - 과거 고장 : 이전에 발행한 고장임. 현재는 정상.
   - 현재 고장 : 현재 고장이 발생되어 있는 상태임.

   **예**
   ▶ "동일고장 발생 횟수"항목 값이 2회 이상이면 간헐적인 고장이므로 "터미널 및 커넥터 점검"절차를 수행한다
   ▶ "동일고장 발생 횟수"가 1회 이하이면 과거고장이므로 진단을 종료한다

   **아니오**
   ▶ "배선 점검" 절차를 수행한다.

## 터미널 및 커넥터 점검   K7666C86

1. 고장의 주요원인은 배선손상 및 연결상태의 불량에 있으므로 커넥터 접촉불량 및 터미널의 부식 또는 변형등을 전체적으로 점검한다.
2. 문제가 발견 되었는가?

   **예**
   ▶ 수리 또는 교환한 후 "고장 수리 확인" 절차를 수행한다.

   **아니오**
   ▶ "단품 점검" 절차를 수행한다.

# FL -118    연료 장치

## 단품 점검   K9A42B4A

1. 점화스위치 "OFF"

2. 흡기온도 센서 커넥터를 분리한다.

3. 센서 커넥터 1번과 5번 터미널간 저항을 측정한다.(단품측)

정상값

| 온도(°C) | 저항(Ω) | 온도(°C) | 저항(Ω) |
|---|---|---|---|
| -20 | 14.26 ~ 16.02 | 40 | 1.11 ~ 1.19 |
| 0 | 5.50 ~ 6.05 | 60 | 0.57 ~ 0.60 |
| 20 | 2.35 ~ 2.54 | 80 | 0.31 ~ 0.32 |

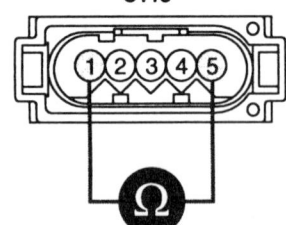

C113
1. 센서 접지
2. 전원
3. 공기량 센서 신호
4. 접지
5. 흡입 공기 온도 센서 신호

SJMFL7223D

4. 측정값이 정상인가?

   **예**

   ▶ ECM과 단품 사이의 커넥터 접촉불량 및 터미널의 부식 또는 변형을 점검한 후 이상이 있으면 수리한다.
   ▶ "고장 수리 확인" 절차를 수행한다.

   **아니오**

   ▶ 새로운 단품을 임시 장착하여 차량 상태를 확인한 후 정상이면 단품을 교환한다.
   ▶ "고장 수리 확인" 절차를 수행한다.

## 고장 수리 확인   K85B1F68

"고장 코드 확인" 절차를 재수행하여 고장이 정확히 수리 되었는지 확인한다

1. 스캔툴의 "자기진단"기능중 고장 상세 정보를 선택 한다

   ⚠ 주의
   고장코드를 소거하지 말 것(상세정보도 함께 소거 됨)

2. "고장 진단 완료 유무" 항목이 "진단 완료"인지 확인한다.

   📖 참고
   미완료일경우 일반정보의 검출조건에서 지시하는대로 차량을 주행하여 완료 시킨다

3. "고장 유형"항목의 결과값이 "과거 고장" 인가?

   **예**

▶ 시스템 정상. 고장코드를 소거한다

아니오

▶ 적절한 수리절차를 재수행한다.

## DTC P0112 흡기 온도 센서(IATS) 회로 이상-입력값 낮음

### 부품 위치

DTC P0111 참조.

### 기능 및 역할

DTC P0111 참조.

### DTC 감지 조건

ECM이 IATS의 정상값보다 낮은 전압을 검출할경우 P0112의 고장코드를 표출한다.

### 고장 판정 조건

| 항 목 | 판정 조건 | 장 예상 원인 |
|---|---|---|
| 검출 방법 | • 전압 점검 | • 신호선 접지 단락<br>• 커넥터 접촉 저항<br>• IATS |
| 검출 조건 | • 6 〈 배터리 전압(V) 〈 16 | |
| 판정값 | • 흡입공기온도 측정값 〉 142℃ | |
| 검출 시간 | • 5초 | |
| 경고등 점등 | • 2회 주행 사이클 | |

### 정상값

DTC P0111 참조.

### 부분 회로도

DTC P0111 참조.

### 기준 파형 및 데이터

DTC P0111 참조.

### 고장 코드 확인

DTC P0111 참조.

### 스캔툴 데이터 분석

DTC P0111 참조.

### 신호선 점검

1. 점화스위치 "OFF"
2. 흡입공기온도 센서 커넥터를 분리한다.

# 고장진단  FL -121

3. 센서 커넥터 5번 터미널과 차체 접지간 저항을 측정한다.

   정상값 : 무한대

4. 측정값이 정상인가?

   **예**
   ▶ "터미널 및 커넥터 점검" 절차를 수행한다.

   **아니오**
   ▶ 배선을 수리한 후, "고장 수리 확인" 절차를 수행한다.

## 터미널 및 커넥터 점검   K4AC9F1B

DTC P0111 참조.

## 단품 점검   K656C93E

1. 센서 커넥터 1번과 5번 터미널간 저항을 측정한다.(단품측)

정상값

| 온도(°C) | 저항(Ω) | 온도(°C) | 저항(Ω) |
|---|---|---|---|
| -20 | 14.26 ~ 16.02 | 40 | 1.11 ~ 1.19 |
| 0 | 5.50 ~ 6.05 | 60 | 0.57 ~ 0.60 |
| 20 | 2.35 ~ 2.54 | 80 | 0.31 ~ 0.32 |

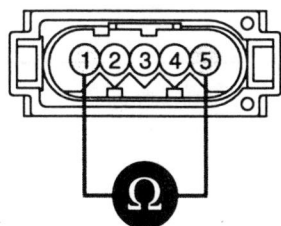

C113
1. 센서 접지
2. 전원
3. 공기량 센서 신호
4. 접지
5. 흡입 공기 온도 센서 신호

SJMFL7223D

2. 측정값이 정상인가?

   **예**
   ▶ ECM과 단품 사이의 커넥터 접촉불량 및 터미널의 부식 또는 변형을 점검한 후 이상이 있으면 수리한다.
   ▶ "고장 수리 확인" 절차를 수행한다.

   **아니오**
   ▶ 새로운 단품을 임시 장착하여 차량 상태를 확인한 후 정상이면 단품을 교환한다.
   ▶ "고장 수리 확인" 절차를 수행한다.

## 고장 수리 확인   K7194B52

DTC P0111 참조.

# DTC P0113 흡기 온도 센서(IATS) 회로 이상-입력값 높음

## 부품 위치

DTC P0111 참조.

## 기능 및 역할

DTC P0111 참조.

## DTC 감지 조건

ECM이 IATS의 정상값보다 높은 전압을 검출할경우 P0113이란 고장코드를 표출한다.

## 고장 판정 조건

| 항 목 | 판정 조건 | 고장 예상 원인 |
|---|---|---|
| 검출 방법 | • 전압 점검 | |
| 검출 조건 | • 6 < 배터리 전압(V) < 16<br>• 엔진 시동 후 110초 경과 | |
| 판정값 | • 흡입공기온도 측정값 < -46℃ | • 신호선 배터리 단락<br>• 신호선 또는 접지선 단선<br>• 커넥터 접촉 저항<br>• IATS |
| 검출 시간 | • 5초 | |
| 경고등 점등 | • 2회 주행 사이클 | |
| 페일세이프 | • 냉각수온도센서 정상<br>· 흡기온도센서 림폼값은 냉각수온센서에 의해 결정<br>• 냉각수온도센서 고장<br>· ECM이 맵핑값으로 제어 | |

## 정상값

DTC P0111 참조.

## 부분 회로도

DTC P0111 참조.

## 기준 파형 및 데이터

DTC P0111 참조.

## 고장 코드 확인

DTC P0111 참조.

## 스캔툴 데이터 분석

DTC P0111 참조.

# 고장진단

## 접지선 점검  KEDDD056

1. 점화스위치 "OFF"

2. ECM 커넥터를 분리한다.

3. 센서 커넥터 1번 터미널과 ECM 커넥터 48번 터미널간 저항을 측정한다.

정상값 : 약 0Ω

4. 측정값이 정상인가?

    **예**
    ▶ "터미널 및 커넥터 점검" 절차를 수행한다.

    **아니오**
    ▶ 배선을 수리한 후, "고장 수리 확인" 절차를 수행한다.

## 신호선 점검  K7515ED9

1. 단선 점검

    1) 센서 커넥터 5번 터미널과 ECM 커넥터 56번 터미널간 저항을 측정한다.

    정상값 : 약 0Ω

    2) 측정값이 정상인가?

        **예**
        ▶ 다음 점검 절차를 수행한다.

        **아니오**
        ▶ 배선 수리한 후, "고장 수리 확인" 절차를 수행한다.

2. 배터리 단락 점검

    1) 점화스위치 "ON" & 엔진 "OFF"

    2) 흡기온도센서와 ECM 커넥터 분리 상태. 센서 커넥터 5번 터미널과 ECM 커넥터 56번 터미널간 전압을 측정한다.

    정상값 : 약 0V

    3) 측정값이 정상인가?

        **예**
        ▶ "터미널 및 커넥터 점검" 절차를 수행한다.

        **아니오**
        ▶ 배선 수리 후, "고장 수리 확인" 절차를 수행한다.

## 터미널 및 커넥터 점검  KC0B48DE

DTC P0111 참조.

## 단품 점검  K9D849A2

1. 점화스위치 "OFF"
2. 센서 커넥터 1번과 5번 터미널간 저항을 측정한다.(단품측)

정상값

| 온도(°C) | 저항(Ω) | 온도(°C) | 저항(Ω) |
|---|---|---|---|
| -20 | 14.26 ~ 16.02 | 40 | 1.11 ~ 1.19 |
| 0 | 5.50 ~ 6.05 | 60 | 0.57 ~ 0.60 |
| 20 | 2.35 ~ 2.54 | 80 | 0.31 ~ 0.32 |

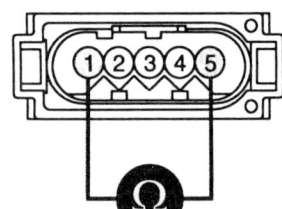

C113
1. 센서 접지
2. 전원
3. 공기량 센서 신호
4. 접지
5. 흡입 공기 온도 센서 신호

3. 측정값이 정상인가?

**예**

▶ ECM과 단품 사이의 커넥터 접촉불량 및 터미널의 부식 또는 변형을 점검한 후 이상이 있으면 수리한다.
▶ "고장 수리 확인" 절차를 수행한다.

**아니오**

▶ 새로운 단품을 임시 장착하여 차량 상태를 확인한 후 정상이면 단품을 교환한다.
▶ "고장 수리 확인" 절차를 수행한다.

## 고장 수리 확인  KE5A4755

DTC P0111 참조.

# DTC P0116 냉각 수온 센서(ECTS) 회로 이상-성능이상

## 부품 위치

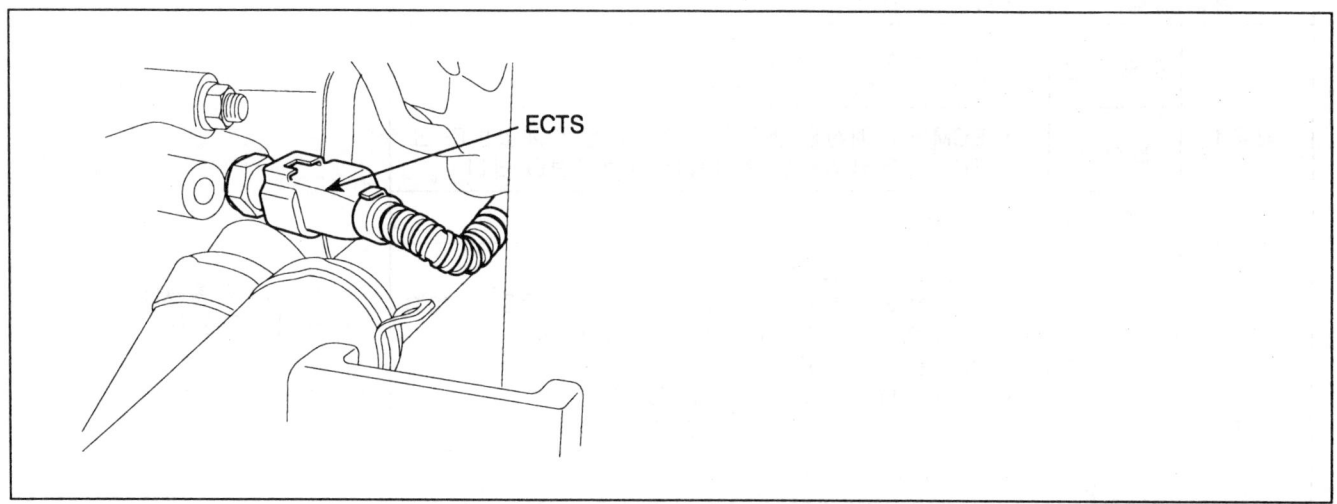

## 기능 및 역할

냉각수온도센서(ECTS)는 냉각수의 온도을 측정하기위해 실린더 헤드의 냉각수 통로에 위치해있으며 온도에 따라 저항값이 변하는 더미스터 방식이다. ECTS의 전기적 저항은 온도가 증가하면 감소하고 반대로 온도가 감소하면 증가한다. ECM의 5V 전원은 저항을 통해 ECTS에 공급되고 ECM의 저항과 ECTS의 더미스터는 직렬로 연결 되어있다. 더미스터 저항값이 냉각수 온도에 따라 변할때 출력 저항값 또한 변한다. 냉간시에 ECM은 시동성 향상을 위해 냉각수온의 정보를 이용하여 연료분사량을 증가시키고 점화시기를 제어한다.

## DTC 감지 조건

진단의 목적은 냉각온도 신호를 검출하기위함이다. 이 기능은 냉각수온의 변화가 계산에 의한 것인지 혹은 측정에 의해 검출되었는지를 체크한다. ECM에 의해 계산된 냉각수온 변화가 임계값보다 크고 엔진시동후 측정된 값의 변화가 임계값보다 작으면 P0116 의 고장코드가 표출된다. 이 진단은 주행중에 단한번만 수행된다.

## 고장 판정 조건  KDADF8F3

| 항 목 | | 판정 조건 | 고장 예상 원인 |
|---|---|---|---|
| 검출 방법 | | • 냉각수온 신호 고착 점검 | |
| 경우1 | 검출 조건 | • 냉각수온 센서 정상<br>• 6 < 배터리 전압 < 16V | • 커넥터 접촉 저항<br>• 냉각수온센서 |
| | 판정값 | • ECM에서 계산된 냉각수온 증가량은 한계값보다 크지만 실제 냉각수온 증가량은 한계값보다 낮다. | |
| | 검출 시간 | • 10~30분 | |
| 경우2 | 검출 조건 | • 관련고장 없을 것<br>• 전 주행사이클의 엔진정지상태에서 오일온도 > 70℃<br>• 전 주행사이클의 엔진정지상태에서 냉각수온도 > 70℃<br>• 시동시 엔진오일온도 < 35℃<br>• 시동시 흡입공기온도 < 35℃ | |
| | 판정값 | • 시동시 냉각수온도센서와 오일온도센서 신호 비교<br>: 시동시 냉각수온 > 53℃이면서 오일온도 < 35℃ | |
| | 검출 시간 | • 즉시 | |
| 경고등 점등 | | • 2회 주행 사이클 | |

## 정상값  K3B2DCFF

| 온도(°C) | 저항(Ω) | 온도(°C) | 저항(Ω) |
|---|---|---|---|
| -20 | 14.13 ~ 16.83 | 40 | 1.15 |
| 0 | 5.79 | 60 | 0.59 |
| 20 | 2.31 ~ 2.59 | 80 | 0.32 |

# 고장진단

## 부분 회로도 K6B5A73E

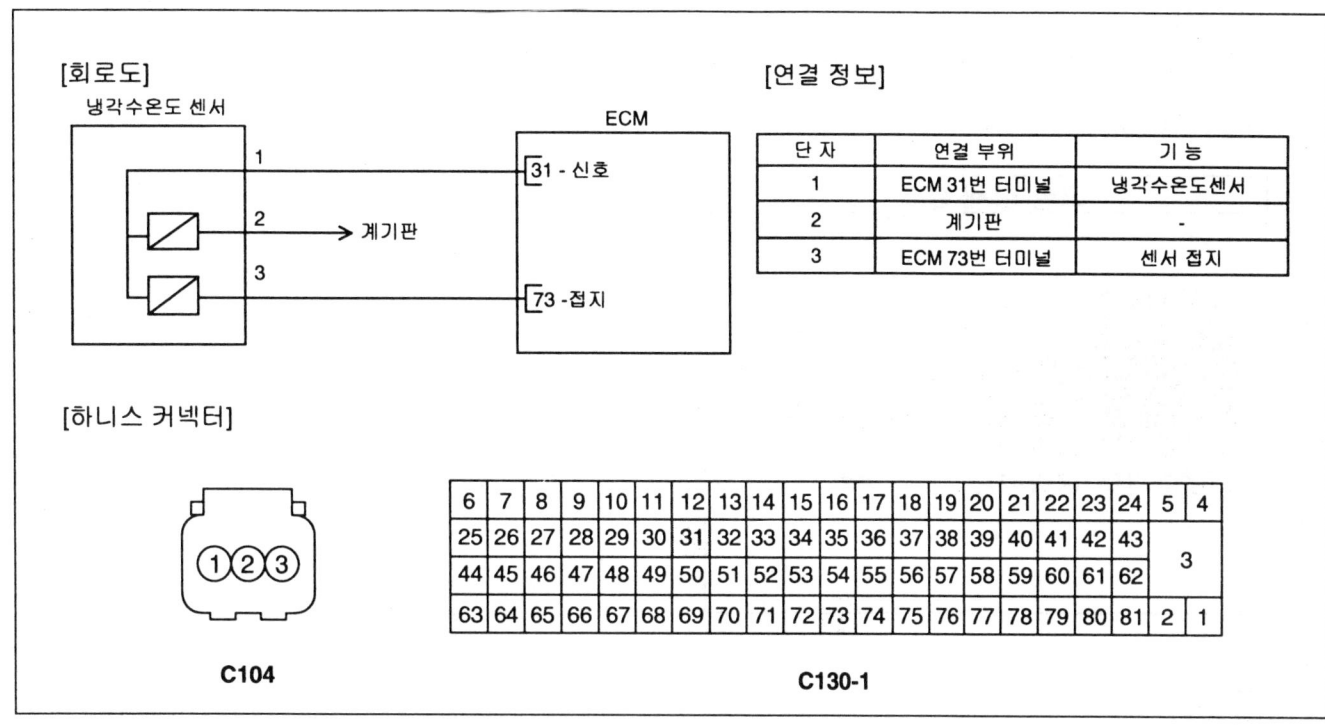

## 기준 파형 및 데이터 K060FCFB

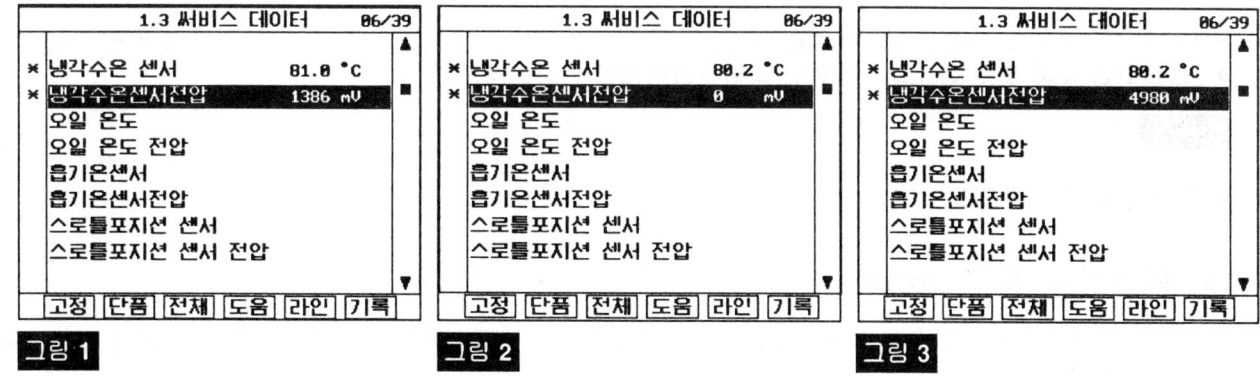

그림 1) 냉각수온도 센서 정상시 전압
그림 2) 냉각수온도 센서 신호선 접지 단락시 전압
그림 3) 냉각수온도 센서 신호선 또는 접지선 단선시 전압

## 고장 코드 확인 KE762767

> 참고
> 스로틀포지션 센서 또는 공기량 센서와 관련된 고장코드가 저장되어 있으면, 저장되어 있는 코드와 관련된 모든 수리절차를 완료한 이후에 본 진단 절차를 수행한다.

1. 스캔툴의 "자기진단"기능을 선택 한다

2. 하단 메뉴바의 "F4"를 눌러 고장 상세 정보를 선택 한다

3. "고장 진단 완료 유무" 항목이 "진단 완료"인지 확인한다.

   📖 참고
   미완료일경우 일반정보의 검출조건에서 지시하는대로 차량을 주행하여 진단을 완료 시킨다

4. "고장 유형"항목의 결과값이 "과거 고장" 인가?

```
             고장 상세 정보

   1. 경고등상태    :  OFF
   2. 고장 유형     : "과거고장" 또는 "현재고장"
   3. 고장진단 완료 유무 :"진단완료" 또는 "미완료"
   4. 동일고장 발생 횟수 :  X (횟수가 기록됨)
   5. 고장발생후 경과시간:       0분
   6. 고장소거후 경과시간:       0분
```

AGIE001X

📖 참고
- 과거 고장 : 이전에 발행한 고장임. 현재는 정상.
- 현재 고장 : 현재 고장이 발생되어 있는 상태임.

**예**

▶ "동일고장 발생 횟수"항목 값이 2회 이상이면 간헐적인 고장이므로 "터미널 및 커넥터 점검"절차를 수행한다
▶ "동일고장 발생 횟수"가 1회 이하이면 과거고장이므로 진단을 종료한다

**아니오**

▶ 다음 절차를 수행한다.

## 터미널 및 커넥터 점검   K3BA1BC7

1. 고장의 주요원인은 배선손상 및 연결상태의 불량에 있으므로 커넥터 접촉불량 및 터미널의 부식 또는 변형등을 전체적으로 점검한다.

2. 문제가 발견 되었는가?

   **예**

   ▶ 수리 또는 교환한 후 "고장 수리 확인" 절차를 수행한다.

   **아니오**

   ▶ "단품 점검" 절차를 수행한다.

## 단품 점검   K0324776

1. 점화스위치 "OFF"
2. 냉각수온도 센서 커넥터를 분리한다.

# 고장진단

3. 센서 커넥터 1번 터미널과 3번 터미널간 저항을 측정한다.(단품측)

정상값

| 온도(°C) | 저항(Ω) | 온도(°C) | 저항(Ω) |
|---|---|---|---|
| -20 | 14.13 ~ 16.83 | 40 | 1.15 |
| 0 | 5.79 | 60 | 0.59 |
| 20 | 2.31 ~ 2.59 | 80 | 0.32 |

1. 냉각수 온도 센서 신호
2. 계기판
3. 센서 접지

4. 측정값이 정상인가?

**예**

▶ ECM과 단품 사이의 커넥터 접촉불량 및 터미널의 부식 또는 변형을 점검한 후 이상이 있으면 수리한다.
▶ "고장 수리 확인" 절차를 수행한다.

**아니오**

▶ 새로운 단품을 임시 장착하여 차량 상태를 확인한 후 정상이면 단품을 교환한다.
▶ "고장 수리 확인" 절차를 수행한다.

## 고장 수리 확인  KC923F91

"고장 코드 확인" 절차를 재수행하여 고장이 정확히 수리 되었는지 확인한다

1. 스캔툴의 "자기진단"기능중 고장 상세 정보를 선택 한다

⚠ 주의
고장코드를 소거하지 말 것(상세정보도 함께 소거 됨)

2. "고장 진단 완료 유무" 항목이 "진단 완료"인지 확인한다.

📖 참고
미완료일경우 일반정보의 검출조건에서 지시하는대로 차량을 주행하여 완료 시킨다

3. "고장 유형"항목의 결과값이 "과거 고장" 인가?

**예**

▶ 시스템 정상. 고장코드를 소거한다

**아니오**

▶ 적절한 수리절차를 재수행한다.

## DTC P0117 냉각 수온 센서(ECTS) 회로 이상-입력값 낮음

부품 위치

DTC P0116 참조.

기능 및 역할

DTC P0116 참조.

DTC 감지 조건

ECM이 ECTS의 정상값보다 낮은 전압을 검출할경우 P0117이란 고장코드를 표출한다.

고장 판정 조건

| 항목 | 판정 조건 | 고장 예상 원인 |
|---|---|---|
| 검출 방법 | • 전압 점검 | |
| 검출 조건 | • 6 〈 배터리 전압(V) 〈 16 | |
| 판정값 | • 실제 냉각수 온도 〉 138℃ | • 신호선 접지 단락 |
| 검출 시간 | • 5초 | • 커넥터 접촉 저항 |
| 경고등 점등 | • 2회 주행 사이클 | • 냉각수온센서 |
| 페일세이프 | • 냉각수온도 신호를 흡기온도 센서 신호로 대신한다. | |

정상값

DTC P0116 참조.

부분 회로도

DTC P0116 참조.

기준 파형 및 데이터

DTC P0116 참조.

고장 코드 확인

DTC P0116 참조.

스캔툴 데이터 분석

DTC P0116 참조.

신호선 점검

1. 점화스위치 "OFF"

# 고장진단    FL-131

2. 센서 커넥터 1번 터미널과 차체 접지간 저항을 점검한다.

정상값 : 무한대

3. 측정값이 정상인가?

**예**

▶ "터미널 및 커넥터 점검" 절차를 수행한다.

**아니오**

▶ 배선 수리 후, "고장 수리 확인" 절차를 수행한다.

## 터미널 및 커넥터 점검  K65B6A27

DTC P0116 참조.

## 단품 점검  K043C7E3

1. 냉각수온도 센서 커넥터를 분리한다.

2. 센서 커넥터 1번 터미널과 3번 터미널간 저항을 측정한다.(단품측)

정상값

| 온도(°C) | 저항(Ω) | 온도(°C) | 저항(Ω) |
|---|---|---|---|
| -20 | 14.13 ~ 16.83 | 40 | 1.15 |
| 0 | 5.79 | 60 | 0.59 |
| 20 | 2.31 ~ 2.59 | 80 | 0.32 |

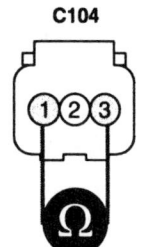

C104
1. 냉각수 온도 센서 신호
2. 계기판
3. 센서 접지

SJMFL7229D

3. 측정값이 정상인가?

**예**

▶ ECM과 단품 사이의 커넥터 접촉불량 및 터미널의 부식 또는 변형을 점검한 후 이상이 있으면 수리한다.
▶ "고장 수리 확인" 절차를 수행한다.

**아니오**

▶ 새로운 단품을 임시 장착하여 차량 상태를 확인한 후 정상이면 단품을 교환한다.
▶ "고장 수리 확인" 절차를 수행한다.

### 고장 수리 확인

DTC P0116 참조.

# DTC P0118 냉각 수온 센서(ECTS) 회로 이상-입력값 높음

### 부품 위치

DTC P0116 참조.

### 기능 및 역할

DTC P0116 참조.

### DTC 감지 조건

ECM이 ECTS의 정상값보다 높은 전압을 검출할경우 P0118이란 고장코드를 표출한다.

### 고장 판정 조건

| 항 목 | 판정 조건 | 고장 예상 원인 |
|---|---|---|
| 검출 방법 | • 전압 점검 | • 신호선 배터리 단락<br>• 신호선 또는 접지선 단선<br>• 커넥터 접촉 저항<br>• 냉각수온센서 |
| 검출 조건 | • 6 < 배터리 전압(V) < 16<br>• 회로가 배터리 단락 또는 단선인 경우흡기온도가 < -30℃ 라면 엔진 시동 후 110초 경과 후 | |
| 판정값 | • 실제 냉각수 온도 < -46℃ | |
| 검출 시간 | • 5초 | |
| 경고등 점등 | • 2회 주행 사이클 | |
| 페일세이프 | • 냉각수온도 신호를 흡기온도 센서 신호로 대신한다. | |

### 정상값

DTC P0116 참조.

### 부분 회로도

DTC P0116 참조.

### 기준 파형 및 데이터

DTC P0116 참조.

### 고장 코드 확인

DTC P0116 참조.

### 스캔툴 데이터 분석

DTC P0116 참조.

## 접지선 점검 K84A4FFC

1. 점화스위치 "OFF"

2. ECM 커넥터를 분리한다.

3. 센서 커넥터 3번 터미널과 ECM 커넥터 73번 터미널간 저항을 측정한다.

정상값 : 약 0Ω

4. 측정값이 정상인가?

   **예**

   ▶ "터미널 및 커넥터 점검" 절차를 수행한다.

   **아니오**

   ▶ 배선 수리 후, "고장 수리 확인" 절차를 수행한다.

## 신호선 점검 KE434ABB

1. 단선 점검

   1) 센서 커넥터 1번 터미널과 ECM 커넥터 31번 터미널간 저항을 측정한다.

   정상값 : 약 0Ω

   2) 측정값이 정상인가?

      **예**

      ▶ 다음 점검 절차를 수행한다.

      **아니오**

      ▶ 배선 수리 후, "고장 수리 확인" 절차를 수행한다.

2. 배터리 단락 점검

   1) 점화스위치 "ON" & 엔진 "OFF"

   2) 센서 커넥터 1번 터미널과 ECM 커넥터 31번 터미널간 전압을 측정한다.

   정상값 : 약 0V

   3) 측정값이 정상인가?

      **예**

      ▶ "터미널 및 커넥터 점검" 절차를 수행한다.

      **아니오**

      ▶ 배선 수리 후, "고장 수리 확인" 절차를 수행한다.

# 고장진단

## 터미널 및 커넥터 점검  KCE74942

DTC P0116 참조.

## 단품 점검  K6744D8F

1. 점화스위치 "OFF"

2. 센서 커넥터 터미널 1번과 3번간 저항을 측정한다.(단품측)

정상값

| 온도(°C) | 저항(Ω) | 온도(°C) | 저항(Ω) |
|---|---|---|---|
| -20 | 14.13 ~ 16.83 | 40 | 1.15 |
| 0 | 5.79 | 60 | 0.59 |
| 20 | 2.31 ~ 2.59 | 80 | 0.32 |

1. 냉각수 온도 센서 신호
2. 계기판
3. 센서 접지

SJMFL7229D

3. 측정값이 정상인가?

**예**

▶ ECM과 단품 사이의 커넥터 접촉불량 및 터미널의 부식 또는 변형을 점검한 후 이상이 있으면 수리한다.
▶ "고장 수리 확인" 절차를 수행한다.

**아니오**

▶ 새로운 단품을 임시 장착하여 차량 상태를 확인한 후 정상이면 단품을 교환한다.
▶ "고장 수리 확인" 절차를 수행한다.

## 고장 수리 확인  KD8B1577

DTC P0116 참조.

## DTC P0121  스로틀 포지션 센서 (TPS) 회로 이상-성능 이상

### 부품 위치

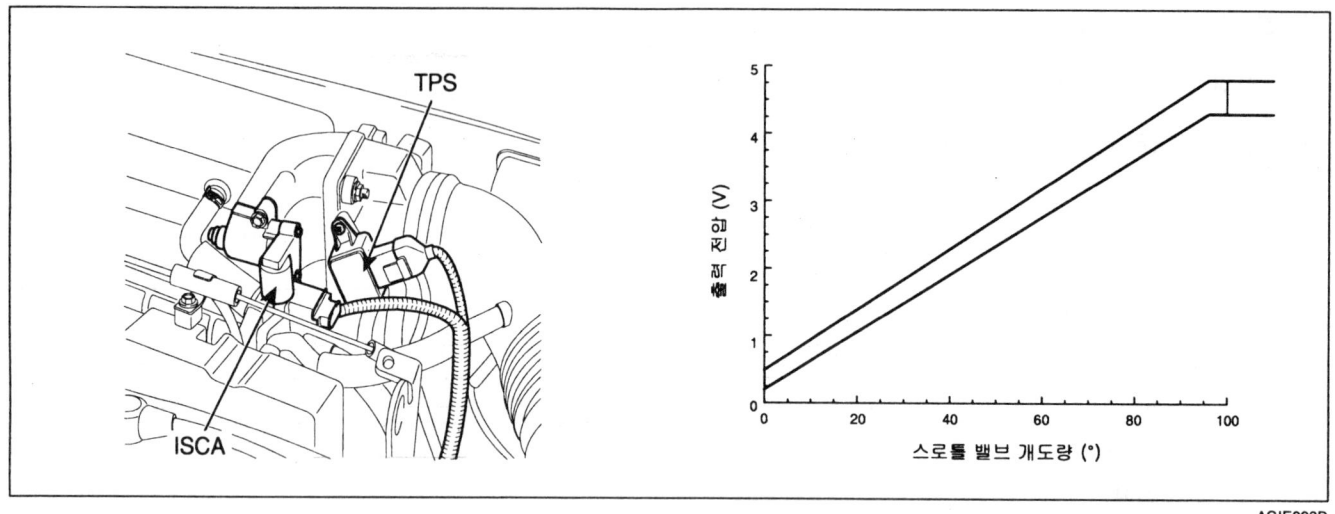

### 기능 및 역할

스로틀 포지션 센서는 스로틀 바디에 장착되어 있으며, 스로틀 밸브의 개도를 전기적신호로 바꾸어 주는 포텐시오미터 형이다. ECM은 운전자의 의지대로 차량이 주행될 수 있도록 부하에 따른 정확한 연료의 증,감제어를 수행하기 위하여 스로틀 포지션 센서를 통해 스로틀 개도를 감지한다. 스로틀 개도 신호는 엔진회전수등과 더불어 엔진의 부하 및 가/감 속을 판단하는 데이터로 사용되며 ECM은 그에 따른 연료 분사량과 점화시기를 제어한다. 또한 자동 변속기 차량의 경우, 스로틀 신호는 변속시점을 결정하는 중요한 요소로도 사용된다.

### DTC 감지 조건

ECM은 잘못된 TPS신호를 검출하기위해 측정된 MAF 신호값과 기준값을 비교한다. 스로틀 위치값은 기준값 결정시 중요한 파라메터중의 하나이다. MAF기준값은 엔진 회전수, 스로틀 개도각,ISCA듀티에의해 결정된다. 일정한 시간에 같은 방향의 람다변화로 두 값의 차이가 너무 높거나 낮을경우 P0121의 고장코드를 표출한다.

### 고장 판정 조건

| 항목 | 판정 조건 | 고장 예상 원인 |
|---|---|---|
| 검출 방법 | • MAF 신호를 통해 계산된 공기량을 비교 | |
| 검출 조건 | • 관련 고장 없슴.<br>• 11 ≤ 배터리 전압(V) ≤ 16<br>• 공연비 제어 작동 | • 커넥터 접촉 저항<br>• 스로틀 포지션 센서 |
| 판정값 | • ECM에서 계산된 공기량-실제 공기량 〉 300 mg/rev | |
| 검출 시간 | • 200 회전 | |
| 경고등 점등 | • 2회 주행 사이클 | |
| 페일세이프 | • 스로틀의 위치는 엔진회전수와 공기량에 의해 결정<br>• 연료 증발가스 제어 기능은 최소 작동 모드로 제어 | |

# 고장진단

## 정상값

| 스로틀 포지션 센서 | | 전폐 | 전개 |
|---|---|---|---|
| 스로틀 각도 (°) | | 0 ~ 0.5 ° | 86 ° |
| 전압 (V) | | 0.2 ~ 0.8 V | 4.3 ~ 4.8 V |
| 저항 (kΩ) | 터미널 1 과 2 | 0.71 ~ 1.38 kΩ (온도와 무관함) | 2.7 kΩ (온도와 무관함) |
| | 터미널 2 와 3 | 1.6 ~ 2.4 kΩ (스로틀 위치와 무관함) | |

## 부분 회로도

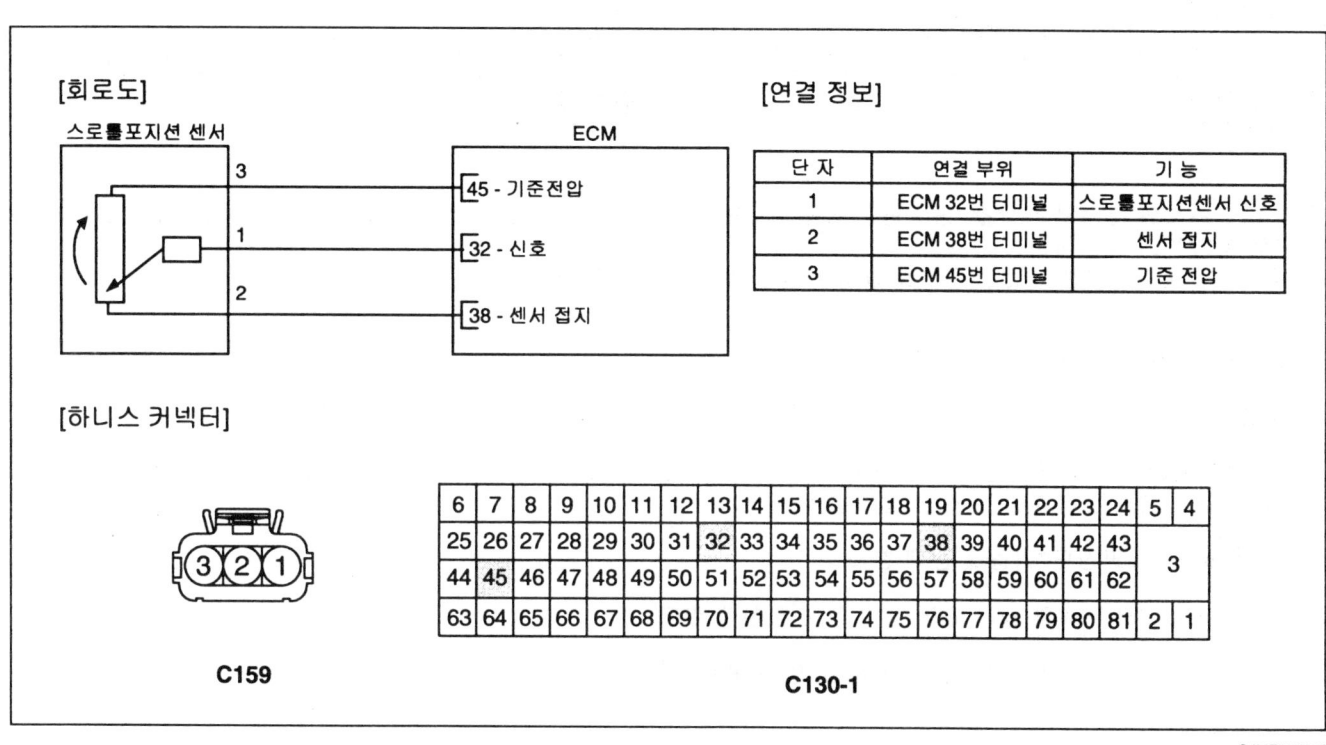

C159    C130-1

## 기준 파형 및 데이터 KED2EB00

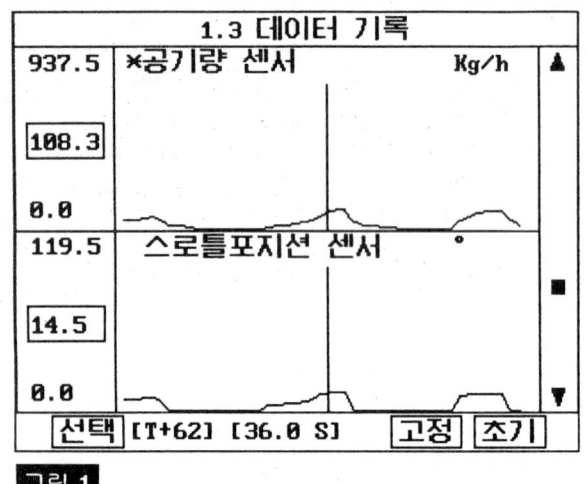
그림 1

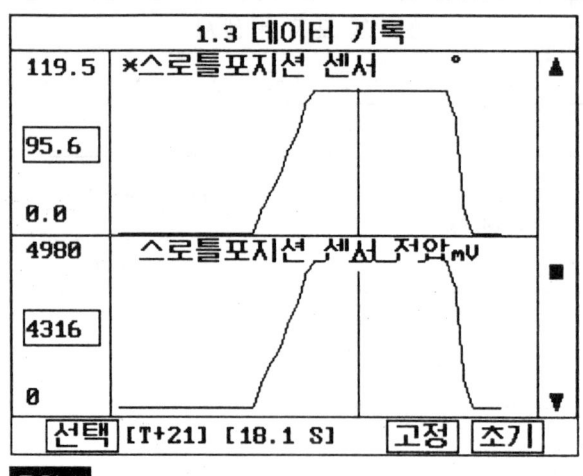
그림 2

그림 1) 가속시와 감속시 정상값: 공기량센서와 스로틀포지션센서의 신호는 가속시에 증가하고 감속시에 감소하는 방향으로 동일하게 변화한다.
그림 2) 스로틀포지션센서 전압은 스로틀 개도량에 비례하여 증가한다.

## 고장 코드 확인 K15A15E2

> 참고
> 스로틀포지션 센서 또는 공기량 센서와 관련된 고장코드가 저장되어 있으면, 저장되어 있는 코드와 관련된 모든 수리절차를 완료한 이후에 본 진단 절차를 수행한다.

1. 스캔툴의 "자기진단"기능을 선택 한다
2. 하단 메뉴바의 "F4"를 눌러 고장 상세 정보를 선택 한다
3. "고장 진단 완료 유무" 항목이 "진단 완료"인지 확인한다.

> 참고
> 미완료일경우 일반정보의 검출조건에서 지시하는대로 차량을 주행하여 진단을 완료 시킨다

4. "고장 유형"항목의 결과값이 "과거 고장" 인가?

```
              고장 상세 정보

1.경고등상태 :  OFF
2. 고장 유형   :  "과거고장" 또는 "현재고장"
3. 고장진단 완료 유무 :"진단완료" 또는 "미완료"
4. 동일고장 발생 횟수 : X (횟수가 기록됨)
5.고장발생후 경과시간:      0분
6.고장소거후 경과시간:      0분
```

# 고장진단

> **참고**
> - 과거 고장 : 이전에 발행한 고장임. 현재는 정상.
> - 현재 고장 : 현재 고장이 발생되어 있는 상태임.

**예**

▶ "동일고장 발생 횟수"항목 값이 2회 이상이면 간헐적인 고장이므로 "터미널 및 커넥터 점검"절차를 수행한다
▶ "동일고장 발생 횟수"가 1회 이하이면 과거고장이므로 진단을 종료한다

**아니오**

▶ "공기 누설 점검" 절차를 수행한다.

## 공기 누설 점검

1. 시각적/물리적 점검
   - 진공호스의 손상 및 오장착 여부
   - EVAP 시스템의 누설
   - PCV 호스 오장착 여부

2. 점검시 문제가 발견되었는가?

   **예**

   ▶ 수리 후, "고장 수리 확인" 절차를 수행한다.

   **아니오**

   ▶ "배선 점검" 절차를 수행한다.

## 터미널 및 커넥터 점검

1. 고장의 주요원인은 배선손상 및 연결상태의 불량에 있으므로 커넥터 접촉불량 및 터미널의 부식 또는 변형등을 전체적으로 점검한다.

2. 문제가 발견 되었는가?

   **예**

   ▶ 수리 또는 교환한 후 "고장 수리 확인" 절차를 수행한다.

   **아니오**

   ▶ "단품 점검" 절차를 수행한다.

## 단품 점검

1. 점화스위치 "OFF"

2. 스로틀포지션센서 커넥터를 분리한다.

3. 센서 커넥터 2번과 3번 터미널간 저항을 측정한다.

---

정상값 : 약 1.6 ~ 2.4 kΩ (전체 스로틀 개도 범위)

1. 스로틀 포지션 센서 신호
2. 센서 접지
3. 기준 전압 (5V)

SJMFL7235D

4. 센서 커넥터가 분리된 상태에서 센서 커넥터 1번과 2번 터미널간 저항을 측정한다.(단품측)

5. 스로틀 밸브를 아이들 상태에서 완전 열림 상태까지 천천히 동작시킨다. 스로틀 밸브의 열림 각도에 따라 저항이 변화하는지 점검한다.

정상값 : 0.71 ~ 1.38 kΩ (스로틀 닫힘 상태), 2.7 kΩ (스로틀 전개)

1. 스로틀 포지션 센서 신호
2. 센서 접지
3. 기준 전압 (5V)

SJMFL7236D

6. 측정값이 정상인가?

**예**

▶ ECM과 단품 사이의 커넥터 접촉불량 및 터미널의 부식 또는 변형을 점검한 후 이상이 있으면 수리한다.
▶ "고장 수리 확인" 절차를 수행한다.

**아니오**

▶ 새로운 단품을 임시 장착하여 차량 상태를 확인한 후 정상이면 단품을 교환한다.
▶ "고장 수리 확인" 절차를 수행한다.

## 고장 수리 확인   K2369C34

"고장 코드 확인" 절차를 재수행하여 고장이 정확히 수리 되었는지 확인한다

1. 스캔툴의 "자기진단"기능중 고장 상세 정보를 선택 한다

2. "고장 진단 완료 유무" 항목이 "진단 완료"인지 확인한다.

   📖 참고
   미완료일경우 일반정보의 검출조건에서 지시하는대로 차량을 주행하여 완료 시킨다

3. "고장 유형"항목의 결과값이 "과거 고장" 인가?

**예**

▶ 시스템 정상. 고장코드를 소거한다

고장진단

아니오

▶ 적절한 수리절차를 재수행한다.

## DTC P0122 스로틀 포지션 센서 (TPS) #1 회로 이상-입력값 낮음

### 부품 위치

DTC P0121 참조.

### 기능 및 역할

DTC P0121 참조.

### DTC 감지 조건

ECM이 TPS의 정상값보다 낮은 전압을 검출할경우 P0122란 고장코드를 표출한다.

### 고장 판정 조건

| 항 목 | 판정 조건 | 고장 예상 원인 |
|---|---|---|
| 검출 방법 | • 전압 점검 | • 전원선 단선<br>• 전원선 또는 신호선 접지 단락<br>• 커넥터 접촉 저항<br>• 스로틀 포지션 센서 |
| 검출 조건 | • 6 ≤ 배터리 전압(V) ≤ 16 | |
| 판정값 | • 전압 < 0.14 V | |
| 검출 시간 | • 1초 | |
| 경고등 점등 | • 2회 주행 사이클 | |
| 페일세이프 | • 스로틀 포지션은 엔진 회전수, 흡입 공기량, 아이들 듀티에 의해 결정된다. | |

### 정상값

DTC P0121 참조.

### 부분 회로도

DTC P0121 참조.

### 기준 파형 및 데이터

DTC P0121 참조.

### 고장 코드 확인

DTC P0121 참조.

### 터미널 및 커넥터 점검

DTC P0121 참조.

고장진단

## 전원선 점검  KE09815B

1. 점화스위치 "OFF"

2. 스로틀 포지션센서 커넥터를 분리한다.

3. 점화스위치 "ON" & 엔진 "OFF"

4. 센서 커넥터 3번 터미널과 차체 접지간 전압을 측정한다.

정상값 : 약 5V

5. 측정값이 정상인가?

   **예**

   ▶ "신호선 점검" 절차를 수행한다.

   **아니오**

   ▶ 배선 수리 후, "고장 수리 확인" 절차를 수행한다.

## 신호선 점검  K8445B0F

1. 점화스위치 "ON"

2. 센서 커넥터 1번 터미널과 차체 접지간 전압을 측정한다.

정상값 : 약 5V

3. 측정값이 정상인가?

   **예**

   ▶ "단품 점검" 절차를 수행한다.

   **아니오**

   ▶ 신호선 접지 단락을 점검한다.
   ▶ 배선 수리 후, "고장 수리 확인" 절차를 수행한다.

## 단품 점검  K0C28718

1. 점화스위치 "OFF"

2. 스로틀포지션센서 커넥터를 분리한다.

3. 센서 커넥터 2번과 3번 터미널간 저항을 측정한다.

정상값 : 약 1.6 ~ 2.4 k$\Omega$ (전체 스로틀 개도 범위)

1. 스로틀 포지션 센서 신호
2. 센서 접지
3. 기준 전압 (5V)

SJMFL7235D

4. 센서 커넥터가 분리된 상태에서 센서 커넥터 1번과 2번 터미널간 저항을 측정한다.(단품측)

5. 스로틀 밸브를 아이들 상태에서 완전 열림 상태까지 천천히 동작시킨다. 스로틀 밸브의 열림 각도에 따라 저항이 변화하는지 점검한다.

정상값 : 0.71 ~ 1.38 kΩ (스로틀 닫힘 상태), 2.7 kΩ (스로틀 전개)

1. 스로틀 포지션 센서 신호
2. 센서 접지
3. 기준 전압 (5V)

SJMFL7236D

6. 측정값이 정상인가?

**예**

▶ ECM과 단품 사이의 커넥터 접촉불량 및 터미널의 부식 또는 변형을 점검한 후 이상이 있으면 수리한다.
▶ "고장 수리 확인" 절차를 수행한다.

**아니오**

▶ 새로운 단품을 임시 장착하여 차량 상태를 확인한 후 정상이면 단품을 교환한다.
▶ "고장 수리 확인" 절차를 수행한다.

고장 수리 확인  K17317A0

DTC P0121 참조.

# DTC P0123 스로틀 포지션 센서 (TPS) #1 회로 이상-입력값 높음

### 부품 위치

DTC P0121 참조.

### 기능 및 역할

DTC P0121 참조.

### DTC 감지 조건

ECM이 TPS의 정상값보다 높은 전압을 검출할경우 P0123이란 고장코드를 표출한다.

### 고장 판정 조건

| 항 목 | 판정 조건 | 고장 예상 원인 |
|---|---|---|
| 검출 방법 | • 전압 점검 | • 신호선 또는 접지선 단선<br>• 신호선 배터리 단락<br>• 커넥터 접촉 저항<br>• 스로틀 포지션 센서 |
| 검출 조건 | • 6 ≤ 배터리 전압(V) ≤ 16 | |
| 판정값 | • 전압 > 4.86 V | |
| 검출 시간 | • 1초 | |
| 경고등 점등 | • 2회 주행 사이클 | |
| 페일세이프 | • 스로틀 포지션은 엔진 회전수, 흡입 공기량, 아이들 듀티에 의해 결정된다. | |

### 정상값

DTC P0121 참조.

### 부분 회로도

DTC P0121 참조.

### 기준 파형 및 데이터

DTC P0121 참조.

### 고장 코드 확인

DTC P0121 참조.

### 터미널 및 커넥터 점검

DTC P0121 참조.

## 접지선 점검 K99959CB

1. 점화스위치 "OFF"
2. 스로틀 포지션센서 커넥터를 분리한다.
3. 점화스위치 "ON" & 엔진 "OFF"
4. 센서 커넥터 2번 터미널과 차체 접지간 전압을 측정한다.

정상값 : 약 0V

5. 측정값이 정상인가?

   **예**
   ▶ "신호선 점검" 절차를 수행한다.

   **아니오**
   ▶ 접지선 단선을 점검한다.
   ▶ 배선 수리 후, "고장 수리 확인" 절차를 수행한다.

## 신호선 점검 K454C721

1. 센서 커넥터가 분리된 상태에서 커넥터 1번 터미널과 차체 접지간 전압을 측정한다.

정상값 : 약 5V

2. 측정값이 정상인가?

   **예**
   ▶ "단품 점검" 절차를 수행한다.

   **아니오**
   ▶ 배선 수리 후, "고장 수리 확인" 절차를 수행한다.

## 단품 점검 K8F6EB32

1. 점화스위치 "OFF"
2. 스로틀포지션센서 커넥터를 분리한다.
3. 센서 커넥터 2번과 3번 터미널간 저항을 측정한다.

정상값 : 약 1.6 ~ 2.4 kΩ (전체 스로틀 개도 범위)

# 고장진단

1. 스로틀 포지션 센서 신호
2. 센서 접지
3. 기준 전압 (5V)

4. 센서 커넥터가 분리된 상태에서 센서 커넥터 1번과 2번 터미널간 저항을 측정한다.(단품측)

5. 스로틀 밸브를 아이들 상태에서 완전 열림 상태까지 천천히 동작시킨다. 스로틀 밸브의 열림 각도에 따라 저항이 변화하는지 점검한다.

정상값 : 0.71 ~ 1.38 kΩ (스로틀 닫힘 상태), 2.7 kΩ (스로틀 전개)

1. 스로틀 포지션 센서 신호
2. 센서 접지
3. 기준 전압 (5V)

6. 측정값이 정상인가?

**예**

▶ ECM과 단품 사이의 커넥터 접촉불량 및 터미널의 부식 또는 변형을 점검한 후 이상이 있으면 수리한다.
▶ "고장 수리 확인" 절차를 수행한다.

**아니오**

▶ 새로운 단품을 임시 장착하여 차량 상태를 확인한 후 정상이면 단품을 교환한다.
▶ "고장 수리 확인" 절차를 수행한다.

## 고장 수리 확인

DTC P0121 참조.

# DTC P0125 냉각수 온도 이상

## 부품 위치

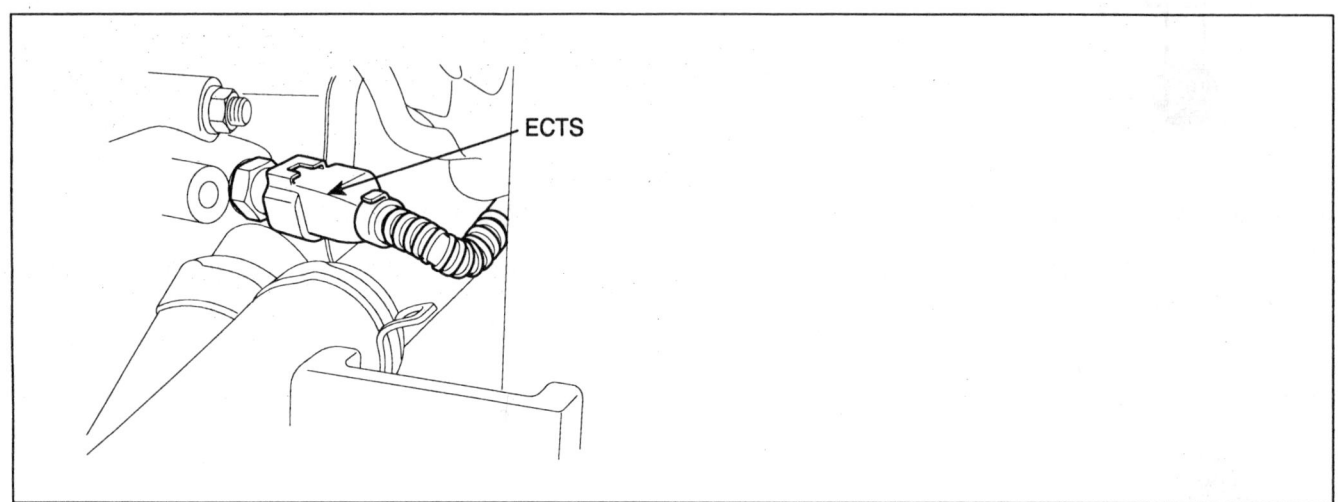

## 기능 및 역할

공연비 피드백 제어란 3원 촉매의 정화효율을 높이기 위하여 산소센서 신호에 의해 배기가스가 농후한지 희박한지를 검출하여 연료 분사량을 증량 혹은 감량시켜 이론 공연비에서 연소를 시키는 제어를 말한다. 피드백 제어가 가능하기 위해서는 차량 상태가 안정적이어야 하며 또한 냉각 수온이 일정 온도 이상인 난기 상태이어야 한다. ECM은 냉각 계통에 이상이 발생하여 엔진 시동 후 피드백 제어에 진입하는 시간이 정상 시간을 초과할 경우 고장이라 판정하여 P0125를 표출한다.

## DTC 감지 조건

고장코드 P0125는 시동후 일정 시간 내에 냉각수온이 상승하지 않아 피드백 제어가 불가할 경우 발생한다. 냉각 수온이 정상적으로 상승되지 못한 요인(냉각계통 불량등)을 점검한다.

# 고장진단

## 고장 판정 조건 K19A6561

| 항목 | 판정 조건 | 고장 예상 원인 |
|---|---|---|
| 검출 방법 | • 냉각 수온 점검 | |
| 검출 조건 | • 시동후 흡입공기온도에 따른 최저 경과시간 (시동시 흡입공기 온도 >10℃는 2분, -7℃ < 시동시 흡입공기온도 < 10℃는 5분)<br>• 시동후 냉각수온에 따른 최저 경과 시간(-30℃ : 1000초, -15℃ : 300초, -4℃ : 120초, 25℃ : 40초)<br>• 관련 고장 없음<br>• 6V < 배터리 전압 < 16V | |
| 판정값 | • 공연비 제어 조건이 완료 됐으나 냉각 수온이 너무 낮아 공연비 제어가 불가할 경우<br>: 냉각수온도 모델값이<br><br>\| -30℃ \| -9.75℃ \| 9.75℃ \| 30℃ \| 60℃ \| 90℃ \|<br>\| 4.5 \| 4.5 \| 12 \| 32.25 \| 32.25 \| 32.25 \|<br><br>SJMFL7240D<br><br>표의 값<br>• 보다 클 때, 측정한 값이<br><br>\| -30℃ \| -9.75℃ \| 9.75℃ \| 30℃ \| 60℃ \| 90℃ \|<br>\| 4.5 \| 4.5 \| 12 \| 32.25 \| 32.25 \| 32.25 \|<br><br>SJMFL7240D<br><br>표의 값 보다 적을때 | • 냉각 계통<br>• 냉각 수온 센서 |
| 검출 시간 | • 공연비 제어 조건 만족후 즉시 | |
| 경고등 점등 | • 2회 주행 사이클 | |

## 정상값 K8E8953F

[냉각수온센서]

| 온도 (℃) | 저항 (kΩ) | 온도 (℃) | 저항 (kΩ) |
|---|---|---|---|
| -20 | 14.1 ~ 16.8 | 40 | 약 1.2 |
| 0 | 약 5.8 | 60 | 약 0.6 |
| 20 | 2.3 ~ 2.6 | 80 | 약 0.3 |

[써모스탯]

| 써모스탯 | 사양 |
|---|---|
| 초기 열림 온도 | 80~84℃ |

| 닫힘 온도 | 77℃ |
|---|---|
| 총 열림량 | 약 8mm(95℃) |

부분 회로도

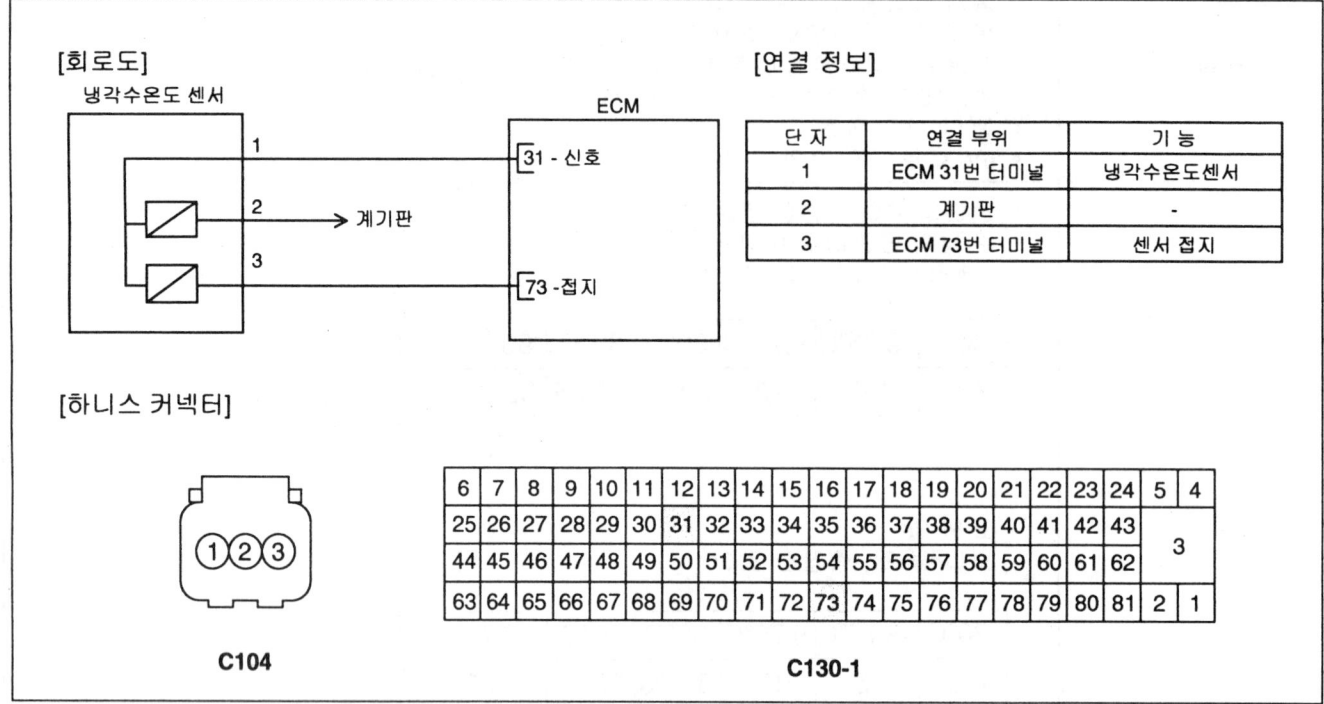

고장 코드 확인

1. 스캔툴의 "자기진단"기능을 선택 한다
2. 하단 메뉴바의 "F4"를 눌러 고장 상세 정보를 선택 한다
3. "고장 진단 완료 유무" 항목이 "진단 완료"인지 확인한다.

   참고
   미완료일경우 일반정보의 검출조건에서 지시하는대로 차량을 주행하여 진단을 완료 시킨다

4. "고장 유형"항목의 결과값이 "과거 고장" 인가?

# 고장진단 FL-151

```
         고장 상세 정보

1. 경고등상태   :  OFF
2. 고장 유형    :  "과거고장" 또는 "현재고장"
3. 고장진단 완료 유무 : "진단완료" 또는 "미완료"
4. 동일고장 발생 횟수 :  X (횟수가 기록됨)
5. 고장발생후 경과시간:   0분
6. 고장소거후 경과시간:   0분
```

AGIE001X

**참고**
- 과거 고장 : 이전에 발행한 고장임. 현재는 정상.
- 현재 고장 : 현재 고장이 발생되어 있는 상태임.

**예**

▶ "동일고장 발생 횟수" 항목 값이 2회 이상이면 간헐적인 고장이므로 "터미널 및 커넥터 점검" 절차를 수행한다
▶ "동일고장 발생 횟수"가 1회 이하이면 과거고장이므로 진단을 종료한다

**아니오**

▶ 다음 점검 절차를 수행한다.

서비스 데이터 확인

1. 엔진이 완전히 냉간되도록 방치한다.

2. 엔진 시동후 공회전 상태를 약 5분이상 유지한다.

   **참고**
   반드시 에어컨이 비작동(OFF)상태여야 하며 쿨링팬이 작동되지 않음을 주의깊게 확인한다.

3. 스캔툴을 연결한 후 냉각 수온 센서 값을 확인한다.

4. 냉각 수온 센서 값이 약 50℃ 이상인가?

   **예**

   ▶ 시스템 정상. 간헐적인 불량이 의심되므로 아래의 "배선 점검" 절차중 '커넥터 및 터미널 점검' 단계를 수행한다

   **아니오**

   ▶ 다음 점검 절차를 수행한다

5. 점검중에 쿨링팬 비작동 조건(냉각 수온 낮음 또는 에어컨 비작동)에서 쿨링팬이 작동 했는가?

   **예**

   ▶ 쿨링팬 릴레이 또는 연관 배선 불량(제어선 접지 단락)등을 점검하여 필요하면 수리한다. 수리 완료 후 "고장 수리 확인" 절차를 수행한다.

# FL -152

연료 장치

### 아니오

- 쿨링팬 릴레이의 간헐적인 불량을 점검하기 위하여 점화스위치 ON상태에서 스캔툴을 장착한다.
- "액츄에이터 점검"기능중의 쿨링팬 릴레이 작동 점검을 수행하면서 작동시 동작음이 들리는지 점검한다.
- 정확한 점검을 위하여 작동점검을 4~5회 반복 점검한다.
- 점검 결과 이상이 발견되면 릴레이와 ECM간 배선의 이상 유무와 릴레이 단품을 점검하여 수리한다. 수리 완료 후"고장 수리 확인" 절차를 수행한다.

## 시스템 점검  K16C67FE

1. 냉각수 점검

    1) 냉각수량을 점검하여 부족할 경우 적정 레벨까지 채워 넣은 후 다음 점검 절차를 수행한다

2. 써모스탯 점검

    써모스탯을 탈거한 후 아래 사항을 점검한다.

    1) 써모스탯의 고착여부 또는 손상여부.

    2) 순정품 장착 여부

    3) 규정 온도에서 써모스탯의 밸브가 열리는지 확인한다.

정상값(밸브 열림 온도 : 80~84℃)

    4) 정상이면 다음 점검 절차를 수행한다.
    이상이 발견됐을 경우에는 정상적인 써모스탯으로 교환한 후 작동이 정상이면 써모스탯을 교환한 후 "고장 수리 확인" 절차 과정을 수행한다.

3. 냉각 수온 센서 점검

    1) 점화 스위치 "OFF" 상태에서 냉각 수온 센서 커넥터를 분리한다.

    2) 센서 커넥터 1번 터미널과 3번 터미널간 저항을 측정한다.(단품측)

정상값 :

| 20 | 2.3 ~ 2.6 | 80 | 약 0.3 |
|---|---|---|---|

[써모스탯]

| 써모스탯 | 사양 |
|---|---|
| 초기 열림 온도 | 80 ~ 84℃ |
| 닫힘 온도 | 77℃ |

1. 냉각수 온도 센서 신호
2. 계기판
3. 센서 접지

SJMFL7229D

고장진단                                                                FL -153

4. 측정값이 정상인가?

   **예**

   ▶ 다음 점검 절차를 수행한다

   **아니오**

   ▶ ECM측 커넥터 및 터미널의 접촉불량 또는 부식, 변형등을 재점검하여 이상이 있으면 수리한다. 수리 완료 후 또는 정상일 경우 "고장 수리 확인" 절차를 수행한다.

## 터미널 및 커넥터 점검   K110F5B6

1. 고장의 주요원인은 배선손상 및 연결상태의 불량에 있으므로 커넥터 접촉불량 및 터미널의 부식 또는 변형등을 전체적으로 점검한다.

2. 문제가 발견 되었는가?

   **예**

   ▶ 수리 또는 교환한 후 "고장 수리 확인" 절차를 수행한다.

   **아니오**

   ▶ 다음 절차를 수행한다.

## 고장 수리 확인   KE61C7CC

"고장 코드 확인" 절차를 재수행하여 고장이 정확히 수리 되었는지 확인한다

1. 스캔툴의 "자기진단"기능중 고장 상세 정보를 선택 한다

2. "고장 진단 완료 유무" 항목이 "진단 완료"인지 확인한다.

   **참고**
   미완료일경우 일반정보의 검출조건에서 지시하는대로 차량을 주행하여 완료 시킨다

3. "고장 유형"항목의 결과값이 "과거 고장" 인가?

   **예**

   ▶ 시스템 정상. 고장코드를 소거한다

   **아니오**

   ▶ 적절한 수리절차를 재수행한다.

## DTC P0128 써모스탯 작동 이상

### 부품 위치 KB394DDB

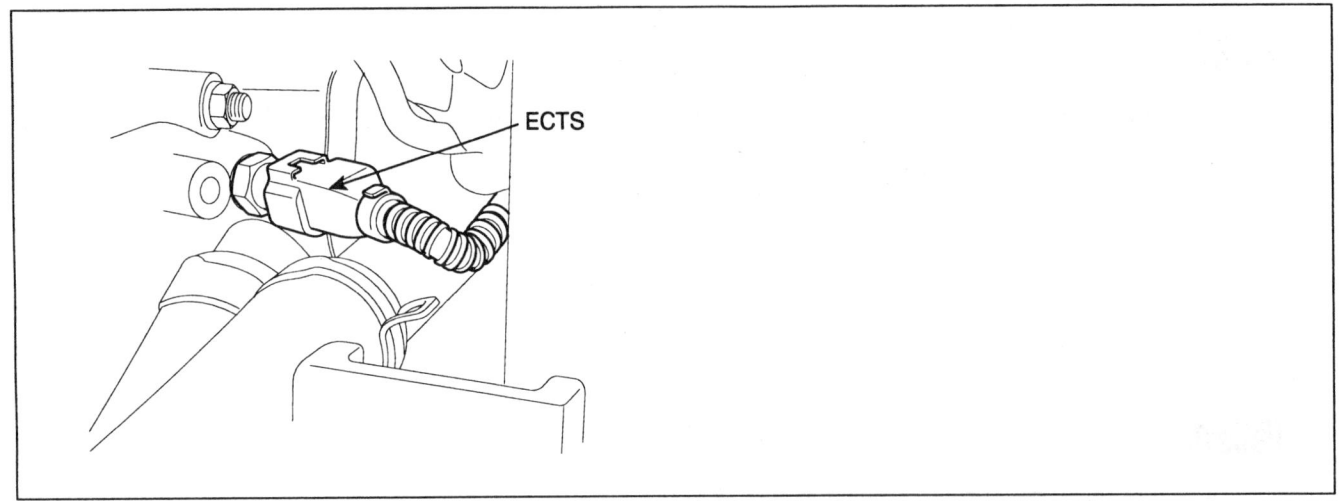

### 기능 및 역할 KAFE7FDB

써모스탯은 엔진과 라디에이터간의 냉각수 통로에 위치해 있으며 냉각 수온이 일정온도 이상으로 상승할 경우, 써모스탯내의 왁스가 팽창하여 냉각수 통로를 막고있던 피스톤을 열리게 하여 엔진에서 뜨거워진 냉각수가 라디에이터로 순환될 수 있도록 하는 역할을 수행한다. 반대로 냉각수온이 일정온도 이하로 떨어지게 되면, 왁스가 수축하게 되어 스프링의 탄성력에 의해 다시 입구가 막히게 된다. 써모스탯등 냉각 계통 불량으로 시동후 일정 시간 경과 후 ECM이 계산한 냉각 수온은 일정온도 이상이지만 실제 냉각 수온이 이 값보다 크게 낮을 경우 고장 코드 P0128이 발생된다

### DTC 감지 조건 K3576A0A

고장코드 P0128은 써모스탯등 냉각 계통 불량으로 시동후 일정 시간 경과 후 ECM이 계산한 냉각 수온은 일정온도 이상이지만 실제 냉각 수온이 이 값보다 크게 낮을 경우 발생한다

### 고장 판정 조건 K0471B78

| 항 목 | 판정 조건 | 고장 예상 원인 |
|---|---|---|
| 검출 방법 | • 냉각 수온에 따른 난기 상태 점검 | |
| 검출 조건 | • 감속시 연료 차단 시간 비율 < 20%<br>• 저 부하 상태 비율 < 50%<br>• 차량 정지 상태에서 엔진 회전수가 4800rpm 이하<br>• 시동시 흡기 온도 대비 온도 감소 > -20℃<br>• -10℃ < 시동시 엔진 온도 < 74℃<br>• 시동시 흡입공기온도 > -10℃<br>• 관련 고장 없음 | • 냉각 계통<br>• 냉각 수온 센서<br>• 커넥터 접촉 불량 및 배선 손상 |
| 판정값 | • ECM이 계산한 냉각 수온은 85℃ 이상이지만 실제 냉각 수온은 74℃ 미만일 경우 | |
| 검출 시간 | • 10~30 분(시동시 냉각수온과 운전 조건에 따라 변동) | |
| 경고등 점등 | • 2회 주행 사이클 | |

## 고장진단

### 정상값

[냉각수온센서]

| 온도 (℃) | 저항 (kΩ) | 온도 (℃) | 저항 (kΩ) |
|---|---|---|---|
| -20 | 14.1 ~ 16.8 | 40 | 약 1.2 |
| 0 | 약 5.8 | 60 | 약 0.6 |
| 20 | 2.3 ~ 2.6 | 80 | 약 0.3 |

[써모스탯]

| 써모스탯 | 사양 |
|---|---|
| 초기 열림 온도 | 80~84℃ |
| 닫힘 온도 | 77℃ |
| 총 열림량 | 약 8mm(95℃) |

### 부분 회로도

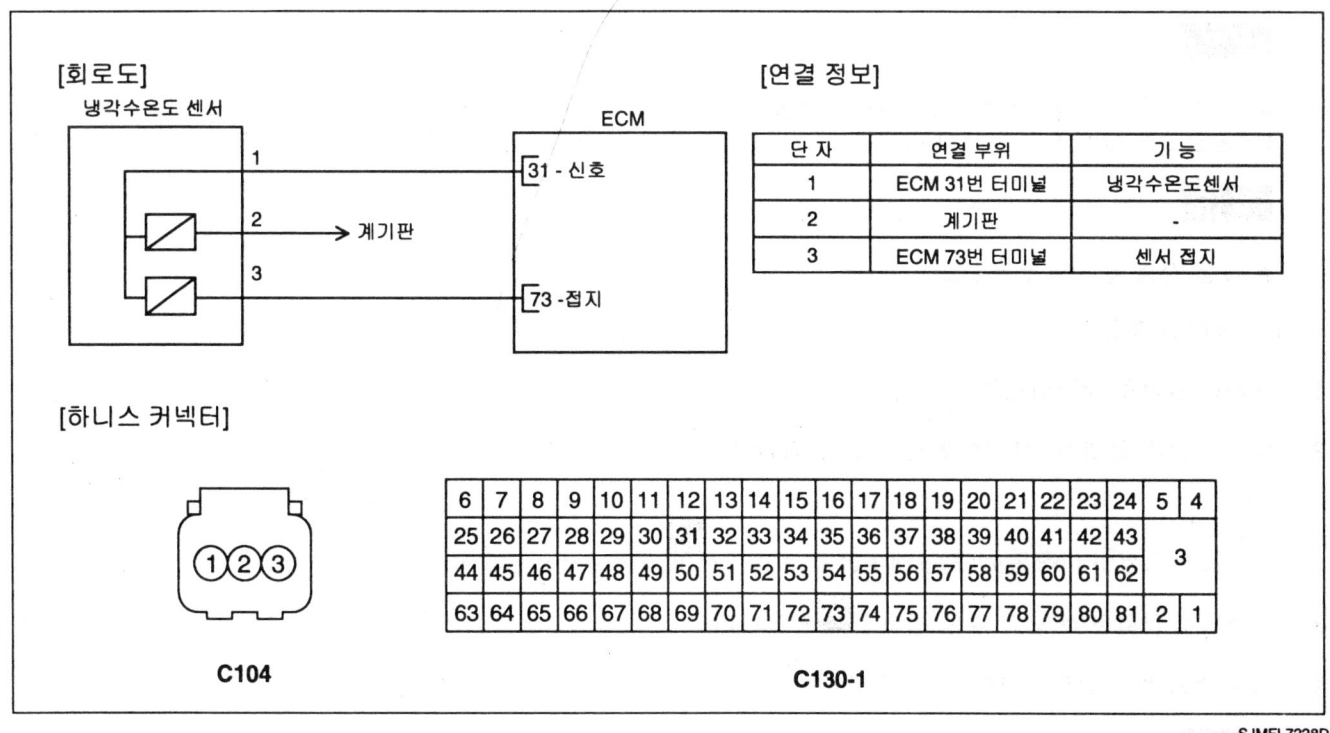

### 고장 코드 확인

1. 스캔툴의 "자기진단" 기능을 선택 한다
2. 하단 메뉴바의 "F4"를 눌러 고장 상세 정보를 선택 한다
3. "고장 진단 완료 유무" 항목이 "진단 완료"인지 확인한다.

   📖 참고
   미완료일경우 일반정보의 검출조건에서 지시하는대로 차량을 주행하여 진단을 완료 시킨다

4. "고장 유형"항목의 결과값이 "과거 고장" 인가?

```
            고장 상세 정보

    1. 경고등상태     :   OFF
    2. 고장 유형      :  "과거고장" 또는 "현재고장"
    3. 고장진단 완료 유무 : "진단완료" 또는 "미완료"
    4. 동일고장 발생 횟수 :   X (횟수가 기록됨)
    5. 고장발생후 경과시간 :    0분
    6. 고장소거후 경과시간 :    0분
```

AGIE001X

📖 참고
- 과거 고장 : 이전에 발행한 고장임. 현재는 정상.
- 현재 고장 : 현재 고장이 발생되어 있는 상태임.

**예**

▶ "동일고장 발생 횟수"항목 값이 2회 이상이면 간헐적인 고장이므로 "터미널 및 커넥터 점검"절차를 수행한다
▶ "동일고장 발생 횟수"가 1회 이하이면 과거고장이므로 진단을 종료한다

**아니오**

▶ 다음 점검 절차를 수행한다.

서비스 데이터 확인

1. 엔진이 완전히 냉간되도록 방치한다.

2. 엔진 시동후 공회전 상태를 약 5분이상 유지한다.

   📖 참고
   반드시 에어컨이 비작동(OFF)상태여야 하며 쿨링팬이 작동되지 않음을 주의깊게 확인한다.

3. 스캔툴을 연결한 후 냉각 수온 센서 값을 확인한다.

4. 냉각 수온 센서 값이 약 50℃ 이상인가?

   **예**

   ▶ 시스템 정상. 간헐적인 불량이 의심되므로 아래의 "배선 점검" 절차중 '커넥터 및 터미널 점검'단계를 수행한다

   **아니오**

   ▶ 다음 점검 절차를 수행한다

5. 점검중에 쿨링팬 비작동 조건(냉각 수온 낮음 또는 에어컨 비작동)에서 쿨링팬이 작동 했는가?

   **예**

# 고장진단

FL -157

▶ 쿨링팬 릴레이 또는 연관 배선 불량(제어선 접지 단락)등을 점검하여 필요하면 수리한다. 수리 완료 후"고장 수리 확인" 절차를 수행한다.

**아니오**

- 쿨링팬 릴레이의 간헐적인 불량을 점검하기 위하여 점화스위치 ON상태에서 스캔툴을 장착한다.
- "액츄에이터 점검"기능중의 쿨링팬 릴레이 작동 점검을 수행하면서 작동시 동작음이 들리는지 점검한다.
- 정확한 점검을 위하여 작동점검을 4~5회 반복 점검한다.
- 점검 결과 이상이 발견되면 릴레이와 ECM간 배선의 이상 유무와 릴레이 단품을 점검하여 수리한다. 수리 완료 후"고장 수리 확인" 절차를 수행한다.

## 시스템 점검  KFB5522D

1. 냉각수 점검

    1) 냉각수량을 점검하여 부족할 경우 적정 레벨까지 채워 넣은 후 다음 점검 절차를 수행한다

2. 써모스탯 점검
    써모스탯을 탈거한 후 아래 사항을 점검한다.

    1) 써모스탯의 고착여부 또는 손상여부.

    2) 순정품 장착 여부

    3) 규정 온도에서 써모스탯의 밸브가 열리는지 확인한다.

정상값(밸브 열림 온도 : 80~84℃)

    4) 정상이면 다음 점검 절차를 수행한다.
    이상이 발견됐을 경우에는 정상적인 써모스탯으로 교환한 후 작동이 정상이면 써모스탯을 교환한 후 "고장 수리 확인" 절차 과정을 수행한다.

3. 냉각 수온 센서 점검

    1) 점화 스위치 "OFF" 상태에서 냉각 수온 센서 커넥터를 분리한다.

    2) 센서 커넥터 1번 터미널과 3번 터미널간 저항을 측정한다.(단품측)

정상값 :

| 20 | 2.3 ~ 2.6 | 80 | 약0.3 |
|---|---|---|---|

[써모스탯]

| 써모스탯 | 사양 |
|---|---|
| 초기 열림 온도 | 80 ~ 84℃ |
| 닫힘 온도 | 77℃ |

1. 냉각수 온도 센서 신호
2. 계기판
3. 센서 접지

4. 측정값이 정상인가?

   **예**

   ▶ 다음 점검 절차를 수행한다

   **아니오**

   ▶ ECM측 커넥터 및 터미널의 접촉불량 또는 부식, 변형등을 재점검하여 이상이 있으면 수리한다. 수리 완료 후 또는 정상일 경우 "고장 수리 확인" 절차를 수행한다.

## 터미널 및 커넥터 점검

1. 고장의 주요원인은 배선손상 및 연결상태의 불량에 있으므로 커넥터 접촉불량 및 터미널의 부식 또는 변형등을 전체적으로 점검한다.
2. 문제가 발견 되었는가?

   **예**

   ▶ 수리 또는 교환한 후 "고장 수리 확인" 절차를 수행한다.

   **아니오**

   ▶ 다음 절차를 수행한다.

## 고장 수리 확인

"고장 코드 확인" 절차를 재수행하여 고장이 정확히 수리 되었는지 확인한다

1. 스캔툴의 "자기진단"기능중 고장 상세 정보를 선택 한다
2. "고장 진단 완료 유무" 항목이 "진단 완료"인지 확인한다.

   **참고**
   미완료일경우 일반정보의 검출조건에서 지시하는대로 차량을 주행하여 완료 시킨다

3. "고장 유형"항목의 결과값이 "과거 고장" 인가?

   **예**

   ▶ 시스템 정상. 고장코드를 소거한다

   **아니오**

   ▶ 적절한 수리절차를 재수행한다.

# DTC P0130 산소 센서 회로 이상 (뱅크 1 / 센서 1)

## 부품 위치

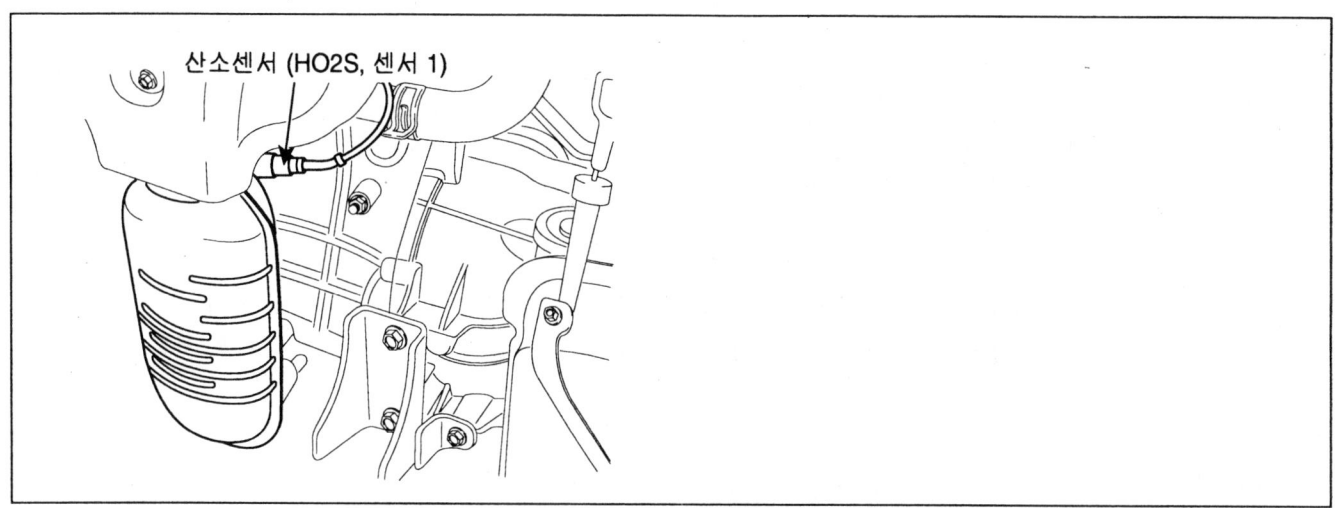

## 기능 및 역할

산소센서(HO2S)는 배기가스중의 산소 농도를 검출하여 ECM에 제공한다. 산소센서는 배선 사이의 틈을 통해 대기의 공급을 받아 이를 통해 정확한 산소 농도를 검출하게 되므로 배선을 압착하거나 손상 시켜서는 안된다. 산소센서는 정상시 0.1~0.9V사이의 전압을 출력한다. ECM은 산소센서 출력전압을 이용하여 이론 공연비 보다 농후(출력전압 0.45V 이상)하면 연료량을 줄이고, 희박(출력전압 0.45V이하)하면 연료량을 늘려주는 피드백제어를 통해 항상 이론공연비를 유지하는 기능을 수행하게 됨으로서 삼원촉매의 정화효율을 최대한 높일수 있다.

## DTC 감지 조건

ECM이 전방 산소센서 신호선의 단선을 검출하면 P0130 의 고장코드를 표출한다.

## 고장 판정 조건  KC6D45DA

| 항목 | | 판정 조건 | 고장 예상 원인 |
|---|---|---|---|
| 검출 방법 | | • 전압 점검 | |
| 검출 조건 | | • 센서 예열과 완전 가열 완료<br>• ECM에서 계산된 배기 가스 온도 > 600°C<br>• 공연비 제어 작동<br>• 관련 고장 없음<br>• 배터리 전압 > 10V | • 신호선 단선<br>• 접지선 단선<br>• 커넥터 접촉 저항<br>• 산소센서 |
| 경우1 | 판정값 | • 정의된 시간 내에 공연비 제어 비작동<br><br>\| -30°C \| -9.75°C \| 9.75°C \| 30°C \| 60°C \| 90°C \|<br>\| 100s \| 70s \| 65s \| 35s \| 32s \| 30s \| | |
| 경우2 | | • 0.49V > 후방 산소센서 전압 > 0.37V 이고 센서 단품 저항 > 60 kΩ | |
| 경우1 | 검출 시간 | • 시동시 온도에 따라 30~100초. | |
| 경우2 | | • 10초 | |
| 경고등 점등 | | • 2회 주행 사이클 | |

## 부분 회로도  KC7A92A7

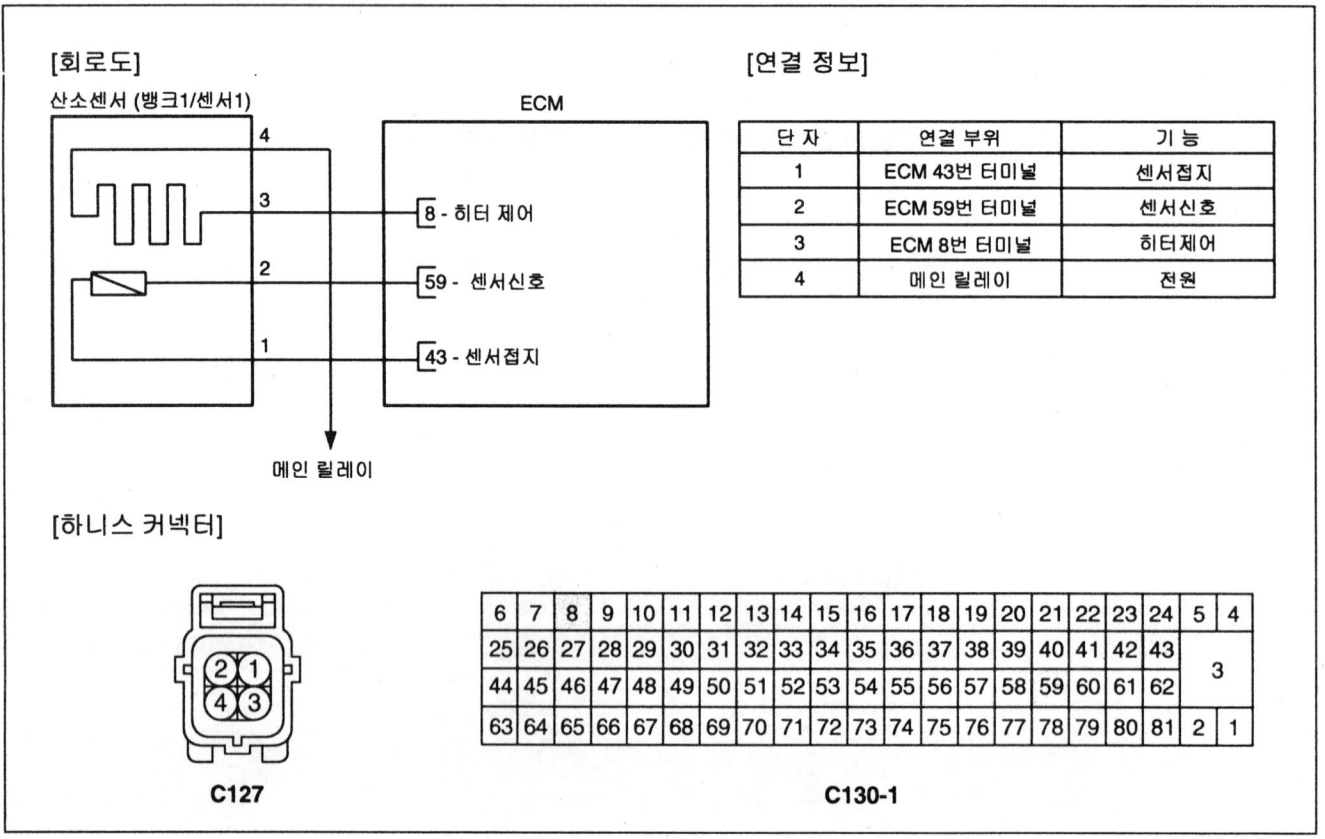

# 고장진단

## 기준 파형 및 데이터  KE5BFAF0

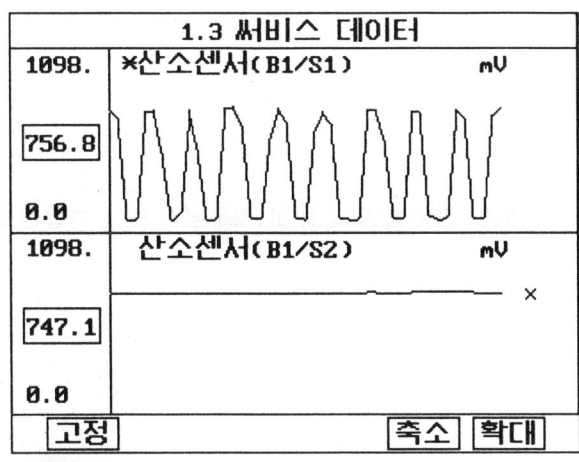
그림 1

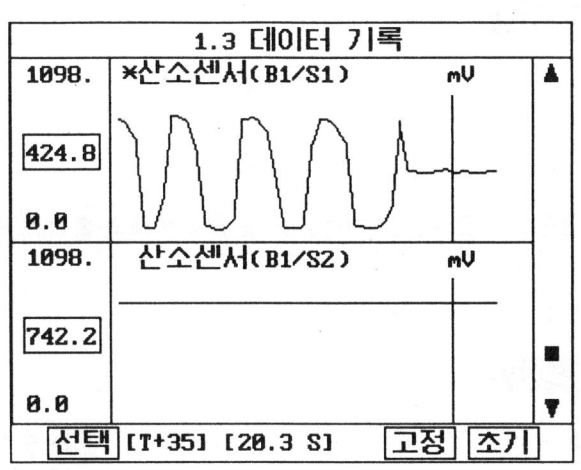
그림 2

그림 1) 엔진 난기 후 정상값: 최소한 10초당 3회 이상 450mV를 기준으로 희박과 농후를 반복하여야 한다
그림 2) 산소 센서 신호선 단선시: 약 450~500mV

## 고장 코드 확인  KB1143A2

1. 스캔툴의 "자기진단"기능을 선택 한다

2. 하단 메뉴바의 "F4"를 눌러 고장 상세 정보를 선택 한다

3. "고장 진단 완료 유무" 항목이 "진단 완료"인지 확인한다.

4. "고장 유형"항목의 결과값이 "과거 고장" 인가?

```
            고장 상세 정보

1.경고등상태 :   OFF
2. 고장 유형    :"과거고장" 또는 "현재고장"
3. 고장진단 완료 유무 :"진단완료" 또는 "미완료"
4. 동일고장 발생 횟수 :  X (횟수가 기록됨)
5.고장발생후 경과시간:       0분
6.고장소거후 경과시간:       0분
```

참고
- 과거 고장 : 이전에 발행한 고장임. 현재는 정상.
- 현재 고장 : 현재 고장이 발생되어 있는 상태임.

예

▶ "동일고장 발생 횟수"항목 값이 2회 이상이면 간헐적인 고장이므로 "터미널 및 커넥터 점검"절차를 수행한다

▶ "동일고장 발생 횟수"가 1회 이하이면 과거고장이므로 진단을 종료한다

**아니오**

▶ "배선 점검" 절차를 수행한다.

## 터미널 및 커넥터 점검  KBAB121B

1. 고장의 주요원인은 배선손상 및 연결상태의 불량에 있으므로 커넥터 접촉불량 및 터미널의 부식 또는 변형등을 전체적으로 점검한다.

2. 문제가 발견 되었는가?

**예**

▶ 수리 또는 교환한 후 "고장 수리 확인" 절차를 수행한다.

**아니오**

▶ "접지선 점검" 절차를 수행한다.

## 접지선 점검  KE8E227A

1. 점화스위치 "OFF"

2. 산소센서 커넥터와 ECM 커넥터를 분리한다.

3. 센서 커넥터 2번 터미널과 ECM 커넥터 59번 터미널간 저항을 측정한다.

정상값 : 약 0Ω

4. 측정값이 정상인가?

**예**

▶ "신호선 점검" 절차를 수행한다.

**아니오**

▶ 배선 수리 후, "고장 수리 확인" 절차를 수행한다.

## 신호선 점검  K07D7FD6

1. 센서 커넥터 1번 터미널과 ECM 커넥터 43번 터미널간 저항을 측정한다.

정상값 : 약 0Ω

2. 측정값이 정상인가?

**예**

▶ "단품 점검" 절차를 수행한다.

**아니오**

▶ 배선 수리 후, "고장 수리 확인" 절차를 수행한다.

# 고장진단

## 단품 점검 K7BA6BDE

1. 아래 항목에 대해 시각적/물리적 점검을 수행한다.
   - 전방 산소센서의 실리콘 오염을 점검한다. 실리콘 오염은 산소센서 표면에 흰색 가루가 묻어있는 것으로 확인할 수 있으며 비정상적인 값이 출력된다.
   - 실리콘 오염이 발견되면 산소센서를 교환한 후, 다음 점검 절차를 수행한다.

2. 엔진을 정상 작동온도까지 난기시킨다. 산소센서 신호가 정상적으로 출력되는지 확인한다.

3. 스캔툴을 연결한 후 "산소센서(B1/S1)" 항목을 점검한다.

정상값 : 산소센서 신호가 최소한 10초당 3회 이상 농후(0.45V 이상)에서 희박(0.45V 이하)으로 변화되는지를 점검한다.(전압은 0.1~0.9V 사이에서 변화)

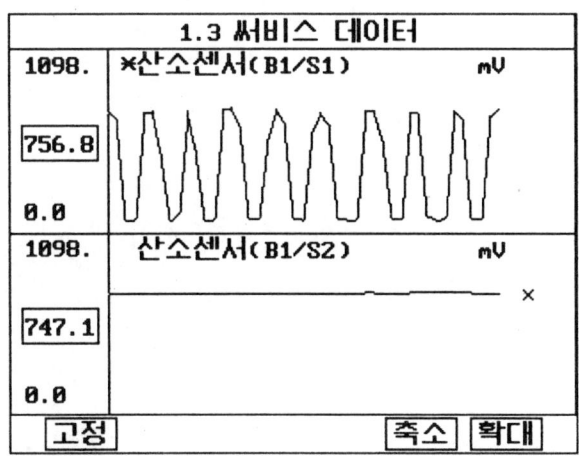
그림 1

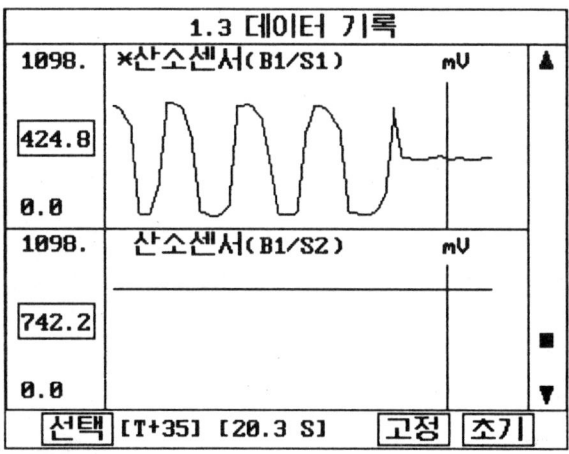
그림 2

AGIE003Q

그림 1) 엔진 난기 후 정상값: 최소한 10초당 3회 이상 450mV를 기준으로 희박과 농후를 반복하여야 한다
그림 2) 산소 센서 신호선 단선시: 약 450~500mV

4. 표출값이 정상인가?

   **예**
   ▶ "ECM과 단품 사이의 커넥터 접촉불량 및 터미널의 부식 또는 변형을 점검한 후 이상이 있으면 수리한다.
   ▶ "고장 수리 확인" 절차를 수행한다.

   **아니오**
   ▶ 새로운 단품을 임시 장착하여 차량 상태를 확인한 후 정상이면 단품을 교환한다.
   ▶ "고장 수리 확인" 절차를 수행한다.

## 고장 수리 확인 KDFBCFC4

"고장 코드 확인" 절차를 재수행하여 고장이 정확히 수리 되었는지 확인한다

1. 스캔툴의 "자기진단"기능중 고장 상세 정보를 선택 한다

2. "고장 진단 완료 유무" 항목이 "진단 완료"인지 확인한다.

   참고
   미완료일경우 일반정보의 검출조건에서 지시하는대로 차량을 주행하여 완료 시킨다

3. "고장 유형"항목의 결과값이 "과거 고장" 인가?

　　예

　▶ 시스템 정상. 고장코드를 소거한다

　　아니오

　▶ 적절한 수리절차를 재수행한다.

고장진단   FL-165

## DTC P0131 산소 센서 회로-입력값 낮음 (뱅크 1 / 센서 1)

**부품 위치**  K03AE41C

DTC P0130 참조.

**기능 및 역할**  K9E32DB0

DTC P0130 참조.

**DTC 감지 조건**  K7E4DAD5

ECM이 전방 산소센서 신호선의 단선을 검출하면 P0130 의 고장코드를 표출한다.

**고장 판정 조건**  KC9A917B

| 항 목 | 판 정 조 건 | 고장 예상 원인 |
|---|---|---|
| 검출 방법 | • 전압 점검 | |
| 검출 조건 | • 최대 공연비 제어(50%)<br>• 퍼지 밸브 닫힘<br>• 배터리 전압 > 10V<br>• 관련 고장 없슴 | • 신호선 접지 단락<br>• 커넥터 접촉 저항<br>• 산소 센서 |
| 판정값 | • 센서 전압 < 0.02 V 그리고 저항 < 30 Ω | |
| 검출 시간 | • 60초 | |
| 경고등 점등 | • 2회 주행 사이클 | |
| 페일세이프 | • 공연비 학습치와 연료 보정치 초기화<br>• 전방 산소센서 히터는 개회로 제어<br>• 증발가스 제어 기능은 최소 작동 모드로 제어 | |

**부분 회로도**  K1EF515E

DTC P0130 참조.

**기준 파형 및 데이터**  K63F05BF

DTC P0130 참조.

**고장 코드 확인**  K6DBBDB9

DTC P0130 참조.

**터미널 및 커넥터 점검**  KF693D28

DTC P0130 참조.

**신호선 점검**  K923729D

1. 점화스위치 "OFF"

2. 산소센서 커넥터를 분리한다.

3. 센서 커넥터 1번 터미널과 차체 접지간 저항을 측정한다.

   정상값 : 무한대

4. 측정값이 정상인가?

   **예**

   ▶ "단품 점검" 절차를 수행한다.

   **아니오**

   ▶ 배선 수리 후, "고장 수리 확인" 절차를 수행한다.

## 단품 점검   K835121C

1. 아래 항목에 대해 시각적/물리적 점검을 수행한다.
   - 전방 산소센서의 실리콘 오염을 점검한다. 실리콘 오염은 산소센서 표면에 흰색 가루가 묻어있는 것으로 확인할 수 있으며 비정상적인 값이 출력된다.
   - 실리콘 오염이 발견되면 산소센서를 교환한 후, 다음 점검 절차를 수행한다.

2. 엔진을 정상 작동온도까지 난기시킨다. 산소센서 신호가 정상적으로 출력되는지 확인한다.

3. 스캔툴을 연결한 후 "산소센서(B1/S1)" 항목을 점검한다.

   정상값 : 산소센서 신호가 최소한 10초당 3회 이상 농후(0.45V 이상)에서 희박(0.45V 이하)으로 변화되는지를 점검한다.(전압은 0.1~0.9V 사이에서 변화)

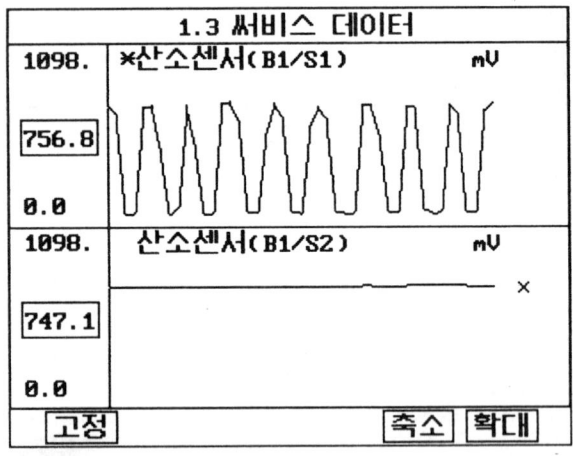
그림 1

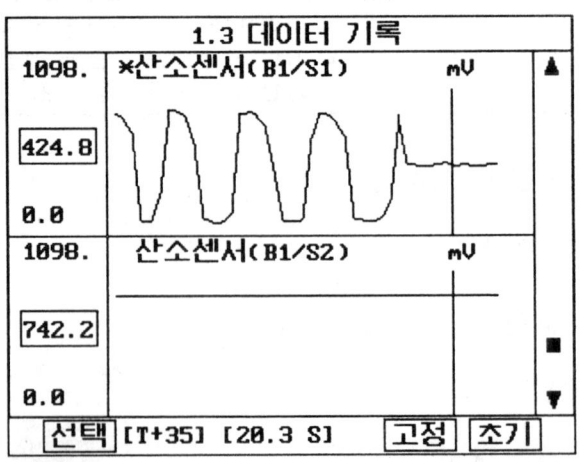
그림 2

그림 1) 엔진 난기 후 정상값: 최소한 10초당 3회 이상 450mV를 기준으로 희박과 농후를 반복하여야 한다
그림 2) 산소 센서 신호선 단선시: 약 450~500mV

4. 표출값이 정상인가?

   **예**

   ▶ "ECM과 단품 사이의 커넥터 접촉불량 및 터미널의 부식 또는 변형을 점검한 후 이상이 있으면 수리한다.

고장진단

▶ "고장 수리 확인" 절차를 수행한다.

아니오

▶ 새로운 단품을 임시 장착하여 차량 상태를 확인한 후 정상이면 단품을 교환한다.
▶ "고장 수리 확인" 절차를 수행한다.

고장 수리 확인  KABA12E3

DTC P0130 참조.

## DTC P0132 산소 센서 회로-입력값 높음 (뱅크 1 / 센서 1)

### 부품 위치

DTC P0130 참조.

### 기능 및 역할

DTC P0130 참조.

### DTC 감지 조건

ECM은 전방 산소센서 출력값이 비정상적으로 높으면 P0132란 고장코드를 표출한다.

### 고장 판정 조건

| 항 목 | 판정 조건 | 고장 예상 원인 |
|---|---|---|
| 검출 방법 | • 센서 전압 높음 | • 신호선 배터리 단락<br>• 커넥터 접촉 저항<br>• 산소 센서 |
| 검출 조건 | • 센서 예열과 완전 가열 완료<br>• 10V ≤ 배터리 전압 ≤ 16V | |
| 판정값 | • 센서 전압 > 1.3V | |
| 검출 시간 | • 1초 | |
| 경고등 점등 | • 2회 주행 사이클 | |
| 페일세이프 | • 공연비 학습치와 연료 보정치 초기화<br>• 전방 산소센서 히터는 개회로 제어<br>• 증발가스 제어 기능은 최소 작동 모드로 제어 | |

### 부분 회로도

DTC P0130 참조.

### 기준 파형 및 데이터

DTC P0130 참조.

### 고장 코드 확인

DTC P0130 참조.

### 터미널 및 커넥터 점검

DTC P0130 참조.

### 신호선 점검

1. 점화스위치 "OFF"
2. 산소센서 커넥터를 분리한다.

# 고장진단

FL -169

3. 점화스위치 "ON" & 엔진 "OFF".

4. 센서 커넥터 1번 터미널과 차체 접지간 저항을 측정한다.

정상값 : 약 0V

5. 측정값이 정상인가?

**예**

▶ "단품 점검" 절차를 수행한다.

**아니오**

▶ 배선 수리 후, "고장 수리 확인" 절차를 수행한다.

## 단품 점검  KOFE226D

1. 아래 항목에 대해 시각적/물리적 점검을 수행한다.
   - 전방 산소센서의 실리콘 오염을 점검한다. 실리콘 오염은 산소센서 표면에 흰색 가루가 묻어있는 것으로 확인할 수 있으며 비정상적인 값이 출력된다.
   - 실리콘 오염이 발견되면 산소센서를 교환한 후, 다음 점검 절차를 수행한다.

2. 엔진을 정상 작동온도까지 난기시킨다. 산소센서 신호가 정상적으로 출력되는지 확인한다.

3. 스캔툴을 연결한 후 "산소센서(B1/S1)" 항목을 점검한다.

정상값 : 산소센서 신호가 최소한 10초당 3회 이상 농후(0.45V 이상)에서 희박(0.45V 이하)으로 변화되는지를 점검한다.(전압은 0.1~0.9V 사이에서 변화)

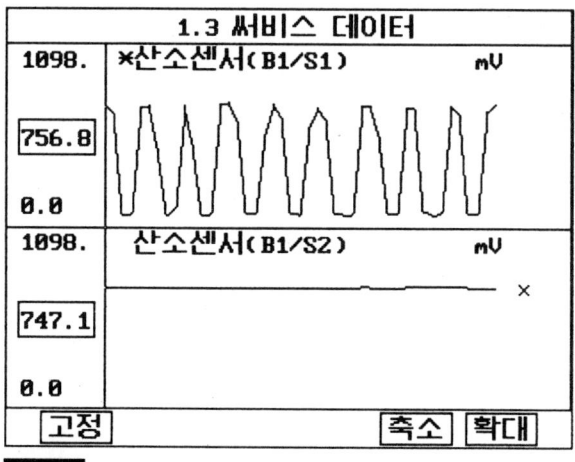
그림 1

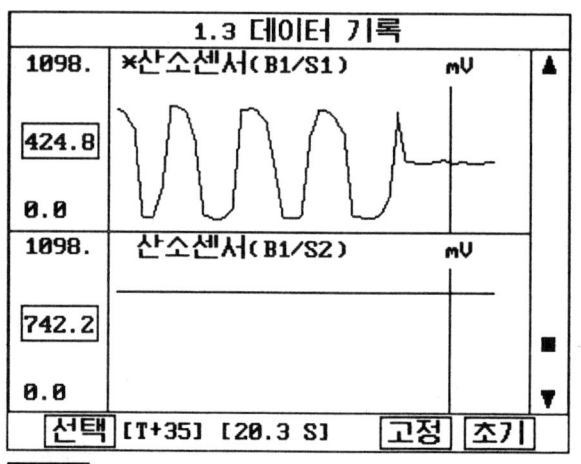
그림 2

AGIE003Q

그림 1) 엔진 난기 후 정상값: 최소한 10초당 3회 이상 450mV를 기준으로 희박과 농후를 반복하여야 한다
그림 2) 산소 센서 신호선 단선시: 약 450~500mV

4. 표출값이 정상인가?

**예**

▶ "ECM과 단품 사이의 커넥터 접촉불량 및 터미널의 부식 또는 변형을 점검한 후 이상이 있으면 수리한다.

▶ "고장 수리 확인" 절차를 수행한다.

**아니오**

▶ 새로운 단품을 임시 장착하여 차량 상태를 확인한 후 정상이면 단품을 교환한다.
▶ "고장 수리 확인" 절차를 수행한다.

## 고장 수리 확인    K42E195A

DTC P0130 참조.

# DTC P0133 산소 센서 회로-응답성 늦음 (뱅크 1 / 센서 1)

## 부품 위치

DTC P0130 참조.

## 기능 및 역할

DTC P0130 참조.

## DTC 감지 조건

ECM은 전방 산소센서의 진폭을 모니터하고 산소센서의 노화에 의해 배기가스의 증가나 공연비제어를 방해할 수 있는 최소 진폭값과 비교 한다. 산소센서의 진폭이 최소 진폭값보다 작거나 같으면 P0133이라는 고장코드가 표출된다.

## 고장 판정 조건

| 항 목 | 판정 조건 | 고장 예상 원인 |
|---|---|---|
| 검출 방법 | • ECM에서 계산된 농후/희박 구간과 실제 산소 센서의 농후/희박 구간을 비교 | |
| 검출 조건 | • 냉각수 온도 〉 74°C(165°F)<br>• 400°C 〈 ECM에서 계산된 촉매 온도 〈 900°C<br>• 3km/h 〈 차량 속도 〈 112km/h<br>• 엔진 회전수 〈 3400rpm<br>• 200 〈 엔진 부하(mg/rev.) 〈 700<br>• 11V 〈 배터리 전압<br>• 안정된 운행 조건<br>• 공연비 제어상태<br>• 캐니스터 퍼지 밸브 열림 상태<br>• 관련고장없을 것 | • 흡기 또는 배기계의 누설<br>• 연료 시스템<br>• 전,후방 산소 센서 교차 연결<br>• 커넥터 접촉 저항<br>• 산소 센서 오염 |
| 판정값 | • 공연비 제어 100 사이클 동안, 주파주 측정치와 최대 허용치 간의 평균 비율이 1보다 큰 경우 | |
| 검출 시간 | • 공연비 제어 100 사이클 | |
| 경고등 점등 | • 2회 주행 사이클 | |
| 페일세이프 | • 공연비 학습치와 연료 보정치 초기화<br>• 전방 산소센서 히터는 개회로 제어<br>• 발가스 제어 기능은 최소 작동 모드로 제어 | |

## 부분 회로도

DTC P0130 참조.

## 기준 파형및 데이터

DTC P0130 참조.

## 고장 코드 확인  K032AB4B

> 📖 **참고**
> 점화계통, 퍼지 솔레노이드 밸브, 공기량 센서 또는 산소센서 히터와 관련된 고장코드가 같이 발생하였다면 다른 고장을 먼저 수리한 후 P0133을 수리 한다.

1. 스캔툴의 "자기진단"기능을 선택 한다
2. 하단 메뉴바의 "F4"를 눌러 고장 상세 정보를 선택 한다
3. "고장 진단 완료 유무" 항목이 "진단 완료"인지 확인한다.

   > 📖 **참고**
   > 미완료일경우 일반정보의 검출조건에서 지시하는대로 차량을 주행하여 진단을 완료 시킨다

4. "고장 유형"항목의 결과값이 "과거 고장" 인가?

```
            고장 상세 정보

1. 경고등상태    :   OFF
2. 고장 유형     :   "과거고장" 또는 "현재고장"
3. 고장진단 완료 유무 : "진단완료" 또는 "미완료"
4. 동일고장 발생 횟수  :  X (횟수가 기록됨)
5. 고장발생후 경과시간:        0분
6. 고장소거후 경과시간:        0분
```

AGIE001X

> 📖 **참고**
> - 과거 고장 : 이전에 발행한 고장임. 현재는 정상.
> - 현재 고장 : 현재 고장이 발생되어 있는 상태임.

**예**

▶ "동일고장 발생 횟수"항목 값이 2회 이상이면 간헐적인 고장이므로 "터미널 및 커넥터 점검"절차를 수행한다
▶ "동일고장 발생 횟수"가 1회 이하이면 과거고장이므로 진단을 종료한다

**아니오**

▶ "시스템 점검" 절차를 수행한다.

## 시각적/물리적 점검

1. 아래 항목에 대해 시각적/물리적 점검을 수행한다.
   - 산소센서의 정확한 장착여부
   - 터미널의 부식 상태
   - 산소센서와 ECM간 배선 및 커넥터 접촉 불량
   - 배선 손상
   - 산소센서 접지선 연결 상태

2. 전,후방 산소센서의 커넥터가 바뀌어 연결되었는지 점검한 후 필요하면 재 연결 한다

# 고장진단

3. 문제가 발견되었는가?

    **예**

    ▶ 수리 또는 교환한 후 "고장 수리 확인" 절차를 수행한다.

    **아니오**

    ▶ "공기 누설 점검" 절차를 수행한다.

## 공기 누설 점검   K2CD5D15

1. 아래 항목에 대해 시각적/물리적 점검을 수행한다.
    - 진공호스의 파손, 비틀림 및 오장착
    - 산소센서와 삼원촉매간 배기시스템의 공기 누설
    - EVAP 시스템의 누설
    - PCV 호스의 오장착

2. 문제가 발견되었는가?

    **예**

    ▶ 수리 또는 교환한 후 "고장 수리 확인" 절차를 수행한다.

    **아니오**

    ▶ "연료 압력 점검" 절차를 수행한다.

## 연료 압력 점검

1. 연료의 과도한 수분, 알코올, 기타 오염물질이 혼합되어 있는지 점검한다. 필요에 따라 연료를 교환한다.

2. 연료 압력 게이지를 설치한다.

3. 엔진 정상 작동온도에서 아이들시 연료 압력을 점검한다.

---

점검 조건 : 점화스위치 "ON" & 엔진 "ON" & 아이들시 진공호스 분리
정 상 값 : 250~350kPa(2.50~3.50 kg/cm², 36~50 psi)

---

4. 측정값이 정상인가?

    **예**

    ▶ "연료 인젝터 점검" 절차를 수행한다.

    **아니오**

    ▶ 아래 점검 참고 사항들을 수행한 후 "고장 수리 확인" 절차를 수행한다.
    ▶ 점검 참고)
    A) 빠르게 가속페달을 밟았을 경우에는 연료압력이 낮아지는지 점검한다.
    - 연료 압력이 낮아진다면 연료펌프의 최대 작동 압력을 점검한다. 압력이 정상적이면 연료 라인과 필터의 막힘등을 점검한다.

    B) 연료 압력이 정상값보다 낮은 경우: 연료 리턴 호스를 막은채 연료 라인 압력을 점검한다.
    - 압력이 빠르게 높아지면 압력 레귤레이터를 점검한다.
    - 압력이 천천히 증가하면 연료 펌프와 압력 레귤레이터간 막힘 여부를 점검한다. 호스가 정상이면 연료 펌프의 최대 작동 압력을 점검한다.

C) 연료 압력이 정상값보다 높은 경우: 연료 라인이 막혔는가?
- 막히지 않았다면 압력 레귤레이터를 교환한다.
- 막혔다면 연료 라인을 교환한다.

연료 인젝터 점검

1. 점화스위치 "OFF"

2. 연료 인젝터의 막힘 또는 이물질 유입여부를 점검한다.

3. 연료 인젝터가 정상인가?

   **예**

   ▶ "단품 점검" 절차를 수행한다.

   **아니오**

   ▶ 수리 또는 교환한 후 "고장 수리 확인" 절차를 수행한다.

단품 점검  K1DEF8A5

1. 아래 항목에 대해 시각적/물리적 점검을 수행한다.
   - 전방 산소센서의 실리콘 오염을 점검한다. 실리콘 오염은 산소센서 표면에 흰색 가루가 묻어있는 것으로 확인할 수 있으며 비정상적인 값이 출력된다.
   - 실리콘 오염이 발견되면 산소센서를 교환한 후, 다음 점검 절차를 수행한다.

2. 엔진을 정상 작동온도까지 난기시킨다. 산소센서 신호가 정상적으로 출력되는지 확인한다.

3. 스캔툴을 연결한 후 "산소센서(B1/S1)" 항목을 점검한다.

정상값 : 산소센서 신호가 최소한 10초당 3회 이상 농후(0.45V 이상)에서 희박(0.45V 이하)으로 변화되는지를 점검한다.(전압은 0.1~0.9V 사이에서 변화)

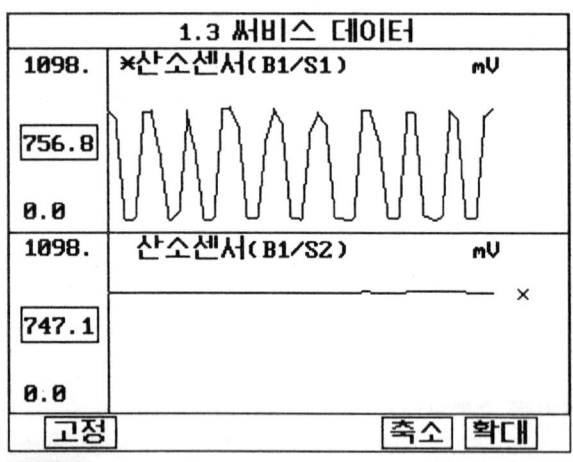
그림 1

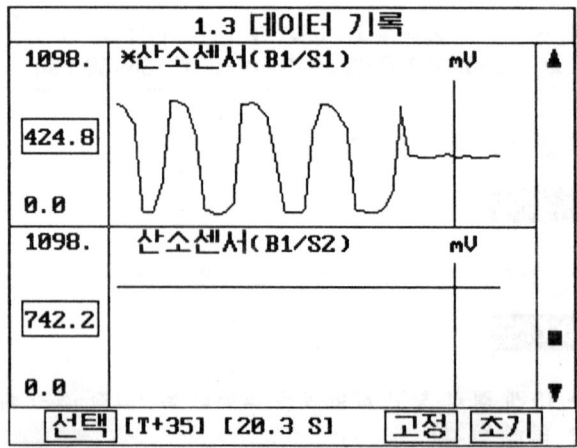
그림 2

그림 1) 엔진 난기 후 정상값: 최소한 10초당 3회 이상 450mV를 기준으로 희박과 농후를 반복하여야 한다
그림 2) 산소 센서 신호선 단선시: 약 450~500mV

4. 표출값이 정상인가?

고장진단

**예**

▶ "ECM과 단품 사이의 커넥터 접촉불량 및 터미널의 부식 또는 변형을 점검한 후 이상이 있으면 수리한다.
▶ "고장 수리 확인" 절차를 수행한다.

**아니오**

▶ 새로운 단품을 임시 장착하여 차량 상태를 확인한 후 정상이면 단품을 교환한다.
▶ "고장 수리 확인" 절차를 수행한다.

고장 수리 확인   KE096F3C

DTC P0130 참조.

## DTC P0134 산소 센서 회로-활성화 안됨 (뱅크 1 / 센서 1)

부품 위치 KB4E3A44

DTC P0130 참조.

기능 및 역할 KC328A51

DTC P0130 참조.

고장 코드 설명 K5B702F6

산소센서의 결함이나 고장때문에 연료의 컷오프나 전부하시에 후방 산소센서는 농후나 희박 신호를 제공하지 못할 것이다. 그러므로 엔진이 동작하는 동안 산소센서 신호를 체크한다.

고장 판정 조건 K7BC55ED

| 항목 | | 판정조건 | 고장예상 원인 |
|---|---|---|---|
| 경우 1 | 검출 방법 | • 연료 차단시 신호 점검 | • 관련 퓨즈의 파손 또는 장착 여부<br>• 커넥터 접촉 저항<br>• 산소 센서 |
| | 검출 조건 | • 센서 예열과 완전 가열 완료<br>• 연료 차단 상태<br>• 평균 흡입 공기량 > 16g<br>• 배터리 전압 > 10V | |
| | 판정값 | • 연료 차단시 전압 > 0.1V | |
| | 검출 시간 | • 5초 | |
| 경우 2 | 검출 방법 | • 성능 점검 | |
| | 검출 조건 | • 센서 예열과 완전 가열 완료<br>• 유효한 신호 주기 (공연비 제어 작동 후 5주기)<br>• 공연비 제어 한계치에 이르지 않음<br>• 희박/농후 사이클 < 2.5 sec.<br>• 배터리 전압 > 10V | |
| | 판정판 | • 센서 전압 < 0.25V | |
| | 검출 시간 | • 2분 | |
| 경고등 점등 | | • 2회 주행 사이클 | |

부분 회로도 KDF50900

DTC P0130 참조.

기준 파형 및 데이터 K1B8ECB5

DTC P0130 참조.

터미널 및 커넥터 점검 K55F3D31

DTC P0130 참조.

# 고장진단

## 단품점검  KA40009C

1. 아래 항목에 대해 시각적/물리적 점검을 수행한다.
   - 전방 산소센서의 실리콘 오염을 점검한다. 실리콘 오염은 산소센서 표면에 흰색 가루가 묻어있는 것으로 확인할 수 있으며 비정상적인 값을 출력된다.
   - 실리콘 오염이 발견되면 산소센서를 교환한 후, 다음 점검 절차를 수행한다.

2. 엔진을 정상 작동온도까지 난기시킨다. 산소센서 신호가 정상적으로 출력되는지 확인한다.

3. 스캔툴을 연결한 후 "산소센서(B1/S1)" 항목을 점검한다.

정상값 : 산소센서 신호가 최소한 10초당 3회 이상 농후(0.45V 이상)에서 희박(0.45V 이하)으로 변화되는지를 점검한다.(전압은 0.1~0.9V 사이에서 변화)

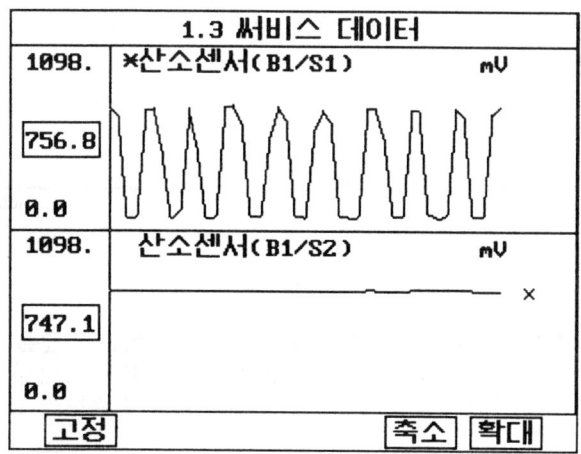

그림 1

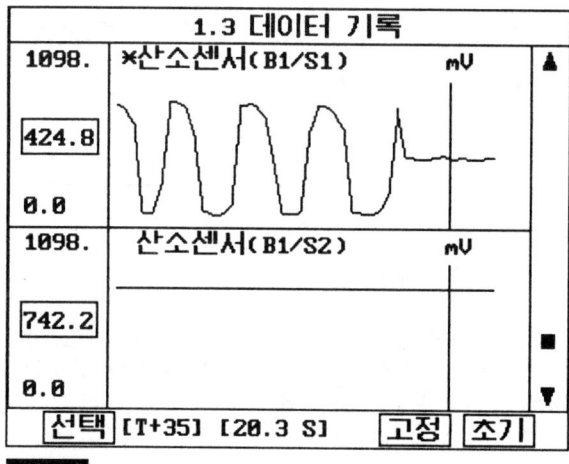

그림 2

AGIE003Q

**참고**

점화계통, 퍼지 솔레노이드 밸브, 공기량 센서 또는 산소센서 히터와 관련된 고장코드가 같이 발생하였다면 다른 고장을 먼저 수리한 후 *P0133*을 수리 한다.

4. 표출값이 정상인가?

   **예**

   ▶ ECM과 단품 사이의 커넥터 접촉불량 및 터미널의 부식 또는 변형을 점검한 후 이상이 있으면 수리한다.
   "고장 수리 확인" 절차를 수행한다.

   **아니오**

   ▶ 새로운 단품을 임시 장착하여 차량 상태를 확인한 후 정상이면 단품을 교환한다.
   "고장 수리 확인" 절차를 수행한다.

## 고장 수리 확인  K461E82C

DTC P0130 참조.

# DTC P0136 산소 센서 회로 이상 (뱅크 1 / 센서 2)

## 부품 위치

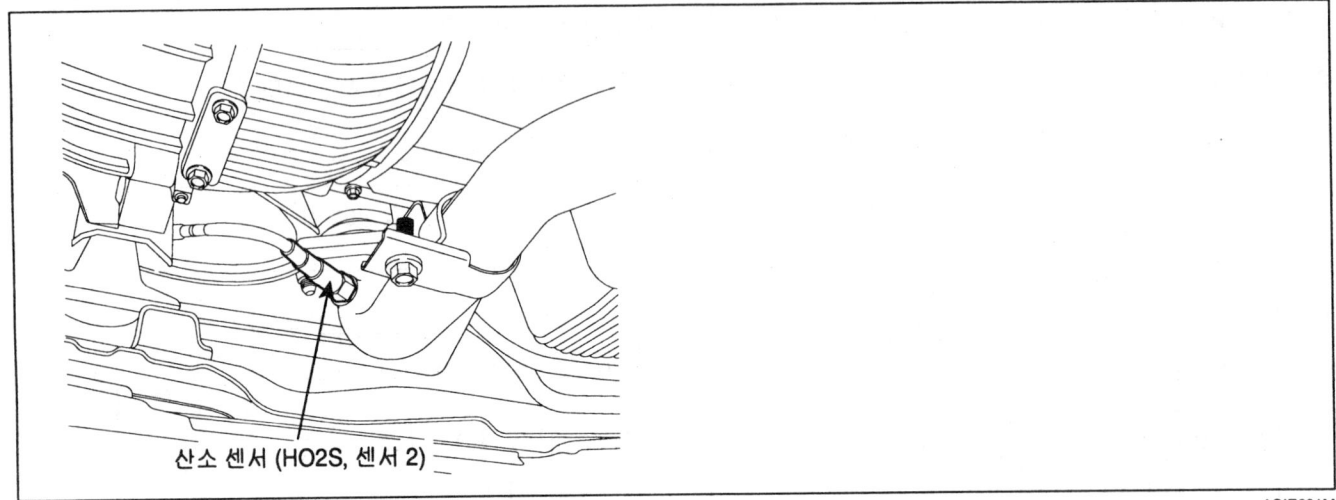

산소 센서 (HO2S, 센서 2)

## 기능 및 역활

후방 산소센서(HO2S)는 삼원 촉매의 후방에 장착되어 있으며 촉매의 작동 감시 및 효과적인 작동을 돕는 역할을 수행한다. 후방 산소센서의 출력값의 범위는 0~1V사이이며 엔진 난기후 공회전 상태에서는 0.6V이상이 된다. 촉매성능 및 단품 상태가 양호할 경우에는 출력값의 주파수 변동이 거의 없으나 촉매의 노화,실화 또는 센서 불량의 경우는 앞산소 센서와 유사하게 출력값의 주파수 변동이 일어난다

## 고장 코드 설명

ECM이 후방 산소센서 신호선의 단선을 검출하면 P0136의 고장코드를 표출한다.

## 고장 판정 조건

| 항목 | 판정 조건 | 고장예상 원인 |
|---|---|---|
| 검출 방법 | • 후방 산소센서 단선 점검 | • 신호선 단선<br>• 접지선 단선<br>• 커넥터 접촉 저항<br>• 산소 센서 |
| 검출 조건 | • 히팅 완료 상태<br>• 관련 고장 없음<br>• 10V < 배터리 전압 <16V | |
| 판정값 | • 0.37 < 후방 산소센서 전압 < 0.49V & 센서 단품 저항 > 60kΩ | |
| 검출 시간 | • 30초 | |
| 경고등 점등 | • 2회 주행 사이클 | |

## 고장진단

### 부분 회로도  KF14E9B0

[회로도]

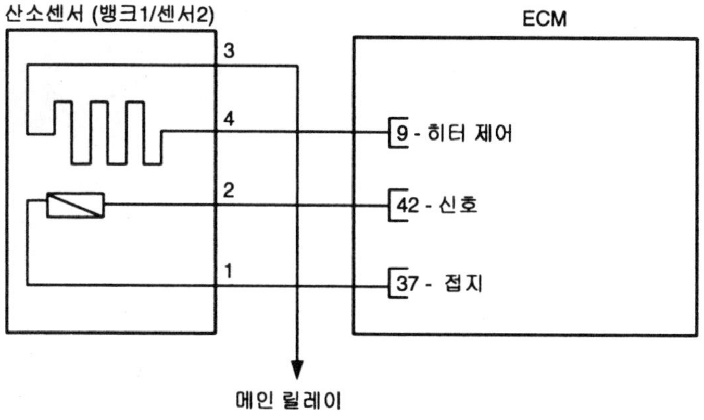

산소센서 (뱅크1/센서2) — ECM
- 3
- 4 → 9 - 히터 제어
- 2 → 42 - 신호
- 1 → 37 - 접지

→ 메인 릴레이

[연결 정보]

| 단자 | 연결 부위 | 기능 |
|---|---|---|
| 1 | ECM 37번 터미널 | 접지 |
| 2 | ECM 42번 터미널 | 신호 |
| 3 | 메인 릴레이 | 전원 |
| 4 | ECM 9번 터미널 | 히터제어 |

[하니스 커넥터]

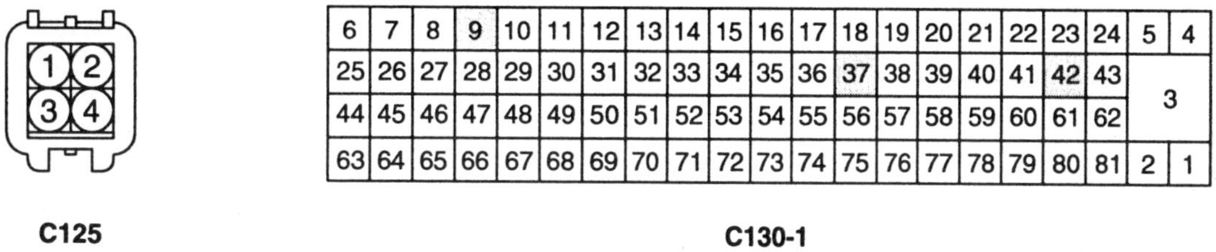

C125

C130-1

### 기준 파형 및 데이터  K9FE5AB8

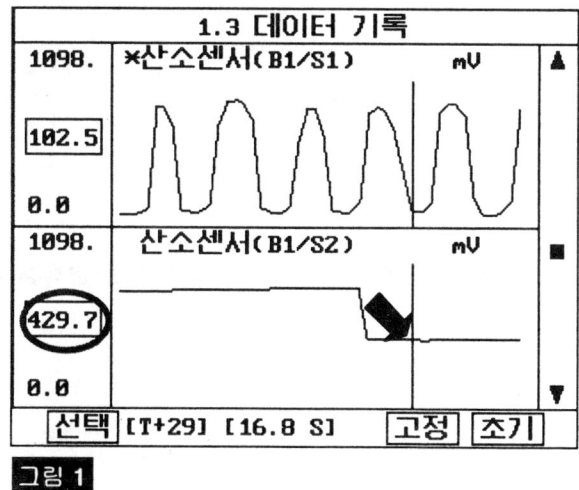

그림 1

그림 1) 난기후 공회전상태의 후방 산소센서(B1S2) 신호 변화 : 정상상태(약 0.6 V이상), 신호선

### 고장 코드 확인  K0C8BA57

1. 스캔툴의 "자기진단"기능을 선택 한다

2. 하단 메뉴바의 "F4"를 눌러 고장 상세 정보를 선택 한다

3. "고장 진단 완료 유무" 항목이 "진단 완료"인지 확인한다.

    📖 참고
    미완료일경우 일반정보의 검출조건에서 지시하는대로 차량을 주행하여 진단을 완료 시킨다.

4. "고장 유형"항목의 결과값이 "과거 고장" 인가?

```
           고장 상세 정보

    1. 경고등상태  :  OFF
    2. 고장 유형    :  "과거고장" 또는 "현재고장"
    3. 고장진단 완료 유무 : "진단완료" 또는 "미완료"
    4. 동일고장 발생 횟수  :  X (횟수가 기록됨)
    5. 고장발생후 경과시간:     0분
    6. 고장소거후 경과시간:     0분
```

AGIE001X

📖 참고
- 과거 고장 : 이전에 발행한 고장임. 현재는 정상.
- 현재 고장 : 현재 고장이 발생되어 있는 상태임.

**예**

▶ "동일고장 발생 횟수"항목 값이 2회 이상이면 간헐적인 고장이므로 "터미널 및 커넥터 점검"절차를 수행한다
"동일고장 발생 횟수"가 1회 이하이면 과거고장이므로 진단을 종료한다

**아니오**

▶ "배선 점검" 절차를 수행한다.

## 터미널 및 커넥터 점검  K8ED347F

1. 고장의 주요원인은 배선손상 및 연결상태의 불량에 있으므로 커넥터 접촉불량 및 터미널의 부식 또는 변형등을 전체적으로 점검한다.

2. 문제가 발견 되었는가?

    **예**

    ▶ 수리 또는 교환한 후 "고장 수리 확인" 절차를 수행한다.

    **아니오**

    ▶ "접지선 점검" 절차를 수행한다.

## 접지선 점검

1. 점화스위치 "OFF"

고장진단　　　　　　　　　　　　　　　　　　　　　　　　　　　FL -181

2. 산소센서 커넥터와 ECM 커넥터를 분리한다.

3. 센서 커넥터 1번 터미널과 ECM 커넥터 37번 터미널간 저항을 측정한다.

정상값 : 약 0Ω

4. 측정값이 정상인가?

　　**예**

　　▶ "신호선 점검" 절차를 수행한다.

　　**아니오**

　　▶ 배선 수리 후, "고장 수리 확인" 절차를 수행한다.

## 신호선 점검　K5AE402F

1. 센서 커넥터 2번 터미널과 ECM 커넥터 42번 터미널간 저항을 측정한다.

정상값 : 약 0Ω

2. 측정값이 정상인가?

　　**예**

　　▶ "단품 점검" 절차를 수행한다.

　　**아니오**

　　▶ 배선 수리 후, "고장 수리 확인" 절차를 수행한다.

## 단품점검　K17F5CB0

1. 엔진을 정상 작동온도까지 난기 시킨다

2. 스캔툴을 연결한 후, "산소센서전압(B1/S2)" 항목을 점검한다.

점검 조건 : 난기후 공회전
정상값 : 0.6V 이상

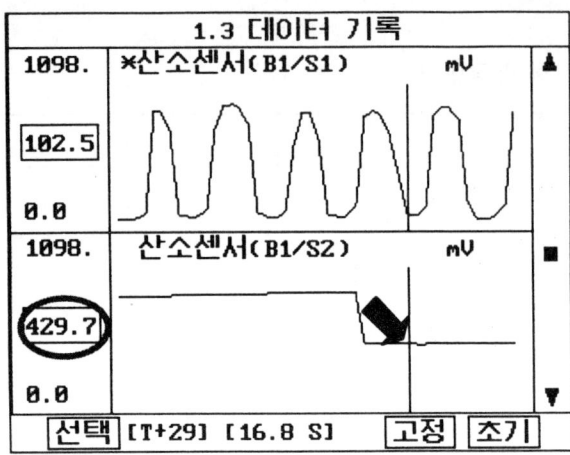

그림 1) 난기후 공회전상태의 후방 산소센서(B1S2) 신호 변화 : 정상상태(약 0.6 V이상), 신호선

3. 표출값이 정상인가?

**예**

▶ ECM과 단품 사이의 커넥터 접촉불량 및 터미널의 부식 또는 변형을 점검한 후 이상이 있으면 수리한다.
"고장 수리 확인" 절차를 수행한다.

**아니오**

▶ 새로운 단품을 임시 장착하여 차량 상태를 확인한 후 정상이면 단품을 교환한다.
"고장 수리 확인" 절차를 수행한다.

## 고장 수리 확인   KFE99FBF

"고장 코드 확인" 절차를 재수행하여 고장이 정확히 수리 되었는지 확인한다.

1. 스캔툴의 "자기진단"기능중 고장 상세 정보를 선택 한다

   ⚠ 주의
   고장코드를 소거하지 말 것(상세정보도 함께 소거 됨)

2. "고장 진단 완료 유무" 항목이 "진단 완료"인지 확인한다.

   📖 참고
   미완료일경우 일반정보의 검출조건에서 지시하는대로 차량을 주행하여 완료 시킨다

3. "고장 유형"항목의 결과값이 "과거 고장" 인가?

   **예**

   ▶ 시스템 정상. 고장코드를 소거한다

   **아니오**

   ▶ 적절한 수리절차를 재수행한다.

고장진단                                                                          FL-183

# DTC P0137 산소 센서 회로-입력값 낮음 (뱅크 1 / 센서 2)

### 부품 위치

DTC P0136 참조.

### 기능 및 역활

DTC P0136 참조.

### DTC 감지 조건

ECM이 후방 산소센서의 정상작동 범위보다 낮은 전압을 검출할경우 P0137의 고장코드를 표출한다.

### 고장 판정 조건

| 항목 | 판정 조건 | 고장예상 원인 |
|---|---|---|
| 검출 방법 | • 후방 산소센서 접지 단락 점검 | |
| 검출 조건 | • 계산된 촉매 온도 > 400℃<br>• 관련 고장 없음<br>• 10 < 배터리전압 < 16<br>• 공연비 제어상태<br>• 공연비 제어 한계치에 이르지 않음<br>• 연료 차단 이후의 촉매 정화작용 비작용 | • 신호선 접지 단락<br>• 커넥터 접촉 저항<br>• 산소 센서 |
| 판정값 | • 후방 산소센서 전압 < 0.02V & 센서 단품 저항 < 30kΩ | |
| 검출 시간 | • 20초 | |
| 경고등 점등 | • 2회 주행 사이클 | |

### 부분 회로도

DTC P0136 참조.

### 기준 파형 및 데이터

DTC P0136 참조.

### 고장 코드 확인

DTC P0136 참조.

### 터미널 및 커넥터 점검

DTC P0136 참조.

### 신호선 점검

1. 점화스위치 "OFF"

2. 산소센서 커넥터를 분리한다.

3. 센서 커넥터 2번 터미널과 차체 접지간 저항을 측정한다.

정상값 : 무한대

4. 측정값이 정상인가?

    **예**

    ▶ "단품 점검" 절차를 수행한다.

    **아니오**

    ▶ 배선 수리 후, "고장 수리 확인" 절차를 수행한다.

## 단품점검  KFFD8277

1. 엔진을 정상 작동온도까지 난기 시킨다

2. 스캔툴을 연결한 후, "산소센서전압(B1/S2)" 항목을 점검한다.

점검 조건 : 난기후 공회전
정상값 : 0.6V 이상

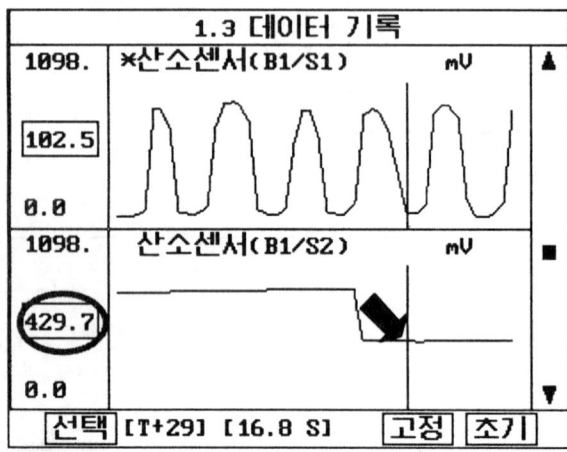

그림 1

그림 1) 난기후 공회전상태의 후방 산소센서(B1S2) 신호 변화 : 정상상태(약 0.6 V이상), 신호선

3. 표출값이 정상인가?

    **예**

    ▶ ECM과 단품 사이의 커넥터 접촉불량 및 터미널의 부식 또는 변형을 점검한 후 이상이 있으면 수리한다.
    "고장 수리 확인" 절차를 수행한다.

    **아니오**

    ▶ 새로운 단품을 임시 장착하여 차량 상태를 확인한 후 정상이면 단품을 교환한다.
    "고장 수리 확인" 절차를 수행한다.

## 고장 수리 확인

DTC P0136 참조.

## DTC P0138 산소 센서 회로-입력값 높음 (뱅크 1 / 센서 2)

**부품 위치** KB37B641

DTC P0136 참조.

**기능 및 역할** K80DA7DE

DTC P0136 참조.

**DTC 감지 조건** K09E8981

ECM이 후방 산소센서의 정상작동 범위보다 낮은 전압을 검출할경우 P0138의 고장코드를 표출한다.

**고장 판정 조건** K8277E8C

| 항목 | 판정 조건 | 고장예상 원인 |
|------|-----------|---------------|
| 검출 방법 | • 후방 산소센서 배터리 단락 점검 | • 신호선 배터리 단락<br>• 커넥터 접촉 저항<br>• 산소 센서 |
| 검출 조건 | • 10 < 배터리 단란 < 16 | |
| 판정값 | • 센서전압 > 1.3V | |
| 검출 시간 | • 1초 | |
| 경고등 점등 | • 2회 주행 사이클 | |

**부분 회로도** K2C55156

DTC P0136 참조.

**기준 파형 및 데이터** KF407057

DTC P0136 참조.

**고장 코드 확인** K6D6F401

DTC P0136 참조.

**터미널 및 커넥터 점검** KBBEF468

DTC P0136 참조.

**신호선 점검** K82B0568

1. 점화스위치 "OFF"
2. 산소센서 커넥터를 분리한다.
3. 센서 커넥터 2번 터미널과 차체 접지간 저항을 측정한다.

정상값 : 약 0V

# 고장진단　　　　　　　　　　　　　　　　　　　　　　　FL-187

4. 측정값이 정상인가?

   **예**

   ▶ "단품 점검" 절차를 수행한다.

   **아니오**

   ▶ 배선 수리 후, "고장 수리 확인" 절차를 수행한다.

## 단품점검　K7899018

1. 엔진을 정상 작동온도까지 난기 시킨다
2. 스캔툴을 연결한 후, "산소센서전압(B1/S2)" 항목을 점검한다.

   점검 조건 : 난기후 공회전
   정상값 : 0.6V 이상

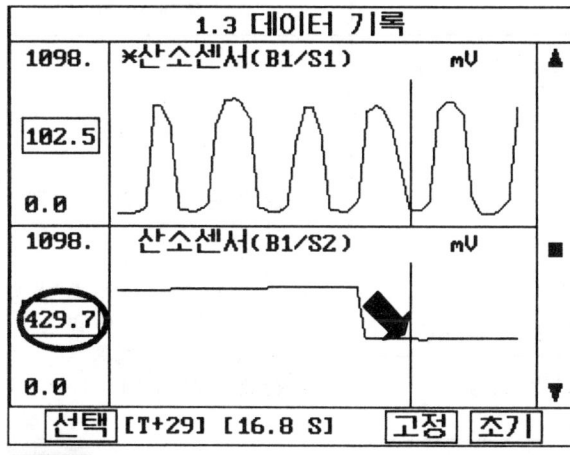

그림 1) 난기후 공회전상태의 후방 산소센서(B1S2) 신호 변화 : 정상상태(약 0.6 V이상), 신호선

3. 표출값이 정상인가?

   **예**

   ▶ ECM과 단품 사이의 커넥터 접촉불량 및 터미널의 부식 또는 변형을 점검한 후 이상이 있으면 수리한다.
   "고장 수리 확인" 절차를 수행한다.

   **아니오**

   ▶ 새로운 단품을 임시 장착하여 차량 상태를 확인한 후 정상이면 단품을 교환한다.
   "고장 수리 확인" 절차를 수행한다.

## 고장 수리 확인　K4A5FACF

DTC P0136 참조.

## DTC P0139 산소 센서 회로-응답성 늦음 (뱅크 1 / 센서 2)

### 부품 위치

DTC P0136 참조.

### 기능 및 역활

DTC P0136 참조.

### DTC 감지 조건

차량 주행 상태에서 연료 컷 오프(차단)가 일어난 후 ECM은 후방 산소센서의 신호 주기 변동값을 측정하여 이 값이 한 계값 이상이면 P0139라는 고장 코드를 표출한다.

### 고장 판정 조건

| 항목 | 판정 조건 | 고장예상 원인 |
|---|---|---|
| 검출 방법 | • 응답성 늦음 (연료 차단시 초기 신호 주기 점검) | |
| 검출 조건 | • 냉각수 온도 > 74℃<br>• 공연비 제어상태<br>• 3km/h < 차량 속도 < 112km/h<br>• 센서 예열 완료<br>• 촉매 온도 계산치 > 350℃<br>• 관련 고장 없음<br>• 11 < 배터리 전압(V) < 16<br>• 연료 차단시 초기 후방 산소센서 전압 > 0.55V | • 흡기 또는 배기 시스템의 공기누설<br>• 연료 시스템 이상<br>• 전방 산소센서와 후방 산소센서의 교차 연결<br>• 커넥터 접촉 저항<br>• 산소센서 오염 |
| 판정값 | • 평균치 (연료 차단의 신호 교차 시간 측정치와 최대 허용치 사이) > 1 | |
| 검출 시간 | • 연료 차단 상태에서 5초 | |
| 경고등 점등 | • 2회 주행 사이클 | |

### 부분 회로도

DTC P0136 참조.

### 기준 파형 및 데이터

DTC P0136 참조.

### 고장 코드 확인

DTC P0136 참조.

### 시각적/물리적 점검

1. 아래 항목에 대해 시각적/물리적 점검을 수행한다.
    - 산소센서의 정확한 장착여부
    - 터미널의 부식 상태

고장진단　　　　　　　　　　　　　　　　　　　　　　　　　　　FL -189

- 산소센서와 ECM간 배선 및 커넥터 접촉 불량
- 배선 손상
- 산소센서 접지선 연결 상태

2. 전,후방 산소센서의 커넥터가 바뀌어 연결되었는지 점검한 후 필요하면 재연결 한다.

3. 문제가 발견되었는가?

   **예**

   ▶ 수리 또는 교환한 후"고장 수리 확인"절차를 수행한다.

   **아니오**

   ▶ "배기 시스템 점검"항목을 수행한다.

## 배기 시스템 점검　K0B7AC62

1. 배기 시스템의 손상, 오장착 및 누설을 점검한다.

2. 문제가 발견되었는가?

   **예**

   ▶ 수리 후, "고장 수리 확인"절차를 수행한다.

   **아니오**

   ▶ "공기 누설 점검"절차를 수행한다.

## 공기 누설 점검　K5D7C5C1

1. 아래 항목에 대해 시각적/물리적 점검을 수행한다.
   - 진공호스의 파손, 비틀림 및 오장착
   - 산소센서와 삼원촉매간 배기시스템의 공기 누설
   - EVAP 시스템의 누설
   - PCV 호스의 오장착

2. 문제가 발견되었는가?

   **예**

   ▶ 수리 또는 교환한 후 "고장 수리 확인" 절차를 수행한다.

   **아니오**

   ▶ "연료 압력 점검" 절차를 수행한다.

## 연료 압력 점검　K436271C

1. 연료의 과도한 수분, 알코올, 기타 오염물질이 혼합되어 있는지 점검한다. 필요에 따라 연료를 교환한다.

2. 연료 압력 게이지를 설치한다.

3. 엔진 정상 작동온도에서 아이들시 연료 압력을 점검한다.

점검 조건 : 점화스위치 "ON" & 엔진 "ON" & 아이들시 진공호스 분리
정상값 : 250~350kPa(2.50~3.50 kg/cm², 36~50 psi)

4. 측정값이 정상인가?

   **예**

   ▶ "연료 인젝터 점검" 절차를 수행한다.

   **아니오**

   ▶ 아래 점검 참고 사항들을 수행한 후 "고장 수리 확인" 절차를 수행한다.

   📖 참고
   a. 빠르게 가속페달을 밟았을 경우에는 연료압력이 낮아지는지 점검한다.
      - 연료 압력이 낮아진다면 연료펌프의 최대 작동 압력을 점검한다. 압력이 정상적이면 연료 라인과 필터의 막힘등을 점검한다.

   b. 연료 압력이 정상값보다 낮은 경우: 연료 리턴 호스를 막은채 연료 라인 압력을 점검한다.
      - 압력이 빠르게 높아지면 압력 레귤레이터를 점검한다.
      - 압력이 천천히 증가하면 연료 펌프와 압력 레귤레이터간 막힘 여부를 점검한다. 호스가 정상이면 연료 펌프의 최대 작동 압력을 점검한다.

   c. 연료 압력이 정상값보다 높은 경우: 연료 라인이 막혔는가?
      - 막히지 않았다면 압력 레귤레이터를 교환한다.
      - 막혔다면 연료 라인을 교환한다.

연료 인젝터 점검

1) 점화 스위치 "OFF"

정상값 : 막힘 증상 및 이물질 없음

2) 연료 인젝터가 정상인가?

   **예**

   ▶ "단품 점검" 절차를 수행한다.

   **아니오**

   ▶ 수리 또는 교환한 후 "고장 수리 확인" 절차를 수행한다.

단품점검  KA95629D

1. 아래 항목에 대해 시각적/물리적 점검을 수행한다.
   - 산소센서의 정확한 장착 여부
   - 커넥터 접촉 저항 및 터미널의 부식 상태

   필요에 따라 수리한 후, 다음 점검 절차를 수행한다.

2. 엔진을 정상 작동온도까지 난기 시킨다.

3. 스캔툴을 연결한 후 "산소센서전압 (B1/S2)" 항목을 점검한다.

# 고장진단

점검 조건 : 난기후 공회전
정상값 : 0.6V 이상

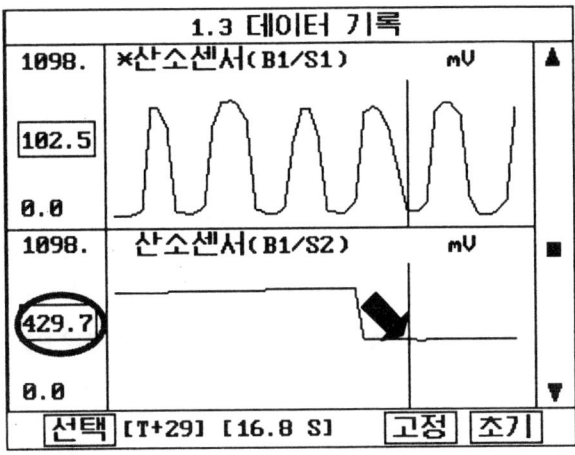

그림 1

그림 1) 난기후 공회전상태의 후방 산소센서(B1S2) 신호 변화 : 정상상태(약 0.6 V이상), 신호선

4. 표출값이 정상인가?

**예**

▶ ECM과 단품 사이의 커넥터 접촉불량 및 터미널의 부식 또는 변형을 점검한 후 이상이 있으면 수리한다.
"고장 수리 확인" 절차를 수행한다.

**아니오**

▶ 새로운 단품을 임시 장착하여 차량 상태를 확인한 후 정상이면 단품을 교환한다.
"고장 수리 확인" 절차를 수행한다.

## 고장 수리 확인   KA1359CB

DTC P0136 참조.

## DTC P0140 산소 센서 회로-활성화 안됨 (뱅크 1 / 센서 2)

### 부품 위치  K005E9B6

DTC P0136 참조.

### 기능 및 역활  KBA2FA3C

DTC P0136 참조.

### 고장 코드 설명  K53F87B1

차량 주행 상태에서 연료 컷 오프(차단)가 일어난 후 ECM은 후방 산소센서의 신호전압이 기준치 이상일 경우 P0140이라는 고장 코드를 표출한다.

### 고장 판정 조건  K927A0AE

| 항목 | | 판정조건 | 고장예상 원인 |
|---|---|---|---|
| 경우 1 | 검출 방법 | • 연료 차단시 희박 혼합기로 신호에 대한 성능점검 | |
| | 검출 조건 | • 센서 완전 가열 상태<br>• 연료 차단<br>• 평균 흡입 평균량 > 20g<br>• 관련 고장 없음<br>• 10V < 배터리 전압 < 16V | |
| | 판정값 | • 연료 차단시 전압 > 0.1V | |
| | 검출 시간 | • 2초 | |
| 경우 2 | 검출 방법 | • 연료 차단시 농후 혼합기로 신호에 대한 성능점검 | • 관련 퓨즈의 파손 또는 미장착<br>• 커넥터 접촉 저항<br>• 산소 센서 오염 |
| | 검출 조건 | • 마지막 연료컷 상태에서 종합된 공기 흐름량 > 12g<br>• 마지막 연료컷의 끝부분에서 후방산소 센서 신호 < 0.25V<br>• 연료 차단 후 평균 엔진 부하 > 40g<br>• 냉각수 온도 > 74℃<br>• 공연비 제어상태<br>• 부분부하에서의 종합된 공기 흐름량 > 250g<br>• 카탈리스터 퍼지 상태동안 최소 전방 산소센서 신호 > 0.7V<br>(카탈리스터 퍼지동안 농후 혼합비를 확인)<br>• 촉매 온도 > 350℃<br>• 관련 고장 없음<br>• 11V < 배터리 전압 < 16V | |
| | 판정판 | • 센서 신호 증가량 < 0.55V | |
| | 검출 시간 | • 카탈리스터 퍼지상태에 의해 다음으로 오는 유효한 3회의 연료컷 | |
| 경고등 점등 | | • 2회 주행 사이클 | |

### 부분 회로도  K18E5D4D

DTC P0136 참조.

# 고장진단

## 기준 파형 및 데이터 KD567698

DTC P0136 참조.

## 고장 코드 확인 K6127D20

DTC P0136 참조.

## 터미널 및 커넥터 점검 KF6B4D53

DTC P0136 참조.

## 단품점검 KCCFDAB9

1. 아래 항목에 대해 시각적/물리적 점검을 수행한다.
   - 산소센서의 정확한 장착여부
   - 커넥터 접촉 저항 및 터미널의 부식 상태

   필요에 따라 수리한 후, 다음 점검 절차를 수행한다.

2. 엔진을 정상 작동온도까지 난기시킨다.

3. 스캔툴을 연결한 후, "산소센서전압 (B1/S2)" 항목을 점검한다.

점검 조건 : 난기 후 공회전
정상값 : 0.6V 이상

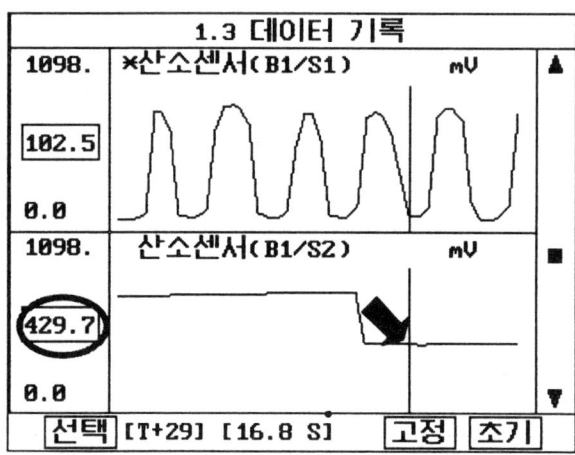
그림 1

그림 1) 난기후 공회전상태의 후방 산소센서(B1S2) 신호 변화 : 정상상태(약 0.6 V이상), 신호선

4. 표출값이 정상인가?

   **예**

   ▶ ECM과 단품 사이의 커넥터 접촉불량 및 터미널의 부식 또는 변형을 점검한 후 이상이 있으면 수리한다.
   "고장 수리 확인" 절차를 수행한다.

   **아니오**

▶ 새로운 단품을 임시 장착하여 차량 상태를 확인한 후 정상이면 단품을 교환한다.
"고장 수리 확인" 절차를 수행한다.

## 고장 수리 확인  KE8B9F0C

DTC P0136 참조.

고장진단  FL-195

## DTC P0170 연료 학습제어 이상 (뱅크 1)

### 기능 및 역활   K56AFE83

ECM은 산소센서 신호전압을 기준으로 배기가스 제어 및 연비 향상을 위하여 공연비제어를 실시 한다. 공연비 제어는 단시간내에 실시하는 공연비 보정과 장시간이 소요되는 공연비 학습으로 구분된다. 이상적인 연료 보정값은 0%이고 전방 산소 센서가 배기가스 상태가 희박이라 감지하면 ECM은 연료분사량을 늘리고 보정값은 + 방향으로 움직인다. 반대로 농후하면 분사량을 줄이고 이때 보정값은 0%이하이다.

### 고장 코드 설명   K9381DC8

고장코드 P0170은 엔진 난기후 피드백 상태에서 단기 연료 보정값이 최소,최대 규정값을 초과할 경우 발생된다.

### 고장 판정 조건   KAB07544

| 항목 | 판정 조건 | 고장예상 원인 |
|---|---|---|
| 검출 방법 | • 단기 연료 보정값 점검 | • 흡/배기 계통 및 증발 가스 제어 시스템의 공기 누설<br>• 엔진 오일 오염 또는 오일 레벨<br>• 산소 센서 또는 공기량 센서<br>• 연료 시스템 |
| 검출 조건 | • 관련 고장 없음<br>• 공연비 피드백 제어 중<br>• 엔진 냉각 수온 > 70℃<br>• 10V < 배터리 전압 < 16V | |
| 판정값 | • +50 % < 연료 보정(단기) < -35 % | |
| 검출 시간 | • 30초 | |
| 경고등 점등 | • 2회 주행 사이클 | |

### 기준 파형 및 데이터   KD53EC01

1. 산소 센서

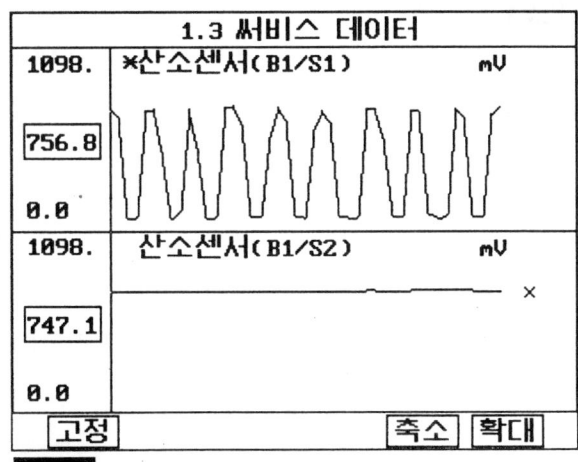
그림 1

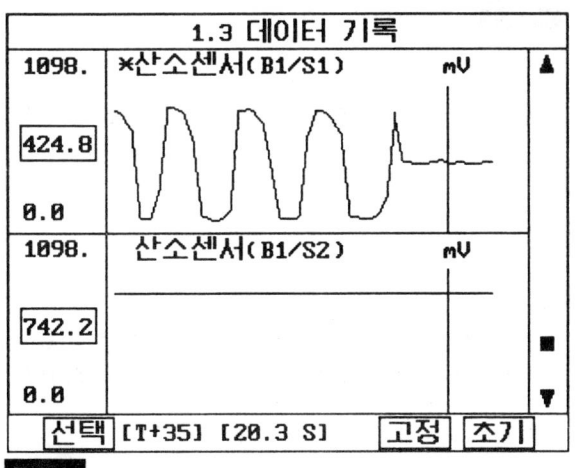
그림 2

그림 1) 엔진 난기 후 정상값: 최소한 10초당 3회 이상 450mV를 기준으로 희박과 농후를 반복하여야 한다
그림 2) 산소 센서 신호선 단선시: 약 450~500mV

2. 공기량 센서 센서

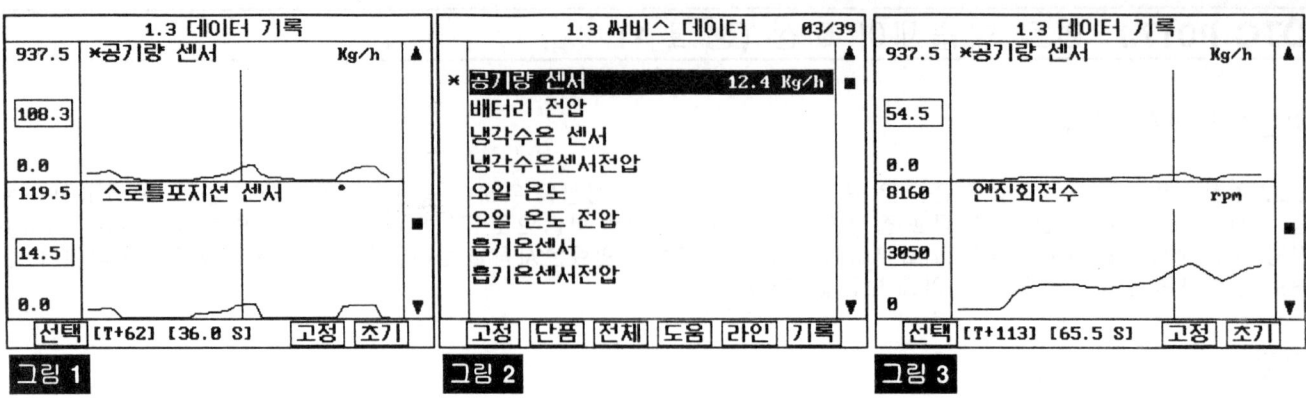

그림 1) 가속시와 감속시 정상값: 공기량센서와 스로틀포지션센서의 신호는 가속시에 증가하고 감속시에 감소하는 방향으로 동일하게 변화한다.
그림 2) 공회전, 난기후 정상값 : 약11~20 kg/h
그림 3) 엔진회전수 3000, 난기후 무부하 정상값 : 약43~59 kg/h

3. 스로틀 포지션 센서

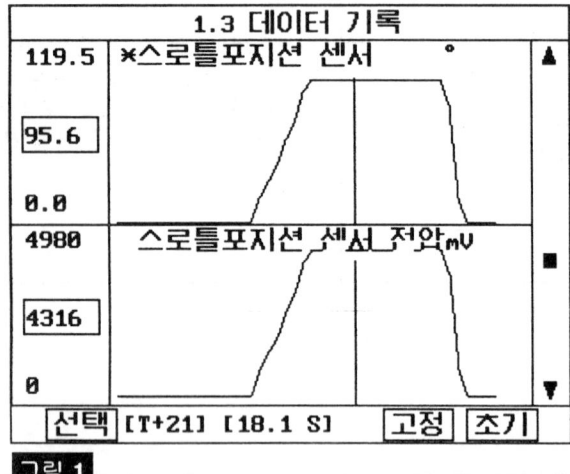
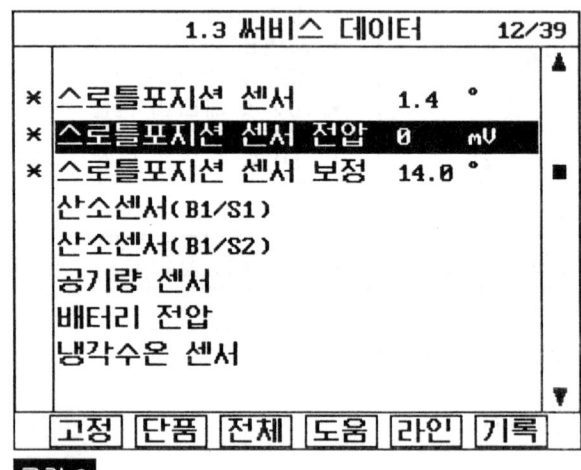

그림 1) 스로틀포지션 센서 신호는 스로틀 개도각 비례하여 증가한다.
그림 2) 전원선 단선시 전압 : 신호선 출력값이 0V임

고장 코드 확인  K639A278

> 참고
> 인젝터, 산소 센서, 냉각 수온 센서, 스로틀 포지션 센서 및 흡입 공기량 센서와 연관된 고장코드가 저장되어 있으면, 저장되어 있는 코드와 관련된 모든 수리절차를 완료한 이후에 본 진단 절차를 수행한다.

1. 스캔툴의 "자기진단"기능을 선택 한다

2. 하단 메뉴바의 "F4"를 눌러 고장 상세 정보를 선택한다.

3. 고장 진단 완료 유무" 항목이 "진단 완료"인지 확인한다.

> 참고
> 미완료일경우 일반정보의 검출조건에서 지시하는대로 차량을 주행하여 진단을 완료 시킨다

# 고장진단

4. 고장 유형"항목의 결과값이 "과거 고장" 인가?

```
            고장 상세 정보

1. 경고등상태  :    OFF
2. 고장 유형   :  "과거고장" 또는 "현재고장"
3. 고장진단 완료 유무 :"진단완료" 또는 "미완료"
4. 동일고장 발생 횟수 :   X (횟수가 기록됨)
5. 고장발생후 경과시간:        0분
6. 고장소거후 경과시간:        0분
```

AGIE001X

**참고**
- 과거 고장 : 이전에 발행한 고장임. 현재는 정상.
- 현재 고장 : 현재 고장이 발생되어 있는 상태임.

**예**

▶ 동일고장 발생 횟수"항목 값이 2회 이상이면 간헐적인 고장이므로 "터미널 및 커넥터 점검"절차를 수행한다. 동일고장 발생 횟수"가 1회 이하이면 과거고장이므로 진단을 종료한다.

**아니오**

▶ 다음 점검 절차를 수행한다.

파워 밸런스 점검

**참고**
이 테스트의 목적은 결함의 원인이 특정 기통의 엔진 내부 결함인지 또는 연료계통에 있는지를 구별하는데 있다. 정확한 결과를 얻기 위해서 최대한 엔진 회전수가 일정한 상태에서 값을 읽는다

**주의**
테스트를 시작하기전에 변속레버를 'P'에 위치시키고 주차 브레이크를 완전히 작동시킨다.

1. 엔진을 난기시킨후 공회전 상태로 유지한다.
2. 아래 그림과 같이 스캔툴의 "센서출력 & 액츄에이터"기능에서 센서출력창에는 엔진회전수를 액츄에이터창에는 인젝터를 선택한다.
3. 하단의 "F1" 시작키를 누른 후 해당 인젝터 작동이 중지 되었을때 엔진 회전수를 기록한다
4. 절차 3)과 같은 방법으로 순차적으로 모든 인젝터의 작동을 중지 시킨 후 엔진회전수를 기록한다

정상값 : 인젝터작동이 중단 되었을때 해당되는 각 기통별 엔진회전수 편차는 거의 동일 하여야 한다

```
┌─────────────────────────────────────┐
│ ✓ 엔진회전수              607.7RPM  ▲│
│   목표공회전                  RPM   ─│
│   공회전속도조절밸브           %    │
│   공회전속도조절보정값         %    │
│   오일온도센서                ℃    ▼│
├─────────────────────────────────────┤
│           액츄에이터         1/16   │
├─────────────────────────────────────┤
│ 인젝터 1번                          │
│ 시간│정지버튼 선택│방법│강제정지    │
│       시동키 ON, 엔진구동상태       │
│                                     │
│                                     │
│  고정 │ 일반 │    │ 파형 │ 기록     │
└─────────────────────────────────────┘
```

SJMFL7252D

5. 각 실린더별 엔진 회전수가 거의 동일한가?

   **예**

   ▶ 다음 점검 절차를 수행한다.

   **아니오**

   ▶ 인젝터 작동이 중단되었을때 엔진 회전수가 변하지 않는 특정 기통은 엔진 내부 또는 해당 연료나 점화계통의 문제를 의심할 수 있다.
   "연료 시스템 점검"절차를 수행한다.

   [i] 참고
   년식이 오래된 차량의 경우 파워밸런스 점검 결과 엔진회전수가 *200RPM* 이상으로 떨어진 경우는 엔진내부 손상을 의심할 수 있으므로 압력게이지를 사용하여 압축압력을 점검하여 이상이 발견될 경우 엔진 내부를 점검한다

## 공기량 누설 점검  K3A9F65D

1. 아래 항목을 대상으로 흡/배기 계통의 공기 누설을 점검한다
   - 진공호스의 손상,꺾임 및 연결 불량.
   - 스로틀 바디 개스킷 손상 유무
   - 흡기 매니폴드와 실린더 헤드사이의 개스킷 손상 유무
   - 인젝터와 흡기매니폴드간 기밀유지 여부
   - 산소센서와 촉매간 기밀 유지 여부

2. 문제가 발견되었는가?

   **예**

   ▶ 교환 또는 수리한 후 "고장 수리 확인" 절차를 수행한다.

   **아니오**

   ▶ 다음 점검 절차를 수행한다.

3. 아래 수순을 참조하여 퍼지 계통의 공기 누설을 점검한다

   1) 캐니스터 퍼지 밸브로 부터 흡기 매니폴드로 연결되는 진공호스를 분리한다

   2) 진공펌프를 사용하여 분리한 호스에 약 15 inHg 진공을 인가한다

   3) 진공이 유지되는가?

# 고장진단 FL-199

**예**

▶ 다음 점검 절차를 수행 한다

**아니오**

▶ 공기 누설을 수리한 후 "고장 수리 확인" 절차를 수행한다.

센서 점검

📘 참고

"일반 정보"의 "기준 파형 및 데이터"의 각 센서 기준데이터를 참조하여 아래 항목을 점검 한다.

1. 아래 조건에 대해 시각적/물리적 점검을 수행한다.

    1) 산소센서
        - 산소센서가 정확히 장착되어 있는지 또는 센서와 ECM 커넥터의 터미널 부식여부 및 장력이 적절한지 점검한다.(배선이 배기측에 접촉되어 있지 않음을 확인한다)
        - 전방 산소센서의 실리콘 오염을 점검한다. 실리콘 오염은 산소센서 표면에 흰색 가루가 묻어있는 것으로 확인할 수 있으며 비정상적인 값이 출력된다.
        - 산소센서 오염 여부(연료,냉각수 또는 엔진오일등)
        - 부적절한 실런트 사용 여부
        - 작동 전압 정상 유무("일반 정보"의 "기준 파형 및 데이터" 참조)

    2) 흡입 공기량 센서의 오염/성능 악화 또는 커넥터 접촉 불량 및 배선 손상
        - 오염 또는 성능 악화
        - 커넥터 접촉 불량 및 배선 손상
        - 작동 전압 정상 유무("일반 정보"의 "기준 파형 및 데이터" 참조)

    📘 참고
    산소센서 또는 흡입 공기량 센서의 오염이 발견된 경우에는 재오염의 방지를 위하여 반드시 오염 원인을 제거한 후 수리 또는 교환한다

    3) 스로틀 위치센서
        - 시동후 가속 페달을 밟으면서 스로틀 위치센서 신호가 밟는양에 비례하여 일정하게 증가 하는지 점검한다.
        - 작동 전압 정상 유무("일반 정보"의 "기준 파형 및 데이터" 참조)

    4) ECM 접지 상태가 양호한지 점검한다.

    5) 이상이 발견된 경우에는 수리 또는 교환 작업을 실시한 후 "고장 수리 확인" 절차를 수행한다. 정상일 경우에는 다음 점검 절차를 수행한다.

포지티브 크랭크케이스 벤틸레이션(PCV) 시스템 점검

1. 엔진 오일량을 점검한 후 필요하면 보충 또는 수리 한다.

2. PCV 밸브의 오장착 여부, 오링 손상등을 육안 점검 한다.

3. 엔진 오일이 연료에 희석되었는지 유무를 아래수순을 참조하여 점검한다.

    1) 엔진을 정상 작동 온도까지 난기 시킨다.

    2) 스캔툴을 설치하고 서비스 데이터 중 "공연비 연료 보정" 항목값의 범위를 기록한다.

    3) 엔진을 정지 시킨 후 흡기 매니폴드측에서 PCV 밸브를 분리한 후 적당한 공구로 양측을 막는다.

    4) 엔진을 재시동한 후 "공연비 연료 보정" 항목값을 다시 점검한다.

정상값 : PCV 밸브 분리전,후의 측정값은 높거나 낮게 변화하지 않고 일정 하여야 한다.

4. 측정값은 정상인가?

   **예**

   ▶ 다음 점검 절차를 수행한다.

   **아니오**

   ▶ 정비 지침서를 참조하여 PCV 밸브의 정상 작동 여부를 점검한다. 정상이면 엔진오일이 연료에 희석되진 않았는 지 점검한다. 이상이 발견되면 오일 또는 필터를 교환한 후 "고장 수리 확인" 절차를 수행한다.

## 연료 시스템 점검   K7E19272

1. 연료 압력 점검

   1) 연료에 수분 또는 이물질이 유입되었는지 점검한다

   2) 연료 압력 게이지를 장착한다

   3) 공회전 정상 상태에서 연료 압력을 점검한다

   정상값 : 338~348kPa(3.45~3.55 kg/㎠)

   4) 측정값은 정상인가?

   **예**

   ▶ 다음 점검 절차를 수행한다

   **아니오**

   ▶ 아래 표를 참고하여, 고장 가능 부위를 점검한다. 이상이 발견되면 교환 또는 수리한 후 "고장 수리 확인" 절차를 수행한다.

| 조건 | 가능 원인 | 고장 가능 부위 |
|---|---|---|
| 연료 압력 낮음 | 연료 필터 막힘 | 연료 필터 |
| | 연료 압력 조절기의 연료 누출 | 연료 펌프(연료 압력 조절기) |
| 연료 압력 높음 | 연료 압력 조절기 고착 | 연료 펌프(연료 압력 조절기) |

2. 연료 잔압 점검

   1) 엔진을 정지 시킨후 연료 압력이 변동 하는지 점검 한다

   정상값 : 엔진 정지 후 최소 5분간 연료 압력은 유지 되어야 한다.

   2) 측정값은 정상인가?

   **예**

   ▶ 정비 지침서를 참조하여 압축압력을 점검한다. 엔진의 기계적 불량 여부를 점검 한 후 이상이 있으면 수리 또는 교환한 후 "고장 수리 확인" 절차를 수행한다.

   **아니오**

고장진단                                                                                                          FL -201

▶ 아래 표를 참고하여, 고장 가능 부위를 점검한다. 이상이 발견되면 교환 또는 수리한 후 "고장 수리 확인" 절차를 수행한다.

| 조 건 | 가능 원인 | 고장 가능 부위 |
|---|---|---|
| 연료 압력이 서서히 낮아짐 | 인젝터 누설 | 인젝터 |
| 연료 압력이 급격히 낮아짐 | 연료 펌프(첵밸브가 열린 상태로 고착) | 연료 펌프 |

## 고장 수리 확인   KEA5DD63

"고장 코드 확인" 절차를 재수행하여 고장이 정확히 수리 되었는지 확인한다.

1. 스캔툴의 "자기진단"기능중 고장 상세 정보를 선택 한다

   ⚠ 주의
   고장코드를 소거하지 말 것(상세정보도 함께 소거 됨)

2. "고장 진단 완료 유무" 항목이 "진단 완료"인지 확인한다.

   📝 참고
   미완료일경우 일반정보의 검출조건에서 지시하는대로 차량을 주행하여 완료 시킨다

3. "고장 유형"항목의 결과값이 "과거 고장" 인가?

   **예**

   ▶ 시스템 정상. 고장코드를 소거한다

   **아니오**

   ▶ 적절한 수리절차를 재수행한다.

# DTC P0171 연료 학습제어 이상-혼합비 희박 (뱅크 1)

## 기능 및 역할

DTC P0170 참조.

## 고장 코드 설명

연료 보정값(단기보정) 과 학습값(장기보정)이 희박 한계치를 벗어나면 ECM은 고장코드 P0171을 표출한다

## 고장 판정 조건

| 항목 | 판정 조건 | 고장예상 원인 |
|---|---|---|
| 검출 방법 | • 연료 계통 감시 | |
| 검출 조건 | • 공연비 제어 작동<br>• 관련 고장 없음<br>• 엔진 냉각 수온 > 70℃<br>• 캐니스터 부하 < 1 | • 배기 시스템 공기 누설<br>• 산소 센서<br>• 삼원 촉매 |
| 판정값 | • 연료 보정 + 학습값 > 36% : 180초 동안 60초이상 만족(자동변속기 장착차량), 25%(수동변속기 장착차량) | |
| 검출 시간 | • 60초 | |
| 경고등 점등 | • 2회 주행 사이클 | |

## 기준 파형 및 데이터

DTC P0170 참조.

## 고장 코드 확인

DTC P0170 참조.

## 공기량 누설 점검

1. 아래 항목을 대상으로 흡/배기 계통의 공기 누설을 점검한다
   - 진공호스의 손상,꺾임 및 연결 불량.
   - 스로틀 바디 개스킷 손상 유무
   - 흡기 매니폴드와 실린더 헤드사이의 개스킷 손상 유무
   - 인젝터와 흡기매니폴드간 기밀유지 여부
   - 산소센서와 촉매간 기밀 유지 여부

2. 문제가 발견되었는가?

   **예**

   ▶ 교환 또는 수리한 후 "고장 수리 확인" 절차를 수행한다.

   **아니오**

   ▶ 다음 점검 절차를 수행한다.

# 고장진단    FL-203

3. 아래 수순을 참조하여 퍼지 계통의 공기 누설을 점검한다

   1) 캐니스터 퍼지 밸브로 부터 흡기 매니폴드로 연결되는 진공호스를 분리한다

   2) 진공펌프를 사용하여 분리한 호스에 약 15 inHg 진공을 인가한다

   3) 진공이 유지되는가?

      **예**
      ▶ 다음 점검 절차를 수행 한다

      **아니오**
      ▶ 공기 누설을 수리한 후 "고장 수리 확인" 절차를 수행한다.

## 센서 점검

📖 참고

"일반 정보"의 "기준 파형 및 데이터"의 각 센서 기준데이터를 참조하여 아래 항목을 점검 한다.

1. 아래 조건에 대해 시각적/물리적 점검을 수행한다.

   1) 산소센서
      - 산소센서가 정확히 장착되어 있는지 또는 센서와 ECM 커넥터의 터미널 부식여부 및 장력이 적절한지 점검한다.(배선이 배기측에 접촉되어 있지 않음을 확인한다)
      - 전방 산소센서의 실리콘 오염을 점검한다. 실리콘 오염은 산소센서 표면에 흰색 가루가 묻어있는 것으로 확인할 수 있으며 비정상적인 값이 출력된다.
      - 산소센서 오염 여부(연료,냉각수 또는 엔진오일등)
      - 부적절한 실런트 사용 여부
      - 작동 전압 정상 유무("일반 정보"의 "기준 파형 및 데이터" 참조)

   2) 흡입 공기량 센서의 오염/성능 악화 또는 커넥터 접촉 불량 및 배선 손상
      - 오염 또는 성능 악화
      - 커넥터 접촉 불량 및 배선 손상
      - 작동 전압 정상 유무("일반 정보"의 "기준 파형 및 데이터" 참조)

   📖 참고

   산소센서 또는 흡입 공기량 센서의 오염이 발견된 경우에는 재오염의 방지를 위하여 반드시 오염 원인을 제거한 후 수리 또는 교환한다

   3) 스로틀 위치센서
      - 시동후 가속 페달을 밟으면서 스로틀 위치센서 신호가 밟는양에 비례하여 일정하게 증가 하는지 점검한다.
      - 작동 전압 정상 유무("일반 정보"의 "기준 파형 및 데이터" 참조)

   4) ECM 접지 상태가 양호한지 점검한다.

   5) 이상이 발견된 경우에는 수리 또는 교환 작업을 실시한 후 "고장 수리 확인" 절차를 수행한다. 정상일 경우에는 다음 점검 절차를 수행한다.

## 포지티브 크랭크케이스 벤틸레이션(PCV) 시스템 점검

1. 엔진 오일량을 점검한 후 필요하면 보충 또는 수리 한다.

2. PCV 밸브의 오장착 여부, 오링 손상등을 육안 점검 한다.

3. 엔진 오일이 연료에 희석되었는지 유무를 아래수순을 참조하여 점검한다.

   1) 엔진을 정상 작동 온도까지 난기 시킨다.

2) 스캔툴을 설치하고 서비스 데이터 중 "공연비 연료 보정" 항목값의 범위를 기록한다.

3) 엔진을 정지 시킨 후 흡기 매니폴드측에서 PCV 밸브를 분리한 후 적당한 공구로 양측을 막는다.

4) 엔진을 재시동한 후 "공연비 연료 보정" 항목값을 다시 점검한다.

정상값 : PCV 밸브 분리전,후의 측정값은 높거나 낮게 변화하지 않고 일정 하여야 한다.

4. 측정값은 정상인가?

■ 예

▶ 다음 점검 절차를 수행한다.

■ 아니오

▶ 정비 지침서를 참조하여 PCV 밸브의 정상 작동 여부를 점검한다. 정상이면 엔진오일이 연료에 희석되진 않았는지 점검한다. 이상이 발견되면 오일 또는 필터를 교환한 후 "고장 수리 확인" 절차를 수행한다.

## 연료 시스템 점검 K42902A7

1. 연료 압력 점검

    1) 연료에 수분 또는 이물질이 유입되었는지 점검한다

    2) 연료 압력 게이지를 장착한다

    3) 공회전 정상 상태에서 연료 압력을 점검한다

정상값 : 338~348kPa(3.45~3.55 kg/cm²)

    4) 측정값은 정상인가?

■ 예

▶ 다음 점검 절차를 수행한다

■ 아니오

▶ 아래 표를 참고하여, 고장 가능 부위를 점검한다. 이상이 발견되면 교환 또는 수리한 후 "고장 수리 확인" 절차를 수행한다.

| 조건 | 가능 원인 | 고장 가능 부위 |
| --- | --- | --- |
| 연료 압력 낮음 | 연료 필터 막힘 | 연료 필터 |
|  | 연료 압력 조절기의 연료 누출 | 연료 펌프(연료 압력 조절기) |
| 연료 압력 높음 | 연료 압력 조절기 고착 | 연료 펌프(연료 압력 조절기) |

2. 연료 잔압 점검

    1) 엔진을 정지 시킨후 연료 압력이 변동 하는지 점검 한다

정상값 : 엔진 정지 후 최소 5분간 연료 압력은 유지 되어야 한다.

    2) 측정값은 정상인가?

# 고장진단

**예**

▶ 정비 지침서를 참조하여 압축압력을 점검한다. 엔진의 기계적 불량 여부를 점검 한 후 이상이 있으면 수리 또는 교환한 후 "고장 수리 확인" 절차를 수행한다.

**아니오**

▶ 아래 표를 참고하여, 고장 가능 부위를 점검한다. 이상이 발견되면 교환 또는 수리한 후 "고장 수리 확인" 절차를 수행한다.

| 조 건 | 가능 원인 | 고장 가능 부위 |
|---|---|---|
| 연료 압력이 서서히 낮아짐 | 인젝터 누설 | 인젝터 |
| 연료 압력이 급격히 낮아짐 | 연료 펌프(첵밸브가 열린 상태로 고착) | 연료 펌프 |

## 고장 수리 확인  KB6CEDFA

DTC P0170 참조.

## DTC P0172 연료 학습제어 이상-혼합비 농후 (뱅크 1)

### 기능 및 역활

DTC P0170 참조.

### 고장 코드 설명

연료 보정값(단기보정) 과 학습값(장기보정)이 농후 한계치를 벗어나면 ECM은 고장코드 P0172를 표출한다

### 고장 판정 조건

| 항목 | 판정 조건 | 고장예상 원인 |
|---|---|---|
| 검출 방법 | • 연료 계통 감시 | |
| 검출 조건 | • 공연비 제어 작동<br>• 관련 고장 없음<br>• 엔진 냉각 수온 > 70℃<br>• 캐니스터 부하 < 1 | • 배기 시스템 공기 누설<br>• 산소 센서<br>• 삼원 촉매 |
| 판정값 | • 연료 보정 + 학습값 < -23%: 180초동안 60초 이상 만족 (자동변속기 장착차량), -25%(수동변속기 장착차량) | |
| 검출 시간 | • 60초 | |
| 경고등 점등 | • 2회 주행 사이클 | |

### 기준 파형 및 데이터

DTC P0170 참조.

### 고장 코드 확인

DTC P0170 참조.

### 공기량 누설 점검

1. 아래 항목을 대상으로 흡/배기 계통의 공기 누설을 점검한다
    - 진공호스의 손상,꺾임 및 연결 불량.
    - 스로틀 바디 개스킷 손상 유무
    - 흡기 매니폴드와 실린더 헤드사이의 개스킷 손상 유무
    - 인젝터와 흡기매니폴드간 기밀유지 여부
    - 산소센서와 촉매간 기밀 유지 여부

2. 문제가 발견되었는가?

    **예**

    ▶ 교환 또는 수리한 후 "고장 수리 확인" 절차를 수행한다.

    **아니오**

    ▶ 다음 점검 절차를 수행한다.

# 고장진단

3. 아래 수순을 참조하여 퍼지 계통의 공기 누설을 점검한다

   1) 캐니스터 퍼지 밸브로 부터 흡기 매니폴드로 연결되는 진공호스를 분리한다

   2) 진공펌프를 사용하여 분리한 호스에 약 **15 inHg** 진공을 인가한다

   3) 진공이 유지되는가?

   **예**

   ▶ 다음 점검 절차를 수행 한다

   **아니오**

   ▶ 공기 누설을 수리한 후 "고장 수리 확인" 절차를 수행한다.

## 센서 점검

**참고**

"일반 정보"의 "기준 파형 및 데이터"의 각 센서 기준데이터를 참조하여 아래 항목을 점검 한다.

1. 아래 조건에 대해 시각적/물리적 점검을 수행한다.

   1) 산소센서
      - 산소센서가 정확히 장착되어 있는지 또는 센서와 ECM 커넥터의 터미널 부식여부 및 장력이 적절한지 점검한다.(배선이 배기측에 접촉되어 있지 않음을 확인한다)
      - 전방 산소센서의 실리콘 오염을 점검한다. 실리콘 오염은 산소센서 표면에 흰색 가루가 묻어있는 것으로 확인할 수 있으며 비정상적인 값이 출력된다.
      - 산소센서 오염 여부(연료,냉각수 또는 엔진오일등)
      - 부적절한 실런트 사용 여부
      - 작동 전압 정상 유무("일반 정보"의 "기준 파형 및 데이터" 참조)

   2) 흡입 공기량 센서의 오염/성능 악화 또는 커넥터 접촉 불량 및 배선 손상
      - 오염 또는 성능 악화
      - 커넥터 접촉 불량 및 배선 손상
      - 작동 전압 정상 유무("일반 정보"의 "기준 파형 및 데이터" 참조)

   **참고**

   산소센서 또는 흡입 공기량 센서의 오염이 발견된 경우에는 재오염의 방지를 위하여 반드시 오염 원인을 제거한 후 수리 또는 교환한다

   3) 스로틀 위치센서
      - 시동후 가속 페달을 밟으면서 스로틀 위치센서 신호가 밟는양에 비례하여 일정하게 증가 하는지 점검한다.
      - 작동 전압 정상 유무("일반 정보"의 "기준 파형 및 데이터" 참조)

   4) ECM 접지 상태가 양호한지 점검한다.

   5) 이상이 발견된 경우에는 수리 또는 교환 작업을 실시한 후 "고장 수리 확인" 절차를 수행한다. 정상일 경우에는 다음 점검 절차를 수행한다.

## 포지티브 크랭크케이스 벤틸레이션(PCV) 시스템 점검

1. 엔진 오일량을 점검한 후 필요하면 보충 또는 수리 한다.

2. PCV 밸브의 오장착 여부, 오링 손상등을 육안 점검 한다.

3. 엔진 오일이 연료에 희석되었는지 유무를 아래수순을 참조하여 점검한다.

   1) 엔진을 정상 작동 온도까지 난기 시킨다.

2) 스캔툴을 설치하고 서비스 데이터 중 "공연비 연료 보정" 항목값의 범위를 기록한다.

3) 엔진을 정지 시킨 후 흡기 매니폴드측에서 PCV 밸브를 분리한 후 적당한 공구로 양측을 막는다.

4) 엔진을 재시동한 후 "공연비 연료 보정" 항목값을 다시 점검한다.

정상값 : PCV 밸브 분리전,후의 측정값은 높거나 낮게 변화하지 않고 일정 하여야 한다.

4. 측정값은 정상인가?

**예**

▶ 다음 점검 절차를 수행한다.

**아니오**

▶ 정비 지침서를 참조하여 PCV 밸브의 정상 작동 여부를 점검한다. 정상이면 엔진오일이 연료에 희석되진 않았는지 점검한다. 이상이 발견되면 오일 또는 필터를 교환한 후 "고장 수리 확인" 절차를 수행한다.

## 연료 시스템 점검  KF365CC2

1. 연료 압력 점검

    1) 연료에 수분 또는 이물질이 유입되었는지 점검한다

    2) 연료 압력 게이지를 장착한다

    3) 공회전 정상 상태에서 연료 압력을 점검한다

정상값 : 338~348kPa(3.45~3.55 kg/cm²)

    4) 측정값은 정상인가?

**예**

▶ 다음 점검 절차를 수행한다

**아니오**

▶ 아래 표를 참고하여, 고장 가능 부위를 점검한다. 이상이 발견되면 교환 또는 수리한 후 "고장 수리 확인" 절차를 수행한다.

| 조건 | 가능 원인 | 고장 가능 부위 |
|---|---|---|
| 연료 압력 낮음 | 연료 필터 막힘 | 연료 필터 |
| | 연료 압력 조절기의 연료 누출 | 연료 펌프(연료 압력 조절기) |
| 연료 압력 높음 | 연료 압력 조절기 고착 | 연료 펌프(연료 압력 조절기) |

2. 연료 잔압 점검

    1) 엔진을 정지 시킨후 연료 압력이 변동 하는지 점검 한다

정상값 : 엔진 정지 후 최소 5분간 연료 압력은 유지 되어야 한다.

    2) 측정값은 정상인가?

# 고장진단

**예**

▶ 정비 지침서를 참조하여 압축압력을 점검한다. 엔진의 기계적 불량 여부를 점검 한 후 이상이 있으면 수리 또는 교환한 후 "고장 수리 확인" 절차를 수행한다.

**아니오**

▶ 아래 표를 참고하여, 고장 가능 부위를 점검한다. 이상이 발견되면 교환 또는 수리한 후 "고장 수리 확인" 절차를 수행한다.

| 조 건 | 가 능 원 인 | 고 장 가 능 부 위 |
|---|---|---|
| 연료 압력이 서서히 낮아짐 | 인젝터 누설 | 인젝터 |
| 연료 압력이 급격히 낮아짐 | 연료 펌프(첵밸브가 열린 상태로 고착) | 연료 펌프 |

## 고장 수리 확인

DTC P0170 참조.

# DTC P0196 CVVT 오일 온도 센서 (OTS)-성능이상

## 부품 위치

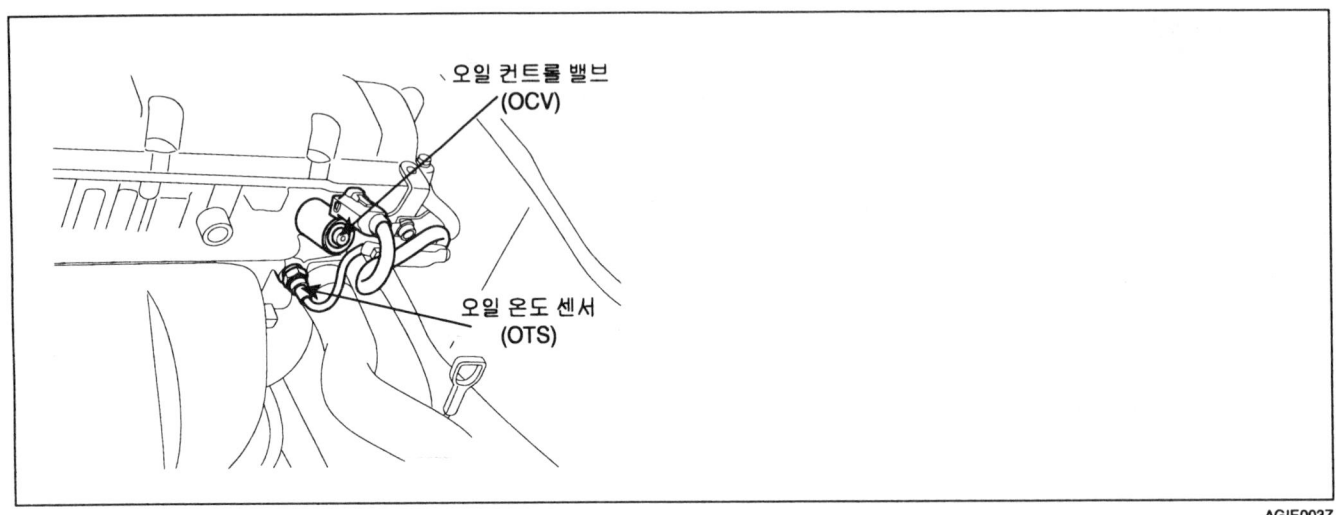

## 기능 및 역할

CVVT시스템의 작동 유체는 엔진 오일이며 오일은 온도에 따라서 그 밀도가 변하므로 ECM은 엔진 오일 온도 센서(OTS)의 신호값을 받아 온도에 따른 보상을 하게 된다. 오일 온도 센서의 주요 기능은 다음과 같다.

1. 흡기밸브 제어 솔레노이드(또는 오일컨트롤밸브)듀티 보정 : 오일온도에 따라 코일의 저항이 달라지므로 듀티 보정을 하지 않는다면 저온에서는 과도한 전류가, 고온에서는 적은 전류가 흐르게 된다. 따라서 ECM은 유온변화에 관계 없이 일정한 전류를 가할수 있도록 오일 온도 센서의 출력값에 따라 적절한 듀티를 보정 한다.

2. CVVT시스템 작동개시 온도 판단 : 저온에서는 밸브등 엔진 단품의 마찰이 크기 때문에 CVVT 응답성이 악화되므로 적당한 온도 이상에서 CVVT를 작동할수 있도록 ECM은 오일 온도 센서의 출력값을 입력 받아 설정온도 이상에서 CVVT를 작동시킨다.

3. CVVT 제어성 향상 : CVVT의 응답속도는 오일온도에 따라 달라지므로 ECM은 오일 온도 센서의 출력값으로 응답속도를 예측하여 제어성능을 향상 시킨다.

## 고장 코드 설명

이 고장 코드는 오일 온도 신호가 고착 또는 비정상적으로 낮거나 높을 경우를 감지하기 위한 코드이다. ECM은 신호의 고착을 감지하기 위해 계산된 오일 온도 변화 값과 실제 변화값을 비교 판단 한다. 그리고 오일 온도 측정값의 변화량이 한계값 보다 낮으면 P0196이라는 고장코드를 발생한다. ECM은 아래 조건에서 한가지 조건을 만족시킨 경우에 P0196 코드를 발생시킨다.

1. 1) 오일 온도 계산값이 높은 경우 오일 온도 측정값이 비정상적으로 낮다.

2. 관련 고장이 없는 조건에서 냉각수온도가 낮은 경우 오일 온도 측정값이 비정상적으로 높다.

# 고장진단

## 고장 판정 조건 K3C9CEBD

| 항목 | | 판정조건 | 고장예상 원인 |
|---|---|---|---|
| 경우 1 | 검출 방법 | • 신호 변화 없음 | • 커넥터 접촉 저항<br>• 오일온도 센서 |
| | 검출 조건 | • 시동시 냉각수 온도 < 40℃<br>• 관련 고장 없음<br>• 6 < 배터리 전압 (V) < 16 | |
| | 판정값 | • ECM에서 계산된 오일 온도 증가량 > 한계값 그러나, 실제 측정된 오일 온도 증가량 < 한계값 (한계값은 시동시 냉각수 온도에 의해 결정) | |
| | 검출 시간 | • 시동시 냉각수 온도와 운행 패턴에 따라 10~30분 | |
| 경우 2 | 검출 방법 | • 성능 점검 | |
| | 검출 조건 | • 관련 고장 없음<br>• 6 < 배터리 전압 < 16 | |
| | 판정판 | • 시동시 냉각수 온도 < 40℃ & 오일 온도 계산값 > 70℃ & 오일 온도 측정값 < 20℃<br>• 냉각수 온도 < 70℃ & 오일 온도 측정값 > 100℃ | |
| | 검출 시간 | • 15초 | |
| 경고등 점등 | | • 2회 주행 사이클 | |

## 정상값 K628F648

| 온도 (℃) | 센서 저항 (kΩ) | 온도 (℃) | 센서 저항 (kΩ) |
|---|---|---|---|
| -20 | 16.52 | 40 | 1.11 |
| 0 | 6.00 | 60 | 0.54 |
| 20 | 2.45 | 80 | 0.29 |

## 부분 회로도

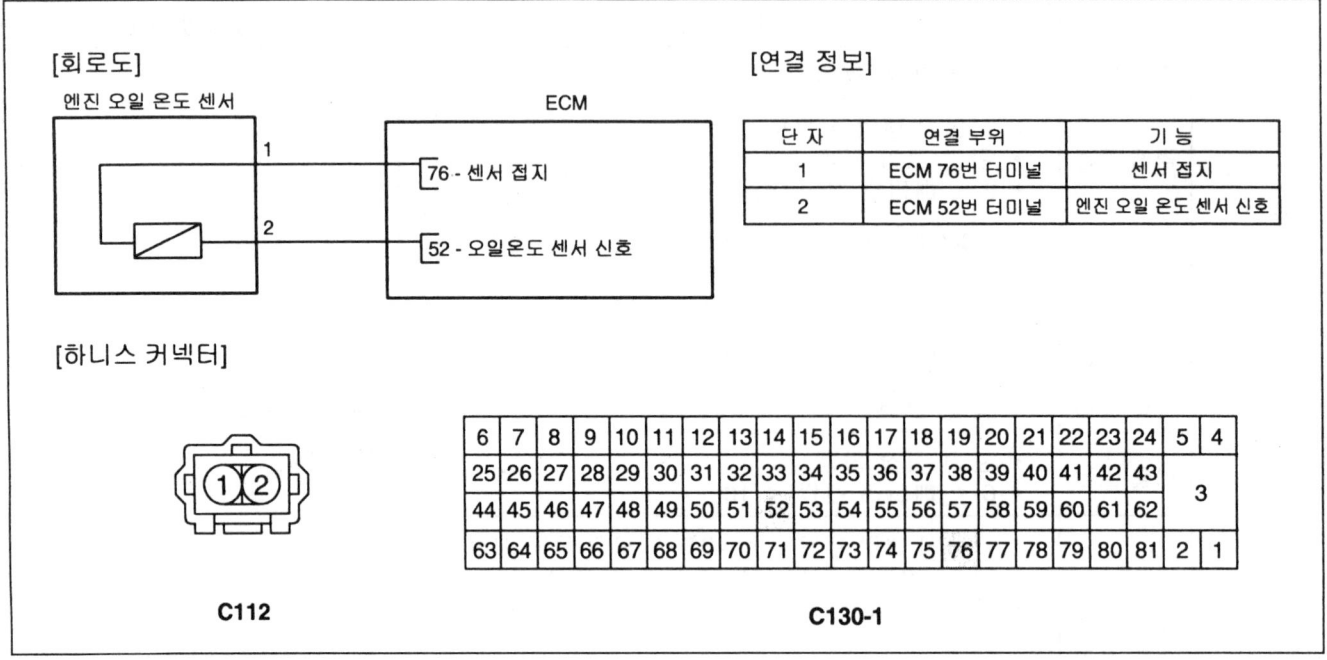

## 기준 파형 및 데이터

그림 1) 센서 정상시 : 77℃에서 약 1.4V
그림 2) 신호선 및 접지선 단선시: 약 5V
그림 3) 신호선 접지 단락시 : 약 0V

## 고장 코드 확인

> **참고**
> 엔진 오일 온도 센서와 관련된 고장코드가 저장되어 있으면, 저장되어 있는 코드와 관련된 모든 수리 절차를 완료한 후 이후에 본 진단 절차를 수행한다.

1. 스캔툴의 "자기진단" 기능을 선택한다.

2. 하단 메뉴바의 "F4"를 눌러 고장 상세 정보를 선택한다.

3. "고장 진단 완료 유무" 항목이 "진단 완료"인지 확인한다.

고장진단　　　　　　　　　　　　　　　　　　　　　　　　　　　　　　　　　　　　　　　　　　　FL-213

> [U] 참고
> 미완료일경우 일반정보의 검출조건에서 지시하는대로 차량을 주행하여 진단을 완료 시킨다

4. "고장 유형"항목의 결과값이 "과거 고장" 인가?

```
              고장 상세 정보

    1. 경고등상태  :  OFF
    2. 고장 유형   :  "과거고장" 또는 "현재고장"
    3. 고장진단 완료 유무 : "진단완료" 또는 "미완료"
    4. 동일고장 발생 횟수 :  X (횟수가 기록됨)
    5. 고장발생후 경과시간:      0분
    6. 고장소거후 경과시간:      0분
```

AGIE001X

> [U] 참고
> - 과거 고장 : 이전에 발행한 고장임. 현재는 정상.
> - 현재 고장 : 현재 고장이 발생되어 있는 상태임.

**예**

▶ "동일고장 발생 횟수"항목 값이 2회 이상이면 간헐적인 고장이므로 "터미널 및 커넥터 점검"절차를 수행한다. "동일고장 발생 횟수"가 1회 이하이면 과거고장이므로 진단을 종료한다.

**아니오**

▶ "배선 점검" 절차를 수행한다.

## 터미널 및 커넥터 점검   K4A435BD

1. 고장의 주요원인은 배선손상 및 연결상태의 불량에 있으므로 커넥터 접촉불량 및 터미널의 부식 또는 변형등을 전체적으로 점검한다.

2. 문제가 발견 되었는가?

**예**

▶ 수리 또는 교환한 후 "고장 수리 확인" 절차를 수행한다.

**아니오**

▶ "단품 점검" 절차를 수행한다.

산소센서 퓨즈 점검

1. 점화스위치 "OFF".

2. 오일 온도센서 커넥터를 분리한다.

3. 센서 커넥터의 1번과 2번 터미널간 저항을 측정한다. (단품측)

정상값

| 온도 (℃) | 센서 저항 (kΩ) | 온도 (℃) | 센서 저항 (kΩ) |
|---|---|---|---|
| -20 | 16.52 | 40 | 1.11 |
| 0 | 6.00 | 60 | 0.54 |
| 20 | 2.45 | 80 | 0.29 |

C112
1. 센서 접지
2. 엔진 오일 온도 센서 신호

SJMFL7254D

4. 측정값이 정상인가?

   **예**

   ▶ ECM과 단품 사이의 커넥터 접촉불량 및 터미널의 부식 또는 변형을 점검한 후 이상이 있으면 수리한다.
   "고장 수리 확인" 절차를 수행한다.

   **아니오**

   ▶ 새로운 단품을 임시 장착하여 차량 상태를 확인한 후 정상이면 단품을 교환한다.
   "고장 수리 확인" 절차를 수행한다.

## 고장 수리 확인   K447BBBC

"고장 코드 확인" 절차를 재수행하여 고장이 정확히 수리 되었는지 확인한다.

1. 스캔툴의 "자기진단"기능중 고장 상세 정보를 선택 한다

   ⚠ 주의
   고장코드를 소거하지 말 것(상세정보도 함께 소거 됨)

2. "고장 진단 완료 유무" 항목이 "진단 완료"인지 확인한다.

   📖 참고
   미완료일경우 일반정보의 검출조건에서 지시하는대로 차량을 주행하여 완료 시킨다

3. "고장 유형"항목의 결과값이 "과거 고장" 인가?

   **예**

   ▶ 시스템 정상. 고장코드를 소거한다

   **아니오**

   ▶ 적절한 수리절차를 재수행한다.

고장진단

## DTC P0197 CVVT 오일 온도 센서 (OTS)-신호 낮음

부품 위치

DTC P0196 참조.

기능 및 역할

DTC P0196 참조.

**DTC** 감지 조건

ECM은 오일 온도 센서가 적절하게 작동할 수 있는 전압범위 보다 낮은 전압이 감지되면 고장 코드 P0197을 발생한다.

고장 판정 조건

| 항목 | 판정 조건 | 고장예상 원인 |
|---|---|---|
| 검출 방법 | • 전압 점검 | • 접지 단락<br>• 커넥터 접촉 저항<br>• 오일온도 센서 |
| 검출 조건 | • 냉각수 온도 < 100℃ | |
| 판정값 | • 오일 온도 > 154℃ | |
| 검출 시간 | • 5초 | |
| 경고등 점등 | • 2회 주행 사이클 | |

정상값

DTC P0196 참조.

부분 회로도

DTC P0196 참조.

기준 파형 및 데이터

DTC P0196 참조.

고장 코드 확인

DTC P0196 참조.

스캔툴 데이터 분석

DTC P0196 참조.

신호선 점검

1. 점화스위치 "OFF"
2. 오일 온도센서 커넥터를 분리한다.

# FL -216
연료 장치

3. 센서 커넥터 2번 터미널과 차체 접지간 저항을 측정한다.

정상값 : 무한대

4. 측정값이 정상인가?

**예**
▶ "터미널 및 커넥터 점검" 절차를 수행한다.

**아니오**
▶ 배선 수리 후, "고장 수리 확인" 절차를 수행한다.

## 터미널 및 커넥터 점검  K9600668

DTC P0196 참조.

## 단품점검  K223F4B7

1. 센서 커넥터 1번과 2번 터미널 간 저항을 측정한다.

정상값

| 온도 (℃) | 센서 저항 (kΩ) | 온도 (℃) | 센서 저항 (kΩ) |
|---|---|---|---|
| -20 | 16.52 | 40 | 1.11 |
| 0 | 6.00 | 60 | 0.54 |
| 20 | 2.45 | 80 | 0.29 |

C112
1. 센서 접지
2. 엔진 오일 온도 센서 신호

SJMFL7254D

2. 표출값이 정상인가?

**예**
▶ ECM과 단품 사이의 커넥터 접촉불량 및 터미널의 부식 또는 변형을 점검한 후 이상이 있으면 수리한다.
"고장 수리 확인" 절차를 수행한다.

**아니오**
▶ 새로운 단품을 임시 장착하여 차량 상태를 확인한 후 정상이면 단품을 교환한다.
"고장 수리 확인" 절차를 수행한다.

## 고장 수리 확인  KE0C012B

DTC P0196 참조.

고장진단

## DTC P0198 CVVT 오일 온도 센서 (OTS)-신호 높음

부품 위치

DTC P0196 참조.

기능 및 역할

DTC P0196 참조.

DTC 감지 조건

ECM은 오일 온도 센서가 적절하게 작동할 수 있는 전압범위 보다 높은 전압이 감지되면 고장 코드 P0198을 발생한다.

고장 판정 조건

| 항목 | 판정 조건 | 고장예상 원인 |
|---|---|---|
| 검출 방법 | • 전압 점검 | • 단선 또는 배터리 단락<br>• 커넥터 접촉 저항<br>• 오일온도 센서 |
| 검출 조건 | • 냉각수 온도 -10℃보다 낮으면 엔진 시동 후 5분 경과 | |
| 판정값 | • 오일 온도 < -36℃ | |
| 검출 시간 | • 5초 | |
| 경고등 점등 | • 2회 주행 사이클 | |

정상값

DTC P0196 참조.

부분 회로도

DTC P0196 참조.

기준 파형 및 데이터

DTC P0196 참조.

고장 코드 확인

DTC P0196 참조.

스캔툴 데이터 분석

DTC P0196 참조.

접지선 점검

1. 점화스위치 "OFF"
2. ECM 커넥터를 분리한다.

3. 센서 커넥터 1번 터미널과 ECM 커넥터 76번 터미널간 저항을 측정한다.

정상값 : 약 0Ω

4. 측정값이 정상인가?

   **예**

   ▶ "터미널 및 커넥터 점검" 절차를 수행한다.

   **아니오**

   ▶ 배선 수리 후, "고장 수리 확인" 절차를 수행한다.

## 신호선 점검 <sub>K2887471</sub>

단선점검

1. 점화스위치 "OFF"

2. 센서 커넥터 2번 터미널과 커넥터 52번 터미널간 저항을 측정한다.

정상값 : 약 0Ω

3. 측정값이 정상인가?

   **예**

   ▶ 다음 점검 절차를 수행한다.

   **아니오**

   ▶ 배선 수리 후, "고장 수리 확인" 절차를 수행한다.

배터리 단락 점검

1. ECM 커넥터를 분리한다.

2. 점화스위치 "ON" & 엔진 "OFF"

3. 센서 커넥터 2번 터미널과 ECM 커넥터 52번 터미널간 전압을 측정한다.

정상값 : 약 0Ω

4. 측정값이 정상인가?

   **예**

   ▶ "터미널 및 커넥터 점검" 절차를 수행한다.

   **아니오**

   ▶ 배선 수리 후, "고장 수리 확인" 절차를 수행한다.

# 고장진단

## 터미널 및 커넥터 점검 KE7C76C5

DTC P0196 참조.

## 단품점검 K8DE9CE2

1. 점화스위치 "OFF"

2. 센서 커넥터 1번과 2번 터미널 간 저항을 측정한다.

정상값

| 온도 (℃) | 센서 저항 (kΩ) | 온도 (℃) | 센서 저항 (kΩ) |
|---|---|---|---|
| -20 | 16.52 | 40 | 1.11 |
| 0 | 6.00 | 60 | 0.54 |
| 20 | 2.45 | 80 | 0.29 |

1. 센서 접지
2. 엔진 오일 온도 센서 신호

3. 표출값이 정상인가?

**예**

▶ ECM과 단품 사이의 커넥터 접촉불량 및 터미널의 부식 또는 변형을 점검한 후 이상이 있으면 수리한다.
"고장 수리 확인" 절차를 수행한다.

**아니오**

▶ 새로운 단품을 임시 장착하여 차량 상태를 확인한 후 정상이면 단품을 교환한다.
"고장 수리 확인" 절차를 수행한다.

## 고장 수리 확인 K5BA58C0

DTC P0196 참조.

## DTC P0230 연료 펌프 회로 이상

### 부품 위치

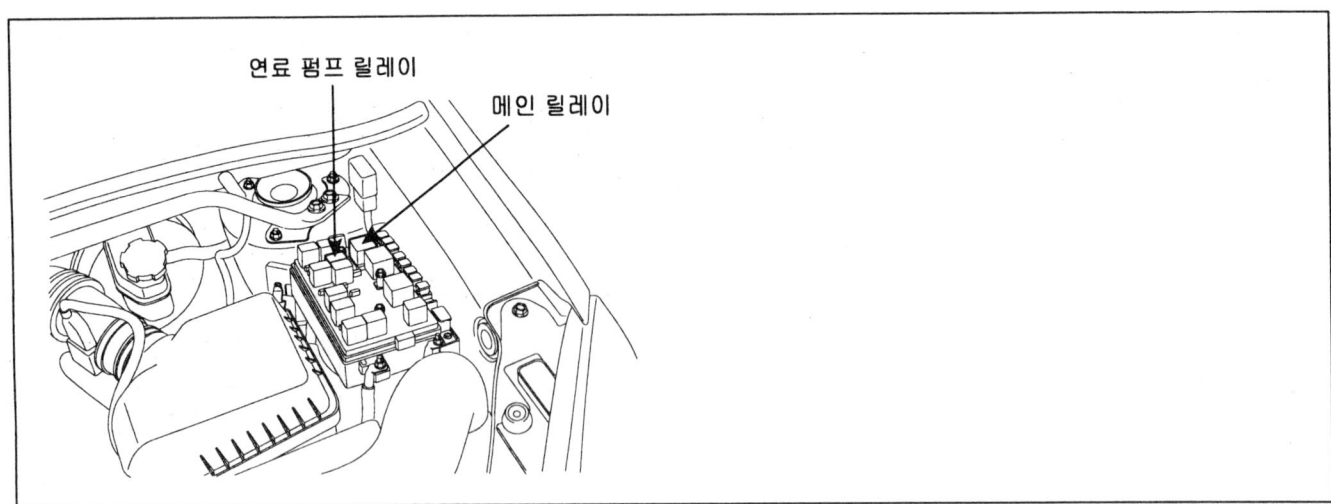

### 기능 및 역활

ECM은 연료펌프릴레이의 제어선을 작동조건에 따라 제어(접지 제어)하여 릴레이를 구동시킨다. 점화 스위치가 ON이 되면 ECM은 일정시간동안 연료압 형성을 위해 릴레이를 작동시키며 시동 신호(엔진회전수가 일정값이상으로 입력)가 입력되면 릴레이를 구동 시켜 연료 펌프를 작동 시킨다

### DTC 감지 조건

ECM은 연료펌프 릴레이 제어선이 배터리나 접지와 단선 및 단락이 되었을 경우 P0230의 고장코드를 표출한다.

### 고장 판정 조건

| 항목 | 판정 조건 | 고장예상 원인 |
|---|---|---|
| 검출 방법 | • 제어선 단선 또는 접지/배터리 단락 점검 | • 단선, 단락<br>• 커넥터 접촉 저항<br>• 연료 펌프 릴레이 |
| 검출 조건 | • 10 < 배터리 전압 (V) < 16 | |
| 판정값 | • 단선, 배터리 또는 접지 단락 | |
| 검출 시간 | • 3초 | |
| 경고등 점등 | • 경고등 미점등 | |

# 고장진단

## 부분 회로도  KA6A2BF6

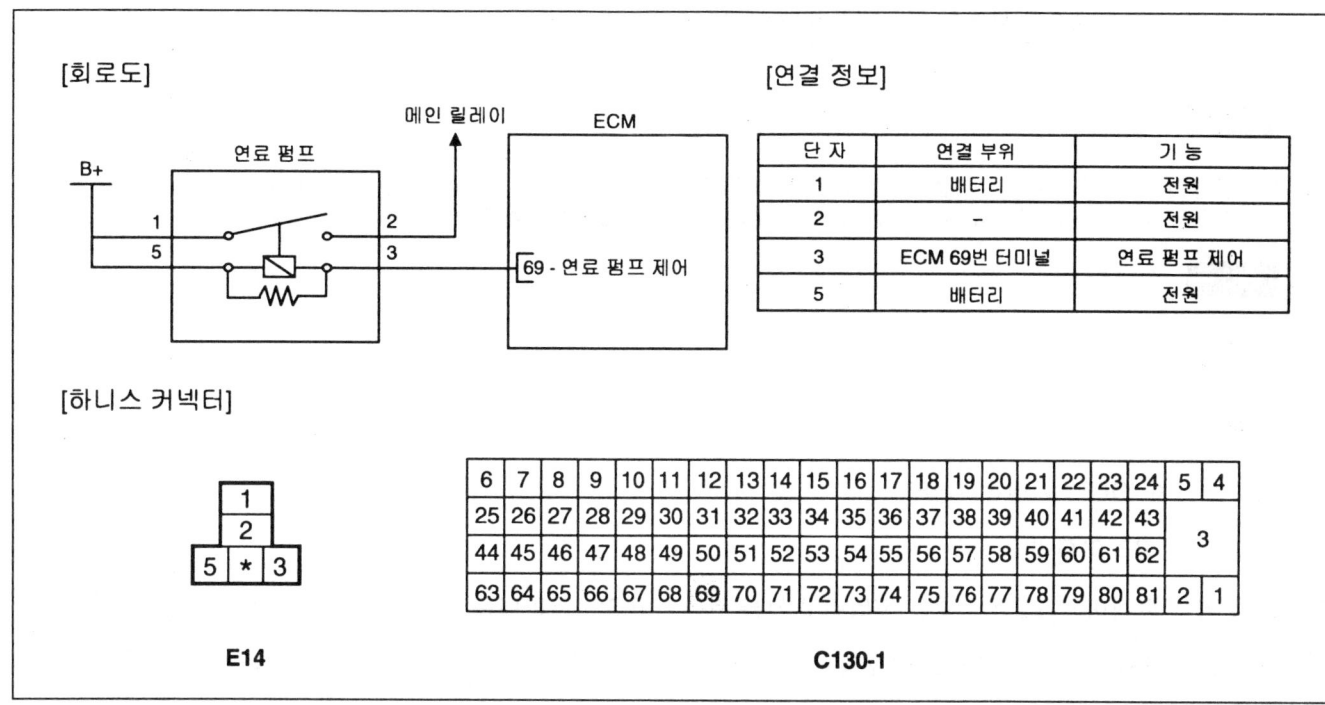

## 고장 코드 확인  KCA6BC71

1. 스캔툴의 "자기진단"기능을 선택 한다
2. 하단 메뉴바의 "F4"를 눌러 고장 상세 정보를 선택 한다
3. "고장 진단 완료 유무" 항목이 "진단 완료"인지 확인한다.

    📖 참고
    미완료일경우 일반정보의 검출조건에서 지시하는대로 차량을 주행하여 진단을 완료 시킨다.

4. "고장 유형"항목의 결과값이 "과거 고장" 인가?

```
           고장 상세 정보

1.경고등상태 :  OFF
2.고장 유형   : "과거고장" 또는 "현재고장"
3.고장진단 완료 유무 :"진단완료" 또는 "미완료"
4.동일고장 발생 횟수 :  X (횟수가 기록됨)
5.고장발생후 경과시간:     0분
6.고장소거후 경과시간:     0분
```

### 참고
- 과거 고장 : 이전에 발행한 고장임. 현재는 정상.
- 현재 고장 : 현재 고장이 발생되어 있는 상태임.

**예**

▶ "동일고장 발생 횟수"항목 값이 2회 이상이면 간헐적인 고장이므로 "터미널 및 커넥터 점검"절차를 수행한다
"동일고장 발생 횟수"가 1회 이하이면 과거고장이므로 진단을 종료한다

**아니오**

▶ "단품 점검" 수행한다.

## 단품 점검  K47FEF9A

1. 점화스위치 "OFF" & 엔진 "OFF"
2. 연료 펌프 릴레이를 분리한다.
3. 연료 펌프 릴레이의 5번 터미널은 배터리 전압을 인가하고 3번 터미널은 차체 접지시킨다. (단품측)
4. 전원이 공급되면 연료 펌프 릴레이가 작동하는지 점검한다. (릴레이 동작시 "딸깍" 소리가 들린다.)
5. 연료 펌프 릴레이가 정상적으로 작동하는가?

**예**

▶ "배선 점검" 절차를 수행한다.

**아니오**

▶ 새로운 단품을 임시 장착하여 차량 상태를 확인한 후 정상이면 단품을 교환한다.
"고장 수리 확인" 절차를 수행한다.

## 터미널 및 커넥터 점검  K0142091

1. 고장의 주요원인은 배선손상 및 연결상태의 불량에 있으므로 커넥터 접촉불량 및 터미널의 부식 또는 변형등을 전체적으로 점검한다.
2. 문제가 발견 되었는가?

**예**

▶ 수리 또는 교환한 후 "고장 수리 확인" 절차를 수행한다.

**아니오**

▶ "전원선 점검" 절차를 수행한다

## 전원선 점검  K405C52B

1. 연료 펌프 릴레이를 분리한다.
2. 점화스위치 "ON" & 엔진 "OFF".
3. 연료 펌프 릴레이 5번 터미널과 차체 접지간 전압을 측정한다.

# 고장진단

4. 연료 펌프 릴레이 1번 터미널과 차체 접지간 전압을 측정한다.

정상값 : 약 B+

5. 측정값이 정상인가?

   **예**
   ▶ "제어선 점검" 절차를 수행한다.

   **아니오**
   ▶ 배선 수리 후, "고장 수리 확인" 절차를 수행한다.

## 제어선 점검  K4515055

1. 접지 단락 점검

   1) 점화스위치 "OFF" & 릴레이 커넥터 : 분리
   2) 릴레이 커넥터 3번 터미널과 차체 접지간 저항을 측정한다.

   정상값 : 무한대

   3) 측정값이 정상인가?

      **예**
      ▶ 다음 점검 절차를 수행한다.

      **아니오**
      ▶ 배선 수리 후, "고장 수리 확인" 절차를 수행한다.

2. 배터리 단락 점검

   1) ECM 커넥터를 분리한다.
   2) 점화스위치 "ON" & 엔진 "OFF"
   3) 릴레이 커넥터 3번 터미널과 차체 접지간 전압을 측정한다.

   정상값 : 약 0V

   4) 측정값이 정상인가?

      **예**
      ▶ 다음 점검 절차를 수행한다.

      **아니오**
      ▶ 배선 수리 후, "고장 수리 확인" 절차를 수행한다.

3. 단선 점검

   1) 릴레이 커넥터 3번 터미널과 ECM 커넥터 69번 커넥터간 저항을 측정한다.

정상값 : 약 0Ω

2) 측정값이 정상인가?

**예**

▶ ECM과 단품 사이의 커넥터 접촉불량 및 터미널의 부식 또는 변형을 점검한 후 이상이 있으면 수리한다. "고장 수리 확인" 절차를 수행한다.

**아니오**

▶ 배선 수리 후, "고장 수리 확인" 절차를 수행한다.

## 고장 수리 확인  K4DA9EFF

"고장 코드 확인" 절차를 재수행하여 고장이 정확히 수리 되었는지 확인한다.

1. 스캔툴의 "자기진단"기능중 고장 상세 정보를 선택 한다

   ⚠ 주의

   고장코드를 소거하지 말 것(상세정보도 함께 소거 됨)

2. "고장 진단 완료 유무" 항목이 "진단 완료"인지 확인한다.

   📖 참고

   미완료일경우 일반정보의 검출조건에서 지시하는대로 차량을 주행하여 완료 시킨다

3. "고장 유형"항목의 결과값이 "과거 고장" 인가?

   **예**

   ▶ 시스템 정상. 고장코드를 소거한다

   **아니오**

   ▶ 적절한 수리절차를 재수행한다.

## 고장진단

| DTC P0261 | 실린더 #1-인젝터 회로-신호 낮음 |
| DTC P0264 | 실린더 #2-인젝터 회로-신호 낮음 |
| DTC P0267 | 실린더 #3-인젝터 회로-신호 낮음 |
| DTC P0270 | 실린더 #4-인젝터 회로-신호 낮음 |

### 부품 위치

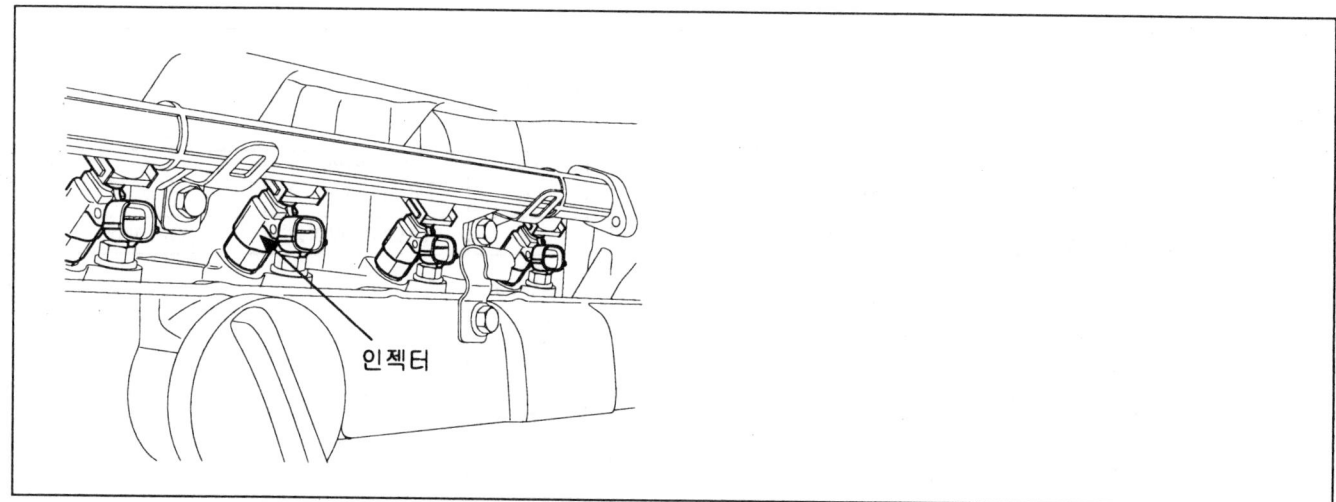

인젝터

### 기능 및 역활

인젝터 분사시간은 엔진 부하에 의해 결정되며 흡입공기량 및 각종 센서의 정보에 의해 보정된다. 인젝터는 분사출구의 면적과 연료의 압력이 일정하기 때문에 니들밸브의 개방시간, 즉 솔레노이드 코일의 통전시간에 의해 연료 분사량이 결정된다. 따라서 ECM은 솔레노이드 코일의 통전시간을 제어하여 운행조건에 따른 최적의 연료분사량을 제어함으로서 출력 및 토크, 배기가스, 연비등을 최적화 할수 있다.

### DTC 감지 조건

ECM은 인젝터(1번/2번/3번/4번 실린더) 제어선이 접지와 단락될경우 P0261/P0264/P0267/P0270이라는 고장코드를 표출한다.

### 고장 판정 조건

| 항목 | 판정 조건 | 고장예상 원인 |
|---|---|---|
| 검출 방법 | • ECM 내부 점검 | • 전원선 단선<br>• 제어선 접지 단락<br>• 커넥터 접촉 저항<br>• 인젝터 |
| 검출 조건 | • 10V < 배터리 전압 (V) < 16<br>• 엔진 회전수 (rpm) > 30 | |
| 판정값 | • 접지 단락 | |
| 검출 시간 | • 1.5초 | |
| 경고등 점등 | • 2회 주행 사이클 | |

## 정상값

| 온도 (℃) | 저항 (Ω) |
|---|---|
| 20 | 13.8~15.2 |

## 부분 회로도

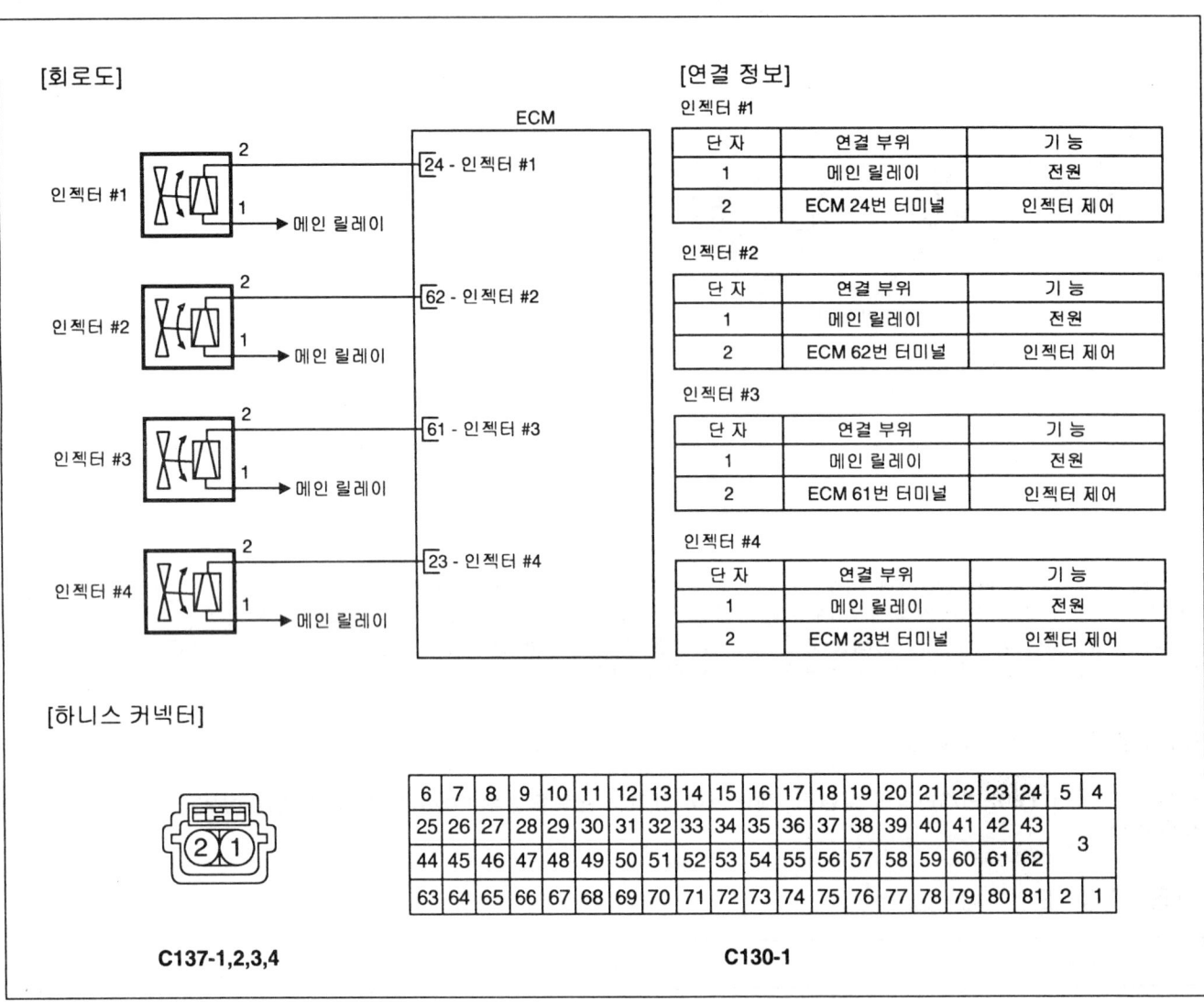

## 고장 코드 확인

1. 스캔툴의 "자기진단"기능을 선택 한다

2. 하단 메뉴바의 "F4"를 눌러 고장 상세 정보를 선택 한다

3. "고장 진단 완료 유무" 항목이 "진단 완료"인지 확인한다.

   > 참고
   > 미완료일경우 일반정보의 검출조건에서 지시하는대로 차량을 주행하여 진단을 완료 시킨다.

4. "고장 유형"항목의 결과값이 "과거 고장" 인가?

# 고장진단

```
        고장 상세 정보

1. 경고등상태   : OFF
2. 고장 유형    : "과거고장" 또는 "현재고장"
3. 고장진단 완료 유무 :"진단완료" 또는 "미완료"
4. 동일고장 발생 횟수 : X (횟수가 기록됨)
5. 고장발생후 경과시간:    0분
6. 고장소거후 경과시간:    0분
```

참고
- 과거 고장 : 이전에 발행한 고장임. 현재는 정상.
- 현재 고장 : 현재 고장이 발생되어 있는 상태임.

예

▶ "동일고장 발생 횟수"항목 값이 2회 이상이면 간헐적인 고장이므로 "터미널 및 커넥터 점검"절차를 수행한다
"동일고장 발생 횟수"가 1회 이하이면 과거고장이므로 진단을 종료한다

아니오

▶ "단품 점검" 수행한다.

단품 점검

1. 점화스위치 "OFF"
2. 인젝터 커넥터를 분리한다.
3. 인젝터 커넥터 1번과 2번 터미널간 저항을 측정한다. (단품측)

정상값

| 온도 (℃) | 저항 (Ω) |
| --- | --- |
| 20 | 13.8~15.2 |

1. 전원
2. 인젝터 제어

4. 측정값이 정상인가?

예

▶ "배선 점검" 절차를 수행한다.

**아니오**

▶ 새로운 단품을 임시 장착하여 차량 상태를 확인한 후 정상이면 단품을 교환한다.
"고장 수리 확인" 절차를 수행한다.

## 터미널 및 커넥터 점검 K7B435C8

1. 고장의 주요원인은 배선손상 및 연결상태의 불량에 있으므로 커넥터 접촉불량 및 터미널의 부식 또는 변형등을 전체적으로 점검한다.

2. 문제가 발견 되었는가?

   **예**

   ▶ 수리 또는 교환한 후 "고장 수리 확인" 절차를 수행한다.

   **아니오**

   ▶ "전원선 점검" 절차를 수행한다

## 전원선 점검 K6FEE564

1. 점화스위치 "ON" & 엔진 "OFF".

2. 인젝터 커넥터 1번 터미널과 차체 접지간 전압을 측정한다.

정상값 : 배터리 전압

3. 측정값이 정상인가?

   **예**

   ▶ "제어선 점검" 절차를 수행한다.

   **아니오**

   ▶ 메인 릴레이와 인젝터 사이의 전원 회로 단선을 점검한다.
   15A 인젝터 퓨즈 파손 또는 회로 단선을 점검한다.
   필요에 따라 수리 후, "고장 수리 확인" 절차를 수행한다.

## 제어선 점검 KDBC70B3

1. 접지 단락 점검

   1) 점화스위치 "OFF"

   2) 인젝터 커넥터 2번 터미널과 차체 접지간 저항을 측정한다.

정상값 : 무한대

2. 측정값이 정상인가?

   **예**

# 고장진단

▶ ECM과 단품 사이의 커넥터 접촉불량 및 터미널의 부식 또는 변형을 점검한 후 이상이 있으면 수리한다. "고장 수리 확인" 절차를 수행한다.

**아니오**

▶ 제어선의 단선 또는 접지 단락을 수리한 후, "고장 수리 확인" 절차를 수행한다.

## 고장 수리 확인  K8FDFB8C

"고장 코드 확인" 절차를 재수행하여 고장이 정확히 수리 되었는지 확인한다.

1. 스캔툴의 "자기진단"기능중 고장 상세 정보를 선택 한다

   ⚠ 주의

   고장코드를 소거하지 말 것(상세정보도 함께 소거 됨)

2. "고장 진단 완료 유무" 항목이 "진단 완료"인지 확인한다.

   📖 참고

   미완료일경우 일반정보의 검출조건에서 지시하는대로 차량을 주행하여 완료 시킨다

3. "고장 유형"항목의 결과값이 "과거 고장" 인가?

   **예**

   ▶ 시스템 정상. 고장코드를 소거한다

   **아니오**

   ▶ 적절한 수리절차를 재수행한다.

# DTC P0262 실린더 #1-인젝터 회로-신호 높음
# DTC P0265 실린더 #2-인젝터 회로-신호 높음
# DTC P0268 실린더 #3-인젝터 회로-신호 높음
# DTC P0271 실린더 #4-인젝터 회로-신호 높음

## 부품 위치

DTC P0261 참조.

## 기능 및 역활

DTC P0261 참조.

## DTC 감지 조건

ECM은 인젝터(1번/2번/3번/4번 실린더) 제어선이 배터리와 단선 및 단락될 경우 P0262/P0265/P0268/P0271이라는 고장코드를 표출한다.

## 고장 판정 조건

| 항목 | 판정 조건 | 고장예상 원인 |
|---|---|---|
| 검출 방법 | • ECM 내부 점검 | • 제어선 단선 또는 배터리 단락<br>• 커넥터 접촉 저항<br>• 인젝터 |
| 검출 조건 | • 10V < 배터리 전압 (V) < 16<br>• 엔진 회전수 (rpm) > 30 | |
| 판정값 | • 단선 또는 배터리 단락 | |
| 검출 시간 | • 1.5초 | |
| 경고등 점등 | • 2회 주행 사이클 | |

## 정상값

| 온도 (℃) | 저항 (Ω) |
|---|---|
| 20 | 13.8~15.2 |

## 부분 회로도

DTC P0261 참조.

## 고장 코드 확인

DTC P0261 참조.

## 단품 점검

1. 점화스위치 "OFF"
2. 인젝터 커넥터를 분리한다.
3. 인젝터 커넥터 1번과 2번 터미널간 저항을 측정한다. (단품측)

# 고장진단

정상값

| 온도 (℃) | 저항 (Ω) |
|---|---|
| 20 | 13.8 ~ 15.2 |

1. 전원
2. 인젝터 제어

SJMFL7265D

4. 측정값이 정상인가?

   **예**

   ▶ "배선 점검" 절차를 수행한다.

   **아니오**

   ▶ 새로운 단품을 임시 장착하여 차량 상태를 확인한 후 정상이면 단품을 교환한다.
   "고장 수리 확인" 절차를 수행한다.

## 터미널 및 커넥터 점검  KA0FE044

DTC P0261 참조.

## 전원선 점검  K2EFE036

1. 점화스위치 "ON" & 엔진 "OFF".

2. 인젝터 커넥터 1번 터미널과 차체 접지간 전압을 측정한다.

정상값 : 배터리 전압

3. 측정값이 정상인가?

   **예**

   ▶ "제어선 점검" 절차를 수행한다.

   **아니오**

   ▶ 메인 릴레이와 인젝터 사이의 전원 회로 단선을 점검한다.
   15A 인젝터 퓨즈 파손 또는 회로 단선을 점검한다.
   필요에 따라 수리 후, "고장 수리 확인" 절차를 수행한다.

## 제어선 점검  K9A1AA98

1. 접지 단락 점검

   1) 점화스위치 "OFF"

2) ECM 커넥터를 분리한다.

3) 점화 스위치 "ON" & "OFF"

4) 인젝터 커넥터 2번 터미널과 차체 접지간 저항을 측정한다.

정상값 : 약 0V

5) 측정값이 정상인가?

**예**

▶ 다음 점검 절차를 수행한다.

**아니오**

▶ 필요에 따라 수리 후, "고장 수리 확인" 절차를 수행한다.

2. 단선 점검

1) 점화 스위치 "OFF"

2) [P0262] 인젝터 커넥터 2번 터미널과 ECM 커넥터 24번 터미널간 저항을 측정한다.
[P0265] 인젝터 커넥터 2번 터미널과 ECM 커넥터 62번 터미널간 저항을 측정한다.
[P0268] 인젝터 커넥터 2번 터미널과 ECM 커넥터 61번 터미널간 저항을 측정한다.
[P0271] 인젝터 커넥터 2번 터미널과 ECM 커넥터 23번 터미널간 저항을 측정한다.

정상값 : 약 0Ω

측정값이 정상인가?

**예**

▶ ECM과 단품 사이의 커넥터 접촉불량 및 터미널의 부식 또는 변형을 점검한 후 이상이 있으면 수리한다. "고장 수리 확인" 절차를 수행한다.

**아니오**

▶ 필요에 따라 수리 후, "고장 수리 확인" 절차를 수행한다.

고장 수리 확인  KDFB4E92

DTC P0261 참조.

# DTC P0300 실린더 실화 발생

## 부품 위치

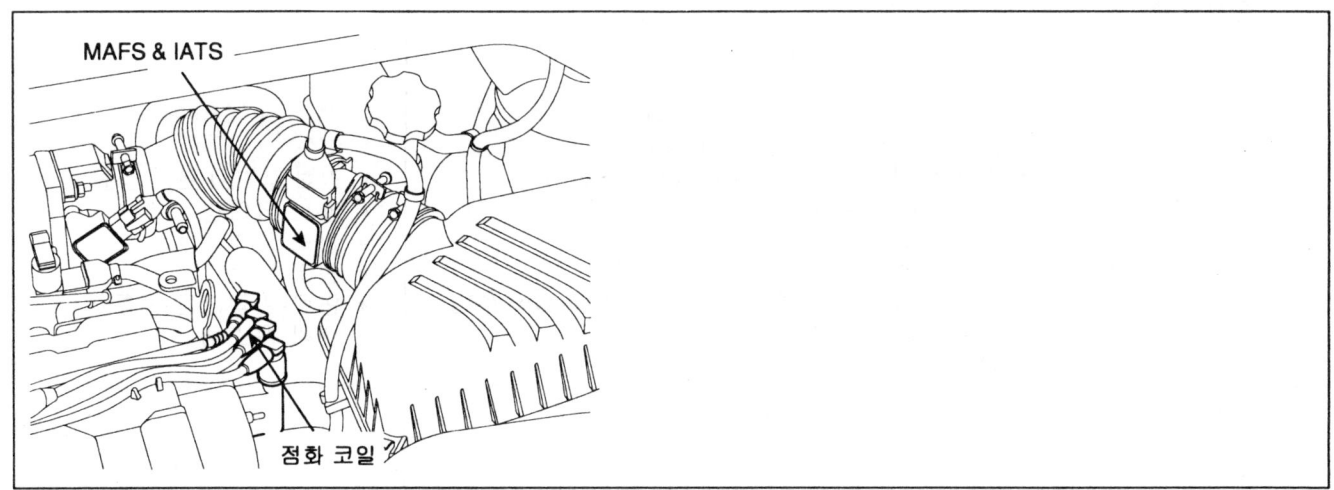

## 기능 및 역활

실화는 여러 가지 요인으로 인하여 실린더내에서 혼합가스가 미점화 되어 미연소된 상태를 말한다. 이러한 미연소 가스는 결국 촉매에서 산화되어 촉매 온도가 상승하게 되며 다량의 실화가 지속적으로 발생될 경우 촉매 및 엔진의 손상을 가져올 수 있다. ECM은 크랭크 샤프트의 회전 속도 변화를 감지하여 실화 발생 여부를 판단한다. 즉, 실화가 발생할 경우 해당 기통의 폭발/팽창 행정이 길어지므로 이를 감지하여 실화여부를 판단한다. ECM은 촉매에 손상을 주는 실화의 경우 엔진 회전수 200RPM단위로 감시하며 실화 발생시 엔진 고장 경고등(MIL)을 점멸 시키며, 촉매에 손상을 주지 않는 실화의 경우 엔진 회전수 1000RPM단위로 감시한다. 실화 감시는 차량 이나 노면의 불안정한 상태로 인하여 오진단을 할 수 있으므로 급발진, 급가속, 변속시 또는 거친 노면 주행시에는 진단이 금지 된다.

## 고장 코드 설명

고장코드 P0300은 촉매에 손상을 주는 실화 또는 배기 가스 규제를 초과하는 실화가 다기통에서 발생 할 때 표출된다.

## 고장 판정 조건  K30AB10F

| 항목 | 판정 조건 | 고장예상 원인 |
|---|---|---|
| 검출 방법 | • 실화율 계산 | |
| 검출 조건 | • 엔진 부하 비율 : 170~726mg/rev (엔진 회전수와 냉각수온에 따름)<br>• 512 < 엔진 회전수(rpm) < 4500<br>• 스로틀 열림율 : 141~199Tps/s<br>• 엔진 냉각 수온 > 20℃ (시동시 수온이 -7℃ 이하일 경우)<br>• 관련된 고장 없음<br>• 험로 주행 조건이 아님<br>• 시간(초)당 공기 흐름 구배율 : 40~400mg/rev/seg<br>• 감속으로 인한 연료 차단 조건 아님<br>• 11 < 배터리 전압(V) < 16 | • 점화 플러그 또는 점화 코일<br>• 밸브 타이밍<br>• 압축 압력<br>• 공기 누설<br>• 연료(인젝터등)계통<br>• 냉각 시스템 |
| 판정값 | • 복수 기통 실화 발생 | |
| 검출 시간 | • 연속적 진단 | |
| 경고등 점등 | • 즉시 또는 2회의 주행사이클 | |

## 정상값  KE94C84E

점화 코일 단품 저항

| 온도(℃) | 1차 저항(Ω) | 2차 저항(kΩ) |
|---|---|---|
| 20 | 0.5~0.6 | 7.5~10.2 |

# 고장진단

## 부분 회로도 K717DCB2

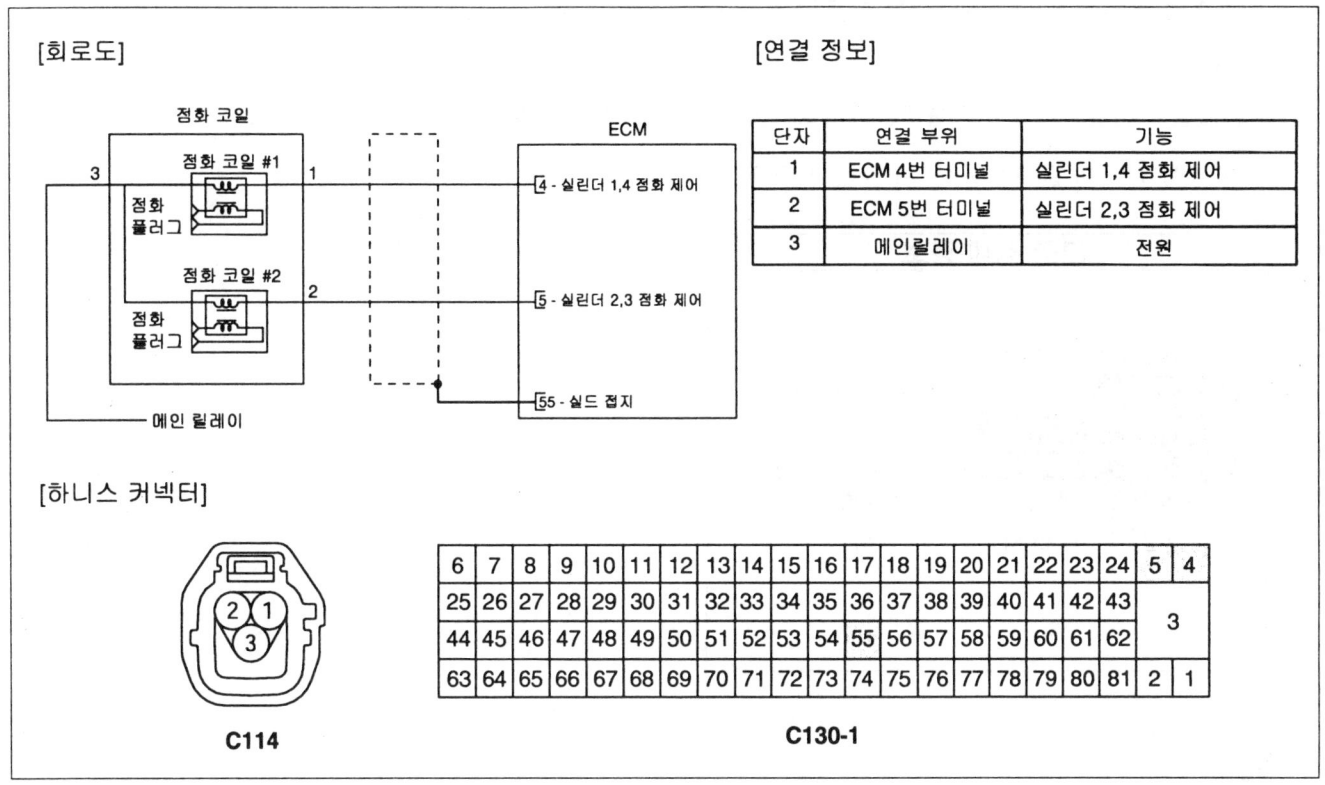

## 기준 파형 및 데이터 K4F7F922

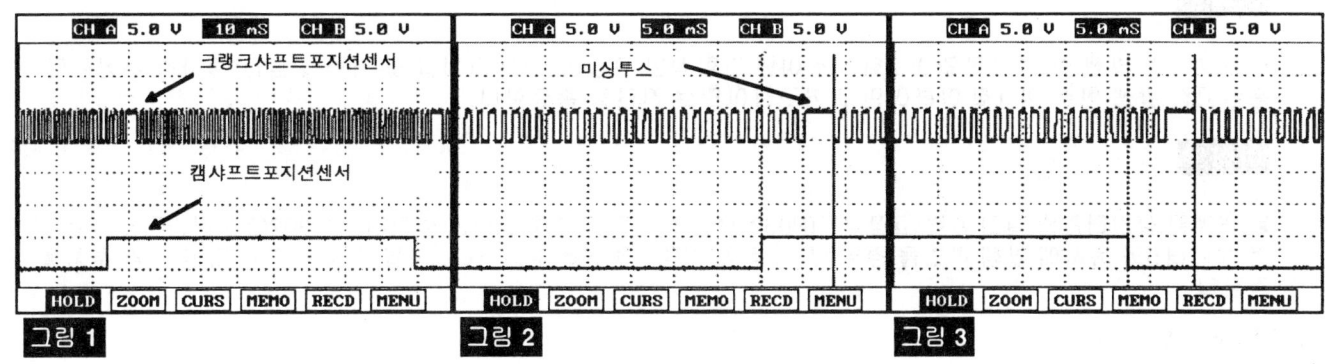

그림 1) 캠신호의 1/2 주기동안 크랭크신호는 미싱투스 포함 60개의 돌기 신호가 표출 됨. 각 신호의 잡음, 개수 틀림 및 위치 상이등을 점검 한다
그림 2,3) 캠신호 하강(상승) 신호와 미싱투스 사이에는 3~5개의 크랭크 샤프트 돌기 신호가 표출 되어야 함

## 고장 코드 확인 KDFE2C70

> [U] 참고
> 인젝터, 산소센서, 엔진 냉각 수온 센서, 스로틀 포지션 센서 및 공기량 센서와 연관된 고장코드가 저장되어 있으면, 저장되어 있는 코드와 관련된 모든 수리절차를 완료한 이후에 본 진단 절차를 수행한다.
> 엔진 경고등이 점멸되는 촉매 손상 고장이 발생하였을 경우에는 실화 관련 고장을 수리한 후 촉매 상태를 점검한다.

1. 스캔툴의 "자기진단"기능을 선택 한다

2. 하단 메뉴바의 "F4"를 눌러 고장 상세 정보를 선택한다.

3. 고장 진단 완료 유무" 항목이 "진단 완료"인지 확인한다.

   📖 참고
   미완료일경우 일반정보의 검출조건에서 지시하는대로 차량을 주행하여 진단을 완료 시킨다

4. 고장 유형"항목의 결과값이 "과거 고장" 인가?

```
         고장 상세 정보

1.경고등상태    :  OFF
2. 고장 유형    :  "과거고장" 또는 "현재고장"
3. 고장진단 완료 유무 :"진단완료" 또는 "미완료"
4. 동일고장 발생 횟수  :  X (횟수가 기록됨)
5.고장발생후 경과시간:        0분
6.고장소거후 경과시간:        0분
```

AGIE001X

📖 참고
- 과거 고장 : 이전에 발행한 고장임. 현재는 정상.
- 현재 고장 : 현재 고장이 발생되어 있는 상태임.

**예**

▶ 동일고장 발생 횟수"항목 값이 2회 이상이면 간헐적인 고장이므로 "터미널 및 커넥터 점검"절차를 수행한다. 동일고장 발생 횟수"가 1회 이하이면 과거고장이므로 진단을 종료한다.

**아니오**

▶ 연계된 실린더간의 실화 관련 고장코드(P0301(1번 실린더)과 P0304(4번 실린더), P0302(2번 실린더)과 P0303(3번 실린더))가 동시에 발생 하였을 경우 "점화 장치 점검" 절차를 수행한다. 그렇치 않을 경우 다음 점검 절차를 점검한다.

시각적/물리적 점검

1. 아래 조건에 대해 시각적/물리적 점검을 수행한다.
   - 진공호스의 손상,꺽임 및 연결 불량.
   - 포지티브 크랭크케이스 벤틸레이션(PCV) 밸브의 오장착 여부, 오링 손상 유무.
   - ECM 접지 상태 점검

2. 아래 항목을 대상으로 공기량 센서 와 엔진 냉각 수온 센서를 점검한다.
   - 커넥터 접촉 불량 및 배선 손상
   - 엔진 회전수 증가에 따라 공기량 센서 신호가 점진적으로 증가 하는지 여부.(가속페달을 밟으면서 스캔툴 상의 공기량 센서 값을 점검한다)
   - 스캔툴상의 엔진 냉각 수온센서 값이 엔진 난기 상태등을 비교하며 실제값과 일치하는지 점검 한다.

3. 문제가 발견되었는가?

**예**

# 고장진단

▶ 교환 또는 수리한 후 "고장 수리 확인" 절차를 수행한다.

**아니오**

▶ 다음 점검 절차를 수행한다.

### 타이밍 점검

1. 점화 스위치 "OFF" 상태에서 오실로스코프를 아래와 같이 연결한다:
   채널 A (+): 크랭크 센서 2번 단자(커넥터 연결된 상태에서 백프로브 연결), (-): 접지
   채널 B (+): 캠 센서 2번 단자(커넥터 연결된 상태에서 백프로브 연결), (-): 접지

2. 엔진 시동 후, 크랭크샤프트센서 와 캠샤프트센서 신호파형이 정상적으로 출력되는지 점검한다

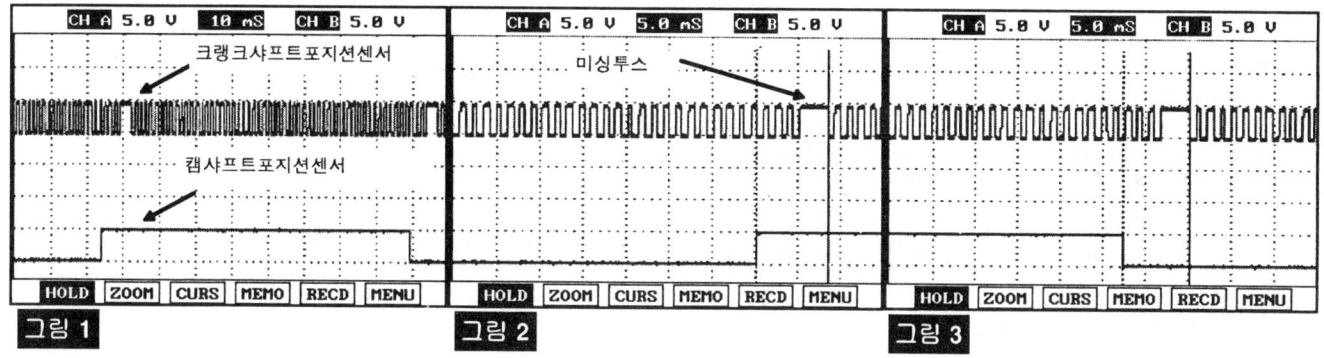

그림 1) 캠신호의 1/2 주기동안 크랭크신호는 미싱투스 포함 60개의 돌기 신호가 표출 됨. 각 신호의 잡음, 개수 틀림 및 위치 상이등을 점검 한다
그림 2,3) 캠신호 하강(상승) 신호와 미싱투스 사이에는 3~5개의 크랭크 샤프트 돌기 신호가 표출 되어야 함

3. 파형이 정상적으로 출력되는가?

**예**

▶ 다음 점검 절차를 수행한다.

**아니오**

▶ 크랭크 샤프트 또는 캠 샤프트 센서를 분리한 후 에어갭을 측정한다. 필요에 따라 재조정 및 수리 후, "고장 수리 확인" 절차를 수행한다. 정상일 경우에는 타이밍 장치를 점검한 후 필요하면 재 조정하거나 교환하고, 다음 "고장 수리 확인" 절차를 수행한다

### 점화 장치 점검   K2042D8E

1. 점화 플러그 케이블 및 점화 코일 점검

    1) 실화가 발생한 실린더의 점화 플러그 케이블 및 코일에 대해 시각적/물리적 점검을 수행한다.
       - 손상, 균열 및 카본 누적 여부
       - 배선 손상 또는 접촉 불량
       - 점화 코일 또는 점화 플러그 커넥터 연결 상태

    2) 실화가 발생한 실린더의 점화 플러그 케이블 단품 저항을 점검한다.

정상값 : 5.6kΩ /m ±20%

    3) 실화가 발생한 실린더의 점화 코일 1차 및 2차 저항을 점검한다

정상값 :
1차 코일 : 0.5~0.6Ω (20℃)
2차 코일 : 7.5~10.2 kΩ(20℃)

4) 문제가 발견되었는가?

**예**

▶ 수리 또는 교환을 한후 "고장 수리 확인 절차"를 수행한다.

**아니오**

▶ 다음 점검 절차를 수행 한다.

2. 점화 플러그 점검

1) 실화가 발생한 실린더의 점화 플러그에 대해 시각적/물리적 점검을 수행한다.
   - 절연 손상, 전극 소손, 오일 또는 연료 오염 및 커넥터 터미널 손상등
   - 에어 갭 : 1.0 - 1.1 mm
   - 미 점화로 인해 다른 실린더 점화 플러그 대비 그을림이 옅은 플러그가 있는지 여부를 점검한다

2) 문제가 발견되었는가?

**예**

▶ 수리 또는 교환을 한후 "고장 수리 확인 절차"를 수행한다.

**아니오**

▶ 다음 점검 절차를 수행 한다.

## 연료 시스템 점검

1. 연료 압력 점검

   1) 연료에 수분 또는 이물질이 유입되었는지 점검한다

   2) 연료 압력 게이지를 장착한다

   3) 공회전 정상 상태에서 연료 압력을 점검한다

정상값 : 338~348kPa(3.45~3.55 kg/cm²)

4) 측정값은 정상인가?

**예**

▶ 다음 점검 절차를 수행한다

**아니오**

▶ 아래 표를 참고하여, 고장 가능 부위를 점검한다. 이상이 발견되면 교환 또는 수리한 후 "고장 수리 확인" 절차를 수행한다.

고장진단

| 조건 | 가능 원인 | 고장 가능 부위 |
|---|---|---|
| 연료 압력 낮음 | 연료 필터 막힘 | 연료 필터 |
| | 연료 압력 조절기의 연료 누출 | 연료 펌프(연료 압력 조절기) |
| 연료 압력 높음 | 연료 압력 조절기 고착 | 연료 펌프(연료 압력 조절기) |

2. 연료 잔압 점검

   1) 엔진을 정지 시킨후 연료 압력이 변동 하는지 점검 한다

정상값 : 엔진 정지 후 최소 5분간 연료 압력은 유지 되어야 한다.

   2) 측정값은 정상인가?

   **예**

   ▶ 다음 점검 절차를 수행한다

   **아니오**

   ▶ 아래 표를 참고하여, 고장 가능 부위를 점검한다. 이상이 발견되면 교환 또는 수리한 후 "고장 수리 확인" 절차를 수행한다.

| 조건 | 가능 원인 | 고장 가능 부위 |
|---|---|---|
| 연료 압력이 서서히 낮아짐 | 인젝터 누설 | 인젝터 |
| 연료 압력이 급격히 낮아짐 | 연료 펌프(첵밸브가 열린 상태로 고착) | 연료 펌프 |

## 엔진 압축 압력 점검

1. 차량을 공회전 상태로 유지하여 난기 시킨다. 배터리가 완충전 상태인가를 확인한 후 필요하면 수리/교환 한다.
2. 시동을 끈 후 점화 스위치 "OFF" 상태에서 점화 코일 커넥터와 코일 케이블을 분리 한다
3. 압축 압력 게이지를 설치 한 후 (스로틀 밸브 전개 상태에서)크랭킹을 실시하면서 압축압력을 점검한다

정상값 :
규정치 : 1,283kPa (13.0kgf/cm²)
한계값 : 1,135kPa (11.5kgf/cm²)
각 실린더 압력치 : 100kPa (1.0kgf/cm² 이하)

4. 압축 압력이 정상인가?

   **예**

   ▶ 과도한 냉각 수온 소모가 있는지 점검한다. 만약 발견 되면 냉각수 통로, 엔진 블록, 실린더 헤드 및 개스킷을 점검한다. 이상이 발견될 경우에는 수리 또는 교환 한후 "고장 수리 확인 절차"를 수행한다.

   **아니오**

   ▶ 하나 또는 그 이상의 실린더의 압축압력이 규정치 이하라면 해당 실린더 점화 플러그 홀을 통해 소량의 엔진 오일을 넣고 압축압력을 재 측정한다. 수리 또는 교환 한후 "고장 수리 확인 절차"를 수행한다.
   - 압축 압력이 상승한 경우 피스톤 링 또는 실린더 벽 마모 또는 손상을 점검한다
   - 압축압력이 상상하지 않을 경우에는 밸브 고착, 밸브 시트 접촉 불량 또는 개스킷을 통한 가스 누기를 점검한다

## 고장 수리 확인  KCE5FDBF

"고장 코드 확인" 절차를 재수행하여 고장이 정확히 수리 되었는지 확인한다.

1. 스캔툴의 "자기진단"기능중 고장 상세 정보를 선택 한다

    ⚠ 주의
    고장코드를 소거하지 말 것(상세정보도 함께 소거 됨)

2. "고장 진단 완료 유무" 항목이 "진단 완료"인지 확인한다.

    📖 참고
    미완료일경우 일반정보의 검출조건에서 지시하는대로 차량을 주행하여 완료 시킨다

3. "고장 유형"항목의 결과값이 "과거 고장" 인가?

    **예**
    ▶ 시스템 정상. 고장코드를 소거한다

    **아니오**
    ▶ 적절한 수리절차를 재수행한다.

# 고장진단

| DTC P0301 | 실린더 #1-실화발생 |
| DTC P0302 | 실린더 #2-실화발생 |
| DTC P0303 | 실린더 #3-실화발생 |
| DTC P0304 | 실린더 #4-실화발생 |

## 부품 위치

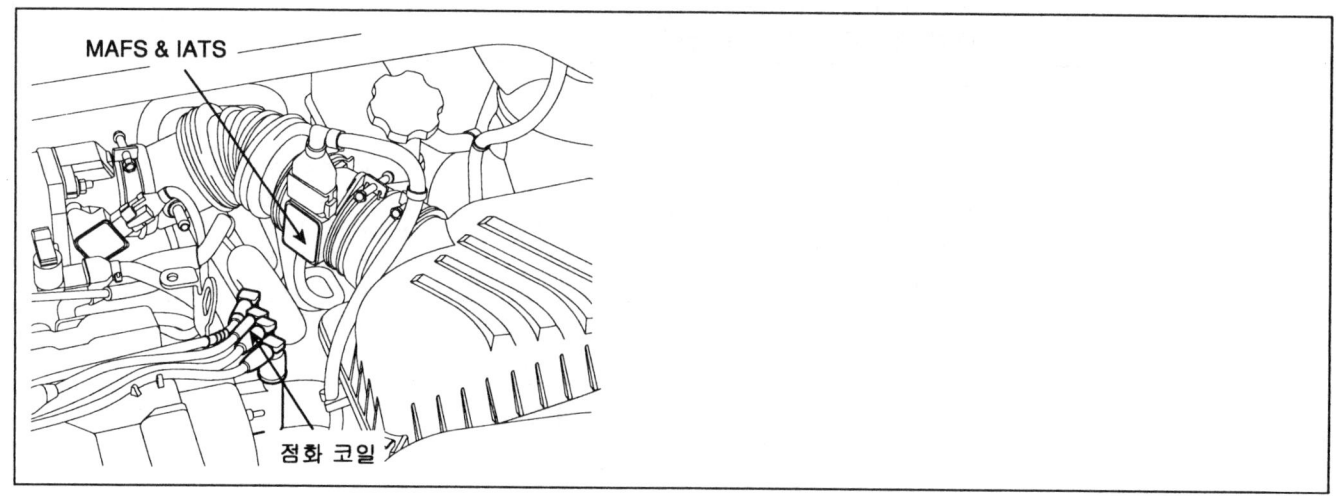

## 기능 및 역활

실화는 여러 가지 요인으로 인하여 실린더내에서 혼합가스가 미점화 되어 미연소된 상태를 말한다. 이러한 미연소 가스는 결국 촉매에서 산화되어 촉매 온도가 상승하게 되며 다량의 실화가 지속적으로 발생될 경우 촉매 및 엔진의 손상을 가져올 수 있다. ECM은 크랭크 샤프트의 회전 속도 변화를 감지하여 실화 발생 여부를 판단한다. 즉, 실화가 발생할 경우 해당 기통의 폭발/팽창 행정이 길어지므로 이를 감지하여 실화여부를 판단한다. ECM은 촉매에 손상을 주는 실화의 경우 엔진 회전수 200RPM단위로 감시하며 실화 발생시 엔진 고장 경고등(MIL)을 점멸 시키며, 촉매에 손상을 주지 않는 실화의 경우 엔진 회전수 1000RPM단위로 감시한다. 실화 감시는 차량 이나 노면의 불안정한 상태로 인하여 오진단을 할 수 있으므로 급발진, 급가속, 변속시 또는 거친 노면 주행시에는 진·단이 금지 된다.

## 고장 코드 설명

엔진 회전수 200RPM내에서 촉매에 손상을 주는 실화 또는 엔진 회전수 1000RPM내에서 배기 가스 규제를 초과하는 실화가 발생 할 경우 고장코드가 발생한다

# FL -242  연료 장치

## 고장 판정 조건  KC52267B

| 항목 | | 판정 조건 | 고장예상 원인 |
|---|---|---|---|
| 검출 방법 | | • 실화율 계산 | |
| 검출 조건 | 경우1 | • 엔진 부하 비율 : 156~710mg/rev (엔진 회전수와 냉각수온에 따름)<br>• 512 < 엔진 회전수(rpm) < 6500<br>• 스로틀 열림율 : 141~199Tps/s | • 점화 플러그 또는 점화 코일<br>• 밸브 타이밍<br>• 압축 압력<br>• 공기 누설<br>• 연료(인젝터등)계통<br>• 냉각 시스템 |
| | 경우2 | • 엔진 냉각 수온 > 20℃ (시동시 수온이 -7℃ 이하일 경우)<br>• 관련된 고장 없음<br>• 험로 주행 조건이 아님<br>• 시간(초)당 공기 흐름 구배율 : 40~400mg/rev/seg<br>• 감속으로 인한 연료 차단 조건 아님<br>• 11 < 배터리 전압(V) < 16 | |
| 판정값 | 경우1 | • 엔진 200회전내에서 촉매에 손상을 주는 실화 발생률이 12%~54% 이상 발생시 (촉매 온도는 1050℃ 이상) | |
| | 경우2 | • 엔진 1000회전내에서 촉매에 손상을 주는 실화 발생률이 1.2% 이상 발생시 | |
| 검출 시간 | 경우1 | • 3*200 회전 또는 200 회전. | |
| | 경우2 | • 1000 회전 또는 4*1000 회전. | |
| 경고등 점등 | | • 즉시 또는 2회의 주행 사이클 | |

## 정상값  KAD296A9

점화 코일 단품 저항

| 온도(℃) | 1차 저항(Ω) | 2차 저항(kΩ) |
|---|---|---|
| 20 | 0.5~0.6 | 7.5~10.2 |

고장진단

## 부분 회로도  K148D2AB

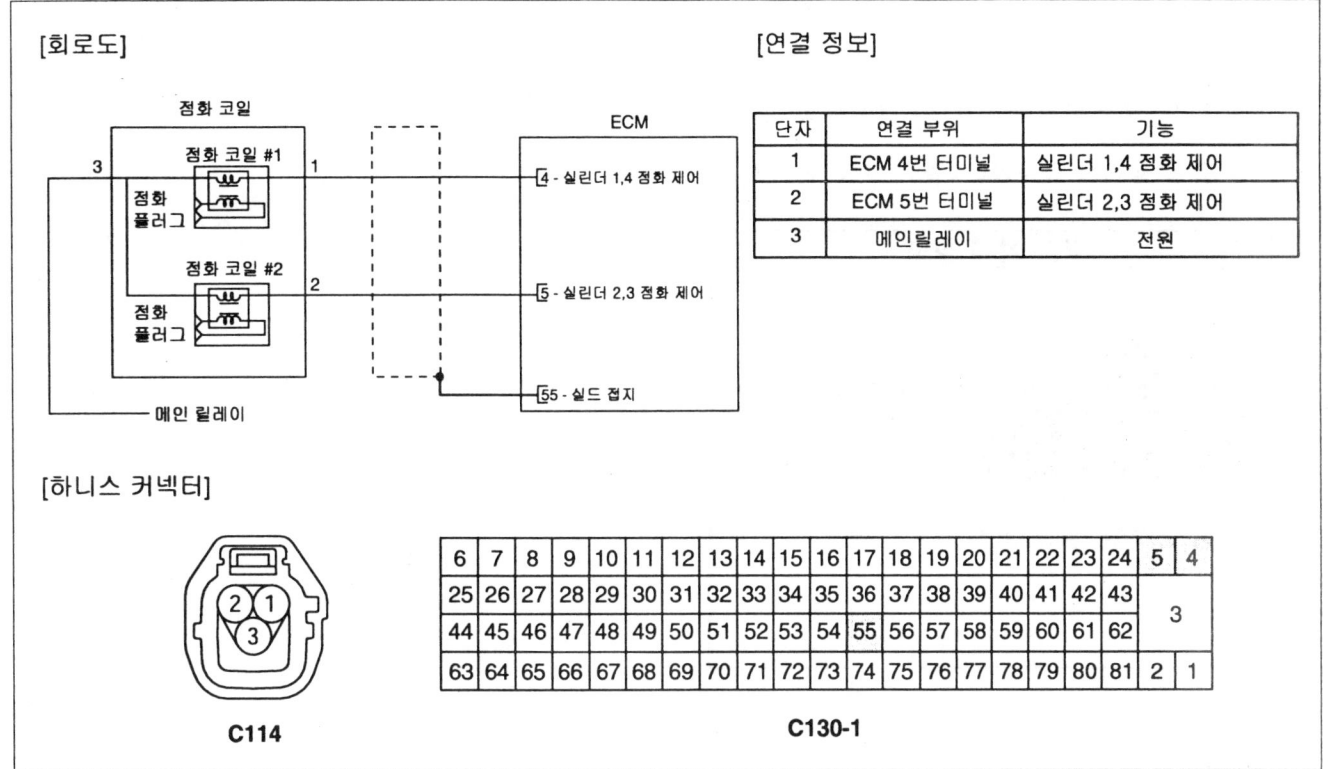

## 기준 파형 및 데이터  K31596B0

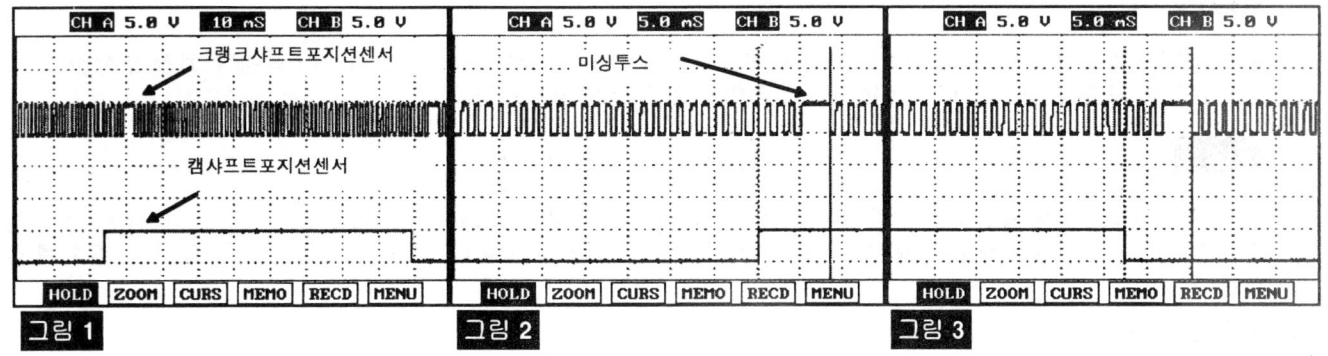

그림 1) 캠신호의 1/2 주기동안 크랭크신호는 미싱투스 포함 60개의 돌기 신호가 표출 됨. 각 신호의 잡음, 개수 틀림 및 위치 상이등을 점검 한다
그림 2,3) 캠신호 하강(상승) 신호와 미싱투스 사이에는 3~5개의 크랭크 샤프트 돌기 신호가 표출 되어야 함

## 고장 코드 확인  K59D3D1D

> 참고
> 인젝터, 산소센서, 엔진 냉각 수온 센서, 스로틀 포지션 센서 및 공기량 센서와 연관된 고장코드가 저장되어 있으면, 저장되어 있는 코드와 관련된 모든 수리절차를 완료한 이후에 본 진단 절차를 수행한다.
> 엔진 경고등이 점멸되는 촉매 손상 고장이 발생하였을 경우에는 실화 관련 고장을 수리한 후 촉매 상태를 점검한다.

1. 스캔툴의 "자기진단"기능을 선택 한다

2. 하단 메뉴바의 "F4"를 눌러 고장 상세 정보를 선택한다.

3. 고장 진단 완료 유무" 항목이 "진단 완료"인지 확인한다.

   📖 참고
   미완료일경우 일반정보의 검출조건에서 지시하는대로 차량을 주행하여 진단을 완료 시킨다

4. 고장 유형"항목의 결과값이 "과거 고장" 인가?

```
             고장 상세 정보

1.경고등상태  :   OFF
2. 고장 유형      :  "과거고장" 또는 "현재고장"
3. 고장진단 완료 유무 :"진단완료" 또는 "미완료"
4. 동일고장 발생 횟수   :  X (횟수가 기록됨)
5.고장발생후 경과시간:      0분
6.고장소거후 경과시간:      0분
```

AGIE001X

📖 참고
- 과거 고장 : 이전에 발행한 고장임. 현재는 정상.
- 현재 고장 : 현재 고장이 발생되어 있는 상태임.

**예**

▶ 동일고장 발생 횟수"항목 값이 2회 이상이면 간헐적인 고장이므로 "터미널 및 커넥터 점검"절차를 수행한다. 동일고장 발생 횟수"가 1회 이하이면 과거고장이므로 진단을 종료한다.

**아니오**

▶ 연계된 실린더간의 실화 관련 고장코드(P0301(1번 실린더)과 P0304(4번 실린더), P0302(2번 실린더)과 P0303(3번 실린더))가 동시에 발생 하였을 경우 "점화 장치 점검" 절차를 수행한다. 그렇치 않을 경우 다음 점검 절차를 점검한다.

시각적/물리적 점검

1. 아래 조건에 대해 시각적/물리적 점검을 수행한다.
   - 진공호스의 손상,꺽임 및 연결 불량.
   - 포지티브 크랭크케이스 벤틸레이션(PCV) 밸브의 오장착 여부, 오링 손상 유무.
   - ECM 접지 상태 점검

2. 아래 항목을 대상으로 공기량 센서 와 엔진 냉각 수온 센서를 점검한다.
   - 커넥터 접촉 불량 및 배선 손상
   - 엔진 회전수 증가에 따라 공기량 센서 신호가 점진적으로 증가 하는지 여부.(가속페달을 밟으면서 스캔툴 상의 공기량 센서 값을 점검한다)
   - 스캔툴상의 엔진 냉각 수온센서 값이 엔진 난기 상태등을 비교하며 실제값과 일치하는지 점검 한다.

3. 문제가 발견되었는가?

**예**

# 고장진단

FL -245

▶ 교환 또는 수리한 후 "고장 수리 확인" 절차를 수행한다.

**아니오**

▶ 다음 점검 절차를 수행한다.

## 타이밍 점검

1. 점화 스위치 "OFF" 상태에서 오실로스코프를 아래와 같이 연결한다:
   채널 A (+): 크랭크 센서 2번 단자(커넥터 연결된 상태에서 백프로브 연결), (-): 접지
   채널 B (+): 캠 센서 2번 단자(커넥터 연결된 상태에서 백프로브 연결), (-): 접지

2. 엔진 시동 후, 크랭크샤프트센서 와 캠샤프트센서 신호파형이 정상적으로 출력되는지 점검한다

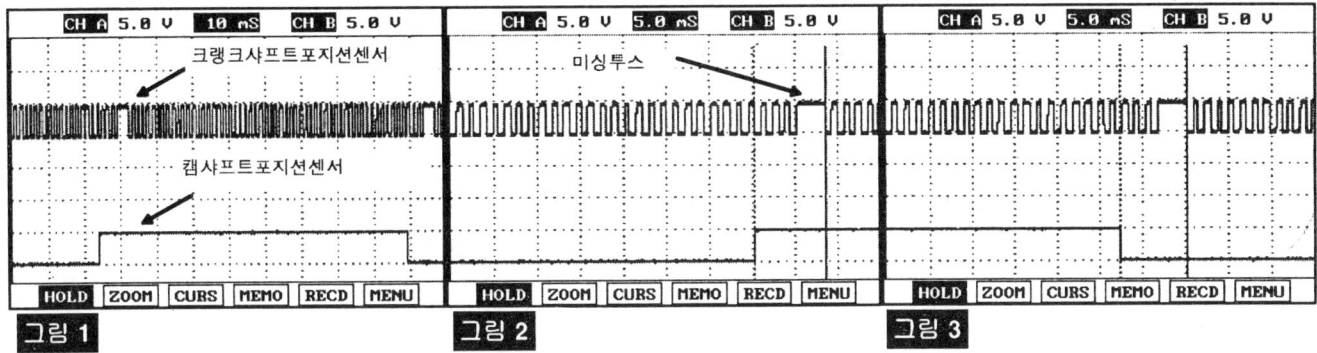

그림 1) 캠신호의 1/2 주기동안 크랭크신호는 미싱투스 포함 60개의 돌기 신호가 표출 됨. 각 신호의 잡음, 개수 틀림 및 위치 상이등을 점검 한다
그림 2,3) 캠신호 하강(상승) 신호와 미싱투스 사이에는 3~5개의 크랭크 샤프트 돌기 신호가 표출 되어야 함

3. 파형이 정상적으로 출력되는가?

**예**

▶ 다음 점검 절차를 수행한다.

**아니오**

▶ 크랭크 샤프트 또는 캠 샤프트 센서를 분리한 후 에어갭을 측정한다. 필요에 따라 재조정 및 수리 후, "고장 수리 확인" 절차를 수행한다. 정상일 경우에는 타이밍 장치를 점검한 후 필요하면 재 조정하거나 교환하고, 다음 "고장 수리 확인" 절차를 수행한다

## 점화 장치 점검   K5AC180B

1. 점화 플러그 케이블 및 점화 코일 점검

   1) 실화가 발생한 실린더의 점화 플러그 케이블 및 코일에 대해 시각적/물리적 점검을 수행한다.
      - 손상, 균열 및 카본 누적 여부
      - 배선 손상 또는 접촉 불량
      - 점화 코일 또는 점화 플러그 커넥터 연결 상태

   2) 실화가 발생한 실린더의 점화 플러그 케이블 단품 저항을 점검한다.

정상값 : 5.6kΩ /m ±20%

   3) 실화가 발생한 실린더의 점화 코일 1차 및 2차 저항을 점검한다

정상값 :
1차 코일 : 0.5~0.6Ω (20℃)
2차 코일 : 7.5~10.2㏀(20℃)

4) 문제가 발견되었는가?

**예**

▶ 수리 또는 교환을 한후 "고장 수리 확인 절차"를 수행한다.

**아니오**

▶ 다음 점검 절차를 수행 한다.

2. 점화 플러그 점검

   1) 실화가 발생한 실린더의 점화 플러그에 대해 시각적/물리적 점검을 수행한다.
      - 절연 손상, 전극 소손, 오일 또는 연료 오염 및 커넥터 터미널 손상등
      - 에어 갭 : 1.0 - 1.1 mm
      - 미 점화로 인해 다른 실린더 점화 플러그 대비 그을림이 옅은 플러그가 있는지 여부를 점검한다

   2) 문제가 발견되었는가?

   **예**

   ▶ 수리 또는 교환을 한후 "고장 수리 확인 절차"를 수행한다.

   **아니오**

   ▶ 다음 점검 절차를 수행 한다.

## 연료 시스템 점검  KA830C33

1. 연료 압력 점검

   1) 연료에 수분 또는 이물질이 유입되었는지 점검한다

   2) 연료 압력 게이지를 장착한다

   3) 공회전 정상 상태에서 연료 압력을 점검한다

정상값 : 338~348kPa(3.45~3.55 kg/㎠)

   4) 측정값은 정상인가?

   **예**

   ▶ 다음 점검 절차를 수행한다

   **아니오**

   ▶ 아래 표를 참고하여, 고장 가능 부위를 점검한다. 이상이 발견되면 교환 또는 수리한 후 "고장 수리 확인" 절차를 수행한다.

고장진단  FL -247

| 조건 | 가능 원인 | 고장 가능 부위 |
|---|---|---|
| 연료 압력 낮음 | 연료 필터 막힘 | 연료 필터 |
| | 연료 압력 조절기의 연료 누출 | 연료 펌프(연료 압력 조절기) |
| 연료 압력 높음 | 연료 압력 조절기 고착 | 연료 펌프(연료 압력 조절기) |

2. 연료 잔압 점검

　　1) 엔진을 정지 시킨후 연료 압력이 변동 하는지 점검 한다

　　정상값 : 엔진 정지 후 최소 5분간 연료 압력은 유지 되어야 한다.

　　2) 측정값은 정상인가?

　　　　**예**

　　　　▶ 다음 점검 절차를 수행한다

　　　　**아니오**

　　　　▶ 아래 표를 참고하여, 고장 가능 부위를 점검한다. 이상이 발견되면 교환 또는 수리한 후 "고장 수리 확인" 절차를 수행한다.

| 조건 | 가능 원인 | 고장 가능 부위 |
|---|---|---|
| 연료 압력이 서서히 낮아짐 | 인젝터 누설 | 인젝터 |
| 연료 압력이 급격히 낮아짐 | 연료 펌프(첵밸브가 열린 상태로 고착) | 연료 펌프 |

## 엔진 압축 압력 점검  KEAD9ECC

1. 차량을 공회전 상태로 유지하여 난기 시킨다. 배터리가 완충전 상태인가를 확인한 후 필요하면 수리/교환 한다.
2. 시동을 끈 후 점화 스위치 "OFF" 상태에서 점화 코일 커넥터와 코일 케이블을 분리 한다
3. 압축 압력 게이지를 설치 한 후 (스로틀 밸브 전개 상태에서)크랭킹을 실시하면서 압축압력을 점검한다

정상값 :
규정치 : 1,283kPa (13.0kgf/cm²)
한계값 : 1,135kPa (11.5kgf/cm²)
각 실린더 압력치 : 100kPa (1.0kgf/cm²이하)

4. 압축 압력이 정상인가?

　　**예**

　　▶ 과도한 냉각 수온 소모가 있는지 점검한다. 만약 발견 되면 냉각수 통로, 엔진 블록, 실린더 헤드 및 개스킷을 점검한다. 이상이 발견될 경우에는 수리 또는 교환 한후 "고장 수리 확인 절차"를 수행한다.

　　**아니오**

　　▶ 하나 또는 그 이상의 실린더의 압축압력이 규정치 이하라면 해당 실린더 점화 플러그 홀을 통해 소량의 엔진 오일을 넣고 압축압력을 재 측정한다. 수리 또는 교환 한후 "고장 수리 확인 절차"를 수행한다.
　　- 압축 압력이 상승한 경우 피스톤 링 또는 실린더 벽 마모 또는 손상을 점검한다
　　- 압축압력이 상상하지 않을 경우에는 밸브 고착, 밸브 시트 접촉 불량 또는 개스킷을 통한 가스 누기를 점검한다

## 고장 수리 확인  KC42CC5F

"고장 코드 확인" 절차를 재수행하여 고장이 정확히 수리 되었는지 확인한다.

1. 스캔툴의 "자기진단"기능중 고장 상세 정보를 선택 한다

    ⚠ 주의
    고장코드를 소거하지 말 것(상세정보도 함께 소거 됨)

2. "고장 진단 완료 유무" 항목이 "진단 완료"인지 확인한다.

    📖 참고
    미완료일경우 일반정보의 검출조건에서 지시하는대로 차량을 주행하여 완료 시킨다

3. "고장 유형"항목의 결과값이 "과거 고장" 인가?

    **예**
    ▶ 시스템 정상. 고장코드를 소거한다

    **아니오**
    ▶ 적절한 수리절차를 재수행한다.

# 고장진단

## DTC P0325 노크 센서(KS) #1 회로 이상

### 부품 위치

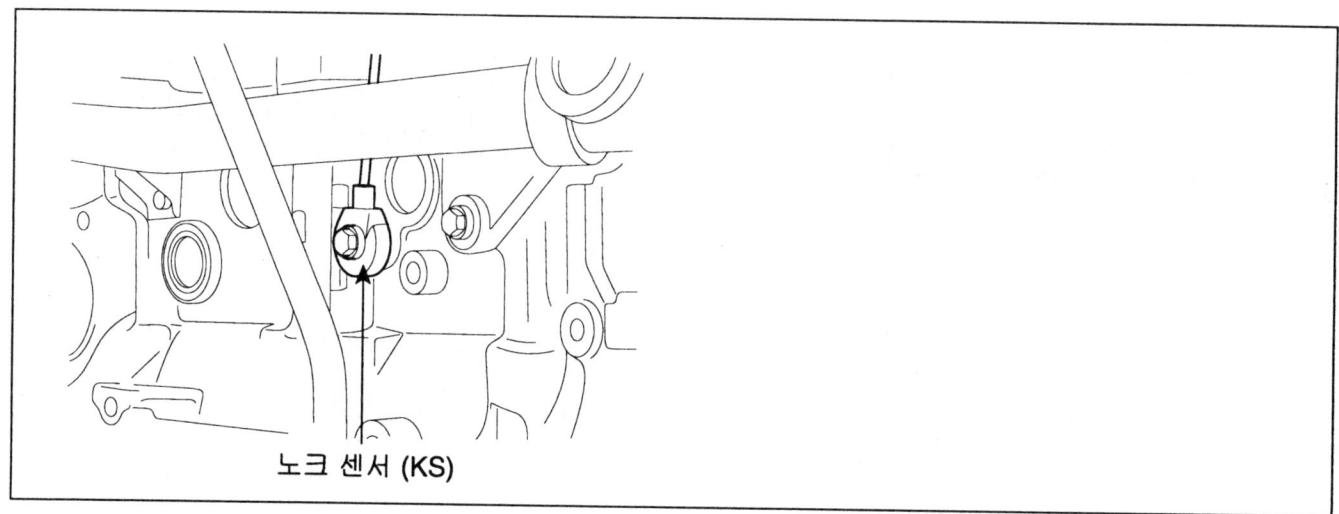

노크 센서 (KS)

### 기능 및 역할

노크센서는 엔진 블록에 장착되어 있으며 노킹발생시 진동을 검출, ECM으로 전송하고 ECM은 점화시기를 제어하여 노킹을 억제한다. ECM은 노킹이 발생하면 점화시기를 지각시키고, 지각후 노킹발생이 없으면 다시 진각시키는 연속적인 제어를 통하여 항상 최적 점화 시기 영역에 가깝도록 점화시기를 제어 하므로서 엔진의 토크와 출력증대 및 연비향상등의 효과를 얻을수 있다.

### DTC 감지 조건

ECM은 센서의 신호와 노이즈 레벨과의 편차가 기준값보다 작으면 고장코드 P0325를 표출한다.

### 고장 판정 조건

| 항목 | 판정 조건 | 고장 예상 원인 |
|---|---|---|
| 검출 방법 | • 전압 점검 | |
| 검출 조건 | • 엔진 회전수 > 2700 rpm<br>• 엔진 부하 > 440mg/rev.<br>• 관련 고장 없음 | • 신호 또는 접지 회로 단선/단락<br>• 커넥터 접촉 저항<br>• 노크 센서 |
| 판정값 | • 센서 신호와 노이즈 레벨과의 편차 < 0.08V | |
| 검출 시간 | • 10초 | |
| 경고등 점등 | • 2회의 주행사이클 | |

# FL -250  연료 장치

## 부분 회로도  K98D997B

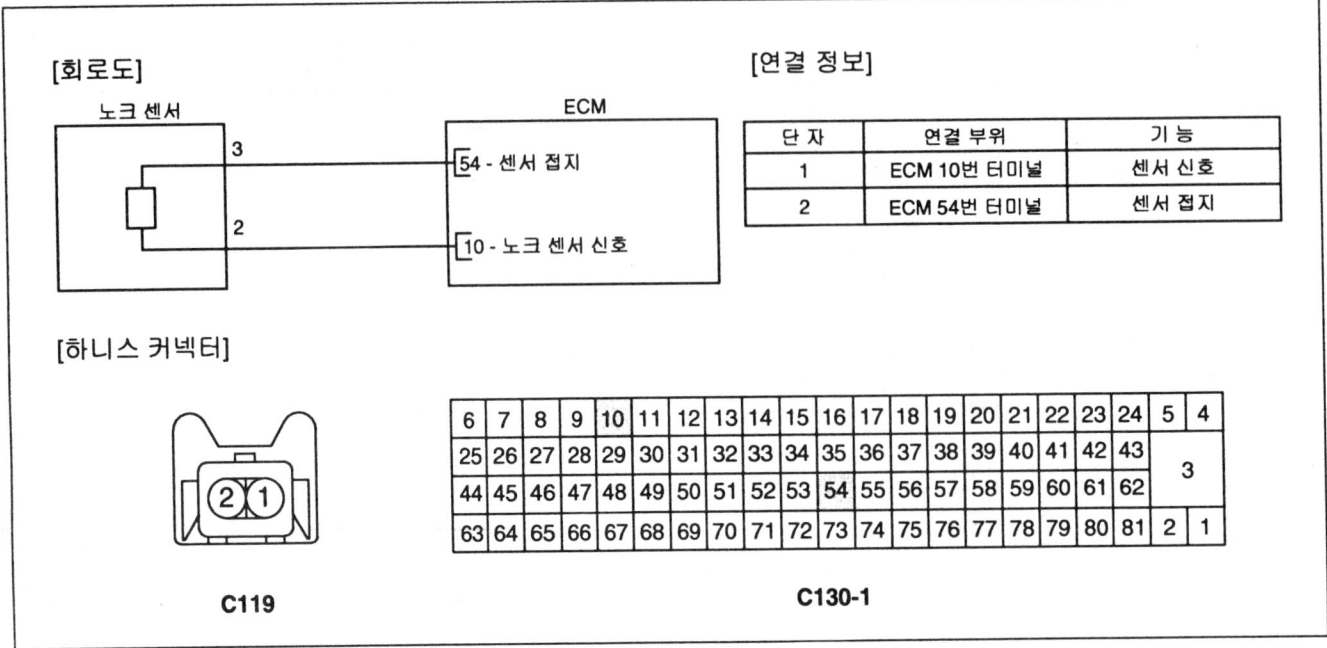

## 고장 코드 확인  K14A5424

1. 스캔툴의 "자기진단"기능을 선택 한다
2. 하단 메뉴바의 "F4"를 눌러 고장 상세 정보를 선택 한다
3. "고장 진단 완료 유무" 항목이 "진단 완료"인지 확인한다.

    📖 참고
    미완료일경우 일반정보의 검출조건에서 지시하는대로 차량을 주행하여 진단을 완료 시킨다.

4. "고장 유형"항목의 결과값이 "과거 고장" 인가?

```
           고장 상세 정보

    1.경고등상태   :  OFF
    2. 고장 유형    : "과거고장" 또는 "현재고장"
    3. 고장진단 완료 유무 :"진단완료" 또는 "미완료"
    4. 동일고장 발생 횟수 :  X (횟수가 기록됨)
    5.고장발생후 경과시간:   0분
    6.고장소거후 경과시간:   0분
```

📖 참고
- 과거 고장 : 이전에 발행한 고장임. 현재는 정상.
- 현재 고장 : 현재 고장이 발생되어 있는 상태임.

# 고장진단

### 예
▶ "동일고장 발생 횟수" 항목 값이 2회 이상이면 간헐적인 고장이므로 "터미널 및 커넥터 점검" 절차를 수행한다
▶ "동일고장 발생 횟수"가 1회 이하이면 과거고장이므로 진단을 종료한다

### 아니오
▶ "배선 점검" 수행한다.

## 터미널 및 커넥터 K5147062

1. 고장의 주요원인은 배선손상 및 연결상태의 불량에 있으므로 커넥터 접촉불량 및 터미널의 부식 또는 변형등을 전체적으로 점검한다.

2. 문제가 발견 되었는가?

    ### 예
    ▶ 수리 또는 교환한 후 "고장 수리 확인" 절차를 수행한다.

    ### 아니오
    ▶ "전원선 점검" 절차를 수행한다.

## 접지선 점검 K806531D

1. 점화 스위치 "OFF"
2. 노크 센서 커넥터와 ECM 커넥터를 분리한다.
3. 노크 센서 커넥터 2번 터미널과 ECM 커넥터 54번 터미널간 저항을 측정한다.

정상값 : 약 0Ω

4. 측정값이 정상인가

    ### 예
    ▶ "신호선 점검" 절차를 수행한다.

    ### 아니오
    ▶ 접지선의 단선 여부를 점검한다. 필요에 따라 수리 후, "고장 수리 확인" 절차를 수행한다.

## 신호선 점검 KE9174EB

1. 단선 점검

    1) 노크 센서 커넥터 1번 터미널과 ECM 커넥터 10번 터미널간 저항을 측정한다.

    정상값 : 약 0Ω

    2) 측정값이 정상인가?

        ### 예

▶ 다음 점검 절차를 수행한다.

**아니오**

▶ 필요에 따라 수리 후, "고장 수리 확인" 절차를 수행한다.

2. 접지 단락 점검

   1) 노크 센서 커넥터 1번 터미널과 접지간 저항을 측정한다.

   정상값 : 무한대

   2) 측정값이 정상인가?

   **예**

   ▶ 다음 점검 절차를 수행한다.

   **아니오**

   ▶ 필요에 따라 수리 후, "고장 수리 확인" 절차를 수행한다.

3. 배터리 단락 점검

   1) 점화 스위치 "ON" & 엔진 "OFF"

   2) 노크 센서 커넥터 1번 터미널과 접지간 전압을 측정한다.

   정상값 : 약 0V

   3) 측정값이 정상인가?

   **예**

   ▶ "단품 점검" 절차를 수행한다.

   **아니오**

   ▶ 필요에 따라 수리 후, "고장 수리 확인" 절차를 수행한다.

## 단품 점검 K1785A41

1. 센서 저항 점검

   1) 점화 스위치 "OFF"

   2) 노크 센서 커넥터를 분리한다.

   3) 노크 센서 커넥터 1번과 2번 터미널간 저항을 측정한다.(단품측)

   정상값 : 약 5 MΩ (20℃)

2. 출력 신호 점검

   1) 차량으로 부터 노크 센서를 탈거하고 센서가 손상되지 않도록 천등으로 감싸고 바이스에 고정시킨다.

   2) 아래와 같이 오실로스코프를 연결한다:

# 고장진단

채널 A (+): 터미널 1 (-): 터미널 2

3) 오실로스코프 화면을 확인하면서 볼핀 해머로 바이스를 두드린다.(해머로 두드릴 때 마다 1V 미만의 신호가 발생한다.)

정상값 : 해머로 두드릴때 마다 노크 센서는 전압 신호를 출력함.

3. 조임 토크 점검

1) 노크 센세의 조임 토크 점검

정상값 : 약 16 ~ 28N·m(160~250 kg·cm, 11.8~18.4 lb·ft)

4. 점검시 문제점을 발견하였는가?

**예**

▶ 새로운 단품을 임시 장착하여 차량 상태를 확인한 후 정상이면 단품을 교환한다.
▶ "고장 수리 확인" 절차를 수행한다.

**아니오**

▶ ECM과 단품 사이의 커넥터 접촉불량 및 터미널의 부식 또는 변형을 점검한 후 이상이 있으면 수리한다.
▶ "고장 수리 확인" 절차를 수행한다.

## 고장 수리 확인   K9663D8E

"고장 코드 확인" 절차를 재수행하여 고장이 정확히 수리 되었는지 확인한다.

1. 스캔툴의 "자기진단" 기능중 고장 상세 정보를 선택 한다

2. "고장 진단 완료 유무" 항목이 "진단 완료"인지 확인한다.

> 참고
> 미완료일경우 일반정보의 검출조건에서 지시하는대로 차량을 주행하여 완료 시킨다

3. "고장 유형" 항목의 결과값이 "과거 고장" 인가?

**예**

▶ 시스템 정상. 고장코드를 소거한다

**아니오**

▶ 적절한 수리절차를 재수행한다.

## DTC P0335 크랭크 샤프트 포지션 센서(CKPS) 회로 이상

### 부품 위치 K5BA8CBF

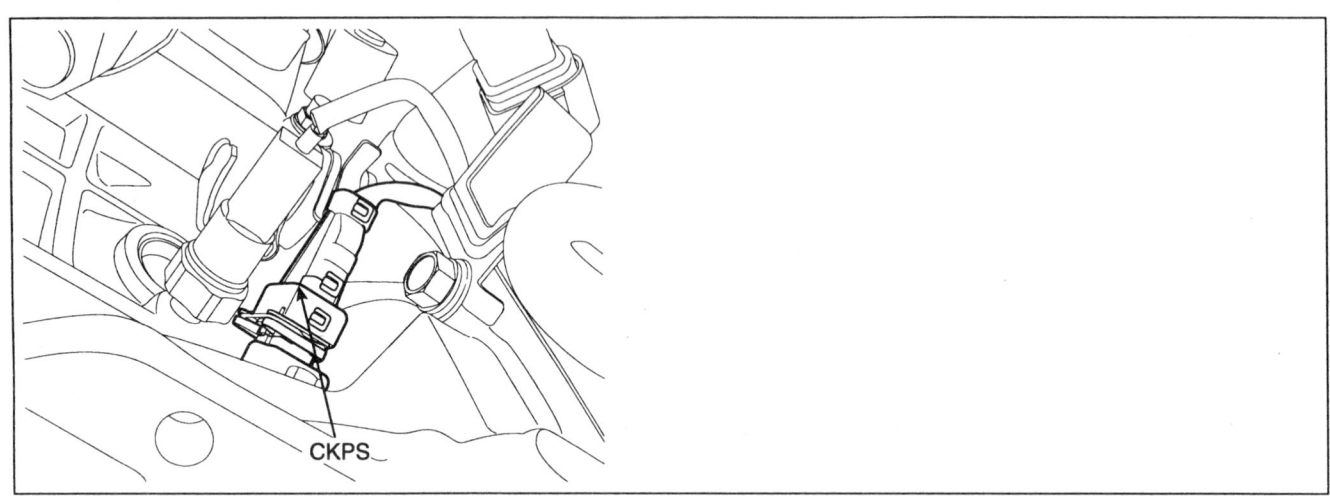

### 기능 및 역활 K27610E8

크랭크 샤프트 포지션 센서(CKPS)는 크랭크샤프트에 설치되었는 타켓휠과 센서를 이용하여 전압을 발생시키는 홀 타입 센서이다. 이 타켓 휠에는 58개의슬롯과 다른 것 보다 긴 한개의 슬롯으로 구성되어 있다. ECM은 이신호를 이용함으로써 RPM을 계산하고 연료의 분사 시기와 점화시기를 제어한다.긴 슬롯에 의한 신호의 차이를 이용하여 어떤 실린더가 상사점에 있는지 확인한다.

### DTC 감지 조건 K7F50A58

1회전시 크랭크 샤프트 톱니의 수가 맞지않거나 혹은 캠샤프트 신호가 검출되는 동안 크랭크 샤프트 신호가 없어진 경우 P0335의 고장코드가 표출된다.

### 고장 판정 조건 KF8CF35C

| 항목 | | 판정 조건 | 고장 예상 원인 |
|---|---|---|---|
| 검출 방법 | | • 신호 변화 점검 | • 신호선, 접지선, 전원선 단선 또는 단락<br>• 커넥터 접촉 저항<br>• 플랜지/플라이휠 연결 손상<br>• 크랭크샤프트와 캠샤프트 풀리 위치 조정 불량<br>• 크랭크샤프트 포지션 센서 단품 |
| 검출 조건 | | • 캠샤프트 포지션 센서 신호 정상<br>• 6V < 배터리 전압 < 16V | |
| 경우1 | 판정값 | • 캠샤프트 신호가 4번 상변화한 이후에도 크랭크샤프트 신호가 검출되지 않음.<br>• 크랭크샤프트 신호가 검출되나 동조 신호가 아닌 경우 | |
| | 검출시간 | • 크랭크샤프트 2회전 | |
| 경우2 | 판정값 | • 크량크샤프트 잇수가 맞지 않는 경우 | |
| | 검출시간 | • 크랭크샤프트 2.5 회전 | |
| 경고등 점등 | | • 2회 주행 사이클 | |

# 고장진단

## 부분 회로도  KEA7E5D3

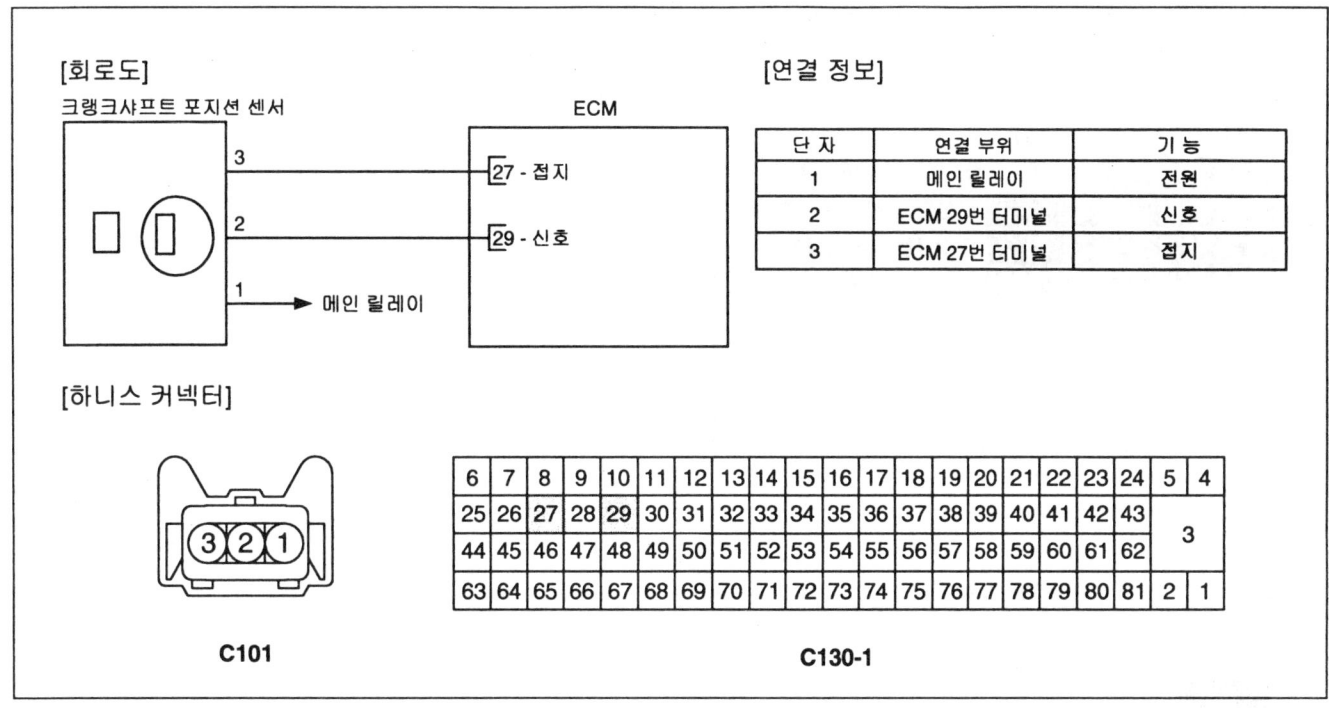

## 기준 파형 및 데이터  KD99C214

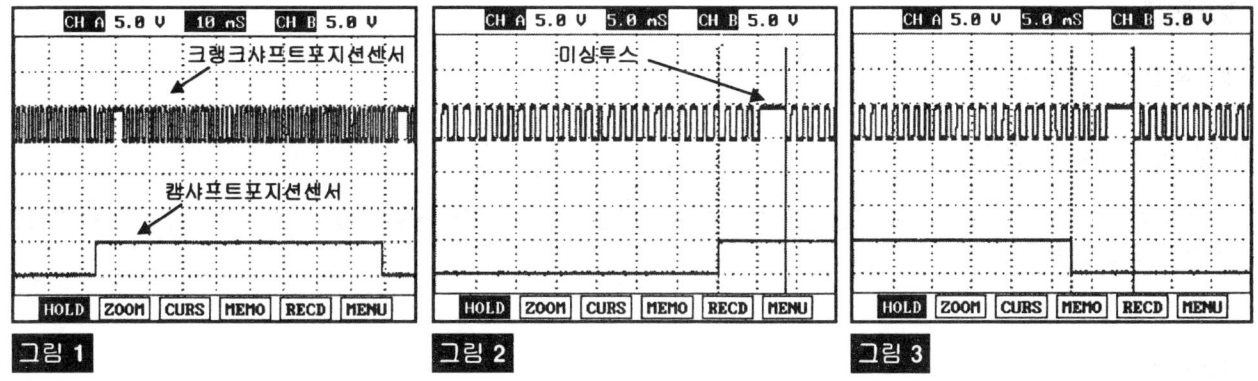

그림 1) 캠신호의 1/2 주기동안 크랭크신호는 미싱투스 포함 60개의 돌기 신호가 표출 됨. 각 신호의 잡음, 개수 틀림 및 위치 상이등을 점검 한다

그림 2,3) 캠신호 하강(상승) 신호와 미싱투스 사이에는 3~5개의 크랭크 샤프트 돌기 신호가 표출 되어야 함

## 고장 코드 확인  KF6886A3

1. 스캔툴의 "자기진단"기능을 선택 한다

2. 하단 메뉴바의 "F4"를 눌러 고장 상세 정보를 선택 한다

3. "고장 진단 완료 유무" 항목이 "진단 완료"인지 확인한다.

   📖 참고
   미완료일경우 일반정보의 검출조건에서 지시하는대로 차량을 주행하여 진단을 완료 시킨다.

4. "고장 유형" 항목의 결과값이 "과거 고장" 인가?

```
              고장 상세 정보

  1. 경고등상태  :  OFF
  2. 고장 유형   :  "과거고장" 또는 "현재고장"
  3. 고장진단 완료 유무 : "진단완료" 또는 "미완료"
  4. 동일고장 발생 횟수 : X (횟수가 기록됨)
  5. 고장발생후 경과시간 :      0분
  6. 고장소거후 경과시간 :      0분
```

AGIE001X

📖 참고
- 과거 고장 : 이전에 발행한 고장임. 현재는 정상.
- 현재 고장 : 현재 고장이 발생되어 있는 상태임.

**예**

▶ "동일고장 발생 횟수"항목 값이 2회 이상이면 간헐적인 고장이므로 "터미널 및 커넥터 점검"절차를 수행한다
▶ "동일고장 발생 횟수"가 1회 이하이면 과거고장이므로 진단을 종료한다

**아니오**

▶ "배선 점검" 수행한다.

## 터미널 및 커넥터 점검  K9CA9E13

1. 고장의 주요원인은 배선손상 및 연결상태의 불량에 있으므로 커넥터 접촉불량 및 터미널의 부식 또는 변형등을 전체적으로 점검한다.

2. 문제가 발견 되었는가?

   **예**

   ▶ 수리 또는 교환한 후 "고장 수리 확인" 절차를 수행한다.

   **아니오**

   ▶ CKPS의 "전원선 점검" 절차를 수행한다.

## 전원선 점검  K44098B3

1. 점화 스위치 OFF

2. 크랭크 샤프트 포지션 센서 커넥터를 분리한다.

3. 점화 스위치 ON & 엔진 OFF

4. 센서 커넥터 1번 터미널과 접지간 전압을 측정한다.

# 고장진단

정상값 : 배터리 전압

5. 측정값이 정상인가?

   **예**

   ▶ "접지선 점검" 절차를 수행한다.

   **아니오**

   ▶ 크랭크 샤프트 포지션 센서와 메인 릴레이 사이의 전원선 단선을 점검한다.
   ▶ 필요에 따라 수리 또는 교환 후, "고장 수리 확인" 절차를 수행한다.

## 접지선 점검  KC3EC2B8

1. 점화 스위치 "OFF"

2. 센서 커넥터 3번 터미널과 접지간 저항을 측정한다.

정상값 : 약 0Ω 이하

3. 측정된 저항값이 정상인가?

   **예**

   ▶ "신호선 점검" 절차를 수행한다.

   **아니오**

   ▶ 접지선의 단선 또는 전원 단락을 점검한다.
   ▶ 수리 또는 교환 후, "고장 수리 확인" 절차를 수행한다.

## 신호선 점검  K3BCB1B1

1. 신호선 단선 점검

   1) ECM 커넥터를 분리한다.

   2) 센서 커넥터 2번 터미널과 ECM 커넥터 29번 터미널간 저항을 측정한다.

정상값 : 약 1Ω 이하

   3) 측정값이 정상인가?

      **예**

      ▶ 다음 점검 절차를 수행한다.

      **아니오**

      ▶ 필요에 따라 수리 후, "고장 수리 확인" 절차를 수행한다.

2. 신호선 접지 단락 점검

   1) 센서 커넥터 2번 터미널과 접지간 저항을 측정한다.

정상값 : 무한대

2) 측정값이 정상인가?

**예**

▶ 다음 점검 절차를 수행한다.

**아니오**

▶ 배선 수리 후, "고장 수리 확인" 절차를 수행한다.

3. 신호선 전원 단락 점검

   1) 점화 스위치 "ON" & 엔진 "OFF"

   2) 센서 커넥터 2번 터미널과 접지간 전압을 측정한다.

정상값 : 약 0V

3) 측정값이 정상인가?

**예**

▶ "단품 점검" 절차를 수행한다.

**아니오**

▶ 필요에 따라 수리 후, "고장 수리 확인" 절차를 수행한다.

단품 점검    K5A866E7

1. CKPS와 ECM 하네스 커넥터를 재연결한다.

2. 오실로스코프를 아래와 같이 연결한다:
   채널 A (+): CKPS 터미널 2, (-): 접지
   채널 B (+): CMPS 터미널 2, (-): 접지

3. 엔진 시동 후, CKP 센서 신호와 CMP 센서 파형이 정상적으로 출력되는지 또는 CKP 센서 신호가 누락되어 출력되는지를 점검한다

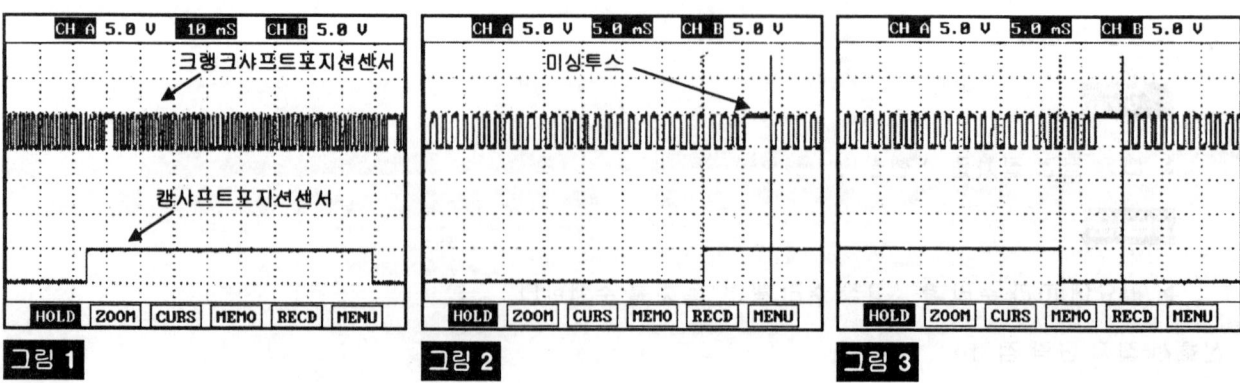

# 고장진단

그림 1) 캠신호의 1/2 주기동안 크랭크신호는 미싱투스 포함 60개의 돌기 신호가 표출 됨. 각 신호의 잡음, 개수 틀림 및 위치 상이등을 점검 한다

그림 2,3) 캠신호 하강(상승) 신호와 미싱투스 사이에는 3~5개의 크랭크 샤프트 돌기 신호가 표출 되어야 함

4. 파형이 정상적으로 출력되는가?

**예**

▶ 전체적으로 커넥터의 느슨함, 접촉불량, 구부러짐, 부식, 오염, 변형 또는 손상을 점검한다. 필요시 수리 또는 교환한 후 "고장 수리 확인" 과정을 수행한다.

**아니오**

- CKP 센서를 탈거한 후, 센서와 플라이휠/토크컨버터 사이의 에어갭을 점검한다. 필요에 따라 재조정 한 후에 다음 절차를 수행한다.

  **참고**
  에어갭 *[0.3~1.8 mm]* = 하우징으로부터 플라이휠/토크컨버터의 슬롯까지의 간격을 측정(측정치 *"A"*)하고 센서 장착면으로 부터 센서팁까지의 간격을 측정(측정치 *"B"*)한 후, 측정치 *"A"*에서 측정치 *"B"*를 뺀다.

- CKP 와 CMP 센서 파형이 정상적으로 출력되지 않으면, 타이밍 장치를 재점검한 후, 다음 절차를 수행한다.

▶ 새로운 단품을 임시 장착하여 차량 상태를 확인한 후 정상이면 단품을 교환한다.
▶ "고장 수리 확인" 절차를 수행한다.

## 고장 수리 확인   KC6F346B

"고장 코드 확인" 절차를 재수행하여 고장이 정확히 수리 되었는지 확인한다.

1. 스캔툴의 "자기진단"기능중 고장 상세 정보를 선택 한다
2. "고장 진단 완료 유무" 항목이 "진단 완료"인지 확인한다.

   **참고**
   미완료일경우 일반정보의 검출조건에서 지시하는대로 차량을 주행하여 완료 시킨다

3. "고장 유형"항목의 결과값이 "과거 고장" 인가?

   **예**

   ▶ 시스템 정상. 고장코드를 소거한다

   **아니오**

   ▶ 적절한 수리절차를 재수행한다.

## DTC P0340  캠샤프트 포지션 센서(CMPS) 회로 이상 (뱅크1)

부품 위치

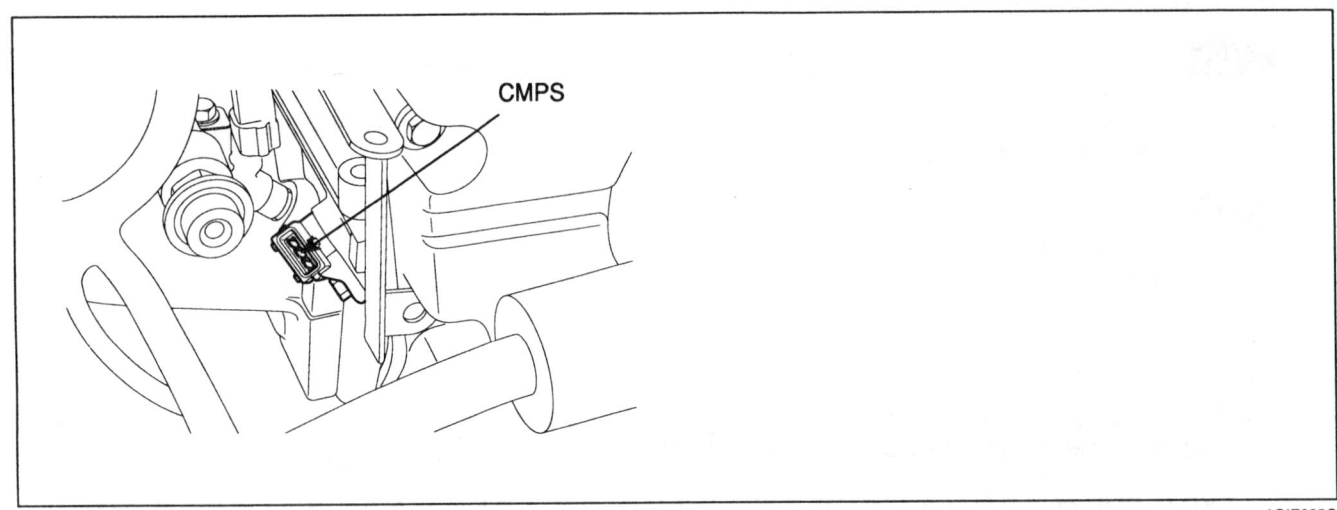

기능 및 역할

CMPS는 1번 실린더의 압축상사점을 검출하는 센서로써 캠샤프트의 종단에 위치하고 홀타입의 센서와 타켓 휠로 구성되어 있다. 센서가 타겟휠의 톱니에 의해 차단되면 센서의 전압은 5V가 되고 그렇지 않으면 0V가 된다. CMPS신호는 ECM에 전달 되고 ECM은 이신호를 이용하여 어떤 실린더를 점화 할 것인지 결정한다

DTC 감지 조건

ECM은 크랭크 샤프트 1회전시 한번 변하는 센서의 위치를 모니터한다. 크랭트샤프트의 신호가 검출되었지만 캠 샤프트 신호가 검출되지 않으면 P0340 의 고장코드가 표출 된다

고장 판정 조건

| 항 목 | 판정 조건 | 고장 예상 원인 |
|---|---|---|
| 검출 방법 | • 신호 변화 점검 | • 신호선, 접지선, 전원선 단선 또는 단락<br>• 커넥터 접촉 저항 발생<br>• 크랭크샤프트와 캠샤프트 풀리 위치 조정 불량<br>• 캠샤프트 포지션센서 단품 |
| 검출 조건 | • 크랭크샤프트 포지션센서 신호 정상<br>• 6V < 배터리 전압 < 16V | |
| 판정값 | • 신호 변화 없음 | |
| 검출 시간 | • 40회전 | |
| 경고등 점등 | • 2회 주행 사이클 | |

# 고장진단

## 부분 회로도  K7DB3578

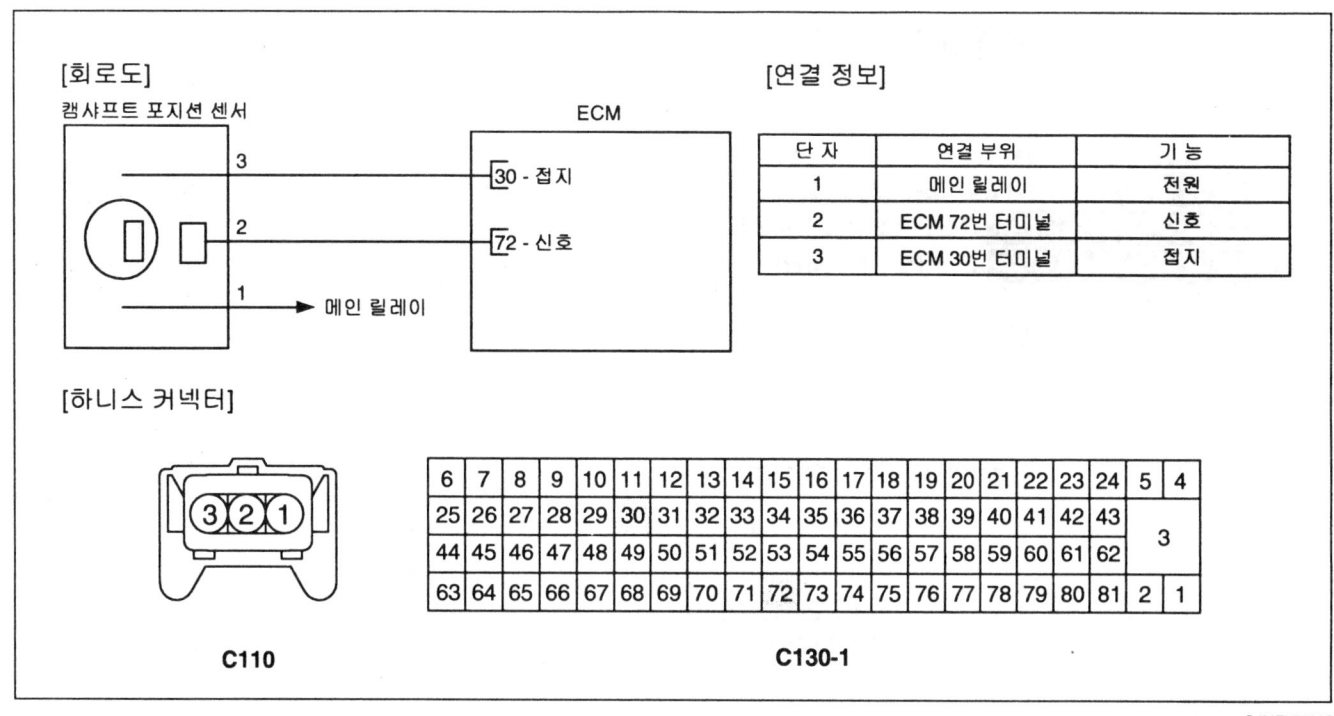

## 기준 파형및 데이터  K702A00A

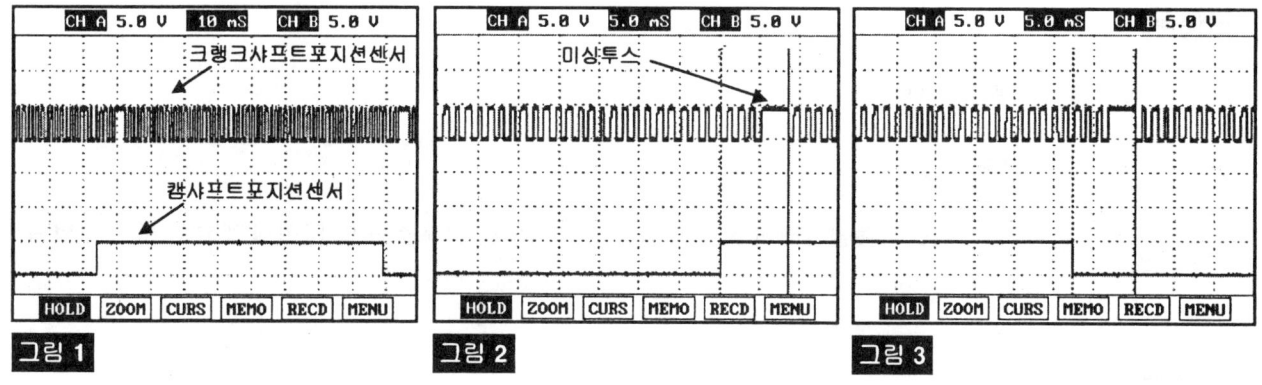

그림 1) 캠신호의 1/2 주기동안 크랭크신호는 미싱투스 포함 60개의 돌기 신호가 표출 됨. 각 신호의 잡음, 개수 틀림 및 위치 상이등을 점검 한다
그림 2,3) 캠신호 하강(상승) 신호와 미싱투스 사이에는 3~5개의 크랭크 샤프트 돌기 신호가 표출 되어야 함

## 고장 코드 확인  KFB38B57

1. 스캔툴의 "자기진단"기능을 선택 한다

2. 하단 메뉴바의 "F4"를 눌러 고장 상세 정보를 선택 한다

3. "고장 진단 완료 유무" 항목이 "진단 완료"인지 확인한다.

    참고
    미완료일경우 일반정보의 검출조건에서 지시하는대로 차량을 주행하여 진단을 완료 시킨다

4. "고장 유형"항목의 결과값이 "과거 고장" 인가?

```
           고장 상세 정보

 1.경고등상태    :   OFF
 2. 고장 유형    :  "과거고장" 또는 "현재고장"
 3. 고장진단 완료 유무 :"진단완료" 또는 "미완료"
 4. 동일고장 발생 횟수  :  X (횟수가 기록됨)
 5.고장발생후 경과시간:       0분
 6.고장소거후 경과시간:       0분
```

AGIE001X

### 참고
- 과거 고장 : 이전에 발행한 고장임. 현재는 정상.
- 현재 고장 : 현재 고장이 발생되어 있는 상태임.

### 예

▶ "동일고장 발생 횟수"항목 값이 2회 이상이면 간헐적인 고장이므로 "터미널 및 커넥터 점검"절차를 수행한다
▶ "동일고장 발생 횟수"가 1회 이하이면 과거고장이므로 진단을 종료한다

### 아니오

▶ "배선 점검" 절차를 수행한다.

## 터미널 및 커넥터 점검   KB848CB5

1. 고장의 주요원인은 배선손상 및 연결상태의 불량에 있으므로 커넥터 접촉불량 및 터미널의 부식 또는 변형등을 전체적으로 점검한다.

2. 문제가 발견 되었는가?

### 예

▶ 수리 또는 교환한 후 "고장 수리 확인" 절차를 수행한다.

### 아니오

▶ "전원선 점검" 절차를 수행한다.

## 전원선 점검   KAD67293

1. 점화 스위 "OFF"

2. 캠샤프트 포지션 센서 커넥터를 분리한다.

3. 점화 스위치 "ON" & 엔진 "OFF"

4. 센서 커넥터 1번 터미널과 접지간 전압을 측정한다.

# 고장진단

FL-263

정상값 : 배터리 전압

5. 측정값이 정상인가?

**예**

▶ "접지선 점검" 절차를 수행한다.

**아니오**

▶ 메인릴레이와 **CMP** 센서 사이의 전원선 단선을 점검한다.
▶ 특히, **10A** 센서 퓨즈의 파손 및 단선을 점검한다.
▶ 필요에 따라 수리 또는 교환 후, "고장 수리 확인" 항목으로 이동한다.

## 접지선 점검   K1CBB443

1. 점화 스위치 "OFF" 한다.
2. 센서 커넥터 3번 터미널과 접지간 저항을 측정한다.

정상값 : 약 0Ω

3. 측정값이 정상인가?

**예**

▶ "신호선 점검" 절차를 수행한다.

**아니오**

▶ 접지선의 단선 또는 배터리 단락을 점검한다.
▶ 필요에 따라 수리 후, "고장 수리 확인" 절차를 수행한다.

## 신호선 점검   K57E8BB9

1. 단선 점검

   1) ECM 커넥터를 분리한다.

   2) 센서 커넥터 2번 터미널과 ECM 커넥터 72번 터미널간 저항을 측정한다.

정상값 : 약 0Ω

   3) 측정값이 정상인가?

   **예**

   ▶ 다음 절차를 수행한다.

   **아니오**

   ▶ 필요에 따라 수리 후, "고장 수리 확인" 절차를 수행한다.

2. 접지 단락 점검

   1) 센서 커넥터 2번 터미널과 접지간 저항을 측정한다.

정상값 : 무한대

   2) 측정값이 정상인가?

   **예**
   ▶ 다음 절차를 수행한다.

   **아니오**
   ▶ 필요에 따라 수리 후, "고장 수리 확인" 절차를 수행한다.

3. 배터리 단락 점검

   1) 점화스위치 "ON" & 엔진 "OFF"

   2) 센서 커넥터 2번 터미널과 접지간 전압을 측정한다.

정상값 : 약 0V

   3) 측정값이 정상인가?

   **예**
   ▶ "단품 점검" 절차를 수행한다.

   **아니오**
   ▶ 필요에 따라 수리 후, "고장 수리 확인" 절차를 수행한다.

## 단품 점검  KC157E6D

1. CKPS와 ECM 하네스 커넥터를 재연결한다.

2. 오실로스코프를 아래와 같이 연결한다:
   채널 A (+): CKPS 터미널 2, (-): 접지
   채널 B (+): CMPS 터미널 2, (-): 접지

3. 엔진 시동 후, CKP 센서 신호와 CMP 센서 파형이 정상적으로 출력되는지 또는 CKP 센서 신호가 누락되어 출력되는지를 점검한다.

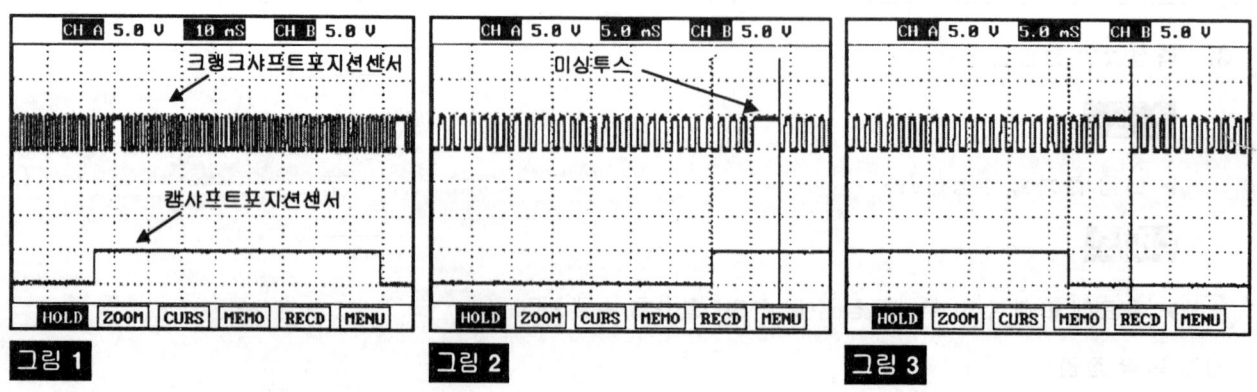

그림 1    그림 2    그림 3

고장진단

그림 1) 캠신호의 1/2 주기동안 크랭크신호는 미싱투스 포함 60개의 돌기 신호가 표출 됨. 각 신호의 잡음, 개수 틀림 및 위치 상이등을 점검 한다

그림 2,3) 캠신호 하강(상승) 신호와 미싱투스 사이에는 3~5개의 크랭크 샤프트 돌기 신호가 표출 되어야 함

4. 파형이 정상적으로 출력되는가?

**예**

▶ 전체적으로 커넥터의 느슨함, 접촉불량, 구부러짐, 부식, 오염, 변형 또는 손상을 점검한다. 필요시 수리 또는 교환한 후 "고장 수리 확인" 과정을 수행한다.

**아니오**

- CMP 센서를 제거하고 에어갭을 측정한다. 필요에 따라 재조정 및 수리 후, "고장 수리 확인" 절차를 수행한다. 에어갭이 정상이면 새로운 단품을 임시 장착하여 차량 상태를 확인한 후 정상이면 단품을 교환한다.

▶ "고장 수리 확인" 절차를 수행한다.

## 고장 수리 확인  KBE8983E

"고장 코드 확인" 절차를 재수행하여 고장이 정확히 수리 되었는지 확인한다

1. 스캔툴의 "자기진단"기능중 고장 상세 정보를 선택 한다
2. "고장 진단 완료 유무" 항목이 "진단 완료"인지 확인한다.

   **참고**
   미완료일경우 일반정보의 검출조건에서 지시하는대로 차량을 주행하여 완료 시킨다

3. "고장 유형"항목의 결과값이 "과거 고장" 인가?

   **예**

   ▶ 시스템 정상. 고장코드를 소거한다

   **아니오**

   ▶ 적절한 수리절차를 재수행한다.

## DTC P0444 증발 가스 제어 시스템-퍼지 컨트롤 솔레노이드 밸브 (PCSV) 회로 단선

### 부품 위치

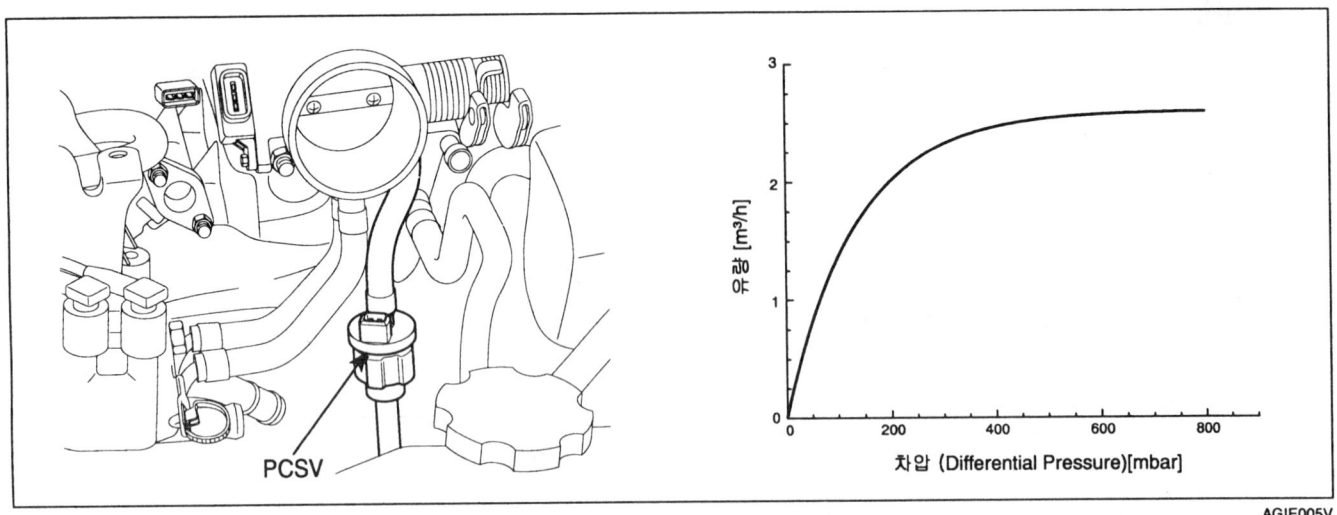

### 기능 및 역할

증발가스 제어 시스템은 연료탱크로부어 발생된 HC증기가 광학 스모그로 변하지 않도록 하는 장치이다. 증발가스는 캐니스터에 모아지고 ECM은 PCSV를 제어하여 캐니스터에 모아진 연료증발가스를 엔진으로 다시 흡입시켜 연료로 사용하도록 한다. 이밸브는 퍼지제어 신호에 의해 동작되고 캐니스터와 흡기매니폴드 사이의 연료가스의 흐름을 제어한다.

### DTC 감지 조건

ECM이 PCSV제어선의 단선을 검출하면 P0444라는 고장코드를 표출한다.

### 고장 판정 조건

| 항 목 | 판정 조건 | 고장 예상 원인 |
|---|---|---|
| 검출 방법 | • 전압 점검 | |
| 검출 조건 | • 10 < 배터리 전압(V) < 16<br>• 2% < 캐니스터 퍼지 듀티 < 98% | • 회로 단선<br>• 커넥터 접촉 저항<br>• PCSV 단품 |
| 판정값 | • 회로 단선 | |
| 검출 시간 | • 3초 | |
| 경고등 점등 | • 2회 주행 사이클 | |

### 정상값

| 온도(°C) | PCSV 저항(Ω) | 온도(°C) | PCSV 저항(Ω) |
|---|---|---|---|
| -20 | 20 ~ 24 | 40 | 25 ~ 29 |
| 0 | 22 ~ 26 | 50 | 27 ~ 31 |
| 20 | 24 ~ 28 | 60 | 29 ~ 33 |

# 고장진단

## 부분 회로도  K072FB29

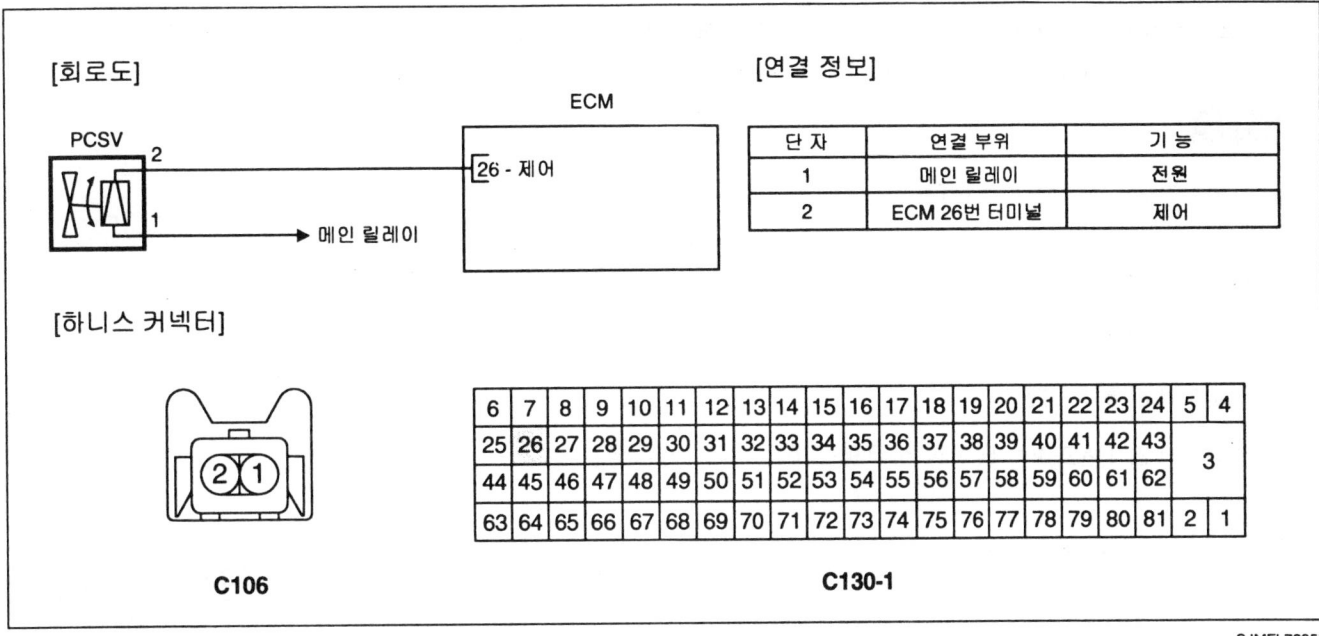

## 고장 코드 확인  K640A563

1. 스캔툴의 "자기진단"기능을 선택 한다
2. 하단 메뉴바의 "F4"를 눌러 고장 상세 정보를 선택 한다
3. "고장 진단 완료 유무" 항목이 "진단 완료"인지 확인한다.

   📖 참고
   미완료일경우 일반정보의 검출조건에서 지시하는대로 차량을 주행하여 진단을 완료 시킨다

4. "고장 유형"항목의 결과값이 "과거 고장" 인가?

   ```
   고장 상세 정보

   1.경고등상태 :    OFF
   2.고장 유형 :    "과거고장" 또는 "현재고장"
   3.고장진단 완료 유무 :"진단완료" 또는 "미완료"
   4.동일고장 발생 횟수 :    X (횟수가 기록됨)
   5.고장발생후 경과시간:    0분
   6.고장소거후 경과시간:    0분
   ```

   📖 참고
   - 과거 고장 : 이전에 발행한 고장임. 현재는 정상.
   - 현재 고장 : 현재 고장이 발생되어 있는 상태임.

### 예

▶ "동일고장 발생 횟수"항목 값이 2회 이상이면 간헐적인 고장이므로 "터미널 및 커넥터 점검"절차를 수행한다
▶ "동일고장 발생 횟수"가 1회 이하이면 과거고장이므로 진단을 종료한다

### 아니오

▶ "단품 점검" 절차를 수행한다.

## 단품 점검  KC33D6B2

1. 점화 스위치 "OFF"

2. PCSV 커넥터를 분리한다.

3. PCSV 커넥터 1번과 2번 터미널간 저항을 측정한다.(단품측)

정상값

| 온도(°C) | PCSV 저항(Ω) | 온도(°C) | PCSV 저항(Ω) |
|---|---|---|---|
| -20 | 20 ~ 24 | 40 | 25 ~ 29 |
| 0 | 22 ~ 26 | 50 | 27 ~ 31 |
| 20 | 24 ~ 28 | 60 | 29 ~ 33 |

1. 전원
2. PCSV 제어

4. 측정값이 정상인가?

### 예

▶ "배선 점검" 절차를 수행한다.

### 아니오

▶ "새로운 단품을 임시 장착하여 차량 상태를 확인한 후 정상이면 단품을 교환한다.
▶ "고장 수리 확인" 절차를 수행한다.

## 터미널 및 커넥터 점검  KFAA67A9

1. 고장의 주요원인은 배선손상 및 연결상태의 불량에 있으므로 커넥터 접촉불량 및 터미널의 부식 또는 변형등을 전체적으로 점검한다.

2. 문제가 발견 되었는가?

### 예

▶ 수리 또는 교환한 후 "고장 수리 확인" 절차를 수행한다.

# 고장진단

**아니오**

▶ "전원선 점검" 절차를 수행한다.

## 전원선 점검   K2707BC5

1. 점화 스위치 "ON" & 엔진을 "OFF"

2. PCSV 커넥터 1번 터미널과 접지간 전압을 측정한다.

정상값 : 배터리 전압

3. 측정값이 정상인가?

**예**

▶ "제어선 점검" 절차를 수행한다.

**아니오**

▶ 전원선의 단선 여부를 점검한다. 필요에 따라 수리 후, "고장 수리 확인" 절차를 수행한다.

## 제어선 점검   K499CBCD

1. 점화 스위치 "OFF"

2. ECM 커넥터를 분리한다.

3. PCSV 커넥터 2번 터미널과 ECM 커넥터 26번 터미널간 저항을 측정한다.

정상값 : 약 0Ω

4. 측정값이 정상인가?

**예**

▶ ECM과 단품 사이의 커넥터 접촉불량 및 터미널의 부식 또는 변형을 점검한 후 이상이 있으면 수리한다.
▶ "고장 수리 확인" 절차를 수행한다.

**아니오**

▶ 필요에 따라 수리 후, "고장 수리 확인" 절차를 수행한다.

## 고장 수리 확인   K4795B76

"고장 코드 확인" 절차를 재수행하여 고장이 정확히 수리 되었는지 확인한다

1. 스캔툴의 "자기진단"기능중 고장 상세 정보를 선택 한다

2. "고장 진단 완료 유무" 항목이 "진단 완료"인지 확인한다.

   **참고**
   미완료일경우 일반정보의 검출조건에서 지시하는대로 차량을 주행하여 완료 시킨다

3. "고장 유형"항목의 결과값이 "과거 고장" 인가?

**예**

▶ 시스템 정상. 고장코드를 소거한다

**아니오**

▶ 적절한 수리절차를 재수행한다.

# 고장진단

## DTC P0445 증발 가스 제어 시스템-퍼지 컨트롤 솔레노이드 밸브 (PCSV) 회로 단락

### 부품 위치

DTC P0444 참조.

### 기능 및 역할

DTC P0444 참조.

### DTC 감지 조건

ECM은 PCSV제어선이 접지나 배터리선과의 단락을 검출하면 P0445라는 고장코드를 표출한다.

### 고장 판정 조건

| 항 목 | 판정 조건 | 고장 예상 원인 |
|---|---|---|
| 검출 방법 | • 전압 점검 | |
| 검출 조건 | • 10 < 배터리 전압(V) < 16<br>• 2% < 캐니스터 퍼지 듀티 < 98% | • 회로 단락<br>• 커넥터 접촉 저항<br>• PCSV 단품 |
| 판정값 | • 접지 단락 또는 배터리 단락 | |
| 검출 시간 | • 3초 | |
| 경고등 점등 | • 2회 주행 사이클 | |

### 정상값

DTC P0444 참조.

### 부분 회로도

DTC P0444 참조.

### 고장 코드 확인

DTC P0444 참조.

### 단품 점검

1. 점화 스위치 "OFF"
2. PCSV 커넥터를 분리한다.
3. PCSV 커넥터 1번과 2번 터미널간 저항을 측정한다.(단품측)

정상값

| 온도(°C) | PCSV 저항(Ω) | 온도(°C) | PCSV 저항(Ω) |
|---|---|---|---|
| -20 | 20 ~ 24 | 40 | 25 ~ 29 |
| 0 | 22 ~ 26 | 50 | 27 ~ 31 |
| 20 | 24 ~ 28 | 60 | 29 ~ 33 |

1. 전원
2. PCSV 제어

4. 측정값이 정상인가?

**예**

▶ "배선 점검" 절차를 수행한다.

**아니오**

▶ "새로운 단품을 임시 장착하여 차량 상태를 확인한 후 정상이면 단품을 교환한다.
▶ "고장 수리 확인" 절차를 수행한다.

## 터미널 및 커넥터 점검  KAC7F001

DTC P0444 참조.

## 전원선 점검  KCCA69A9

1. 점화 스위치 "ON" & 엔진을 "OFF"
2. PCSV 커넥터 1번 터미널과 접지간 전압을 측정한다.

정상값 : 배터리 전압

3. 측정값이 정상인가?

**예**

▶ "제어선 점검" 절차를 수행한다.

**아니오**

▶ 전원선의 단선 여부를 점검한다. 필요에 따라 수리 후, "고장 수리 확인" 절차를 수행한다.

## 제어선 점검  KFFD0313

1. 접지 단락 점검

# 고장진단

    1) 점화 스위치 "OFF"

    2) ECM 커넥터를 분리한다.

    3) PCSV 커넥터 2번 터미널과 ECM 커넥터 26번 터미널간 저항을 측정한다.

정상값 : 약 0Ω

    4) 측정값이 정상인가?

       **예**

       ▶ 다음 점검 절차를 수행한다.

       **아니오**

       ▶ 필요에 따라 수리 후, "고장 수리 확인" 절차를 수행한다.

2. 배터리 단락 점검

    1) 점화 스위치 "ON" & 엔진 "OFF"

    2) PCSV 커넥터 2번 터미널과 접지간 전압을 측정한다.

정상값 : 약 0V

    3) 측정값이 정상인가?

       **예**

       ▶ ECM과 단품 사이의 커넥터 접촉불량 및 터미널의 부식 또는 변형을 점검한 후 이상이 있으면 수리한다.
       ▶ "고장 수리 확인" 절차를 수행한다.

       **아니오**

       ▶ 필요에 따라 수리 후, "고장 수리 확인" 절차를 수행한다.

## 고장 수리 확인 KE5A11BC

DTC P0444 참조.

## DTC P0447 증발 가스 제어 시스템-캐니스터 클로즈 밸브 (CCV) 회로 단선

### 부품 위치

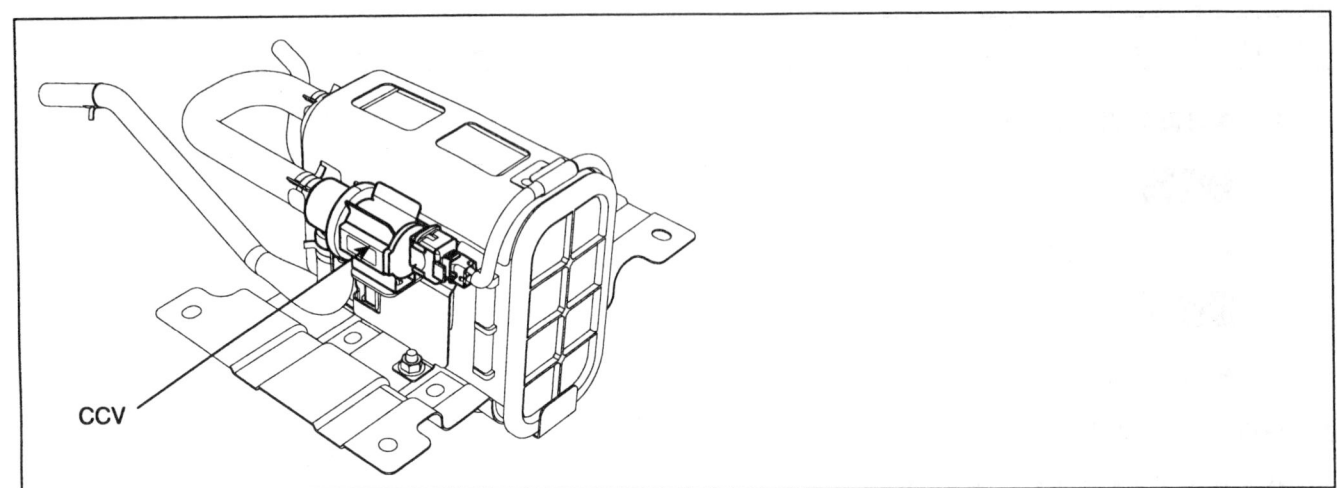

CCV

### 기능 및 역할

증발가스 제어시스템이란 연료 탱크내의 증발가스(탄화수소)를 재순환하여 연소시킴으로서 탄화수소를 저감하는 시스템을 말한다. 연료탱크내에 생성된 증발 가스는 캐니스터로 포집되며 캐니스터는 내부의 활성탄과 외부의 신선한 공기를 통하여 증발가스를 중화시키는 역할을 수행한다. 캐니스터 클로즈 밸브는 캐니스터에 장착되어 있으며 ECM에 의해 작동되지 않을 경우에는 밸브가 열려 신선한 외기가 캐니스터 내부로 들어오게 된다. ECM은 캐니스터 시스템 누설관련 진단을 실시할 경우에 캐니스터 클로즈 밸브를 작동시킨다. 캐니스터 클로즈 밸브가 작동하게 되면 밸브는 닫히고 캐니스터를 밀폐시켜 누설 여부 진단을 가능하게 한다.

### DTC 감지 조건

ECM은 캐니스터 클로즈 밸브 제어선의 단선을 검출한 경우 고장코드 P0447를 표출한다

### 고장 판정 조건

| 항목 | 판정 조건 | 고장 예상 원인 |
|---|---|---|
| 검출 방법 | • 전기 신호 점검 | |
| 검출 조건 | • 10 < 배터리 전압(V) < 16 | • 제어선 단선 |
| 판정값 | • 제어선 단선 검출시 | • 커넥터 접촉 불량 및 배선 손상 |
| 검출 시간 | • 3초 | • 캐니스터 클로즈 밸브 |
| 경고등 점등 | • 2회 주행 사이클 | |

### 정상값

| 캐니스터 클로즈 밸브 저항(Ω) | 기준 온도 |
|---|---|
| 23~26 | 20℃ |

# 고장진단

## 부분 회로도 K88129DB

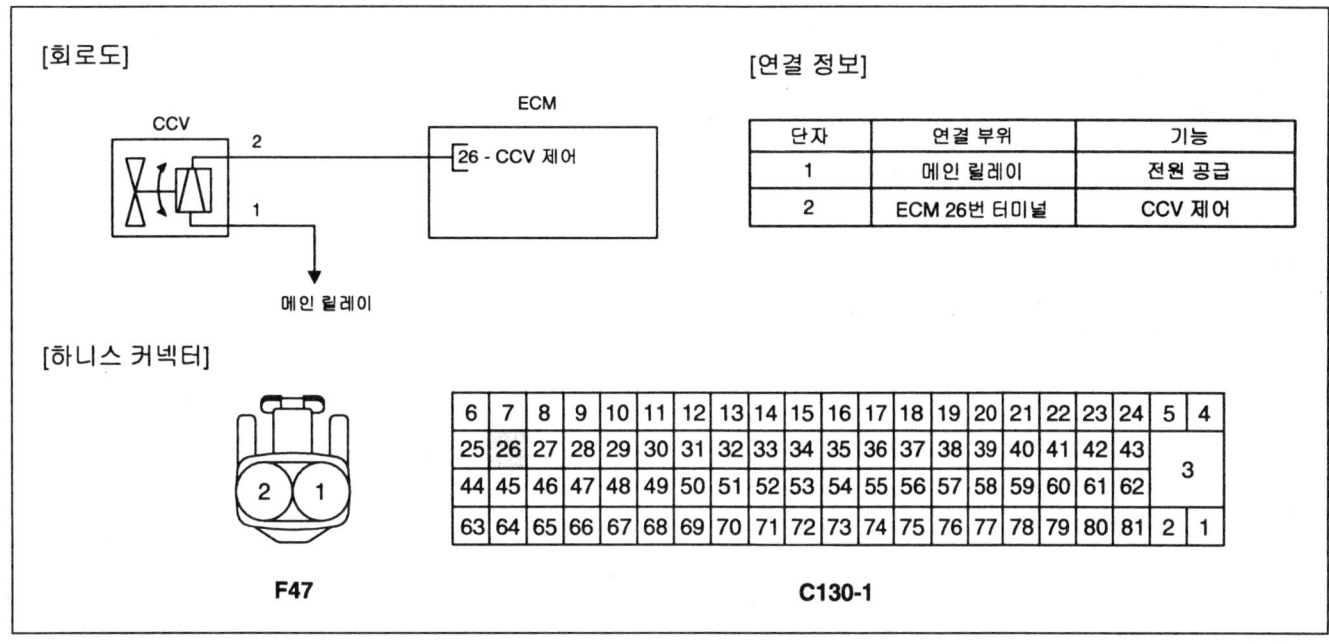

## 고장 코드 확인 K87F540F

1. 스캔툴의 "자기진단"기능을 선택 한다
2. 하단 메뉴바의 "F4"를 눌러 고장 상세 정보를 선택 한다
3. "고장 진단 완료 유무" 항목이 "진단 완료"인지 확인한다.

   📖 참고
   미완료일경우 일반정보의 검출조건에서 지시하는대로 차량을 주행하여 진단을 완료 시킨다

4. "고장 유형"항목의 결과값이 "과거 고장" 인가?

   **고장 상세 정보**

   1. 경고등상태 : OFF
   2. **고장 유형** : "과거고장" 또는 "현재고장"
   3. **고장진단 완료 유무** : "진단완료" 또는 "미완료"
   4. **동일고장 발생 횟수** : X (횟수가 기록됨)
   5. 고장발생후 경과시간 : 0분
   6. 고장소거후 경과시간 : 0분

   📖 참고
   - 과거 고장 : 이전에 발행한 고장임. 현재는 정상.
   - 현재 고장 : 현재 고장이 발생되어 있는 상태임.

**예**

▶ "동일고장 발생 횟수"항목 값이 2회 이상이면 간헐적인 고장이므로 "터미널 및 커넥터 점검"절차를 수행한다
▶ "동일고장 발생 횟수"가 1회 이하이면 과거고장이므로 진단을 종료한다

**아니오**

▶ 다음 점검 절차를 수행한다.

## 단품 점검   KA337C0B

1. 점화 스위치 "OFF"
2. 밸브 커넥터를 분리한다
3. 밸브 커넥터 1번과 2번 터미널간 저항을 측정한다.(단품측)

정상값 : 약 23~26Ω (20℃)

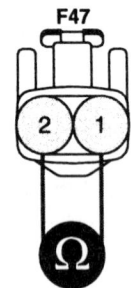

1. 전원
2. 제어

4. 측정값이 정상인가?

**예**

▶ 다음 점검 절차를 수행한다

**아니오**

▶ 새로운 단품을 임시 장착하여 차량 상태를 확인한 후 정상이면 단품을 교환한다. "고장 수리 확인" 절차를 수행한다.

## 전원선 점검   K5E08AD7

1. 점화 스위치 "ON" & 엔진 "OFF"
2. 밸브 배선측 커넥터 1번과 차체 접지간 전압을 측정한다.

정상값 : 약 5V

3. 측정값이 정상인가?

**예**

▶ 다음 점검 절차를 수행한다

# 고장진단

**아니오**

▶ 신호선 단선 또는 접지 단락등을 점검한다. 이상이 발견되면 수리한 후 "고장 수리 확인" 절차를 수행한다

## 제어선 점검  K6AF82D8

1. 밸브 배선측 커넥터 2번과 차체 접지간 전압을 측정한다.

정상값 : 약 4~5V

2. 측정값이 정상인가?

**예**

▶ 다음 점검 절차를 수행한다

**아니오**

▶ 제어선 단선등을 점검한다. 이상이 발견되면 수리한 후 "고장 수리 확인" 절차를 수행한다

## 터미널 및 커넥터 점검  K99BF041

1. 고장의 주요원인은 배선손상 및 연결상태의 불량에 있으므로 커넥터 접촉불량 및 터미널의 부식 또는 변형등을 전체적으로 점검한다.
2. 문제가 발견 되었는가?

**예**

▶ 수리 또는 교환한 후 "고장 수리 확인" 절차를 수행한다.

**아니오**

▶ ECM측 커넥터 및 터미널의 접촉불량 또는 부식, 변형등을 재점검하여 이상이 있으면 수리한다. 수리 완료 후 또는 정상일 경우 "고장 수리 확인" 절차를 수행한다.

## 고장 수리 확인  KBDD6EA0

"고장 코드 확인" 절차를 재수행하여 고장이 정확히 수리 되었는지 확인한다

1. 스캔툴의 "자기진단"기능중 고장 상세 정보를 선택 한다
2. "고장 진단 완료 유무" 항목이 "진단 완료"인지 확인한다.

    📖 참고
    미완료일경우 일반정보의 검출조건에서 지시하는대로 차량을 주행하여 완료 시킨다

3. "고장 유형"항목의 결과값이 "과거 고장" 인가?

**예**

▶ 시스템 정상. 고장코드를 소거한다

**아니오**

▶ 적절한 수리절차를 재수행한다.

## DTC P0448 증발 가스 제어 시스템-캐니스터 클로즈 밸브 (CCV) 회로 단락

**부품 위치**

DTC P0447 참조.

**기능 및 역할**

DTC P0447 참조.

**DTC 감지 조건**

ECM은 캐니스터 클로즈 밸브 제어선의 접지 또는 전원 단락을 검출한 경우 고장코드 P0448를 표출한다

**고장 판정 조건**

| 항 목 | 판정 조건 | 고장 예상 원인 |
|---|---|---|
| 검출 방법 | • 전기 신호 점검 | • 제어선 접지 또는 전원 단락<br>• 커넥터 접촉 불량 및 배선 손상<br>• 캐니스터 클로즈 밸브 |
| 검출 조건 | • 10 < 배터리 전압(V) < 16 | |
| 판정값 | • 제어선 단락 검출시 | |
| 검출 시간 | • 3초 | |
| 경고등 점등 | • 2회 주행 사이클 | |

**정상값**

| 캐니스터 클로즈 밸브 저항(Ω) | 기준 온도 |
|---|---|
| 23~26 | 20℃ |

**부분 회로도**

DTC P0447 참조.

**고장 코드 확인**

DTC P0447 참조.

**단품 점검**

1. 점화 스위치 "OFF"
2. 밸브 커넥터를 분리한다
3. 밸브 커넥터 1번과 2번 터미널간 저항을 측정한다.(단품측)

정상값 : 약 23~26Ω (20℃)

# 고장진단

FL-279

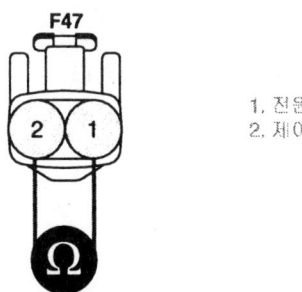

1. 전원
2. 제어

SJMFL7312D

4. 측정값이 정상인가?

   **예**

   ▶ 다음 점검 절차를 수행한다

   **아니오**

   ▶ 새로운 단품을 임시 장착하여 차량 상태를 확인한 후 정상이면 단품을 교환한다. "고장 수리 확인" 절차를 수행한다.

## 전원선 점검  KCA4BDD0

1. 점화 스위치 "ON" & 엔진 "OFF"

2. 밸브 배선측 커넥터 1번과 차체 접지간 전압을 측정한다.

정상값 : 약 5V

3. 측정값이 정상인가?

   **예**

   ▶ 다음 점검 절차를 수행한다

   **아니오**

   ▶ 신호선 단선 또는 접지 단락등을 점검한다. 이상이 발견되면 수리한 후 "고장 수리 확인" 절차를 수행한다

## 제어선 점검  KF7E41DA

1. 제어선 접지 단락 점검

   1) 밸브 배선측 커넥터 2번과 차체 접지간 전압을 측정한다.

정상값 : 약 4~5V

   2) 측정값이 정상인가?

      **예**

      ▶ 다음 점검 절차를 수행한다

**아니오**

▶ 제어선 단선등을 점검한다. 이상이 발견되면 수리한 후 "고장 수리 확인" 절차를 수행한다

2. 제어선 전원 단락 점검

   1) 점화 스위치 "OFF"

   2) 밸브 커넥터를 분리한 상태로 ECM커넥터를 분리한다

   3) 점화 스위치 "ON" & 엔진 "OFF"

   4) 밸브 배선측 커넥터 터미널 2번과 차체 접지간 전압을 점검한다

---

정상값 : 약 0V

---

   5) 측정값이 정상인가?

   **예**

   ▶ 다음 점검 절차를 수행한다

   **아니오**

   ▶ 제어선 단락등을 점검한다. 이상이 발견되면 수리한 후 "고장 수리 확인" 절차를 수행한다

## 터미널 및 커넥터 점검   KB0FDEE7

DTC P0447 참조.

## 고장 수리 확인   KB1C12A5

DTC P0447 참조.

고장진단                                                                                          FL-281

## DTC P0449 증발 가스 제어 시스템-캐니스터 클로즈 밸브 (CCV) 회로 이상

### 부품 위치

DTC P0447 참조.

### 기능 및 역할

DTC P0447 참조.

### DTC 감지 조건

ECM은 캐니스터 클로즈 밸브의 열린상태 고착등으로 인해 연료 탱크내의 압력이 너무 낮을 경우 고장코드 P0449를 표출한다

### 고장 판정 조건

| 항 목 | 판정 조건 | 고장 예상 원인 |
|---|---|---|
| 검출 방법 | • 캐니스터 클로즈 밸브(닫힘상태로)고착 | |
| 검출 조건 | • 캐니스터 시스템 누설 진단 비작동.<br>• 연료 탱크 압력 센서 고장 없음.<br>• 11 < 배터리 전압(V) < 16 | • 캐니스터 에어 필터<br>• 캐니스터 클로즈 밸브 |
| 판정값 | • 연료 탱크 압력 너무 낮음(연료압력 < 1.6V 이하) | |
| 검출 시간 | • 10초 | |
| 경고등 점등 | • 2회 주행 사이클 | |

### 정상값

| 캐니스터 클로즈 밸브 저항(Ω) | 기준 온도 |
|---|---|
| 23~26 | 20℃ |

### 부분 회로도

DTC P0447 참조.

### 고장 코드 확인

> 📘 참고
> 캐니스터 클로즈 밸브의 전기적 고장과 연관된 고장코드가 저장되어 있으면 먼저 전기적 고장과 관련된 모든 수리 절차를 완료한 이후에 본 진단 절차를 수행한다.

1. 스캔툴의 "자기진단"기능을 선택 한다

2. 하단 메뉴바의 "F4"를 눌러 고장 상세 정보를 선택 한다

3. "고장 진단 완료 유무" 항목이 "진단 완료"인지 확인한다.

> 참고
> 미완료일경우 일반정보의 검출조건에서 지시하는대로 차량을 주행하여 진단을 완료 시킨다

4. "고장 유형"항목의 결과값이 "과거 고장" 인가?

```
           고장 상세 정보

1. 경고등상태    :   OFF
2. 고장 유형     :  "과거고장" 또는 "현재고장"
3. 고장진단 완료 유무 : "진단완료" 또는 "미완료"
4. 동일고장 발생 횟수 :  X (횟수가 기록됨)
5. 고장발생후 경과시간:        0분
6. 고장소거후 경과시간:        0분
```

AGIE001X

> 참고
> - 과거 고장 : 이전에 발행한 고장임. 현재는 정상.
> - 현재 고장 : 현재 고장이 발생되어 있는 상태임.

**예**

▶ "동일고장 발생 횟수"항목 값이 2회 이상이면 간헐적인 고장이므로 "터미널 및 커넥터 점검"절차를 수행한다
▶ "동일고장 발생 횟수"가 1회 이하이면 과거고장이므로 진단을 종료한다

**아니오**

▶ 다음 점검 절차를 수행한다.

캐니스터 에어 필터 점검

1. 캐니스터를 탈거한 후 에어 필터를 분리한다.
2. 분리한 에어 필터의 오염등을 점검한다.
3. 문제가 발견되었는가?

**예**

▶ 수리 또는 교환한 후 "고장 수리 확인" 절차를 수행한다.

**아니오**

▶ 다음 점검 절차를 수행한다.

캐니스터 클로즈 밸브 점검

1. 분리했던 진공 호스 및 단품등을 재조립 한다.
2. 캐니스터와 캐니스터 클로즈 밸브로 연결 되는 진공호스를 캐니스터측에서 분리한다.
3. 점화스위치 "ON" & 엔진 "OFF"

# 고장진단  FL-283

4. 분리된 진공호스측에서 공기를 불어넣어 (에어필터를 통해) 빠져 나오는가를 점검한다.

5. 캐니스터 클로즈 밸브 단품측 1번 터미널에 배터리 전압을 인가한 후 2번 터미널을 접지시켜 밸브를 작동 시킨다. 밸브가 작동 되면 공기 유로를 닫으므로 공기가 통과하지 않아야 한다.

6. 신뢰성있는 점검을 위하여 밸브 작동/비작동을 4~5회 반복하여 실시하면서 공기가 흐르고 막힘을 반복하는지 점검한다.

7. 밸브가 정상적으로 작동되는가?

   **예**

   ▶ 다음 점검 절차를 수행한다

   **아니오**

   ▶ 진공호스 또는 클램프의 장착 상태 및 진공 호스의 누설 등을 점검한 후 이상이 발견되면 수리한다. 정상이면 새로운 밸브를 임시 장착하여 차량 상태를 확인한 후 정상이면 밸브를 교환한다. "고장 수리 확인" 절차를 수행한다

## 터미널 및 커넥터 점검

DTC P0447 참조.

## 고장 수리 확인

DTC P0447 참조.

## DTC P0451 증발 가스 제어 시스템-연료 탱크 압력 센서(FTPS) 성능 이상

### 부품 위치

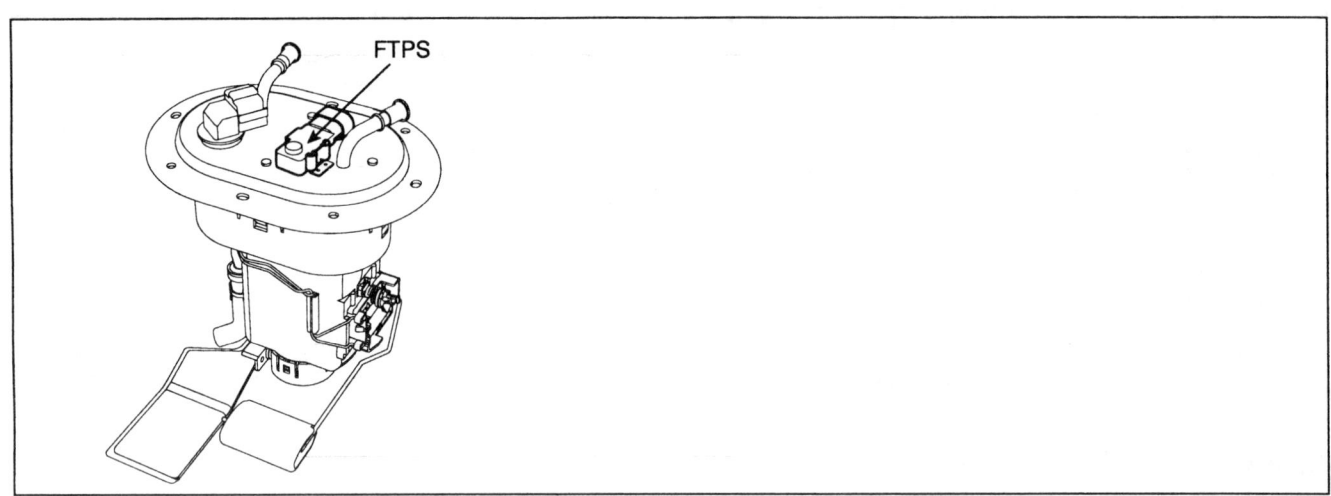

### 기능 및 역할

증발가스 제어시스템이란 연료 탱크내의 증발가스(탄화수소)를 재순환하여 연소시킴으로서 탄화수소를 저감하는 시스템을 말한다. ECM은 증발 가스 제어 시스템의 누설 진단을 위하여 연료탱크내에 설치된 압력 센서를 이용한다. 압력 센서는 압전 효과를 이용한 센서로서 5V의 기준 전압을 제공 받아 누설 진단 과정에서 발생하는 압력 변화에 비례하는 아날로그 출력 전압을 ECM에 전달한다.

### DTC 감지 조건

ECM은 연료 압력 센서의 고착 유무를 점검하기 위하여 캐니스터 퍼지 솔레노이드의 작동과 연동하여 성능을 점검한다. 출력되는 탱크 압력 센서 신호의 변동이 없거나 한계치 이상,이하로 벗어날 경우 고장코드 P0451이 표출된다

### 고장 판정 조건

| 항 목 | 판정 조건 | 고장 예상 원인 |
|---|---|---|
| 검출 방법 | • 성능 점검 | |
| 검출 조건 | • 차량 속도 > 28km/h 이상<br>• 캐니스터 퍼지 흐름량 변화 > 1kg/h (13초 이내)<br>• 최소 탱크압력 신호 > 0.32V<br>• 대기 온도 > -10℃<br>• 관련된 고장 없음<br>• 11 < 배터리 전압(V) < 16 | • 커넥터 접촉 불량 및 배선 손상<br>• 연료 탱크 압력 센서 |
| 판정값 | • 연료 탱크 압력센서 전압 변화량 < 15 mv | |
| 검출 시간 | • 65초 | |
| 경고등 점등 | • 2회 주행 사이클 | |

# 고장진단

## 정상값  K14D6685

| 압력 | -3.75 kPa(-1.10 inHg) | 0 kPa(0 inHg) | 1.25 kPa(0.37 inHg) |
|---|---|---|---|
| 출력 전압 | 4.5 V | 1.5 V | 0.5 V |

## 부분 회로도  K4D77CCD

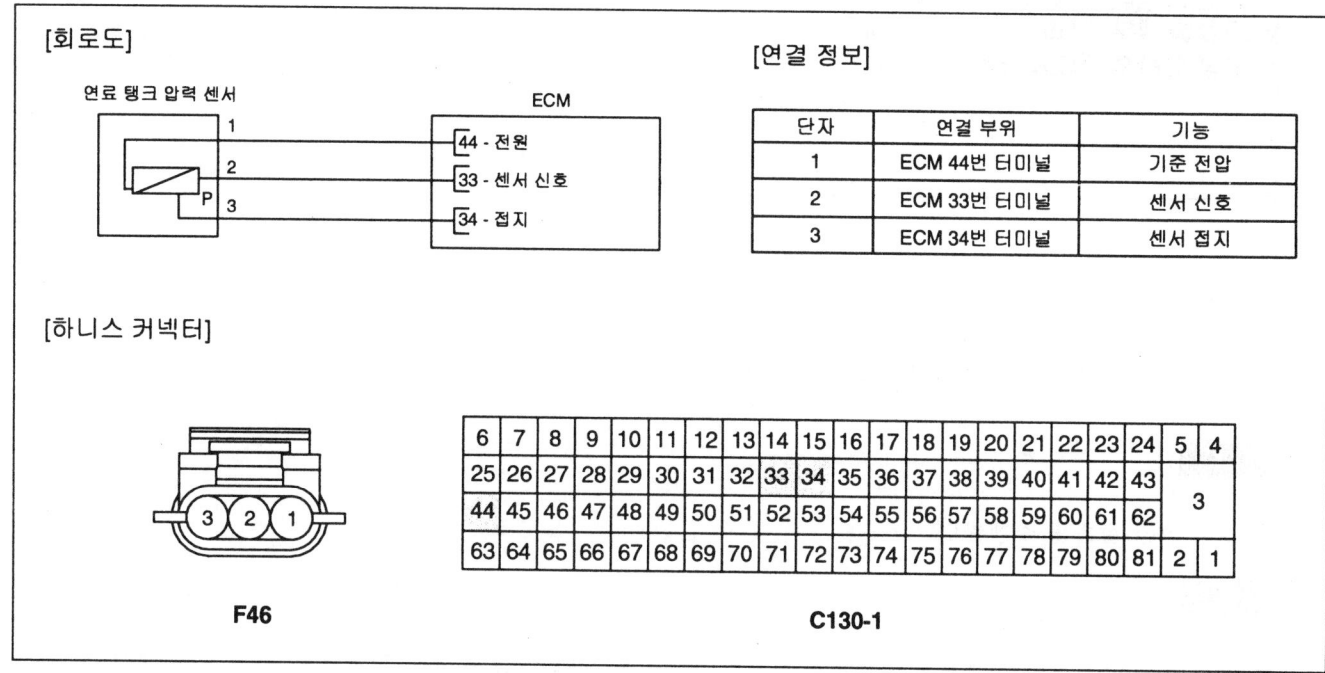

## 고장 코드 확인  K8E139FE

> 📖 참고
> 연료 탱크 압력 센서의 전기적 신호와 연관된 고장코드가 저장되어 있으면, 전기적 신호와 관련된 모든 수리절차를 완료한 이후에 본 진단 절차를 수행한다.

1. 스캔툴의 "자기진단"기능을 선택 한다

2. 하단 메뉴바의 "F4"를 눌러 고장 상세 정보를 선택 한다

3. "고장 진단 완료 유무" 항목이 "진단 완료"인지 확인한다.

> 📖 참고
> 미완료일경우 일반정보의 검출조건에서 지시하는대로 차량을 주행하여 진단을 완료 시킨다

4. "고장 유형"항목의 결과값이 "과거 고장" 인가?

```
            고장 상세 정보

1. 경고등상태  :   OFF
2. 고장 유형   :  "과거고장" 또는 "현재고장"
3. 고장진단 완료 유무 :"진단완료" 또는 "미완료"
4. 동일고장 발생 횟수 :  X (횟수가 기록됨)
5. 고장발생후 경과시간:      0분
6. 고장소거후 경과시간:      0분
```

AGIE001X

> 참고
> - 과거 고장 : 이전에 발행한 고장임. 현재는 정상.
> - 현재 고장 : 현재 고장이 발생되어 있는 상태임.

**예**

▶ 다음 점검 절차를 수행한다

**아니오**

▶ 현재 고장 상태가 아닌 과거 또는 간헐적인 고장이 의심됨. 커넥터의 느슨함, 접촉불량, 구부러짐, 부식, 오염, 변형 또는 손상을 점검한 후 필요하면 수리하고 이상이 없으면 "고장 수리 확인" 절차를 수행한다.

## 터미널 및 커넥터 점검  K0F02C43

1. 고장의 주요원인은 배선손상 및 연결상태의 불량에 있으므로 커넥터 접촉불량 및 터미널의 부식 또는 변형등을 전체적으로 점검한다.

2. 문제가 발견 되었는가?

**예**

▶ 수리 또는 교환한 후 "고장 수리 확인" 절차를 수행한다.

**아니오**

▶ ECM측 커넥터 및 터미널의 접촉불량 또는 부식, 변형등을 재점검하여 이상이 있으면 수리한다. 수리 완료 후 또는 정상일 경우 "고장 수리 확인" 절차를 수행한다.

## 단품 점검  KD55BE79

1. 점화 스위치 "ON" & 엔진 "OFF".

2. 센서 커넥터 2번 터미널과 차체 접지간 전압을 측정한다

정상값 : 진공압에 따라 점진적으로 신호 전압이 증가

# 고장진단

| 압력 (kPa) | -3.75 | 0 | 1.25 |
|---|---|---|---|
| 전압 (V) | 4.5 | 1.5 | 0.5 |

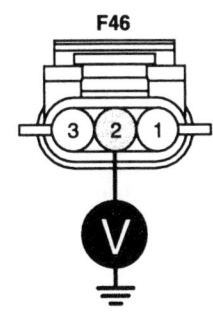

1. 공급 전원
2. 센서 신호
3. 센서 접지

3. 측정값이 정상인가?

   **예**

   ▶ ECM측 커넥터 및 터미널의 접촉불량 또는 부식, 변형등을 재점검하여 이상이 있으면 수리한다. 수리 완료 후 또는 정상일 경우 "고장 수리 확인" 절차를 수행한다.

   **아니오**

   ▶ 새로운 단품을 임시 장착하여 차량 상태를 확인한 후 정상이면 단품을 교환한다. "고장 수리 확인" 절차를 수행한다

## 고장 수리 확인

"고장 코드 확인" 절차를 재수행하여 고장이 정확히 수리 되었는지 확인한다

1. 스캔툴의 "자기진단"기능중 고장 상세 정보를 선택 한다
2. "고장 진단 완료 유무" 항목이 "진단 완료"인지 확인한다.

   **참고**
   미완료일경우 일반정보의 검출조건에서 지시하는대로 차량을 주행하여 완료 시킨다

3. "고장 유형"항목의 결과값이 "과거 고장" 인가?

   **예**

   ▶ 시스템 정상. 고장코드를 소거한다

   **아니오**

   ▶ 적절한 수리절차를 재수행한다.

## DTC P0452 증발 가스 제어 시스템-연료 탱크 압력 센서(FTPS) 입력 신호 낮음

### 부품 위치 K71F25EB

DTC P0451 참조.

### 기능 및 역할 K5B07A77

DTC P0451 참조.

### DTC 감지 조건 K8DCF438

ECM은 탱크 압력 센서 신호선의 접지 단락을 검출하면 고장코드 P0452를 표출한다.

### 고장 판정 조건 K5974DAB

| 항목 | 판정 조건 | 고장 예상 원인 |
|---|---|---|
| 검출 방법 | • 전기적 신호 점검 | • 신호선 접지 단락<br>• 커넥터 접촉 불량 및 배선 손상<br>• 연료 탱크 압력 센서 |
| 검출 조건 | • 11 < 배터리 전압(V) < 16 | |
| 판정값 | • 연료탱크 압력센서 신호 낮음( 0.32V 이하) | |
| 검출 시간 | • 0.5초 | |
| 경고등 점등 | • 2회 주행 사이클 | |

### 정상값 KEBDFBF9

| 압력 | -3.75 kPa(-1.10 inHg) | 0 kPa(0 inHg) | 1.25 kPa(0.37 inHg) |
|---|---|---|---|
| 출력 전압 | 4.5 V | 1.5 V | 0.5 V |

### 부분 회로도 KEBF345E

DTC P0451 참조.

### 고장 코드 확인 K4EF3E5F

DTC P0451 참조.

### 전원선 점검 K793DEE0

1. 점화 스위치 "OFF"
2. 연료 탱크 압력 센서의 커넥터를 분리한다.
3. 점화 스위치 "ON" & 엔진 "OFF"
4. 센서 커넥터 1번 터미널과 차체 접지간 전압을 측정한다

정상값 : 약 5V

# 고장진단

5. 측정값이 정상인가?

   **예**

   ▶ 다음 점검 절차를 수행한다

   **아니오**

   ▶ 전원선의 단선 또는 접지 단락을 점검한 후 이상이 발견되면 수리 또는 교환 한 후 "고장 수리 확인"절차를 수행 한다.

## 신호선 점검

1. 점화 스위치 "ON" & 엔진 "OFF"
2. 센서 커넥터 2번 터미널과 차체 접지간 전압을 점검한다

정상값 : 약 5V

3. 측정값이 정상인가?

   **예**

   ▶ 다음 점검 절차를 수행한다

   **아니오**

   ▶ 신호선의 접지 단락을 점검한 후 이상이 발견되면 수리 또는 교환 한 후 "고장 수리 확인"절차를 수행 한다.

## 터미널 및 커넥터 점검

DTC P0451 참조.

## 단품 점검

1. 점화 스위치 "ON" & 엔진 "OFF".
2. 센서 커넥터 2번 터미널과 차체 접지간 전압을 측정한다

정상값 : 진공압에 따라 점진적으로 신호 전압이 증가

| 압력 (kPa) | -3.75 | 0 | 1.25 |
|---|---|---|---|
| 전압 (V) | 4.5 | 1.5 | 0.5 |

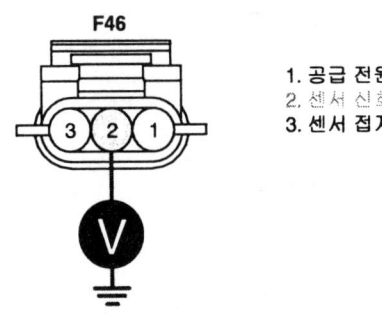

1. 공급 전원
2. 센서 신호
3. 센서 접지

3. 측정값이 정상인가?

   **예**

   ▶ ECM측 커넥터 및 터미널의 접촉불량 또는 부식, 변형등을 재점검하여 이상이 있으면 수리한다. 수리 완료 후 또는 정상일 경우 "고장 수리 확인" 절차를 수행한다.

   **아니오**

   ▶ 새로운 단품을 임시 장착하여 차량 상태를 확인한 후 정상이면 단품을 교환한다. "고장 수리 확인" 절차를 수행한다

## 고장 수리 확인

DTC P0451 참조.

## DTC P0453 증발 가스 제어 시스템-연료 탱크 압력 센서(FTPS) 입력 신호 높음

### 부품 위치

DTC P0451 참조.

### 기능 및 역할

DTC P0451 참조.

### DTC 감지 조건

ECM은 탱크 압력 센서 신호선의 단선 또는 전원 단락을 검출하면 고장코드 P0453를 표출한다.

### 고장 판정 조건

| 항 목 | 판정 조건 | 고장 예상 원인 |
|---|---|---|
| 검출 방법 | • 전기적 신호 점검 | • 신호선 단선 또는 전원 단락<br>• 커넥터 접촉 불량 및 배선 손상<br>• 연료 탱크 압력 센서 |
| 검출 조건 | • 11 < 배터리 전압(V) < 16 | |
| 판정값 | • 연료탱크 압력센서 신호 높음 ( 4.78V 이상) | |
| 검출 시간 | • 0.5초 | |
| 경고등 점등 | • 2회 주행 사이클 | |

### 정상값

| 압력 | -3.75 kPa(-1.10 inHg) | 0 kPa(0 inHg) | 1.25 kPa(0.37 inHg) |
|---|---|---|---|
| 출력 전압 | 4.5 V | 1.5 V | 0.5 V |

### 부분 회로도

DTC P0451 참조.

### 고장 코드 확인

DTC P0451 참조.

### 접지선 점검

1. 점화 스위치 "OFF"
2. 연료 탱크 압력 센서 커넥터를 분리한다
3. 센서 커넥터 3번 터미널과 차체 접지간 저항을 측정한다

정상값 : 약 0Ω

4. 측정값이 정상인가?

**예**

▶ 다음 점검 절차를 수행한다

**아니오**

▶ 접지선의 단선 또는 접지 단락을 점검한 후 이상이 발견되면 수리 또는 교환 한 후 "고장 수리 확인"절차를 수행한다.

## 신호선 점검  K31FCE19

1. 신호선 단선 점검

    1) 점화 스위치 "ON" & 엔진 "OFF"

    2) 센서 커넥터 2번 터미널과 차체 접지간 전압을 점검한다

    정상값 : 약 5V

    3) 측정값이 정상인가?

    **예**

    ▶ 다음 점검 절차를 수행한다

    **아니오**

    ▶ 신호선의 단선을 점검한 후 이상이 발견되면 수리 또는 교환 한 후 "고장 수리 확인"절차를 수행 한다.

2. 신호선 전원 단락

    1) 점화 스위치 "OFF"

    2) ECM커넥터를 분리한다

    3) 점화 스위치 "ON" & 엔진 "OFF"

    4) 센서 커넥터 2번 터미널과 차체 접지간 전압을 측정한다

    정상값 : 약 0V

    5) 측정값이 정상인가?

    **예**

    ▶ 다음 점검 절차를 수행한다

    **아니오**

    ▶ 신호선의 전원 단락을 점검한 후 이상이 발견되면 수리 또는 교환 한 후 "고장 수리 확인"절차를 수행 한다.

## 터미널 및 커넥터 점검  K9A79F04

DTC P0451 참조.

# 고장진단

## 단품 점검  K636F548

1. 점화 스위치 "ON" & 엔진 "OFF".

2. 센서 커넥터 2번 터미널과 차체 접지간 전압을 측정한다

   정상값 : 진공압에 따라 점진적으로 신호 전압이 증가

| 압력(kPa) | -3.75 | 0 | 1.25 |
|---|---|---|---|
| 전압(V) | 4.5 | 1.5 | 0.5 |

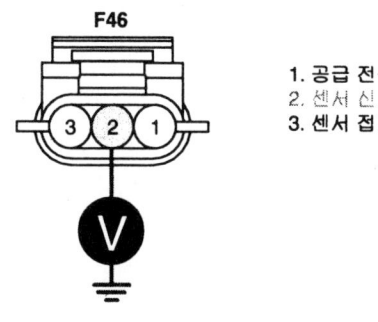

1. 공급 전원
2. 센서 신호
3. 센서 접지

3. 측정값이 정상인가?

   **예**

   ▶ ECM측 커넥터 및 터미널의 접촉불량 또는 부식, 변형등을 재점검하여 이상이 있으면 수리한다. 수리 완료 후 또는 정상일 경우 "고장 수리 확인" 절차를 수행한다.

   **아니오**

   ▶ 새로운 단품을 임시 장착하여 차량 상태를 확인한 후 정상이면 단품을 교환한다. "고장 수리 확인" 절차를 수행한다

## 고장 수리 확인  K9C49D91

DTC P0451 참조.

## DTC P0454 증발 가스 제어 시스템-연료 탱크 압력 센서(FTPS) 간헐적 고장

### 부품 위치

### 기능 및 역할

증발가스제어시스템(The evaporative emission control system)은 광화학 스모그를 발생시킬 수 있는 탄화수소(HC)가 연료탱크로부터 대기로 방출되는 것을 막기위한 시스템이다.
연료탱크로부터 증발된 연료는 캐니스터에 응집된다. 응집된 증발 연료는 PCM이 제어하는 퍼지컨트롤솔레노이드밸브(PCSV)를 통해서 엔진으로 유입된다.
연료탱크압력센서(FTPS)는 증발가스제어시스템을 이루는 구성품 중의 하나로 연료탱크의 압력을 검출하여 PCM으로 입력시킨다. PCM은 연료압력센서(FTPS) 신호값으로 연료탱크의 압력을 모니터한다.
PCM은 연료압력센서 신호로 퍼지컨트롤솔레노이드밸브(PCSV) 작동상태를 점검하며 캐니스터 컨트롤 밸브(CCV) 작동시 연료탱크의 압력을 모니터하여 증발가스제어시스템에서의 리크(leak)발생을 검출한다.

### DTC 감지 조건

PCM은 연료탱크압력센서의 출력값을 모니터링하여, 순간적으로 출력값이 상승할 경우, 연료탱크압력센서의 고장으로 인식하여 고장코드 P0454 를 표출한다.

# 고장진단

## 고장 판정 조건   K26CF010

| 항 목 | 판정 조건 | 고장 예상 원인 |
|---|---|---|
| 검출 방법 | • 연료탱크압력센서 출력값 점검 | |
| 검출 조건 | • 차속 < 10km/h<br>• 냉각수 온도 > 74℃<br>• 시동후 590초<br>• 고도 < 2400m<br>• 흡기온도 ≥ -10℃<br>• 탱크 압력 차이 : -11 ~ +4hPa<br>• 관련 고장이 없을 것<br>• 11V < 배터리 전압 < 16V | • 커넥터 연결상태<br>• 연료탱크압력센서 |
| 판정값 | • 연료탱크압력값이 5.6 을 넘었을 경우 | |
| 검출 시간 | • 10초 | |
| 경고등 점등 | • 2회 주행 사이클 | |

## 정상값   KB40CF17

| 압력 (kPa) | 출력전압 (V) |
|---|---|
| -6.67 | 0.5 |
| 0 | 2.5 |
| 6.67 | 4.5 |

## 고장 코드 확인   K59B3843

1. DTC 고장정보 점검

   1) 자기진단 커넥터에 스캔툴을 연결한다.

   2) 점화스위치를 ON 한다.

   3) "01. 자기진단" 모드상의 고장코드를 확인하고, "F4(상태)" 버튼을 눌러 현재 표출된 고장코드의 상태정보를 확인한다.

   4) "고장 유형"을 확인한다.

   ```
   고장 상세 정보

   1. 경고등상태 :   OFF
   2. 고장 유형 :   "과거고장" 또는 "현재고장"
   3. 고장진단 완료 유무 : "진단완료" 또는 "미완료"
   4. 동일고장 발생 횟수 :   X (횟수가 기록됨)
   5. 고장발생후 경과시간:    0분
   6. 고장소거후 경과시간:    0분
   ```

5) "고장유형" 항목상에 표출된 내용이 무엇인가?

**예**

▶ 다음으로 "터미널 및 커넥터 점검" 절차를 수행한다.

**아니오**

▶ 이 고장은 PCM의 기억을 소거하지 않았거나 센서나 PCM의 커넥터의 접촉 불량에 의한 일시적인 고장이다. 전체적으로 커넥터의 느슨함, 접촉불량, 구부러짐, 부식, 오염, 변형 또는 손상을 점검한다. 필요시 수리 또는 교환한 후 "수리 결과 확인" 과정을 수행한다.

## 터미널 및 커넥터 점검   K1F5AE75

1. 전기장치는 수 많은 배선측과 커넥터로 구성되며, 이러한 커넥터들의 접촉 불량은 여러가지 다양한 문제를 유발 시키고, 부품을 손상 시키기도 한다.
2. 전체적으로 커넥터의 느슨함, 접촉불량, 구부러짐, 부식, 오염, 변형 또는 손상을 점검한다.
3. 문제 부위가 확인되는가?

**예**

▶ 필요시 수리 또는 교환한 후 "고장수리확인" 과정을 수행한다.

**아니오**

▶ 다음 단계인 " 단품 점검 " 절차를 수행한다.

## 단품 점검   KA884A38

1. 연료탱크압력센서 점검

    1) 점화스위치를 OFF 하고 스캔툴을 연결한다.
    2) 스캔툴의 써비스데이타의 연료탱크압력센서 값을 확인한다.

정상값:

| 압력(kPa) | 출력전압(V) |
|---|---|
| -6.67 | 0.5 |
| 0 | 2.5 |
| 6.67 | 4.5 |

    3) 연료탱크압력센서가 정상인가?

**예**

▶ 간헐적인 고장일 수 있다. 위에서 언급한 검출조건으로 차량테스트를 한 후, 다음으로 "고장수리확인"절차를 수행한다.

**아니오**

▶ 정상적인 연료탱크압력센서로 교환한 후 문제가 해결되면, 연료탱크압력센서 이상으로 보고, 연료탱크압력센서를 교환한다. 그리고, 다음으로 "고장수리 확인" 절차 과정을 수행한다.

고장진단

## 고장 수리 확인  K0E1B4AA

"고장 코드 확인" 절차를 재수행하여 고장이 정확히 수리 되었는지 확인한다

1. 스캔툴의 "자기진단"기능중 고장 상세 정보를 선택 한다

2. "고장 진단 완료 유무" 항목이 "진단 완료"인지 확인한다.

    📖 참고
    미완료일경우 일반정보의 검출조건에서 지시하는대로 차량을 주행하여 완료 시킨다

3. "고장 유형"항목의 결과값이 "과거 고장" 인가?

    **예**

    ▶ 시스템 정상. 고장코드를 소거한다

    **아니오**

    ▶ 적절한 수리절차를 재수행한다.

## DTC P0455 증발 가스 제어 시스템-큰 누설발생

### 기능 및 역할 K257CDF6

증발가스 제어시스템이란 연료 탱크내의 증발가스(탄화수소)를 재순환하여 연소시킴으로서 탄화수소를 저감하는 시스템을 말한다. ECM은 증발 가스 제어 시스템의 누설 진단을 위하여 연료탱크내에 설치된 압력 센서를 이용한다. 압력 센서는 압전 효과를 이용한 센서로서 5V의 기준 전압을 제공 받아 누설 진단 과정에서 발생하는 압력 변화에 비례하는 아날로그 출력 전압을 ECM에 전달한다.

### DTC 감지 조건 K64894CB

ECM은 증발가스 시스템내에 큰 누설이 발생하여 누설 진단모드의 진공 생성 구간중의 진공 형성에 과도한 시간이 걸릴 경우, 고장이라 판단, 고장코드 P0455를 표출한다

### 고장 판정 조건 KF54C28A

| 항 목 | | 판정 조건 | 고장 예상 원인 |
|---|---|---|---|
| 검출 방법 | | • 연료 탱크 압력 점검(진공 생성 구간) | |
| 검출 조건 | | • 차속 < 10km/h<br>• 냉각수 온도 > 74℃<br>• 시동후 590초<br>• 고도 < 2400m<br>• 흡기온도 ≥ -10℃<br>• 탱크 압력 차이 : -11 ~ +4hPa<br>• 관련 고장이 없을 것<br>• 11V < 배터리 전압 < 16V | • 증발가스 시스템내 누설 발생 |
| 판정값 | 경우 1 | • 진공 생성(-15hPa) 시간 과다 (20초 이상) | |
| | 경우 2 | • 연료탱크 압력을 표준압력보다 1.5hPa 작게 만드는 시간 과다 (7초 이상) | |
| 검출 시간 | 경우 1 | • 20초 (검출 조건이 모두 만족된 후) | |
| | 경우 2 | • 20초 (검출 조건이 모두 만족된 후) | |
| 경고등 점등 | | • 2회 주행 사이클 | |

### 고장 코드 확인 K7CCC3F7

> 📖 참고
> 연료 탱크 압력 센서, 캐니스터 클로즈 밸브 또는 캐니스터 퍼지 밸브의 전기적 불량과 연관된 고장코드가 저장되어 있으면, 전기적 불량과 관련된 모든 수리절차를 완료한 이후에 본 진단 절차를 수행한다.

1. 엔진을 정상 작동 온도까지 난기 시킨다.

> 📖 참고
> 캐니스터 퍼지 시스템 공기 누설 점검은 스캔툴을 통해서만 점검 가능하며 공기 누설 발생 유무 및 해당 고장 코드를 점검 후 확인 할 수 있다.

2. 스캔툴을 연결한 후 고장코드를 삭제한다.

3. 아래의 점검 가능 조건을 만족한 상태에서 스캔툴을 이용하여 캐니스터 퍼지 시스템 공기 누설 점검을 실시한다

   1) 엔진 난기후 공회전 상태

# 고장진단

    2)  관련 고장 코드 없음
    3)  연료 레벨 80% 이하

4. 동일한 고장 코드가 재표출되는가?

   **예**

   ▶ 다음 점검 절차를 수행한다

   **아니오**

   ▶ 현재 고장 상태가 아닌 과거 또는 간헐적인 고장이 의심됨. 커넥터의 느슨함, 접촉불량, 구부러짐, 부식, 오염, 변형 또는 손상을 점검한 후 필요하면 수리하고 이상이 없으면 "고장 수리 확인" 절차를 수행한다.

## 연료 필러 캡 점검

1. 연료 필러 캡이 정확히 잠겨 있는지 또는 내부 오링의 상태가 정상적인지 점검한다.
2. 상태가 정상인가?

   **예**

   ▶ 다음 점검 절차를 수행한다

   **아니오**

   ▶ 연료 필러 캡을 신품으로 교환한 후 "고장 수리 확인" 절차를 수행한다.

## 캐니스터 퍼지 밸브 점검

1. 점화 스위치 "OFF"
2. 흡기 매니폴드에서 퍼지 컨트롤 솔레노이드 밸브로 연결되는 진공 호스를 흡기 매니폴드측에서 분리한다.
3. 진공펌프를 이용하여 분리한 진공호스(흡기매니폴드측)에 진공을 인가한 후 진공이 유지 되는지 점검한다.
4. 점화 스위치 "ON" & 엔진 "OFF"
5. 스캔툴을 연결한 후 액츄에이터 구동 기능중에서 "캐니스터 퍼지 밸브"를 선택한다.
6. "캐니스터 퍼지 밸브"를 작동시키면서 밸브 작동시 인가한 진공이 해제되며 밸브 작동음이 들리는지 점검한다.
7. 신뢰성있는 점검을 위하여 아래의 정상값을 참조하면서 밸브 구동을 4~5회 반복하여 실시한다.

정상값

| 점검 조건 | 사양 |
| --- | --- |
| 캐니스터 퍼지 솔레노이드 작동 | 진공 유지 |
| 캐니스터 퍼지 솔레노이드 비작동 | 진공 해제 |

8. 밸브가 정상적으로 작동되는가?

   **예**

   ▶ 다음 점검 절차를 수행한다

   **아니오**

▶ 캐니스터 퍼지 밸브 몸체의 화살표가 흡기 매니폴드측으로 조립되어 있는지 점검한다. 역장착 되었을 경우에는 재조립한 후 "고장 수리 확인" 절차를 수행한다. 정상이면 아래 점검 절차를 수행한다.

▶ 진공호스 또는 클램프의 장착 상태 및 진공 호스의 누설 등을 점검한 후 이상이 발견되면 수리한다. 정상이면 새로운 밸브를 임시 장착하여 차량 상태를 확인한 후 정상이면 밸브를 교환한다. "고장 수리 확인" 절차를 수행한다

### 캐니스터 클로즈 밸브 및 증발 가스 라인 점검

1. 분리했던 진공 호스 및 단품등을 재조립 한다.
2. 캐니스터와 캐니스터 클로즈 밸브로 연결 되는 진공호스를 캐니스터측에서 분리한다.
3. 점화스위치 "ON" & 엔진 "OFF"
4. 분리된 진공호스측에서 공기를 불어넣어 (에어필터를 통해) 빠져 나오는가를 점검한다.
5. 캐니스터 클로즈 밸브 단품측 1번 터미널에 배터리 전압을 인가한 후 2번 터미널을 접지시켜 밸브를 작동 시킨다. 밸브가 작동 되면 공기 유로를 닫으므로 공기가 통과하지 않아야 한다.
6. 신뢰성있는 점검을 위하여 밸브 작동/비작동을 4~5회 반복하여 실시하면서 공기가 흐르고 막힘을 반복하는지 점검한다.
7. 밸브가 정상적으로 작동되는가?

**예**

▶ 다음 점검 절차를 수행한다

**아니오**

▶ 진공호스 또는 클램프의 장착 상태 및 진공 호스의 누설 등을 점검한 후 이상이 발견되면 수리한다. 정상이면 새로운 밸브를 임시 장착하여 차량 상태를 확인한 후 정상이면 밸브를 교환한다. "고장 수리 확인" 절차를 수행한다

### 연료 탱크 압력 센서

1. 점화 스위치 "ON" & 엔진 "OFF".
2. 센서 커넥터 2번 터미널과 차체 접지간 전압을 측정한다

정상값 : 진공압에 따라 점진적으로 신호 전압이 증가

| 압력 (kPa) | -3.75 | 0 | 1.25 |
|---|---|---|---|
| 전압 (V) | 4.5 | 1.5 | 0.5 |

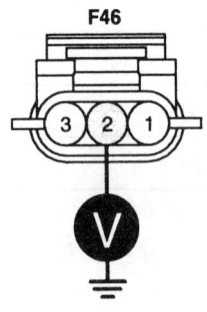

1. 공급 전원
2. 센서 신호
3. 센서 접지

3. 측정값이 정상인가?

**예**

# 고장진단                                                              FL-301

> ▶ 다음 점검 절차를 수행한다

**아니오**

> ▶ 캐니스터와 연료펌프간의 진공호스 또는 클램프의 장착 상태 및 진공 호스의 누설 등을 점검한 후 이상이 발견되면 수리한다. 정상이면 아래 점검 수순을 수행한다.
> ▶ 연료 탱크 압력 센서 배선의 단선 또는 단락을 점검한 후 필요하면 수리한다. 정상이면 새로운 센서를 임시 장착하여 차량 상태를 확인한 후 정상이면 센서를 교환한다. "고장 수리 확인" 절차를 수행한다.

캐니스터 퍼지 솔레노이드 밸브 - 캐니스터 라인 점검

1. 진공 누설 점검

    1) 분리한 진공호스 및 단품등을 재 장착한 후 점화 스위치를 "OFF" 시킨다.
    2) 캐니스터에서 캐니스터 퍼지 밸브로 연결되는 진공호스를 캐니스터측에서 분리한다.
    3) 진공 펌프를 이용하여 분리한 진공호스에 진공[약 4 inHg(14 kPa)]을 인가한 후 일정시간(약1분)이상 진공이 유지되는지 점검한다
    4) 진공이 유지되는가?

        **예**

        > ▶ 다음 점검 절차를 수행한다

        **아니오**

        > ▶ 캐니스터와 캐니스터 퍼지 밸브간의 진공호스 또는 클램프의 장착 상태 및 진공 호스의 누설 등을 점검한 후 이상이 발견되면 수리 또는 교환한 후 "고장 수리 확인" 절차를 수행한다.

2. 캐니스터 어셈블리 점검

    1) 캐니스터 어셈블리를 분리한 후 아래에서 지시하는 캐니스터 어셈블리의 연결 부위를 모두 막는다
        - 캐니스터-연료 필러
        - 캐니스터-캐니스터 클로즈 밸브
        - 캐니스터-캐니스터 퍼지 밸브

    2) 진공 펌프를 이용하여 캐니스터 어셈블리의 연료 탱크로 통하는 포트에 진공을 인가한다(캐니스터 용량이 크므로 진공이 형성되는데 일정 시간이 필요하다)
    3) 진공을 유지하면서 누설부위가 있는지 점검한다
    4) 진공 누설이 발견 되었는가?

        **예**

        > ▶ 누설부위를 수리 또는 교환한 후 "고장 수리 확인" 절차를 수행한다.

        **아니오**

        > ▶ 다음 점검 절차를 수행한다

연료 탱크 라인 점검

1. 연료 탱크를 탈거한 후 아래의 수순으로 누설 부위가 있는지 점검한다.
    - 3개의 연료 호스 연결 부위(연료 필러, 연료 라인 및 증발가스 라인)중 2군데를 막는다
    - 진공 펌프를 이용하여 개방된 1군데로 진공을 인가한 후 진공이 유지 되는지 점검한다.

2. 누설이 의심스러운 부위는 비누거품등을 이용하여 점검한다.

3. 진공 누설이 발견되었는가?

   **예**

   ▶ 누설부위를 수리 또는 교환한 후 "고장 수리 확인" 절차를 수행한다.

   **아니오**

   ▶ 간헐적인 고장이 의심되므로 정확하게 점검되지 못한 단품이나 연결 부위를 재점검한다. 이상이 있으면 수리한 후 "고장 수리 확인" 절차를 수행한다.

## 고장 수리 확인   K17CC99F

"고장 코드 확인" 절차를 재수행하여 고장이 정확히 수리 되었는지 확인한다

1. 스캔툴의 "자기진단"기능중 고장 상세 정보를 선택 한다
2. "고장 진단 완료 유무" 항목이 "진단 완료"인지 확인한다.

   📖 참고
   미완료일경우 일반정보의 검출조건에서 지시하는대로 차량을 주행하여 완료 시킨다

3. "고장 유형"항목의 결과값이 "과거 고장" 인가?

   **예**

   ▶ 시스템 정상. 고장코드를 소거한다

   **아니오**

   ▶ 적절한 수리절차를 재수행한다.

고장진단

## DTC P0501 차량 속도 센서(VSS) 회로-성능이상

### 기능 및 역할 K497EF5C

차속센서는 차속에 따라 주파수곡선을 만들어 내고 이 신호는 ECM에게 차속이 높은지 낮은지 혹은 운행중인지 아닌지등을 알려준다. ECM은 이신호를 이용하여 연료분사, 점화시기, 변속시점, 토크컨버터의 클러칭시점등을 제어한다. 또한 험로에서의 운행상태등을 검출한다.

### DTC 감지 조건 KFFAA80F

차속신호가 검출되지않으면 엔진 회전수와 MAF의 값을 참고하여 이 값으로 WSS센서의 단락이나 단선을 검출할 것이다. 엔진 회전수와 MAF의 값이 임계값보다 크게 측정되는 동안 WSS로 부터 차속신호가 없으면 P0501의 고장코드를 표출 할 것이다.

### 고장 판정 조건 K478F533

| 항목 | | 판정조건 | 고장예상 원인 |
|---|---|---|---|
| 경우 1 | 검출 방법 | • 성능 점검 | • 단선 또는 단락<br>• 커넥터 접촉 저항<br>• 휠속도 센서 단품 |
| | 검출 조건 | • 엔진회전수 > 2100 rpm<br>• 엔진부하 > 250 mg/rev.<br>• 냉각수온도 > 60℃(140°F)<br>• 10V < 배터리 전압 <16V<br>• 연료 차단 없음 | |
| | 판정값 | • 높은 엔진회전수와 엔진부하 상태에서 차량 속도=0 | |
| | 검출 시간 | • 60초 | |
| 경우 2 | 검출 방법 | • 전기적 점검 | |
| | 검출 조건 | • 차량 속도 > 0<br>• 10V < 배터리 전압 <16V | |
| | 판정판 | • ECM은 비정상적인 입력 전압을 검출 | |
| | 검출 시간 | • 10초 | |
| 경고등 점등 | | • 2회 주행 사이클 | |

## 부분 회로도 K43E1873

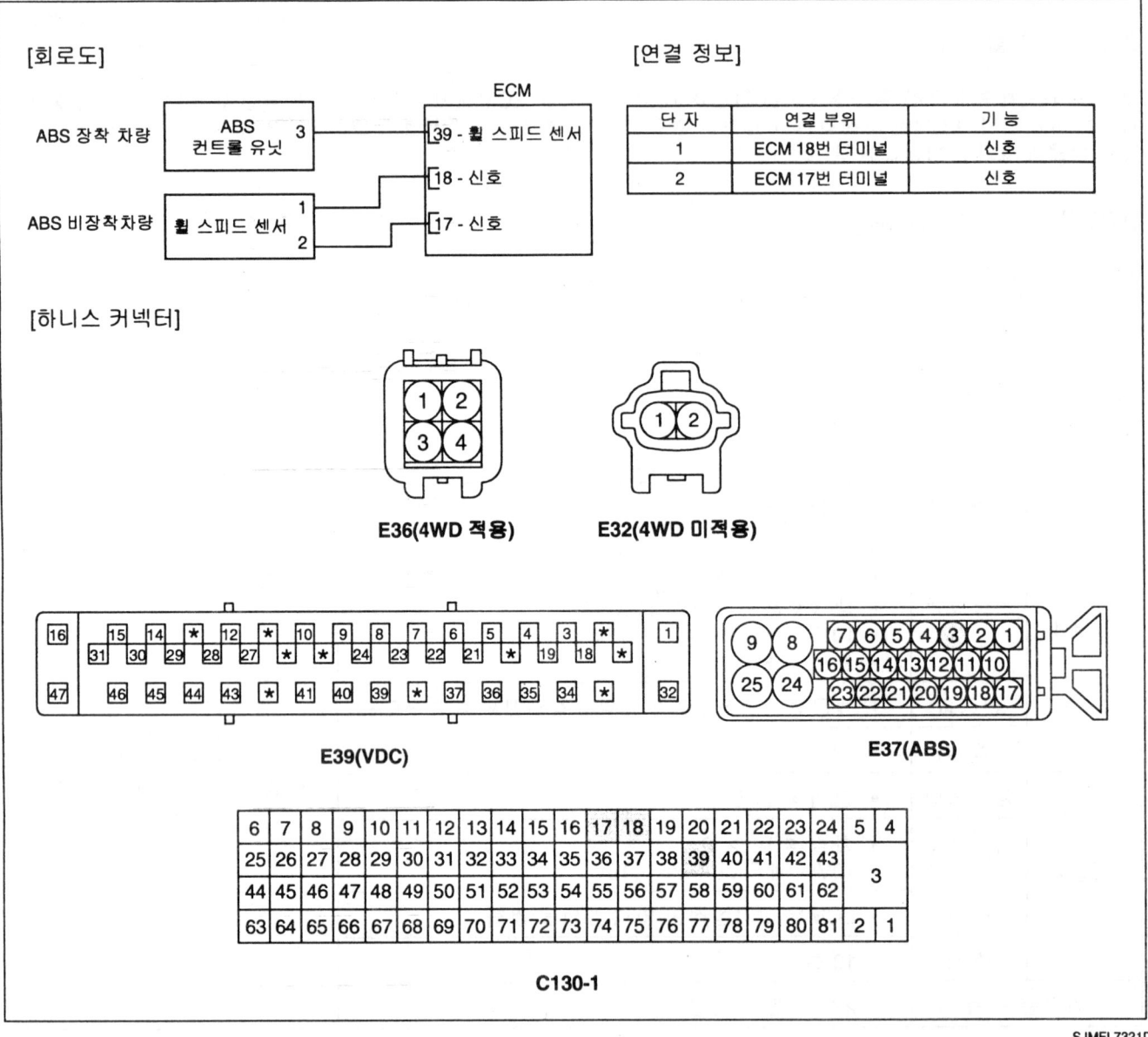

## 고장 코드 확인 K67C1626

1. 스캔툴의 "자기진단"기능을 선택 한다

2. 하단 메뉴바의 "F4"를 눌러 고장 상세 정보를 선택 한다

3. "고장 진단 완료 유무" 항목이 "진단 완료"인지 확인한다.

   참고
   미완료일경우 일반정보의 검출조건에서 지시하는대로 차량을 주행하여 진단을 완료 시킨다

4. "고장 유형"항목의 결과값이 "과거 고장" 인가?

## 고장진단

```
           고장 상세 정보

1. 경고등상태 :    OFF
2. 고장 유형      :  "과거고장" 또는 "현재고장"
3. 고장진단 완료 유무 : "진단완료" 또는 "미완료"
4. 동일고장 발생 횟수  :  X (횟수가 기록됨)
5. 고장발생후 경과시간:        0분
6. 고장소거후 경과시간:        0분
```

AGIE001X

📘 참고
- 과거 고장 : 이전에 발행한 고장임. 현재는 정상.
- 현재 고장 : 현재 고장이 발생되어 있는 상태임.

**예**

▶ "동일고장 발생 횟수"항목 값이 2회 이상이면 간헐적인 고장이므로 "터미널 및 커넥터 점검"절차를 수행한다
▶ "동일고장 발생 횟수"가 1회 이하이면 과거고장이므로 진단을 종료한다

**아니오**

▶ [ABS장착차량] 다음 점검 절차를 수행한다
▶ [ABS비장착차량] 배선 점검중 "신호선 점검" 절차를 수행한다.

서비스 데이터 확인

1. 차량을 리프트로 들어올린 후 시동을 건다. 차량을 계기판 속도가 약 10km/h가 되도록 주행시킨다.

2. 스캔툴을 연결한 후 제동제어(ABS)시스템을 선택한다

3. ABS시스템의 서비스 데이터중 휠스피드센서(전방 우측)데이터가 계기판에서 지시하는 값과 거의 일치하는지 점검한다.

정상값 : 약 10km/h

4. 측정값이 정상인가?

**예**

▶ 휠 스피드센서 정상. 다음 점검 절차를 수행한다.

**아니오**

▶ 휠스피드 센서(FR)와 ABS 컨트롤 모듈간 배선의 단선 또는 단락을 점검한다. 이상이 발견될 경우 수리 또는 교환한 후 "고장 수리 확인" 절차를 수행한다. 정상일 경우 아래 항목들을 점검한다
- 휠 스피드 센서와 로터간 에어갭이 적정한지 점검한다(에어갭 : 약0.3~1.1 mm)
- 로터의 손상 점검
- 휠 스피드 센서 저항 점검

▶ 이상이 발견되면 수리 또는 교환한 후 "고장 수리 확인" 절차를 수행한다.

신호선 점검   K390C83B

**[ABS 장착 차량]**

1. 신호선의 접지 단락을 점검한다

    1) 점화 스위치 "OFF"

    2) 엔진 컨트롤 모듈(ECM)과 ABS/VDC 컨트롤 모듈 커넥터를 분리한다.

    3) ECM 배선측 커넥터 39번 터미널과 차체 접지간 저항을 점검한다.

    정상값 : 무한대

    4) 측정값이 정상인가?

    　**예**

    ▶ 다음 점검 절차를 수행한다

    　**아니오**

    ▶ 수리 또는 교환한 후 "고장 수리 확인" 절차를 수행한다.

2. 신호선의 전원 단락을 점검한다

    1) 점화 스위치 "ON" & 엔진 "OFF"

    2) ECM 배선측 커넥터 39번 터미널과 차체 접지간 전압을 점검한다

    정상값 : 약 0V

    3) 측정값이 정상인가?

    　**예**

    ▶ 다음 점검 절차를 수행한다

    　**아니오**

    ▶ 수리 또는 교환한 후 "고장 수리 확인" 절차를 수행한다.

3. 신호선 단선을 점검한다

    1) 점화 스위치 "OFF"

    2) ECM 배선측 커넥터 39번 터미널과 ABS 컨트롤 모듈 3번 단자간의 통전 유무를 점검한다. [ABS적용 차량]
       ECM 배선측 커넥터 39번 터미널과 VDC 컨트롤 모듈 6번 단자간의 통전 유무를 점검한다. [VDC적용 차량]

    정상값 : 약 0Ω

    3) 측정값이 정상인가?

    　**예**

    ▶ ECM과 단품 사이의 전체적인 커넥터의 느슨함, 접촉불량, 구부러짐, 부식, 오염, 변형 또는 손상을 점검한다. 필요시 수리 또는 교환한 후 "고장 수리 확인" 과정을 수행한다.

# 고장진단

> **아니오**
>
> ▶ 수리 또는 교환한 후 "고장 수리 확인" 절차를 수행한다.

**[ABS 비장착 차량]**

1. 신호선 접지 단락을 점검한다

    1) 점화 스위치 "OFF"

    2) 엔진 컨트롤 모듈(ECM)과 휠스피드센서(FR) 커넥터를 분리한다.

    3) ECM 배선측 커넥터 17번 터미널과 차체 접지간 저항을 점검한다.

    4) ECM 배선측 커넥터 18번 터미널과 차체 접지간 저항을 점검한다.

   ---
   정상값 : 무한대

   ---

    5) 측정값이 정상인가?

    > **예**
    >
    > ▶ 다음 점검 절차를 수행한다
    >
    > **아니오**
    >
    > ▶ 수리 또는 교환한 후 "고장 수리 확인" 절차를 수행한다.

2. 신호선 전원 단락을 점검한다

    1) 점화 스위치 "ON" & 엔진 "OFF"

    2) ECM 배선측 커넥터 17번 터미널과 차체 접지간 전압을 점검한다

    3) ECM 배선측 커넥터 18번 터미널과 차체 접지간 전압을 점검한다

   ---
   정상값 : 약 0V

   ---

    4) 측정값이 정상인가?

    > **예**
    >
    > ▶ 다음 점검 절차를 수행한다
    >
    > **아니오**
    >
    > ▶ 수리 또는 교환한 후 "고장 수리 확인" 절차를 수행한다.

3. 신호선의 단선을 점검한다

    1) 점화 스위치 "OFF"

    2) ECM 배선측 커넥터 17번 터미널과 휠 스피드 센서 4번 단자간의 통전 유무를 점검한다

    3) ECM 배선측 커넥터 18번 터미널과 휠 스피드 센서 3번 단자간의 통전 유무를 점검한다

   ---
   정상값 : 약 0Ω

   ---

4) 측정값이 정상인가?

**예**

▶ ECM과 단품 사이의 전체적인 커넥터의 느슨함, 접촉불량, 구부러짐, 부식, 오염, 변형 또는 손상을 점검한다. 필요시 수리 또는 교환한 후 "고장 수리 확인" 과정을 수행한다.

**아니오**

▶ 수리 또는 교환한 후 "고장 수리 확인" 절차를 수행한다.

## 고장 수리 확인  KADBE395

"고장 코드 확인" 절차를 재수행하여 고장이 정확히 수리 되었는지 확인한다

1. 스캔툴의 "자기진단"기능중 고장 상세 정보를 선택 한다
2. "고장 진단 완료 유무" 항목이 "진단 완료"인지 확인한다.

   📖 참고
   미완료일경우 일반정보의 검출조건에서 지시하는대로 차량을 주행하여 완료 시킨다

3. "고장 유형"항목의 결과값이 "과거 고장" 인가?

   **예**

   ▶ 시스템 정상. 고장코드를 소거한다

   **아니오**

   ▶ 적절한 수리절차를 재수행한다.

# 고장진단

## DTC P0506 공회전 제어 시스템-RPM 낮음

### 부품 위치

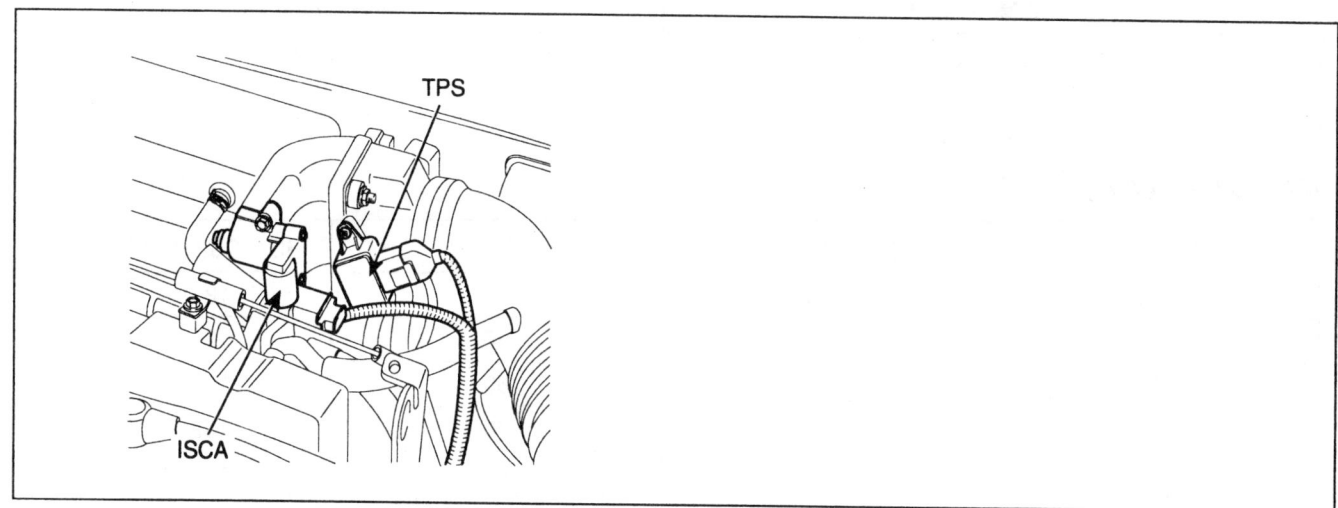

### 기능 및 역할

ECM은 내부에 계산되어 있는 목표회전수와 실제 엔진회전수의 편차를 최소화 하기 위해 엔진 회전수 제어를 실시 한다, 즉 실제 엔진 회전수가 목표치보다 낮을경우 공회전 속도 조절 밸브를 더 많이 열리는 방향으로 제어 하며 실제 회전수가 낮을경우 공회전 속도 조절 밸브를 닫히는 방향으로 제어한다. 또한 엔진의 마모 또는 이물질 축척등으로 제어가 불안정 해지는 편차등은 학습을 통해 보상하여 안정적인 엔진 회전수를 유지 한다

### DTC 감지 조건

ECM은 차량이 정차해 있거나 아이들 밸브의 열림상태가 고정되어 있을경우 목표 아이들 속도의 변화로 부터 엔진 회전수를 모니터 한다. 목표 아이들 속도가 임계값보다 작은경우 P0506의 고장코드가 표출된다.

### 고장 판정 조건

| 항목 | 판정 조건 | 고장 예상 원인 |
|---|---|---|
| 검출 방법 | • 기준 공회전 속도와 실제 엔진 회전수와의 편차 점검 | |
| 검출 조건 | • 차량 속도=0<br>• 냉각수 온도 〉 74℃<br>• 스로틀 상태: closed (연속 10초이상)<br>• 엔진 시동후 20초 경과<br>• 엔진 부하 〈1000mg/rev.<br>• 10 〈 배터리 전압(V) 〈16<br>• 관련 고장 없음 | • 흡기 또는 배기 시스템의 막힘<br>• 카본 퇴적<br>• 커넥터 접촉 저항<br>• ICA 밸브 단품 |
| 판정값 | • 기준 공회전 속도-실제 엔진 회전수 〉 100rpm (엔진 회전수 낮음) | |
| 검출 시간 | • 16 초 | |
| 경고등 점등 | • 2회 주행 사이클 | |

## 정상값 KC987EBA

스로틀포지션 센서

| 스로틀 포지션 | 출력 전압 |
|---|---|
| 전폐 (IDLE) | 0.2 ~ 0.8 V |
| 전개 | 4.3 ~ 4.8 V |

### ICA COIL #1 (열림)

| 온도(℃) | ICA Coil #1 (열림)(Ω) | 온도(℃) | ICA Coil #1 (열림)(Ω) |
|---|---|---|---|
| -20 | 9.2 ~ 10.8 | 40 | 12.0 ~ 13.6 |
| -10 | 9.7 ~ 11.3 | 50 | 12.4 ~ 14.0 |
| 0 | 10.2 ~ 11.8 | 60 | 12.9 ~ 14.5 |
| 10 | 10.6 ~ 12.2 | 70 | 13.4 ~ 15.0 |
| 20 | 11.1 ~ 12.7 | 80 | 13.8 ~ 15.4 |
| 30 | 11.5 ~ 13.1 | 100 | 14.7 ~ 16.3 |

### ICA COIL #2 (닫힘)

| 온도(℃) | ICA Coil #2 (닫힘)(Ω) | 온도(℃) | ICA Coil #2 (닫힘)(Ω) |
|---|---|---|---|
| -20 | 12.1 ~ 13.7 | 40 | 15.7 ~ 17.3 |
| -10 | 12.8 ~ 14.4 | 50 | 16.3 ~ 17.9 |
| 0 | 13.4 ~ 15.0 | 60 | 16.9 ~ 18.5 |
| 10 | 14.0 ~ 15.6 | 70 | 17.4 ~ 19.0 |
| 20 | 14.5 ~ 16.1 | 80 | 18.0 ~ 19.6 |
| 30 | 15.1 ~ 16.7 | 100 | 19.2 ~ 20.8 |

# 고장진단

## 부분 회로도 K7CF8F1D

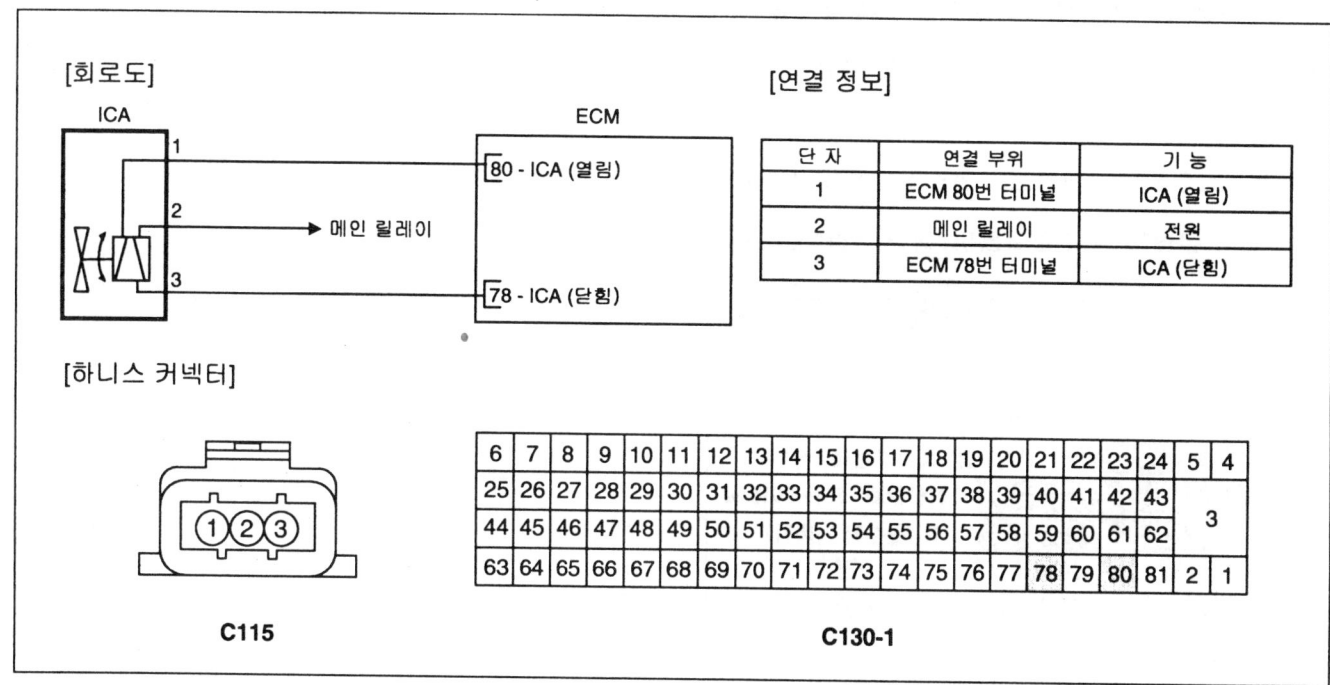

## 기준 파형 및 데이터 K0ECA6C9

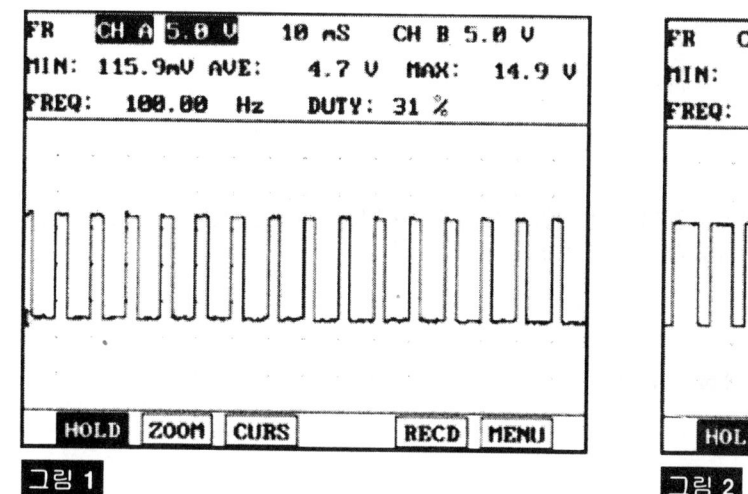

그림 1

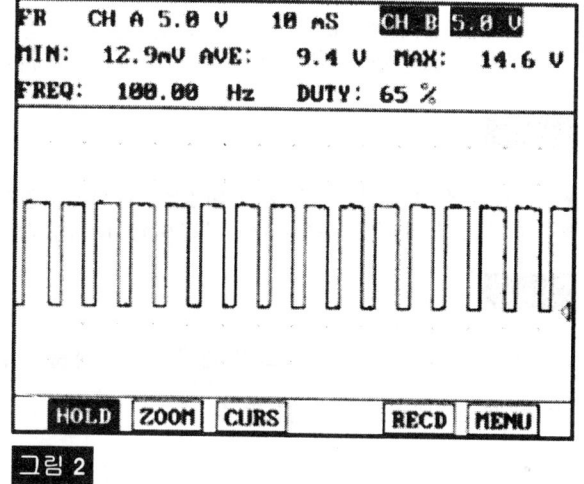

그림 2

그림 1) 난기후 공회전: 열림측, 그림 2) 난기후 공회전 : 닫힘측
공회전 속도 조절 밸브(ISCA)는 열림측 및 닫힘측 2개의 코일로 구성되어 있으며 가속시등 스로틀이 많이 열리는 상태에서는 열림측 작동 듀티가 닫힘측보다 높다. 두 코일의 작동 듀티는 산술적으로 합할때 100%가 되어야 하며 고장시 작동 듀티는 각 코일의 고장 형태에 따라 ECM측에서 가변적으로 조정한다

## 고장 코드 확인 KC0DBF0A

> **참고**
> TPS 또는 MAFS와 관련된 고장코드가 저장되어 있으면, 저장되어 있는 코드와 관련된 모든 수리절차를 완료한 이후에 본 진단 절차를 수행한다.

1. 스캔툴의 "자기진단"기능을 선택 한다
2. 하단 메뉴바의 "F4"를 눌러 고장 상세 정보를 선택 한다
3. "고장 진단 완료 유무" 항목이 "진단 완료"인지 확인한다.

    📖 참고
    미완료일경우 일반정보의 검출조건에서 지시하는대로 차량을 주행하여 진단을 완료 시킨다

4. "고장 유형"항목의 결과값이 "과거 고장" 인가?

```
              고장 상세 정보

    1.경고등상태  :  OFF
    2. 고장 유형  : "과거고장" 또는 "현재고장"
    3. 고장진단 완료 유무 :"진단완료" 또는 "미완료"
    4. 동일고장 발생 횟수 :  X (횟수가 기록됨)
    5.고장발생후 경과시간:      0분
    6.고장소거후 경과시간:      0분
```

AGIE001X

📖 참고
- 과거 고장 : 이전에 발행한 고장임. 현재는 정상.
- 현재 고장 : 현재 고장이 발생되어 있는 상태임.

**예**

▶ "동일고장 발생 횟수"항목 값이 2회 이상이면 간헐적인 고장이므로 "터미널 및 커넥터 점검"절차를 수행한다
▶ "동일고장 발생 횟수"가 1회 이하이면 과거고장이므로 진단을 종료한다

**아니오**

▶ "흡기 또는 배기 시스템의 막힘 점검" 절차를 수행한다.

흡기 또는 배기 시스템의 막힘 점검

1. 아래 항목에 대한 시각적/물리적 점검을 수행한다.
    - 에어 크리너 필터의 먼지 과다 또는 이상 물질로 인한 오염
    - 스포틀 바디 흡기관의 손상 또는 이물질로 인한 오염
    - 배기 시스템의 막힘

2. 위 항목에 대한 문제가 발견되었는가?

**예**

▶ 필요에 따라 수리 후, "고장 수리 확인" 절차를 수행한다.

**아니오**

▶ "배선 점검" 절차를 수행한다.

# 고장진단　　　　　　　　　　　　　　　　　　　　　　　　　FL-313

## 터미널 및 커넥터 점검　KBD8BA8B

1. 고장의 주요원인은 배선손상 및 연결상태의 불량에 있으므로 커넥터 접촉불량 및 터미널의 부식 또는 변형등을 전체적으로 점검한다.

2. 문제가 발견 되었는가?

   **예**

   ▶ 수리 또는 교환한 후 "고장 수리 확인" 절차를 수행한다.

   **아니오**

   ▶ "단품 점검" 절차를 수행한다.

## 단품 점검　K12EB613

1. 점화 스위치 "OFF"

2. 스로틀 바디에서 ICA 밸브를 탈거한다. 스로틀 내경, 스로틀 플레이트를 점검하고 ICA 통로 막힘과 이물질 부착 여부를 확인한다. 필요에 따라 수리 또는 청소한다.

3. ICA 밸브를 장착한다.

4. 점화 스위치 "ON" & 엔진을 "OFF"

5. 스캔툴을 연결하고 "액츄에이터" 모드의 "공회전 속도 조절 액츄에이터" 항목을 선택한다.

6. "시작" 버튼을 눌러서 ICA 밸브를 작동시킨다.

7. ICA 밸브의 작동음을 확인하고 밸브의 열림과 닫힘 상태를 육안으로 확인한다.

   **참고**
   밸브의 정상 작동 여부를 확실히 확인하기 위해 여러번 반복한다. 8) ICA 밸브가 정상인가?

8. ICA밸브가 정상인가?

   **예**

   ▶ ECM과 단품 사이의 커넥터 접촉불량 및 터미널의 부식 또는 변형을 점검한 후 이상이 있으면 수리한다.
   ▶ "고장 수리 확인" 절차를 수행한다.

   **아니오**

   ▶ 새로운 단품을 임시 장착하여 차량 상태를 확인한 후 정상이면 단품을 교환한다.
   ▶ 고장 수리 확인" 절차를 수행한다.

## 고장 수리 확인　KA94E1B6

"고장 코드 확인" 절차를 재수행하여 고장이 정확히 수리 되었는지 확인한다

1. 스캔툴의 "자기진단"기능중 고장 상세 정보를 선택 한다

2. "고장 진단 완료 유무" 항목이 "진단 완료"인지 확인한다.

   **참고**
   미완료일경우 일반정보의 검출조건에서 지시하는대로 차량을 주행하여 완료 시킨다

3. "고장 유형"항목의 결과값이 "과거 고장" 인가?

> 예

▶ 시스템 정상. 고장코드를 소거한다

> 아니오

▶ 적절한 수리절차를 재수행한다.

고장진단  FL -315

## DTC P0507 공회전 제어 시스템-RPM 높음

### 부품 위치

DTC P0506 참조.

### 기능 및 역할

DTC P0506 참조.

### DTC 감지 조건

ECM은 차량이 정차해 있거나 아이들 밸브의 열림상태가 고정되어 있을경우 목표 아이들 속도의 변화로 부터 엔진 회전수를 모니터 한다. 목표 아이들 속도가 임계값보다 작은경우 P0507의 고장코드가 표출된다.

### 고장 판정 조건

| 항목 | 판정 조건 | 고장 예상 원인 |
|---|---|---|
| 검출 방법 | • 기준 공회전 속도와 실제 엔진 회전수와의 편차 점검 | |
| 검출 조건 | • 차량 속도=0<br>• 냉각수 온도 〉 74℃(165°F)<br>• 스로틀 상태: closed (연속 10초이상)<br>• 엔진 시동 후 20초 경과<br>• 엔진 부하 〈1000mg/rev.<br>• 10V 〈 배터리 전압 〈16<br>• 관련 고장 없음 | • 스로틀 플레이트 고착 또는 구속<br>• 엑셀레이터 케이블 조정 불량<br>• 커넥터 접촉 저항<br>• ICA 밸브 단품 |
| 판정값 | • 엔진 회전수 〉 (목표 엔진 회전수 + 200) | |
| 검출 시간 | • 16 초 | |
| 경고등 점등 | • 2회 주행 사이클 | |

### 정상값

DTC P0506 참조.

### 부분 회로도

DTC P0506 참조.

### 기준 파형 및 데이터

DTC P0506 참조.

### 고장 코드 확인

> 참고
> TPS 또는 MAFS 와 관련된 고장코드가 저장되어 있으면, 저장되어 있는 코드와 관련된 모든 수리절차를 완료한 이후에 본 진단 절차를 수행한다.

1. 스캔툴의 "자기진단"기능을 선택 한다

2. 하단 메뉴바의 "F4"를 눌러 고장 상세 정보를 선택 한다

3. "고장 진단 완료 유무" 항목이 "진단 완료"인지 확인한다.

   📖 참고
   미완료일경우 일반정보의 검출조건에서 지시하는대로 차량을 주행하여 진단을 완료 시킨다

4. "고장 유형"항목의 결과값이 "과거 고장" 인가?

```
            고장 상세 정보

  1.경고등상태 :    OFF
  2. 고장 유형    : "과거고장" 또는 "현재고장"
  3. 고장진단 완료 유무 :"진단완료" 또는 "미완료"
  4. 동일고장 발생 횟수 :   X (횟수가 기록됨)
  5.고장발생후 경과시간:       0분
  6.고장소거후 경과시간:       0분
```

AGIE001X

📖 참고
- 과거 고장 : 이전에 발행한 고장임. 현재는 정상.
- 현재 고장 : 현재 고장이 발생되어 있는 상태임.

**예**

▶ "동일고장 발생 횟수"항목 값이 2회 이상이면 간헐적인 고장이므로 "터미널 및 커넥터 점검"절차를 수행한다
▶ "동일고장 발생 횟수"가 1회 이하이면 과거고장이므로 진단을 종료한다

**아니오**

▶ "엑셀러레이터 케이블 및 스로틀 플레이트 점검" 절차를 수행한다.

엑셀러레이터 케이블 및 스로틀 플레이트 점검

1. 아래 항목에 대한 시각적/물리적 점검을 수행한다. 필요에 따라 수리 또는 조정 후, 다음 절차를 수행한다.
   - 엑셀러레이터 케이블이 고착되지 않았는지 또는 원활히 움직이는지를 점검한다.
   - 엑셀러레이터 케이블에 알맞은 유격이 적용되었는지 점검한다.(1.0~3.0mm)

2. 인테이크 호스를 제거하고 스로틀 플레이트에 과도한 카본이 누적되었는지를 점검한다.

3. 과도한 카본 누적으로 인해 스로틀 플레이트가 열려져 있는가?

**예**

▶ 필요에 따라 수리 후, "고장 수리 확인" 절차를 수행한다.

**아니오**

▶ 다음 점검 절차를 수행한다.

# 고장진단

## 공기 누설 점검  K68E4E39

1. 흡/배기 시스템의 공기 누설 여부를 아래 항목에 따라 시각적/물리적으로 점검한다.
   정상인 경우, 다음 점검 절차를 수행한다.
   이상이 발견된 경우, 적절한 수리절차를 수행하고 "고장 수리 확인" 절차를 수행한다.
   - 진공호스의 균열, 손상 및 부적절한 연결상태
   - 스로틀 바디 가스켓
   - 흡기 매니폴드와 실린더 헤드 사이의 가스켓
   - 흡기 매니폴드와 인젝터 사이의 기밀 상태
   - 산소센서와 촉매 사이 배기시스템의 공기 누설

2. 증발가스 제어 밸브의 누설 점검

   1) 흡기 매니폴드측 진공 호스를 증발가스 제어 밸브로 부터 탈거 한다.

   2) 휴대용 진공 펌프를 사용하여 밸브의 매니폴드 측에 진공(약 15inHg)을 유지시킨다.

   3) 진공상태가 일정하게 유지되는가?

      **예**

      ▶ "배선 점검" 절차를 수행한다.

      **아니오**

      ▶ 필요에 따라 수리 후, "고장 수리 확인" 절차를 수행한다.

## 터미널 및 커넥터 점검  K9DBB8D8

DTC P0506 참조.

## 단품 점검  KA28DF19

1. 점화 스위치 "OFF"

2. 스로틀 바디에서 ICA 밸브를 탈거한다. 스로틀 내경, 스로틀 플레이트를 점검하고 ICA 통로 막힘과 이물질 부착 여부를 확인한다. 필요에 따라 수리 또는 청소한다.

3. ICA 밸브를 장착한다.

4. 점화 스위치 "ON" & 엔진을 "OFF"

5. 스캔툴을 연결하고 "액츄에이터" 모드의 "공회전 속도 조절 액츄에이터" 항목을 선택한다.

6. "시작" 버튼을 눌러서 ICA 밸브를 작동시킨다.

7. ICA 밸브의 작동음을 확인하고 밸브의 열림과 닫힘 상태를 육안으로 확인한다.

   **참고**
   밸브의 정상 작동 여부를 확실히 확인하기 위해 여러번 반복한다.8) ICA 밸브가 정상인가?

8. ICA밸브가 정상인가?

   **예**

   ▶ ECM과 단품 사이의 커넥터 접촉불량 및 터미널의 부식 또는 변형을 점검한 후 이상이 있으면 수리한다.
   ▶ "고장 수리 확인" 절차를 수행한다.

아니오

▶ 새로운 단품을 임시 장착하여 차량 상태를 확인한 후 정상이면 단품을 교환한다.
▶ 고장 수리 확인" 절차를 수행한다.

고장 수리 확인

DTC P0506 참조.

고장진단

# DTC P0560 시스템 전원 이상

## 부품 위치

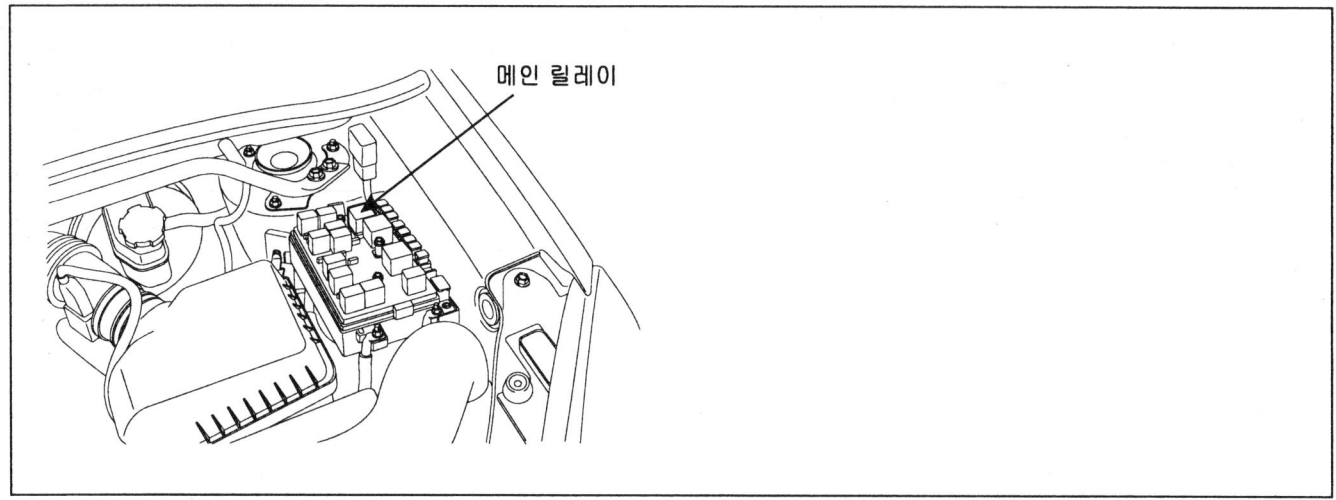

메인 릴레이

## 기능 및 역할

메인 릴레이는 ECM과 연결되어있어 접지를 통해 제어를 하고 다른한쪽은 배터리에 연결되어 있다. ECM은 릴레이를 거치기 전.후의 전압을 모니터한다.

## DTC 감지 조건

ECM은 이그니션 키와 각 릴레이로부터 전압을 측정하고 비교한다. 이값으로 메인릴레이 스위치가 IG ON 된후 ON되었는지 IG OFF후 OFF되었는지를 알 수 있다. 전압이 IG ON후 임계값보다 작거나 IG OFF후 임계값보다 클경우 P0560의 고장 코드가 표출된다.

## 고장 판정 조건

| 항 목 | | 판정 조건 | 고장 예상 원인 |
|---|---|---|---|
| 검출 방법 | | • 메인 릴레이 후단 전압과 배터리 전압과의 비교 | |
| 경우1 | 검출 조건 | • 배터리 전압 > 10V<br>• 점화 스위치 ON | |
| | 판정값 | • 점화 스위치 ON시 메인 릴레이 후단 전압 < 6V | • 단선, 단락<br>• 커넥터 접촉 저항 |
| | 검출 시간 | • 180 mSec. | |
| 경우2 | 검출 조건 | • 점화 스위치 OFF | |
| | 판정값 | • 점화 스위치 OFF시 메인 릴레이 후단 전압 > 6V | |
| | 검출 시간 | • 180 mSec. | |
| 경고등 점등 | | • - | |

## 부분 회로도  K0784102

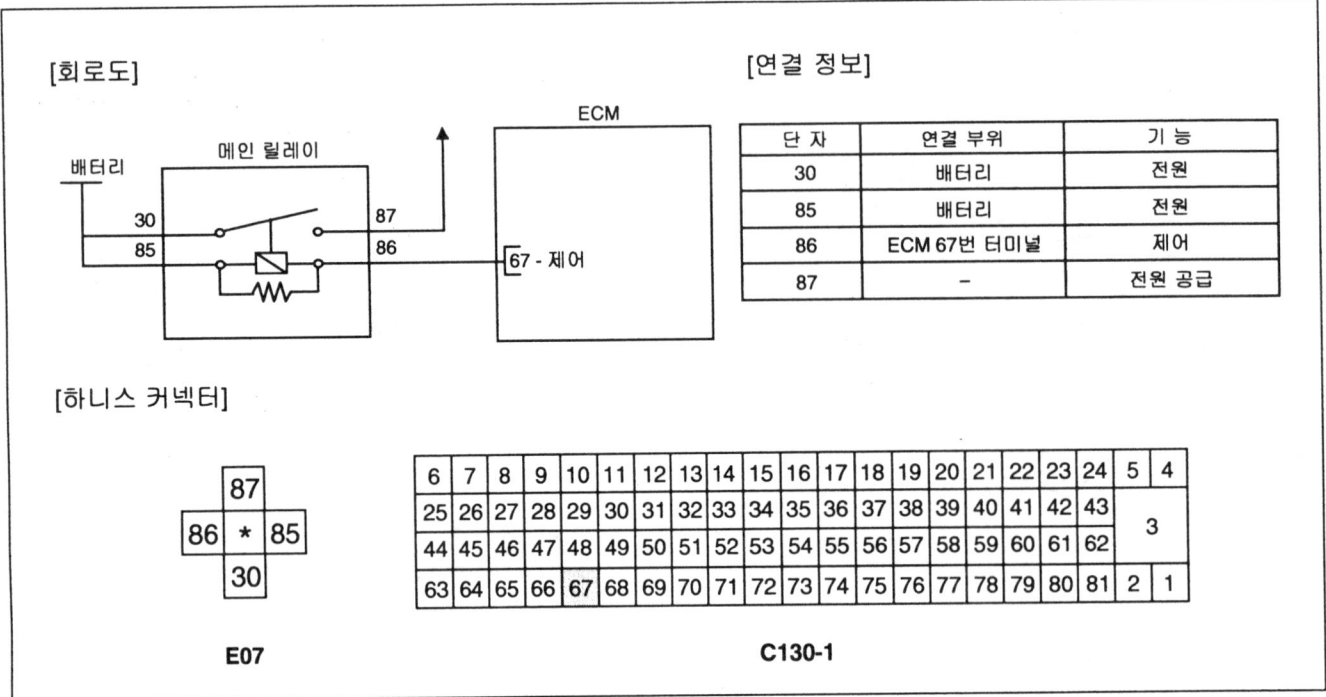

## 고장 코드 확인  K76D2B2E

1. 스캔툴의 "자기진단"기능을 선택 한다
2. 하단 메뉴바의 "F4"를 눌러 고장 상세 정보를 선택 한다
3. "고장 진단 완료 유무" 항목이 "진단 완료"인지 확인한다

    📖 참고
    미완료일경우 일반정보의 검출조건에서 지시하는대로 차량을 주행하여 진단을 완료 시킨다.

4. "고장 유형"항목의 결과값이 "과거 고장" 인가?

# 고장진단

> 📌 **참고**
> - 과거 고장 : 이전에 발행한 고장임. 현재는 정상.
> - 현재 고장 : 현재 고장이 발생되어 있는 상태임.

**예**

▶ "동일고장 발생 횟수"항목 값이 2회 이상이면 간헐적인 고장이므로 "터미널 및 커넥터 점검"절차를 수행한다
▶ "동일고장 발생 횟수"가 1회 이하이면 과거고장이므로 진단을 종료한다

**아니오**

▶ "단품 점검" 절차를 수행한다.

## 단품 점검   K2C3DFD8

1. 점화 스위치 "OFF"
2. 메인 릴레이를 탈거한다.
3. 메인 릴레이 2번 터미널에 12V를 인가하고 4번 터미널은 접지시킨다.(단품측)
4. 전원이 인가되었을 때 메인 릴레이가 작동하는지를 점검한다.(메인 릴레이가 정상적으로 작동하면 작동음을 들을 수 있다.)
5. 메인 릴레이가 정상적으로 작동하는가?

**예**

▶ "배선 점검" 절차를 수행한다.

**아니오**

▶ "새로운 단품을 임시 장착하여 차량 상태를 확인한 후 정상이면 단품을 교환한다.
▶ "고장 수리 확인" 절차를 수행한다."

## 터미널 및 커넥터 점검   KB2F2BD5

1. 고장의 주요원인은 배선손상 및 연결상태의 불량에 있으므로 커넥터 접촉불량 및 터미널의 부식 또는 변형등을 전체적으로 점검한다.
2. 문제가 발견 되었는가?

**예**

▶ 수리 또는 교환한 후 "고장 수리 확인" 절차를 수행한다.

**아니오**

▶ "전원선 점검" 절차를 수행한다.

## 전원선 점검   K6A7373B

1. 점화 스위치 "ON" & 엔진 "OFF"
2. 메인 릴레이 커넥터 2번 터미널과 접지간 전압을 측정한다.
3. 메인 릴레이 커넥터 5번 터미널과 접지간 전압을 측정한다.

정상값 : 약 B+

4. 측정값이 정상인가?

   **예**

   ▶ "제어선 점검" 절차를 수행한다.

   **아니오**

   ▶ 배선의 단선 또는 접지 단락을 점검한다. 필요에 따라 수리 후, "고장 수리 확인" 절차를 수행한다.

## 제어선 점검    KA5E8259

1. 접지 단락 점검
   1) 점화 스위치 "OFF"
   2) 릴레이 커넥터 4번 터미널과 접지간 저항을 측정한다.

정상값 : 무한대

측정값이 정상인가?

**예**

▶ 다음 점검 절차를 수행한다.

**아니오**

▶ 필요에 따라 수리 후, "고장 수리 확인" 절차를 수행한다.

2. 배터리 단락 점검
   1) ECM 커넥터를 분리한다.
   2) 점화 스위치 "ON" & 엔진 "OFF"
   3) 릴레이 커넥터 4번 터미널과 접지간 전압을 측정한다.

정상값 : 약 0V

측정값이 정상인가?

**예**

▶ 다음 점검 절차를 수행한다.

**아니오**

▶ 필요에 따라 수리 후, "고장 수리 확인" 절차를 수행한다.

3. 단선 점검
   1) 릴레이 커넥터 4번 터미널과 ECM 커넥터 67번 터미널간 저항을 측정한다.

정상값 : 약 0Ω

측정값이 정상인가?

**예**

# 고장진단

> ▶ ECM과 단품 사이의 커넥터 접촉불량 및 터미널의 부식 또는 변형을 점검한 후 이상이 있으면 수리한다.
> ▶ 고장 수리 확인" 절차를 수행한다.

**아니오**

> ▶ 필요에 따라 수리 후, "고장 수리 확인" 절차를 수행한다.

## 고장 수리 확인  K9871020

"고장 코드 확인" 절차를 재수행하여 고장이 정확히 수리 되었는지 확인한다

1. 스캔툴의 "자기진단"기능중 고장 상세 정보를 선택 한다
2. "고장 진단 완료 유무" 항목이 "진단 완료"인지 확인한다.

   **참고**
   미완료일경우 일반정보의 검출조건에서 지시하는대로 차량을 주행하여 완료 시킨다

3. "고장 유형"항목의 결과값이 "과거 고장" 인가?

   **예**

   > ▶ 시스템 정상. 고장코드를 소거한다

   **아니오**

   > ▶ 적절한 수리절차를 재수행한다.

## DTC P0562 시스템 전원 낮음

### 부품 위치

DTC P0560 참조.

### 기능 및 역할

DTC P0560 참조.

### DTC 감지 조건

시스템 전압이 가용 배터리전압 보다 낮으면 P0562의 고장코드가 표출된다.

### 고장 판정 조건

| 항목 | 판정 조건 | 고장 예상 원인 |
| --- | --- | --- |
| 검출 방법 | • 전압 점검 | |
| 검출 조건 | • 메인 릴레이 정상<br>• 차량 속도 > 10km/h | • 커넥터 접촉 저항<br>• 충전 시스템 |
| 판정값 | • 점화 스위치 ON시 메인 릴레이 후단 전압 < 10V | |
| 검출 시간 | • 30초 | |
| 경고등 점등 | • 2회 주행 사이클 | |

### 부분 회로도

DTC P0560 참조.

### 고장 코드 확인

DTC P0560 참조.

### 터미널 및 커넥터 점검

DTC P0560 참조.

### 충전 시스템 점검

1. 배터리 상태와 발전기 출력상태를 점검한다.
2. 점검 결과가 정상인가?

   **예**
   ▶ "ECM과 단품 사이의 커넥터 접촉불량 및 터미널의 부식 또는 변형을 점검한 후 이상이 있으면 수리한다.
   ▶ "고장 수리 확인" 절차를 수행한다.

   **아니오**

고장진단

▶ 필요에 따라 수리 후, "고장 수리 확인" 절차를 수행한다.

3. 메인 릴레이 커넥터 5번 터미널과 접지간 전압을 측정한다.

고장 수리 확인 K05C134A

DTC P0560 참조.

## DTC P0563 시스템 전원 높음

**부품 위치** K522B8BD

DTC P0560 참조.

**기능 및 역할** KAF864AD

DTC P0560 참조.

**DTC 감지 조건** KB842EA7

시스템 전압이 가용 배터리전압 보다 낮으면 P0563의 고장코드가 표출된다.

**고장 판정 조건** K3134730

| 항 목 | 판정 조건 | 고장 예상 원인 |
|---|---|---|
| 검출 방법 | • 전압 점검 | • 커넥터 접촉 저항<br>• 충전 시스템 |
| 검출 조건 | • 메인 릴레이 정상<br>• 차량 속도 > 10km/h | |
| 판정값 | • 점화 스위치 ON시 메인 릴레이 후단 전압 > 16V | |
| 검출 시간 | • 30초 | |
| 경고등 점등 | • 2회 주행 사이클 | |

**부분 회로도** K1907829

DTC P0560 참조.

**고장 코드 확인** KFA624EE

DTC P0560 참조.

**터미널 및 커넥터 점검** KDBF918A

DTC P0560 참조.

**충전 시스템 점검** K68EE37C

1. 배터리 상태와 발전기 출력상태를 점검한다.
2. 점검 결과가 정상인가?

   **예**
   ▶ "ECM과 단품 사이의 커넥터 접촉불량 및 터미널의 부식 또는 변형을 점검한 후 이상이 있으면 수리한다.
   ▶ "고장 수리 확인" 절차를 수행한다.

   **아니오**

# 고장진단

▶ 필요에 따라 수리 후, "고장 수리 확인" 절차를 수행한다.

3. 메인 릴레이 커넥터 5번 터미널과 접지간 전압을 측정한다.

## 고장 수리 확인  K5B5A800

DTC P0560 참조.

## DTC P0600 CAN 통신에러 (ECM 및 TCM)-시간 초과

### 기능 및 역할  KBB7C5EB

CAN(Control Area Network)라인은 ECM과 TCM 또는 ABS컨트롤 모듈간의 상호 통신을 위해 사용 되어 진다. CAN의 장점은 신호의 안정성 및 하이,로우의 2가지 라인만으로 많은 모듈간 통신이 가능하다는 점이며 최근 생산되는 차량에 폭넓게 사용되어 지고 있다.

### DTC 감지 조건  K6CE6216

● ECM은 통신라인에 응답이 없거나 잘못된 메시지가 전송되어질 경우 P0600을 표출 한다

### 고장 판정 조건  K634123E

| 항 목 | | 판정 조건 | 고장 예상 원인 |
|---|---|---|---|
| 경우1 | 검출 방법 | • CAN 메시지 전송 정상 여부 점검 | |
| | 검출 조건 | • 배터리 전압 > 10V<br>• 엔진 회전수 > 약 30 rpm | |
| | 판정값 | • CAN 메시지 이상 | |
| | 검출 시간 | • 20번 틀린 메시지 전송 | • CAN 통신선 단선 또는 단락<br>• 커넥터 접촉 저항<br>• ECM |
| 경우2 | 검출 방법 | • 메시지 전송 불가 | |
| | 검출 조건 | • 배터리 전압 >10V<br>• Engine speed > 약 30 rpm | |
| | 판정값 | • 메시지 무응답 시간 = 1 sec. | |
| | 검출 방법 | • 1초 | |
| 경고등 점등 | | • - | |

### 고장 코드 확인  K6F6F4D3

1. 스캔툴의 "자기진단"기능을 선택 한다

2. 하단 메뉴바의 "F4"를 눌러 고장 상세 정보를 선택 한다

3. "고장 진단 완료 유무" 항목이 "진단 완료"인지 확인한다

   📖 참고
   미완료일경우 일반정보의 검출조건에서 지시하는대로 차량을 주행하여 진단을 완료 시킨다.

4. "고장 유형"항목의 결과값이 "과거 고장" 인가?

고장진단

```
           고장 상세 정보

1. 경고등상태   :   OFF
2. 고장 유형    :  "과거고장" 또는 "현재고장"
3. 고장진단 완료 유무 : "진단완료" 또는 "미완료"
4. 동일고장 발생 횟수 :  X (횟수가 기록됨)
5. 고장발생후 경과시간:    0분
6. 고장소거후 경과시간:    0분
```

AGIE001X

참고
- 과거 고장 : 이전에 발행한 고장임. 현재는 정상.
- 현재 고장 : 현재 고장이 발생되어 있는 상태임.

**예**

▶ "동일고장 발생 횟수"항목 값이 2회 이상이면 간헐적인 고장이므로 "터미널 및 커넥터 점검"절차를 수행한다
▶ "동일고장 발생 횟수"가 1회 이하이면 과거고장이므로 진단을 종료한다

**아니오**

▶ "배선 점검" 절차를 수행한다.

## 터미널 및 커넥터 점검   K0362FB8

1. 고장의 주요원인은 배선손상 및 연결상태의 불량에 있으므로 커넥터 접촉불량 및 터미널의 부식 또는 변형등을 전체적으로 점검한다.

2. 문제가 발견 되었는가?

    **예**

    ▶ 수리 또는 교환한 후 "고장 수리 확인" 절차를 수행한다.

    **아니오**

    ▶ "CAN High 라인 점검" 절차를 수행한다.

### CAN HIGH 라인 점검

1. 단선 점검

    **[ABS 적용]**

    1) 점화 스위치 "OFF"
    2) ECM 커넥터 7번 터미널과 ABS 제어 모듈 커넥터 11번 터미널간 저항을 측정한다.

정상값 : 약 0Ω

측정값이 정상인가?

### 예

▶ "접지 단락 점검" 절차를 수행한다.

### 아니오

▶ 필요에 따라 수리 후, "고장 수리 확인" 절차를 수행한다.

**[ABS 미적용]**

1) ECM 커넥터 7번 터미널과 수직 저항의 2번 터미널간 저항을 측정한다.

정상값 : 약 0Ω

측정값이 정상인가?

### 예

▶ "접지 단락 점검" 절차를 수행한다.

### 아니오

▶ 필요에 따라 수리 후, "고장 수리 확인" 절차를 수행한다.

2. 접지 단락 점검
   1) ECM 커넥터 7번 터미널과 접지간 저항을 측정한다.

정상값 : 무한대

측정값이 정상인가?

### 예

▶ 다음 점검 절차를 수행한다.

### 아니오

▶ 필요에 따라 수리 후, "고장 수리 확인" 절차를 수행한다.

3. 배터리 단락 점검
   1) 점화 스위치 "ON" & 엔진 "OFF"
   2) ECM 커넥터 7번 터미널과 접지간 저항을 측정한다.

정상값 : 약 0V

측정값이 정상인가?

### 예

▶ "CAN Low 라인 점검" 절차를 수행한다.

### 아니오

▶ 필요에 따라 수리 후, "고장 수리 확인" 절차를 수행한다.

# 고장진단

**CAN LOW** 라인 점검

1. 단선 점검

   **[ABS 적용]**

   1) ECM 커넥터 6번 터미널과 ABS 제어 모듈 커넥터 10번 터미널간 저항을 측정한다.

   정상값 : 약 0Ω

   측정값이 정상인가?

   **예**

   ▶ "접지 단락 점검" 절차를 수행한다.

   **아니오**

   ▶ 필요에 따라 수리 후, "고장 수리 확인" 절차를 수행한다.

   **[ABS 미적용]**

   1) ECM 커넥터 6번 터미널과 수직 저항의 커넥터 1번 터미널간 저항을 측정한다.

   정상값 : 약 0Ω

   측정값이 정상인가?

   **예**

   ▶ "접지 단락 점검" 절차를 수행한다.

   **아니오**

   ▶ 필요에 따라 수리 후, "고장 수리 확인" 절차를 수행한다.

2. 접지 단락 점검
   1) ECM 커넥터 6번 터미널과 접지간 저항을 측정한다.

   정상값 : 무한대

   측정값이 정상인가?

   **예**

   ▶ 다음 점검 절차를 수행한다.

   **아니오**

   ▶ 필요에 따라 수리 후, "고장 수리 확인" 절차를 수행한다.

3. 배터리 단락 점검
   1) 점화 스위치 "ON" & 엔진 "OFF"
   2) ECM 커넥터 6번 터미널과 접지간 저항을 측정한다.

   정상값 : 약 0V

측정값이 정상인가?

**예**

▶ 스캔툴을 사용하여 ECM 소프트웨어 버전을 확인하고 필요에 따라 업그레이드를 수행한다. 이미 최신 소프트웨어가 설치되어 있다면 "고장 수리 확인" 절차를 수행한다.

**아니오**

▶ 필요에 따라 수리 후, "고장 수리 확인" 절차를 수행한다.

## 고장 수리 확인 KEBBB3BA

"고장 코드 확인" 절차를 재수행하여 고장이 정확히 수리 되었는지 확인한다

1. 스캔툴의 "자기진단"기능중 고장 상세 정보를 선택 한다
2. "고장 진단 완료 유무" 항목이 "진단 완료"인지 확인한다.

   📖 참고
   미완료일경우 일반정보의 검출조건에서 지시하는대로 차량을 주행하여 완료 시킨다

3. "고장 유형"항목의 결과값이 "과거 고장" 인가?

   **예**

   ▶ 시스템 정상. 고장코드를 소거한다

   **아니오**

   ▶ 적절한 수리절차를 재수행한다.

고장진단

# DTC P0605 ECM(EEPROM) ROM 오류

기능 및 역할

ECM은 본체불량을 내부 연산을 통한 첵섬(Checksum)값이 틀릴 경우 고장이라 판정한다. ECM이 처리하는 수 많은 연산값들이 정확한지 감시하기 위해 ECM은 각 값들의 일정합을 통해 데이터의 오류 여부를 감시한다. P0605외에 다른 코드들이 한꺼번에 표출될 경우에는 다른 고장코드를 먼저 수리한 후 최종적으로 ECM이 불량인지 여부를 점검한다

**DTC 감지 조건**

ECM은 첵섬등 내부 연산값에 오류가 있을 경우 P0605란 고장코드를 표출한다.

고장 판정 조건

| 항 목 | 판정 조건 | 고장 예상 원인 |
|---|---|---|
| 검출 방법 | • RAM / 통신선 연결 점검 | • 커넥터 접촉 저항<br>• ECM |
| 검출 조건 | • 점화 스위치 ON | |
| 판정값 | • ECM 내부 점검 | |
| 검출 시간 | • 0.1초 | |
| 경고등 점등 | • 즉시 | |

고장 코드 확인

1. 스캔툴의 "자기진단"기능을 선택 한다

2. 하단 메뉴바의 "F4"를 눌러 고장 상세 정보를 선택 한다

3. "고장 진단 완료 유무" 항목이 "진단 완료"인지 확인한다

   📖 참고
   미완료일경우 일반정보의 검출조건에서 지시하는대로 차량을 주행하여 진단을 완료 시킨다.

4. "고장 유형"항목의 결과값이 "과거 고장" 인가?

```
            고장 상세 정보

 1.경고등상태 : OFF
 2. 고장 유형    : "과거고장" 또는 "현재고장"
 3. 고장진단 완료 유무 :"진단완료" 또는 "미완료"
 4. 동일고장 발생 횟수 : X (횟수가 기록됨)
 5.고장발생후 경과시간:     0분
 6.고장소거후 경과시간:     0분
```

## 참고
- 과거 고장 : 이전에 발행한 고장임. 현재는 정상.
- 현재 고장 : 현재 고장이 발생되어 있는 상태임.

**예**

▶ "동일고장 발생 횟수"항목 값이 2회 이상이면 간헐적인 고장이므로 "터미널 및 커넥터 점검"절차를 수행한다
▶ "동일고장 발생 횟수"가 1회 이하이면 과거고장이므로 진단을 종료한다

**아니오**

▶ "배선 점검" 절차를 수행한다.

## 백업 전압 점검    K6811A36

1. 점화 스위치 "OFF"
2. ECM 커넥터를 분리한다.
3. 점화 스위치 "ON" & 엔진 "OFF"
4. ECM 터미널 3과 접지 사이의 전압을 측정한다.

정상값 : 일정하게 배터리 전압을 유지한다.

5. 점검 결과가 정상인가?

**예**

▶ 스캔툴을 사용하여 ECM 소프트웨어 버전을 확인하고 필요에 따라 업그레이드를 수행한다. 이미 최신 소프트웨어가 설치되어 있다면 "고장 수리 확인" 절차를 수행한다.

**아니오**

▶ ECM과 단품 사이의 커넥터 접촉불량 및 터미널의 부식 또는 변형을 점검한다. 필요에 따라 수리 후, "고장 수리 확인" 절차를 수행한다.

## 고장 수리 확인    K59B5464

"고장 코드 확인" 절차를 재수행하여 고장이 정확히 수리 되었는지 확인한다

1. 스캔툴의 "자기진단"기능중 고장 상세 정보를 선택 한다
2. "고장 진단 완료 유무" 항목이 "진단 완료"인지 확인한다.

    **참고**
    미완료일경우 일반정보의 검출조건에서 지시하는대로 차량을 주행하여 완료 시킨다

3. "고장 유형"항목의 결과값이 "과거 고장" 인가?

    **예**

    ▶ 시스템 정상. 고장코드를 소거한다

    **아니오**

▶ 적절한 수리절차를 재수행한다.

## DTC P0650 엔진 경고등 (MIL) 회로 이상

### 기능 및 역할  K2E70A4B

고장경고등(MIL)은 계기판에 위치되어 있으며 운전자에게 차량에 문제가 발생할 경우 알려주는 역할을 수행한다

### DTC 감지 조건  K049AA3D

MIL제어선이 배터리나 접지와 단선및 단락되었을 경우 P0650의 고장코드가 표출된다.

### 고장 판정 조건  K054ED12

| 항 목 | 판정 조건 | 고장 예상 원인 |
|---|---|---|
| 검출 방법 | • 전압 점검 | • 고장 경고등과 ECM 사이의 회로 단선 또는 단락<br>• 커넥터 접촉 저항<br>• 고장 경고등 벌브 파손 |
| 검출 조건 | • 10 〈 배터리 전압 〈 16 | |
| 판정값 | • 단선, 접지 또는 배터리 단락 | |
| 검출 시간 | • 10초 | |
| 경고등 점등 | • - | |

### 부분 회로도  K1DAAC24

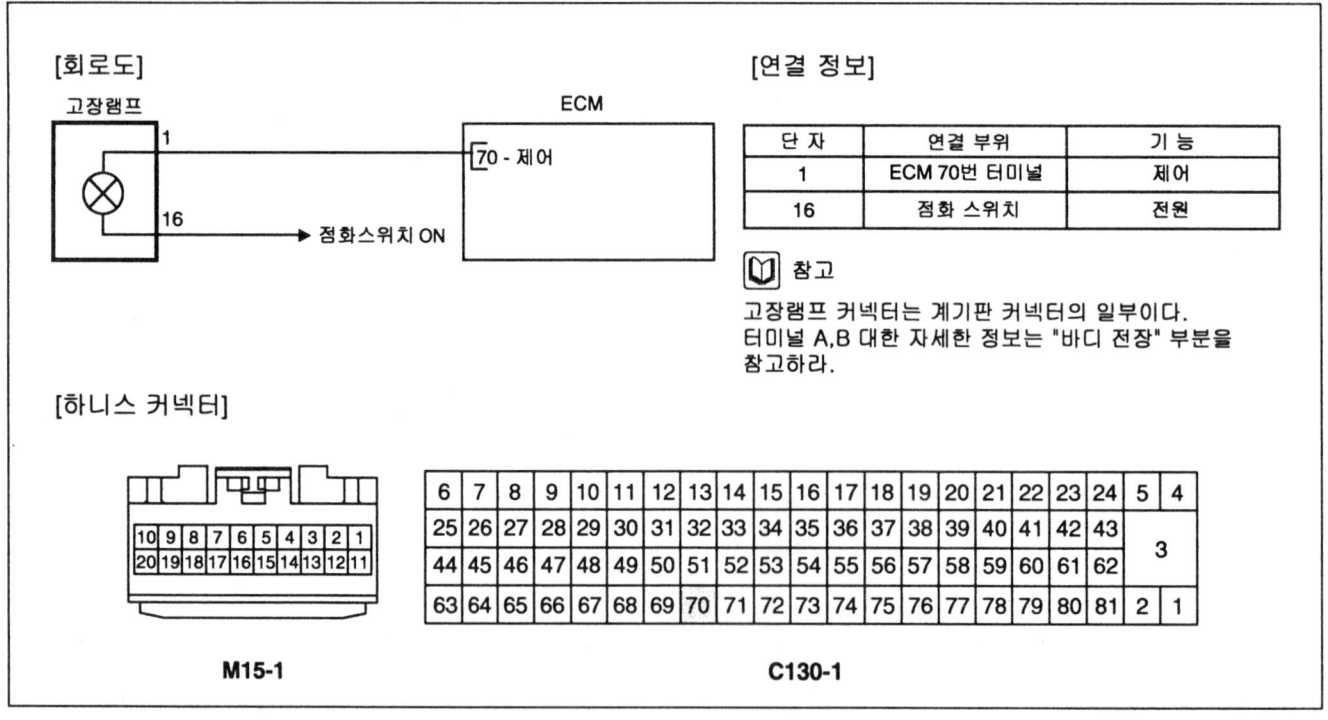

### 고장 코드 확인  K513F225

1. 스캔툴의 "자기진단"기능을 선택 한다
2. 하단 메뉴바의 "F4"를 눌러 고장 상세 정보를 선택 한다

# 고장진단

3. "고장 진단 완료 유무" 항목이 "진단 완료"인지 확인한다.

   📖 참고
   미완료일경우 일반정보의 검출조건에서 지시하는대로 차량을 주행하여 진단을 완료 시킨다

4. "고장 유형"항목의 결과값이 "과거 고장" 인가?

```
          고장 상세 정보

1. 경고등상태   :   OFF
2. 고장 유형    :  "과거고장" 또는 "현재고장"
3. 고장진단 완료 유무 : "진단완료" 또는 "미완료"
4. 동일고장 발생 횟수  : X (횟수가 기록됨)
5. 고장발생후 경과시간 :      0분
6. 고장소거후 경과시간 :      0분
```

   📖 참고
   - 과거 고장 : 이전에 발행한 고장임. 현재는 정상.
   - 현재 고장 : 현재 고장이 발생되어 있는 상태임.

   **예**

   ▶ "동일고장 발생 횟수"항목 값이 2회 이상이면 간헐적인 고장이므로 "터미널 및 커넥터 점검"절차를 수행한다
   ▶ "동일고장 발생 횟수"가 1회 이하이면 과거고장이므로 진단을 종료한다

   **아니오**

   ▶ "배선 점검" 절차를 수행한다.

## 제어선 점검   K9A914AE

1. 점화 스위치 "OFF"

2. ECM 커넥터를 분리한다.

3. 점화스위치 "ON" & 엔진 "OFF"

4. 통전 케이블을 이용하여 ECM 커넥터 70번 터미널을 접지시킨다.

5. 엔진 고장 경고등이 점등되는가?

   **예**

   ▶ 다음 점검 절차를 수행한다.

   **아니오**

   ▶ 계기판을 탈거하고 엔진 고장 경고등의 벌브를 점검한다. 벌브가 끊어졌다면 벌브를 교체한다. 벌브가 정상이면 미터 퓨즈와 벌브 사이의 회로 단선을 점검한다. 필요에 따라 수리 후, "고장 수리 확인" 절차를 수행한다.

6. 터미널 접지를 위해 통전 케이블을 제거한다.

7. 엔진 고장 경고등이 소등되었는가?

**예**

▶ ECM과 단품 사이의 커넥터 접촉불량 및 터미널의 부식 또는 변형을 점검한 후 이상이 있으면 수리한다.
▶ "고장 수리 확인" 절차를 수행한다.

**아니오**

▶ 밸브와 ECM 사이의 접지 단락 원인을 점검한다. 필요에 따라 수리 후, "고장 수리 확인" 절차를 수행한다.

## 고장 수리 확인   K9D1488C

"고장 코드 확인" 절차를 재수행하여 고장이 정확히 수리 되었는지 확인한다

1. 스캔툴의 "자기진단"기능중 고장 상세 정보를 선택 한다

2. "고장 진단 완료 유무" 항목이 "진단 완료"인지 확인한다.

> 📖 **참고**
> 미완료일경우 일반정보의 검출조건에서 지시하는대로 차량을 주행하여 완료 시킨다

3. "고장 유형"항목의 결과값이 "과거 고장" 인가?

**예**

▶ 시스템 정상. 고장코드를 소거한다

**아니오**

▶ 적절한 수리절차를 재수행한다.

고장진단

## DTC P0700 TCM으로 부터 MIL 점등 요청

### 기능 및 역할 K270B64A

자동변속기 시스템 관련하여 고장이 발생할 경우에 TCM은 계기판내의 고장경고등 점등을 ECM에 요청 한다. 이때 P0700이 ECM으로 부터 표출되며 고장 경고등은 점등 된다. 이 고장코드는 단순히 자동변속기 연관 시스템에 고장이 발생 하였다는것을 알려주기 위한 고장코드로서 엔진제어 시스템 불량과는 직접적인 연관이 없다. 스캔툴을 통해 자동변속기 고장 코드를 확인한 후 적절한 수리를 수행 한다.

⚠️ 주의
만약 스캔툴로 엔진을 선택한 후 고장코드를 소거하면 자동변속기의 고장코드도 함께 지워지므로 해당되는 자동변속기의 고장 코드를 확인하기 전에는 절대로 소거하지 말 것.

### 고장 판정 조건 K963A419

| 항 목 | 판정 조건 | 고장 예상 원인 |
|---|---|---|
| 검출 방법 | • CAN을 통한 프리즈 프레임 요청 | • 자동변속 컨트롤 시스템 |
| 검출 조건 | • 배터리 전압 > 10V<br>• 엔진 회전수 > 256 rpm | |
| 판정값 | • TCM에 의한 고장 경고등 작동 | |
| 검출 시간 | • 즉시 | |
| 경고등 점등 | • 즉시 | |

### 고장 코드 확인 K95EFA5E

1. 스캔툴을 사용하여 "자동변속기 시스템"을 선택한 후 고장 코드를 확인한다
2. 해당되는 고장코드를 자동 변속기 진단가이드를 참조하여 수리한다

## DTC P1505 공회전 속도 제어 액츄에이터(ISCA) 코일 #1-신호 낮음

### 부품 위치

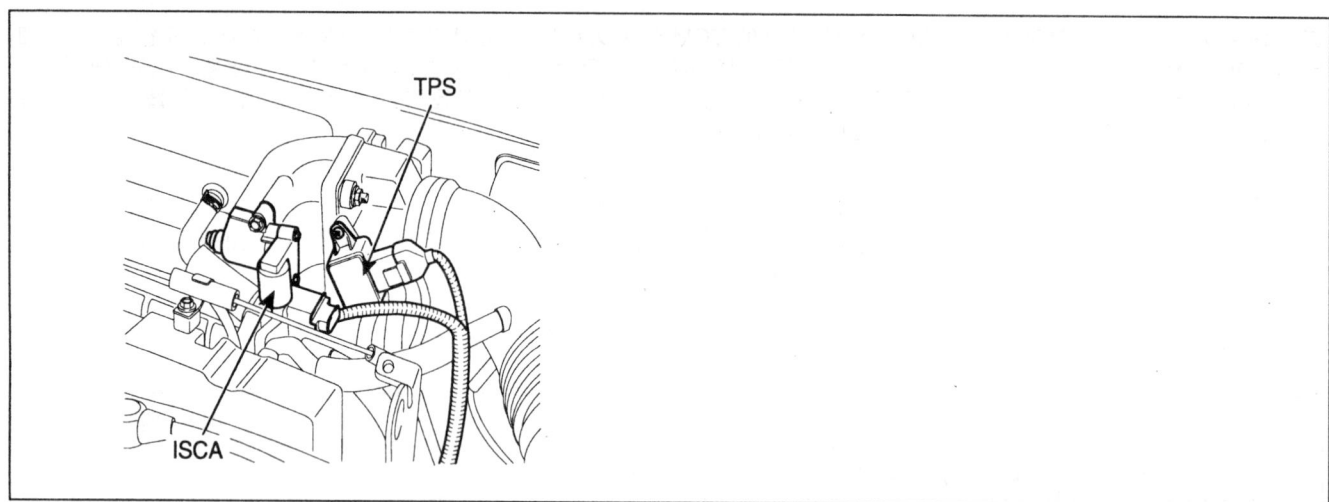

### 기능 및 역할

ECM은 열림측 및 닫힘측 2개의 코일로 구성된 공회전 속도 조절 밸브(ISCA)를 이용하여 엔진 상태 변화에 따른 목표회전수를 벗어나지 않도록 차량을 제어 한다. 두 코일의 작동 듀티는 산술적으로 합할때 100%가 되어야 하며 고장시 작동 듀티는 각 코일의 고장 형태에 따라 ECM측에서 가변적으로 조정한다. 오래된 엔진의 경우 엔진마모및 이물질 축척 등으로 공회전시 흡입되는 공기량이 변화하는 경우가 발생하여 공회전 속도가 변하게 된다. 이경우 ECM은 자체 학습을 통한 최적제어를 통해 안정적인 엔진 회전수를 유지 한다

### DTC 감지 조건

제어선이 접지와 단락및 단선된경우 P1505의 고장코드를 표출한다.

### 고장 판정 조건

| 항목 | 판정 조건 | 고장 예상 원인 |
|---|---|---|
| 검출 방법 | • ECM 내부 점검 | |
| 검출 조건 | • 10 〈 배터리 전압(V) 〈16<br>• 20% 〈 ISCA 듀티 〈80% | • 단선 또는 접지 단락<br>• 커넥터 접촉 저항<br>• ISCA 밸브 |
| 판정값 | • 단선 또는 접지 단락 | |
| 검출 시간 | • 2초 | |
| 경고등 점등 | • 2회 주행사이클 | |

# 고장진단

## 정상값 K7E97A5A

### ICA COIL #1 (열림)

| 온도(℃) | ICA Coil #1 (열림)(Ω) | 온도(℃) | ICA Coil #1 (열림)(Ω) |
|---|---|---|---|
| -20 | 9.2 ~ 10.8 | 40 | 12.0 ~ 13.6 |
| -10 | 9.7 ~ 11.3 | 50 | 12.4 ~ 14.0 |
| 0 | 10.2 ~ 11.8 | 60 | 12.9 ~ 14.5 |
| 10 | 10.6 ~ 12.2 | 70 | 13.4 ~ 15.0 |
| 20 | 11.1 ~ 12.7 | 80 | 13.8 ~ 15.4 |
| 30 | 11.5 ~ 13.1 | 100 | 14.7 ~ 16.3 |

### ICA COIL #2 (닫힘)

| 온도(℃) | ICA Coil #2 (닫힘)(Ω) | 온도(℃) | ICA Coil #2 (닫힘)(Ω) |
|---|---|---|---|
| -20 | 12.1 ~ 13.7 | 40 | 15.7 ~ 17.3 |
| -10 | 12.8 ~ 14.4 | 50 | 16.3 ~ 17.9 |
| 0 | 13.4 ~ 15.0 | 60 | 16.9 ~ 18.5 |
| 10 | 14.0 ~ 15.6 | 70 | 17.4 ~ 19.0 |
| 20 | 14.5 ~ 16.1 | 80 | 18.0 ~ 19.6 |
| 30 | 15.1 ~ 16.7 | 100 | 19.2 ~ 20.8 |

## 부분 회로도 KAB37062

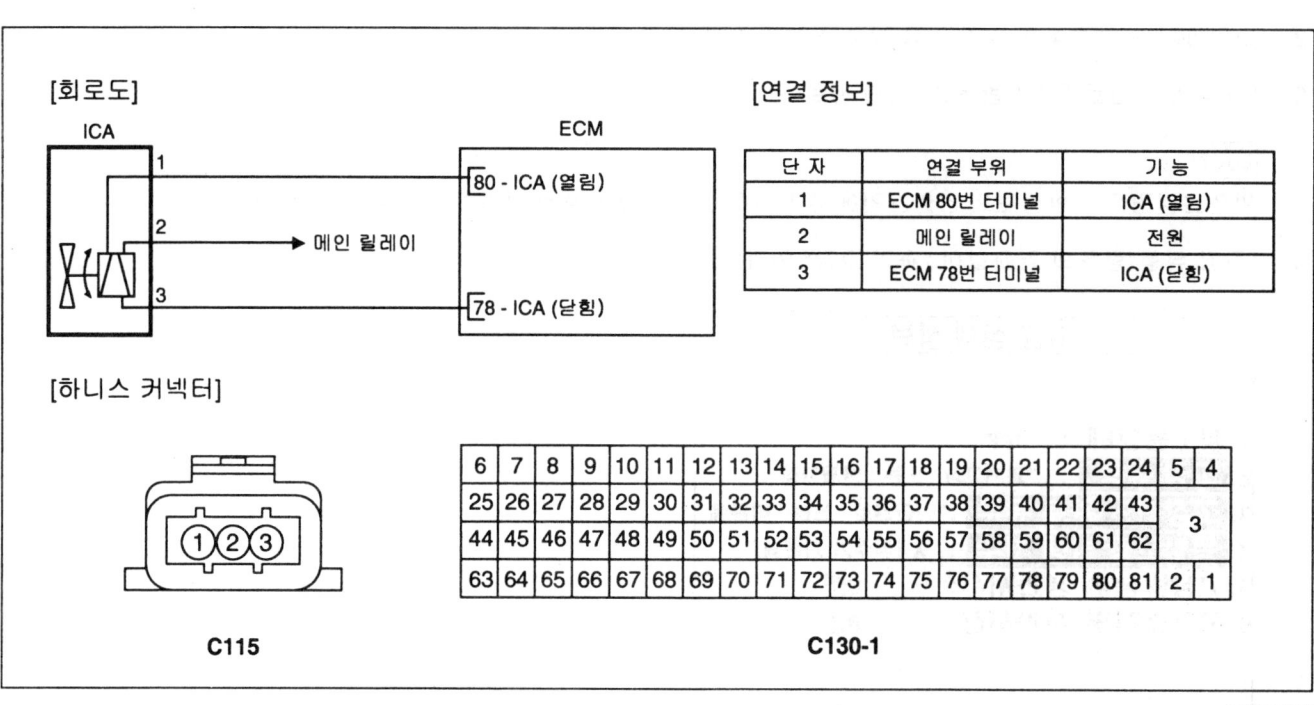

## 기준 파형 및 데이터  KEED53A6

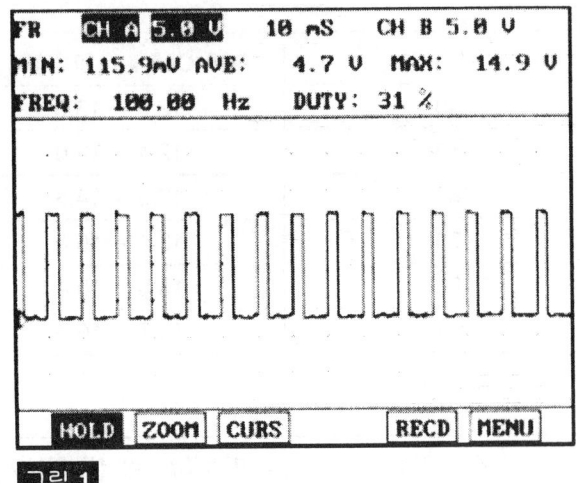
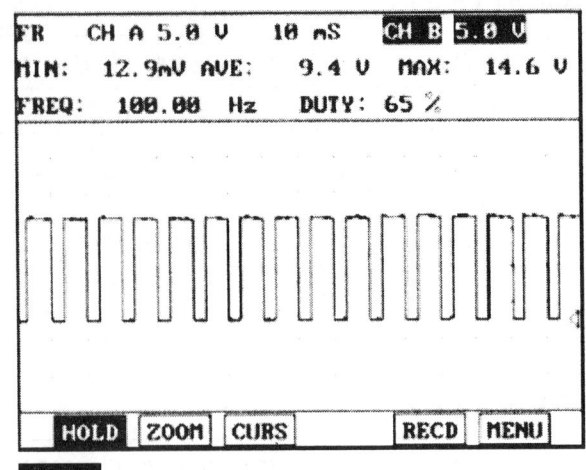

그림 1) 난기후 공회전: 열림측, 그림 2) 난기후 공회전 : 닫힘측
공회전 속도 조절 밸브(ISCA)는 열림측 및 닫힘측 2개의 코일로 구성되어 있으며 가속시등 스로틀이 많이 열리는 상태에서는 열림측 작동 듀티가 닫힘측보다 높다. 두 코일의 작동 듀티는 산술적으로 합할때 100%가 되어야 하며 고장시 작동 듀티는 각 코일의 고장 형태에 따라 ECM측에서 가변적으로 조정한다

## 고장 코드 확인  K0641742

1. 스캔툴의 "자기진단"기능을 선택 한다

2. 하단 메뉴바의 "F4"를 눌러 고장 상세 정보를 선택 한다

3. "고장 진단 완료 유무" 항목이 "진단 완료"인지 확인한다.

    참고
    미완료일경우 일반정보의 검출조건에서 지시하는대로 차량을 주행하여 진단을 완료 시킨다

4. "고장 유형"항목의 결과값이 "과거 고장" 인가?

```
          고장 상세 정보

1.경고등상태  :  OFF
2. 고장 유형  :  "과거고장" 또는 "현재고장"
3. 고장진단 완료 유무 :"진단완료" 또는 "미완료"
4. 동일고장 발생 횟수 :  X (횟수가 기록됨)
5.고장발생후 경과시간:     0분
6.고장소거후 경과시간:     0분
```

참고
- 과거 고장 : 이전에 발행한 고장임. 현재는 정상.

# 고장진단

- 현재 고장 : 현재 고장이 발생되어 있는 상태임.

**예**

▶ "동일고장 발생 횟수"항목 값이 2회 이상이면 간헐적인 고장이므로 "터미널 및 커넥터 점검"절차를 수행한다
▶ "동일고장 발생 횟수"가 1회 이하이면 과거고장이므로 진단을 종료한다

**아니오**

▶ "단품 점검" 절차를 수행한다.

## 단품 점검  K670B350

1. 점화 스위치 "OFF"
2. ISCA 밸브 커넥터를 분리한다.
3. ISCA 밸브 커넥터 1번과 2번 터미널간 저항을 측정한다.(단품측)

### ICA COIL #1 (열림)

| 온도(℃) | ICA Coil #1 (열림)(Ω) | 온도(℃) | ICA Coil #1 (열림)(Ω) |
|---|---|---|---|
| -20 | 9.2 ~ 10.8 | 40 | 12.0 ~ 13.6 |
| -10 | 9.7 ~ 11.3 | 50 | 12.4 ~ 14.0 |
| 0 | 10.2 ~ 11.8 | 60 | 12.9 ~ 14.5 |
| 10 | 10.6 ~ 12.2 | 70 | 13.4 ~ 15.0 |
| 20 | 11.1 ~ 12.7 | 80 | 13.8 ~ 15.4 |
| 30 | 11.5 ~ 13.1 | 100 | 14.7 ~ 16.3 |

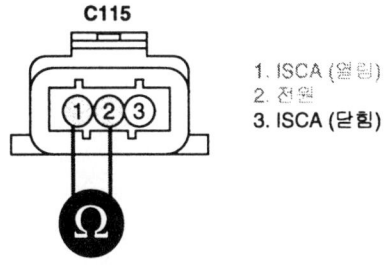

1. ISCA (열림)
2. 전원
3. ISCA (닫힘)

SJMFL7343D

4. 측정값이 정상인가?

**예**

▶ "배선 점검" 절차를 수행한다.

**아니오**

▶ 새로운 단품을 임시 장착하여 차량 상태를 확인한 후 정상이면 단품을 교환한다.
▶ 고장 수리 확인" 절차를 수행한다.

## 터미널 및 커넥터 점검  K530F1DF

1. 고장의 주요원인은 배선손상 및 연결상태의 불량에 있으므로 커넥터 접촉불량 및 터미널의 부식 또는 변형등을 전체적으로 점검한다.

2. 문제가 발견 되었는가?

   **예**

   ▶ 수리 또는 교환한 후 "고장 수리 확인" 절차를 수행한다.

   **아니오**

   ▶ "전원선 점검" 절차를 수행한다.

## 전원선 점검   K82E4252

1. 점화 스위치 "ON" & 엔진 "OFF"
2. 밸브 커넥터 2번 터미널과 접지간 전압을 측정한다.

---

정상값 : 배터리 전압

---

3. 측정값이 정상인가?

   **예**

   ▶ "신호선 점검" 절차를 수행한다.

   **아니오**

   ▶ ISCA 밸브와 메인 릴레이 사이에 전원선의 접지 단락이 발생하였는지 점검한다. 필요에 따라 수리 후, "고장 수리 확인" 절차를 수행한다.

## 신호선 점검   K0BC7555

1. 단선 점검

    1) 점화 스위치 "OFF"
    2) ECM 커넥터를 분리한다.
    3) 밸브 커넥터 1번 터미널과 ECM 커넥터 80번 터미널간 저항을 측정한다.

---

정상값 : 약 0Ω

---

   4) 측정값이 정상인가?

      **예**

      ▶ 다음 점검 절차를 수행한다.

      **아니오**

      ▶ 필요에 따라 수리 후, "고장 수리 확인" 절차를 수행한다.

2. 접지 단락 점검

    1) 밸브 커넥터 1번 터미널과 접지간 저항을 측정한다.

---

정상값 : 무한대

---

고장진단　　　　　　　　　　　　　　　　　　　　　　　　　　　　　　　　　　FL -345

2) 측정값이 정상인가?

**예**

▶ ECM과 단품 사이의 커넥터 접촉불량 및 터미널의 부식 또는 변형을 점검한 후 이상이 있으면 수리한다.
▶ "고장 수리 확인" 절차를 수행한다.

**아니오**

▶ 단선 또는 단락된 배선을 수리한 후, "고장 수리 확인" 절차를 수행한다.

## 고장 수리 확인　K34E5801

"고장 코드 확인" 절차를 재수행하여 고장이 정확히 수리 되었는지 확인한다

1. 스캔툴의 "자기진단"기능중 고장 상세 정보를 선택 한다
2. "고장 진단 완료 유무" 항목이 "진단 완료"인지 확인한다.

   🛈 참고
   미완료일경우 일반정보의 검출조건에서 지시하는대로 차량을 주행하여 완료 시킨다

3. "고장 유형"항목의 결과값이 "과거 고장" 인가?

   **예**

   ▶ 시스템 정상. 고장코드를 소거한다

   **아니오**

   ▶ 적절한 수리절차를 재수행한다.

## DTC P1506 공회전 속도 제어 액츄에이터(ISCA) 코일 #1-신호 높음

부품 위치

DTC P1505 참조.

기능 및 역할

DTC P1505 참조.

DTC 감지 조건

제어선이 배터리와 단락된경우 P1506의 고장코드를 표출한다.

고장 판정 조건

| 항 목 | 판정 조건 | 고장 예상 원인 |
|---|---|---|
| 검출 방법 | • ECM 내부 점검 | • 배터리 단락<br>• 커넥터 접촉 저항<br>• ISCA 밸브 |
| 검출 조건 | • 10 < 배터리 전압 <16V<br>• 20% < ISCA 듀티 <80% | |
| 판정값 | • 배터리 단락 | |
| 검출 시간 | • 2초 | |
| 경고등 점등 | • 2회 주행사이클 | |

정상값

DTC P1505 참조.

부분 회로도

DTC P1505 참조.

기준 파형 및 데이터

DTC P1505 참조.

고장 코드 확인

DTC P1505 참조.

단품 점검

1. 점화 스위치 "OFF"

2. ISCA 밸브 커넥터를 분리한다.

3. ISCA 밸브 커넥터 1번과 2번 터미널간 저항을 측정한다.(단품측)

# 고장진단

## ICA COIL #1 (열림)

| 온도(℃) | ICA Coil #1 (열림)(Ω) | 온도(℃) | ICA Coil #1 (열림)(Ω) |
|---|---|---|---|
| -20 | 9.2 ~ 10.8 | 40 | 12.0 ~ 13.6 |
| -10 | 9.7 ~ 11.3 | 50 | 12.4 ~ 14.0 |
| 0 | 10.2 ~ 11.8 | 60 | 12.9 ~ 14.5 |
| 10 | 10.6 ~ 12.2 | 70 | 13.4 ~ 15.0 |
| 20 | 11.1 ~ 12.7 | 80 | 13.8 ~ 15.4 |
| 30 | 11.5 ~ 13.1 | 100 | 14.7 ~ 16.3 |

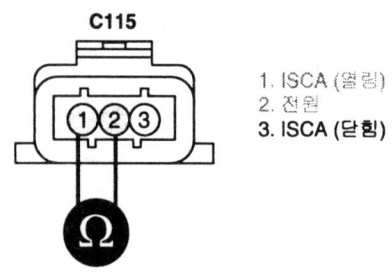

1. ISCA (열림)
2. 전원
3. ISCA (닫힘)

4. 측정값이 정상인가?

   **예**
   ▶ "배선 점검" 절차를 수행한다.

   **아니오**
   ▶ 새로운 단품을 임시 장착하여 차량 상태를 확인한 후 정상이면 단품을 교환한다.
   ▶ 고장 수리 확인" 절차를 수행한다.

## 터미널 및 커넥터 점검

DTC P1505 참조.

## 전원선 점검

1. 점화 스위치 "ON" & 엔진 "OFF"
2. 밸브 커넥터 2번 터미널과 접지간 전압을 측정한다.

   정상값 : 배터리 전압

3. 측정값이 정상인가?

   **예**
   ▶ "신호선 점검" 절차를 수행한다.

   **아니오**
   ▶ ISCA 밸브와 메인 릴레이 사이에 전원선의 접지 단락이 발생하였는지 점검한다. 필요에 따라 수리 후, "고장 수리 확인" 절차를 수행한다.

## 신호선 점검  KBF368A0

1. 점화 스위치 "OFF"

2. ECM 커넥터를 분리한다.

3. 점화 스위치 "ON"

4. 밸브 커넥터 1번 터미널과 접지간 전압을 측정한다.

정상값 : 약 0V

5. 측정값이 정상인가?

**예**

▶ ECM과 단품 사이의 커넥터 접촉불량 및 터미널의 부식 또는 변형을 점검한 후 이상이 있으면 수리한다.
▶ "고장 수리 확인" 절차를 수행한다.

**아니오**

▶ 배선의 단락을 수리한 후, "고장 수리 확인" 절차를 수행한다.

## 고장 수리 확인  K367B24A

DTC P1505 참조.

고장진단 FL-349

## DTC P1507 공회전 속도 제어 액츄에이터(ISCA) 코일 #2-신호 낮음

**부품 위치**

DTC P1505 참조.

**기능 및 역할**

DTC P1505 참조.

**DTC 감지 조건**

제어선이 접지와 단락및 단선된경우 P1507의 고장코드를 표출한다.

**고장 판정 조건**

| 항 목 | 판정 조건 | 고장 예상 원인 |
|---|---|---|
| 검출 방법 | • ECM 내부 점검 | |
| 검출 조건 | • 10 < 배터리 전압 <16V<br>• 20% < ISCA 듀티 <80% | • 단선 또는 접지 단락<br>• 커넥터 접촉 저항<br>• ISCA 밸브 |
| 판정값 | • 단선 또는 접지단락 | |
| 검출 시간 | • 2초 | |
| 경고등 점등 | • 2회 주행사이클 | |

**정상값**

DTC P1505 참조.

**부분 회로도**

DTC P1505 참조.

**기준 파형 및 데이터**

DTC P1505 참조.

**고장 코드 확인**

DTC P1505 참조.

**단품 점검**

1. 점화 스위치 "OFF"
2. ISCA 밸브 커넥터를 분리한다.
3. ISCA 밸브 커넥터 2번과 3번 터미널간 저항을 측정한다.(단품측)

# FL -350

연료 장치

**ICA COIL #2 (닫힘)**

| 온도(℃) | ICA Coil #2 (닫힘)(Ω) | 온도(℃) | ICA Coil #2 (닫힘)(Ω) |
|---|---|---|---|
| -20 | 12.1 ~ 13.7 | 40 | 15.7 ~ 17.3 |
| -10 | 12.8 ~ 14.4 | 50 | 16.3 ~ 17.9 |
| 0 | 13.4 ~ 15.0 | 60 | 16.9 ~ 18.5 |
| 10 | 14.0 ~ 15.6 | 70 | 17.4 ~ 19.0 |
| 20 | 14.5 ~ 16.1 | 80 | 18.0 ~ 19.6 |
| 30 | 15.1 ~ 16.7 | 100 | 19.2 ~ 20.8 |

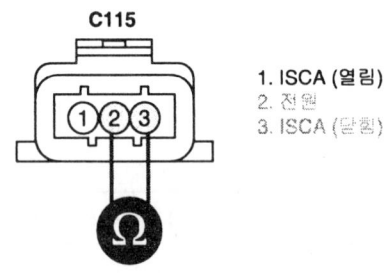

C115
1. ISCA (열림)
2. 전원
3. ISCA (닫힘)

4. 측정값이 정상인가?

**예**

▶ "배선 점검" 절차를 수행한다.

**아니오**

▶ 새로운 단품을 임시 장착하여 차량 상태를 확인한 후 정상이면 단품을 교환한다.
▶ 고장 수리 확인" 절차를 수행한다.

## 터미널 및 커넥터 점검

DTC P1505 참조.

## 전원선 점검

1. 점화 스위치 "ON" & 엔진 "OFF"
2. 밸브 커넥터 2번 터미널과 접지간 전압을 측정한다.

정상값 : 배터리 전압

3. 측정값이 정상인가?

**예**

▶ "신호선 점검" 절차를 수행한다.

**아니오**

▶ ISCA 밸브와 메인 릴레이 사이에 전원선의 접지 단락이 발생하였는지 점검한다. 필요에 따라 수리 후, "고장 수리 확인" 절차를 수행한다.

# 고장진단

## 신호선 점검 K5E14D22

1. 단선 점검

    1) 점화 스위치 "OFF"

    2) ECM 커넥터를 분리한다

    3) 밸브 커넥터 3번 터미널과 ECM 커넥터 78번 터미널간 저항을 측정한다.

    정상값 : 약 0Ω

    4) 측정값이 정상인가?

    **예**

    ▶ 다음 점검 절차를 수행한다.

    **아니오**

    ▶ 필요에 따라 수리 후, "고장 수리 확인" 절차를 수행한다.

2. 접지 단락 점검

    1) 밸브 커넥터 3번 터미널과 접지간 저항을 측정한다.

    정상값 : 무한대

    2) 측정값이 정상인가?

    **예**

    ▶ ECM과 단품 사이의 커넥터 접촉불량 및 터미널의 부식 또는 변형을 점검한 후 이상이 있으면 수리한다.
    ▶ "고장 수리 확인" 절차를 수행한다.

    **아니오**

    ▶ 단선 또는 단락된 배선을 수리한 후, "고장 수리 확인" 절차를 수행한다.

## 고장 수리 확인 K4099B47

DTC P1505 참조.

## DTC P1508 공회전 속도 제어 액츄에이터(ISCA) 코일 #2-신호 높음

### 부품 위치

DTC P1505 참조.

### 기능 및 역할

DTC P1505 참조.

### DTC 감지 조건

제어선이 배터리와 단락된경우 P1508의 고장코드를 표출한다.

### 고장 판정 조건

| 항 목 | 판정 조건 | 경고등 점등고장 예상 원인 |
|---|---|---|
| 검출 방법 | • ECM 내부 점검 | • 배터리 단락<br>• 커넥터 접촉 저항<br>• ISCA 밸브 |
| 검출 조건 | • 10 < 배터리 전압 <16V<br>• 20% < ISCA 듀티 <80% | |
| 판정값 | • 배터리 단락 | |
| 검출 시간 | • 2초 | |
| 경고등 점등 | • 2회 주행사이클 | |

### 정상값

DTC P1505 참조.

### 부분 회로도

DTC P1505 참조.

### 기준 파형 및 데이터

DTC P1505 참조.

### 고장 코드 확인

DTC P1505 참조.

### 단품 점검

1. 점화 스위치 "OFF"
2. ISCA 밸브 커넥터를 분리한다.
3. ISCA 밸브 커넥터 2번과 3번 터미널간 저항을 측정한다.(단품측)

# 고장진단

## ICA COIL #2 (닫힘)

| 온도(℃) | ICA Coil #2 (닫힘)(Ω) | 온도(℃) | ICA Coil #2 (닫힘)(Ω) |
|---|---|---|---|
| -20 | 12.1 ~ 13.7 | 40 | 15.7 ~ 17.3 |
| -10 | 12.8 ~ 14.4 | 50 | 16.3 ~ 17.9 |
| 0 | 13.4 ~ 15.0 | 60 | 16.9 ~ 18.5 |
| 10 | 14.0 ~ 15.6 | 70 | 17.4 ~ 19.0 |
| 20 | 14.5 ~ 16.1 | 80 | 18.0 ~ 19.6 |
| 30 | 15.1 ~ 16.7 | 100 | 19.2 ~ 20.8 |

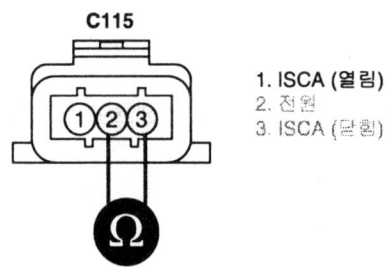

C115
1. ISCA (열림)
2. 전원
3. ISCA (닫힘)

4. 측정값이 정상인가?

   **예**

   ▶ "배선 점검" 절차를 수행한다.

   **아니오**

   ▶ 새로운 단품을 임시 장착하여 차량 상태를 확인한 후 정상이면 단품을 교환한다.
   ▶ 고장 수리 확인" 절차를 수행한다.

## 터미널 및 커넥터 점검

DTC P1505 참조.

## 전원선 점검

1. 점화 스위치 "ON" & 엔진 "OFF"
2. 밸브 커넥터 2번 터미널과 접지간 전압을 측정한다.

   정상값 : 배터리 전압

3. 측정값이 정상인가?

   **예**

   ▶ "신호선 점검" 절차를 수행한다.

   **아니오**

   ▶ ISCA 밸브와 메인 릴레이 사이에 전원선의 접지 단락이 발생하였는지 점검한다. 필요에 따라 수리 후, "고장 수리 확인" 절차를 수행한다.

## 신호선 점검  K84A8CB2

1. 점화 스위치 "OFF"
2. ECM 커넥터를 분리한다.
3. 점화 스위치 "ON"
4. 밸브 커넥터 3번 터미널과 접지간 전압을 측정한다.

정상값 : 약 0V

5. 측정값이 정상인가?

   **예**
   - ECM과 단품 사이의 커넥터 접촉불량 및 터미널의 부식 또는 변형을 점검한 후 이상이 있으면 수리한다.
   - "고장 수리 확인" 절차를 수행한다.

   **아니오**
   - 배선의 단락을 수리한 후, "고장 수리 확인" 절차를 수행한다.

## 고장 수리 확인  K34DF607

DTC P1505 참조.

# DTC U0001 CAN (CONTROLLER AREA NETWORK) 통신 이상

## 기능 및 역할

배기가스 저감 및 편의/안전성 증진을 위한 차량의 전자제어화에는 최적제어를 위한 각 시스템별 컨트롤유닛과 각각의 제어에 필요한 여러 종류의 정보가 요구되어 진다. 이에 따라 각각의 컨트롤 유닛의 제어에 필요한 다양한 센서들의 공용화가 필요하며 이를 위해 전기적 노이즈에 강하면서 고속 통신이 가능한 CAN(Control Area Network)통신 방식이 차량의 파워트레인(엔진 및 자동변속) 및 다른 컨트롤 유닛(ABS,TCS,ESP,ECS 또는 4WD등 )의 효율적인 정보 공유를 위하여 사용된다. CAN 통신을 통하여 각각의 컨트롤 유닛들은 중요 신호(엔진 회전수, 냉각 수온 또는 스로틀 개도등)를 상호 공유하여 효율적이며 최적의 제어를 수행하게 된다.

## 고장 코드 설명

ECM은 통신라인에 잘못된 메시지가 전송되어질 경우 U0001을 표출 한다

## 고장 판정 조건

| 항목 | 판정조건 | 고장예상 원인 |
|---|---|---|
| 검출 방법 | • CAN 메시지 전송 정상 여부 점검 | |
| 검출 조건 | • 배터리 전압 > 10V<br>• 엔진 회전수 > 32 rpm<br>• 메시지 지연 시간 > 0.5초 | • CAN 통신선 단선 또는 단락<br>• 커넥터 접촉 불량 및 배선 손상<br>• ECM |
| 판정값 | • ECM 으로부터 20번의 오류 메시지 수신 | |
| 검출 시간 | • 2초 | |
| 경고등 점등 | • - | |

## 부분 회로도

[회로도]

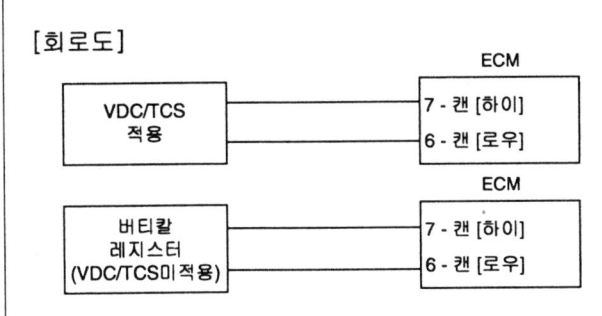

[연결 정보]

| 연결 부위 | 기능 |
|---|---|
| ECM 7번 터미널 | 캔 [하이] |
| ECM 6번 터미널 | 캔 [로우] |

[하니스 커넥터]

| 6 | 7 | 8 | 9 | 10 | 11 | 12 | 13 | 14 | 15 | 16 | 17 | 18 | 19 | 20 | 21 | 22 | 23 | 24 | 5 | 4 |
|---|---|---|---|---|---|---|---|---|---|---|---|---|---|---|---|---|---|---|---|---|
| 25 | 26 | 27 | 28 | 29 | 30 | 31 | 32 | 33 | 34 | 35 | 36 | 37 | 38 | 39 | 40 | 41 | 42 | 43 | 3 | |
| 44 | 45 | 46 | 47 | 48 | 49 | 50 | 51 | 52 | 53 | 54 | 55 | 56 | 57 | 58 | 59 | 60 | 61 | 62 | | |
| 63 | 64 | 65 | 66 | 67 | 68 | 69 | 70 | 71 | 72 | 73 | 74 | 75 | 76 | 77 | 78 | 79 | 80 | 81 | 2 | 1 |

C130-1

## 기준 파형 및 데이터   K4B77DCC

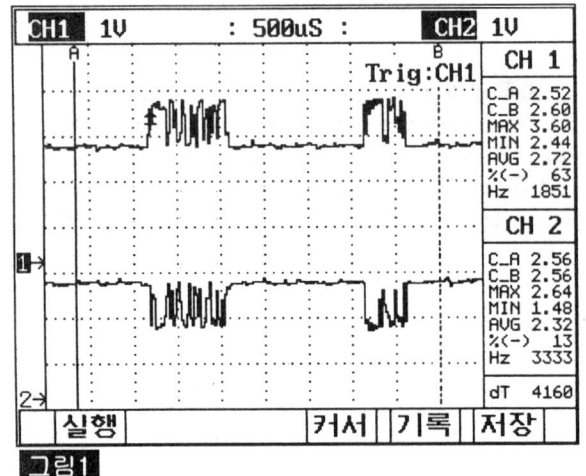
그림1

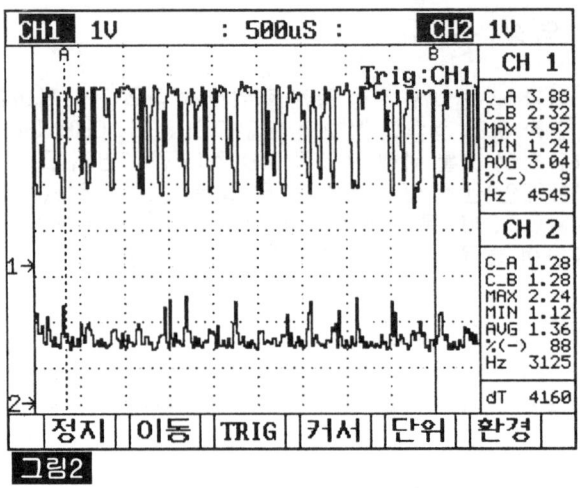
그림2

그림 1) 점화 스위치 "ON" & CAN 통신 라인 정상
그림 2) 점화 스위치 "ON" & CAN 통신 라인(CAN 하이) 단선

## 고장 코드 확인   K8F660BB

1. 스캔툴의 "자기진단"기능을 선택 한다

2. 하단 메뉴바의 "F4"를 눌러 고장 상세 정보를 선택 한다

3. "고장 진단 완료 유무" 항목이 "진단 완료"인지 확인한다.

   📖 참고
   미완료일경우 일반정보의 검출조건에서 지시하는대로 차량을 주행하여 진단을 완료 시킨다

4. "고장 유형"항목의 결과값이 "과거 고장" 인가?

   **고장 상세 정보**

   1. 경고등상태 : OFF
   2. **고장 유형** : "과거고장" 또는 "현재고장"
   3. **고장진단 완료 유무** : "진단완료" 또는 "미완료"
   4. **동일고장 발생 횟수** : X (횟수가 기록됨)
   5. 고장발생후 경과시간 : 0분
   6. 고장소거후 경과시간 : 0분

   📖 참고
   - 과거 고장 : 이전에 발행한 고장임. 현재는 정상.
   - 현재 고장 : 현재 고장이 발생되어 있는 상태임.

# 고장진단

FL -357

**예**

▶ "동일고장 발생 횟수"항목 값이 2회 이상이면 간헐적인 고장이므로 "터미널 및 커넥터 점검"절차를 수행한다
▶ "동일고장 발생 횟수"가 1회 이하이면 과거고장이므로 진단을 종료한다

**아니오**

▶ 다음 점검 절차를 수행한다.

## CAN 통신 회로 단선 점검

1. 점화 스위치 "OFF"
2. ECM 커넥터를 분리한다
3. ECM 배선측 커넥터 6번과 7번 터미널간 저항을 측정한다.

정상값 : 약 110~130Ω

4. 측정값이 정상인가?

**예**

▶ 다음 점검 절차를 수행한다.

**아니오**

▶ ECM과 캔통신을 수행하는 각단품 및 정션박스내의 저항간 배선의 단선을 점검한다.

**참고**
실내 정션 박스내 저항(버티컬 레지스터) 규정치 : 약 $110~130Ω$

▶ 수리 또는 교환한 후 "고장 수리 확인" 절차를 수행한다.

## CAN 통신 회로 접지 단락 점검

1. ECM 배선측 커넥터 6번 단자와 차체 접지간 저항을 측정한다
2. ECM 배선측 커넥터 7번 단자와 차체 접지측 저항을 측정한다

정상값 : 무한대(약10kΩ 이상)

3. 측정값이 정상인가?

**예**

▶ 다음 점검 절차를 수행한다.

**아니오**

▶ 규정치를 벗어난 캔통신 라인의 접지 단락을 점검한다.
▶ 수리 또는 교환한 후 "고장 수리 확인" 절차를 수행한다.

## CAN 통신 회로 전원 단락 점검

1. 캔 통신 라인과 연결된 각 컨트롤 모듈(ABS 또는 ESP)의 커넥터를 분리한다

2. 점화스위치 "ON" & 엔진 "OFF"

3. ECM 배선측 커넥터 6번 단자와 차체 접지간 전압을 측정한다

4. ECM 배선측 커넥터 7번 단자와 차체 접지간 전압을 측정한다

정상값 : 약 0V

5. 측정값이 정상인가?

　**예**

▶ 다음 점검 절차를 수행한다.

　**아니오**

▶ 규정치를 벗어난 캔통신 라인의 전원 단락을 점검한다.
▶ 수리 또는 교환한 후 "고장 수리 확인" 절차를 수행한다.

## 터미널 및 커넥터 점검　K883E681

1. 고장의 주요원인은 배선손상 및 연결상태의 불량에 있으므로 커넥터 접촉불량 및 터미널의 부식 또는 변형등을 전체적으로 점검한다.

2. 문제가 발견 되었는가?

　**예**

▶ 수리 또는 교환한 후 "고장 수리 확인" 절차를 수행한다.

　**아니오**

▶ ECM 캔 통신 라인(하이,로)과 연결된 각 모듈(EPS등) 및 정션박스내의 저항과의 통전을 점검한 후, 단선된 부위가 있으면 수리한 후 "고장 수리 확인"절차를 수행한다. 정상이면 다음 절차를 수행한다.

## 단품 점검　K6A45491

1. 점화 스위치 "OFF"

2. ECM 커넥터 터미널 6번과 7번간 저항을 측정한다(ECM단품측)

정상값 : 약 110~130Ω

7. 캔 하이
6. 캔 로우

3. 측정값이 정상인가?

# 고장진단

**예**

▶ ECM측 커넥터 및 터미널의 접촉불량 또는 부식, 변형등을 재점검하여 이상이 있으면 수리한다. 수리 완료 후 또는 정상일 경우 "고장 수리 확인" 절차를 수행한다.

**아니오**

▶ ECM의 오염 또는 손상을 점검 후, 새로운 ECM을 임시 장착하여 차량 상태를 확인한 후 정상이면 ECM을 교환하고, "고장 수리 확인" 절차를 수행한다.

## 고장 수리 확인    K9A6CCD7

"고장 코드 확인" 절차를 재수행하여 고장이 정확히 수리 되었는지 확인한다

1. 스캔툴의 "자기진단"기능중 고장 상세 정보를 선택 한다
2. "고장 진단 완료 유무" 항목이 "진단 완료"인지 확인한다.

   **참고**
   미완료일경우 일반정보의 검출조건에서 지시하는대로 차량을 주행하여 완료 시킨다

3. "고장 유형"항목의 결과값이 "과거 고장" 인가?

   **예**

   ▶ 시스템 정상. 고장코드를 소거한다

   **아니오**

   ▶ 적절한 수리절차를 재수행한다.

## DTC U0101 CAN 통신 이상 (ECM/PCM - TCM)

### 기능 및 역할

DTC U0001 참조.

### 고장 코드 설명

ECM은 통신라인에 메시지가 없을 경우 고장코드 U0101을 표출 한다

### 고장 판정 조건

| 항목 | 판정조건 | 고장예상 원인 |
| --- | --- | --- |
| 검출 방법 | • TCM 으로부터 메시지 없음 여부 점검 | |
| 검출 조건 | • 배터리 전압 > 10V<br>• 엔진 회전수 > 32 rpm<br>• 메시지 지연 시간 > 0.5초 | • ECM<br>• 커넥터 접촉 불량 및 배선 손상 |
| 판정값 | • 0.1초 동안 메시지 없음 | |
| 검출 시간 | • 0.1초 | |
| 경고등 점등 | • - | |

### 부분 회로도

DTC U0001 참조.

### 기준 파형 및 데이터

DTC U0001 참조.

### 고장 코드 확인

DTC U0001 참조.

### 단품 점검

1. 점화 스위치 "OFF"
2. ECM 커넥터를 분리한다
3. ECM 커넥터 터미널 6번과 7번간 저항을 측정한다(ECM단품측)

정상값 : 약 110~130Ω

# 고장진단

7. 캔 하이
6. 캔 로우

```
C130-1
6  7  8  9 10 11 12 13 14 15 16 17 18 19 20 21 22 23 24  5  4
25 26 27 28 29 30 31 32 33 34 35 36 37 38 39 40 41 42 43
44 45 46 47 48 49 50 51 52 53 54 55 56 57 58 59 60 61 62    3
63 64 65 66 67 68 69 70 71 72 73 74 75 76 77 78 79 80 81  2  1
```

Ω

SJMFL7354D

4. 측정값이 정상인가?

   **예**

   ▶ 다음 점검 절차를 수행한다.

   **아니오**

   ▶ ECM의 오염 또는 손상을 점검 후, 새로운 ECM을 임시 장착하여 차량 상태를 확인한 후 정상이면 ECM을 교환하고, "고장 수리 확인" 절차를 수행한다.

## 터미널 및 커넥터 점검   KD4EFEDC

DTC U0001 참조.

## 고장 수리 확인   KC9DC72E

DTC U0001 참조.

## 연료공급장치

### 부품 위치  K9DD241B

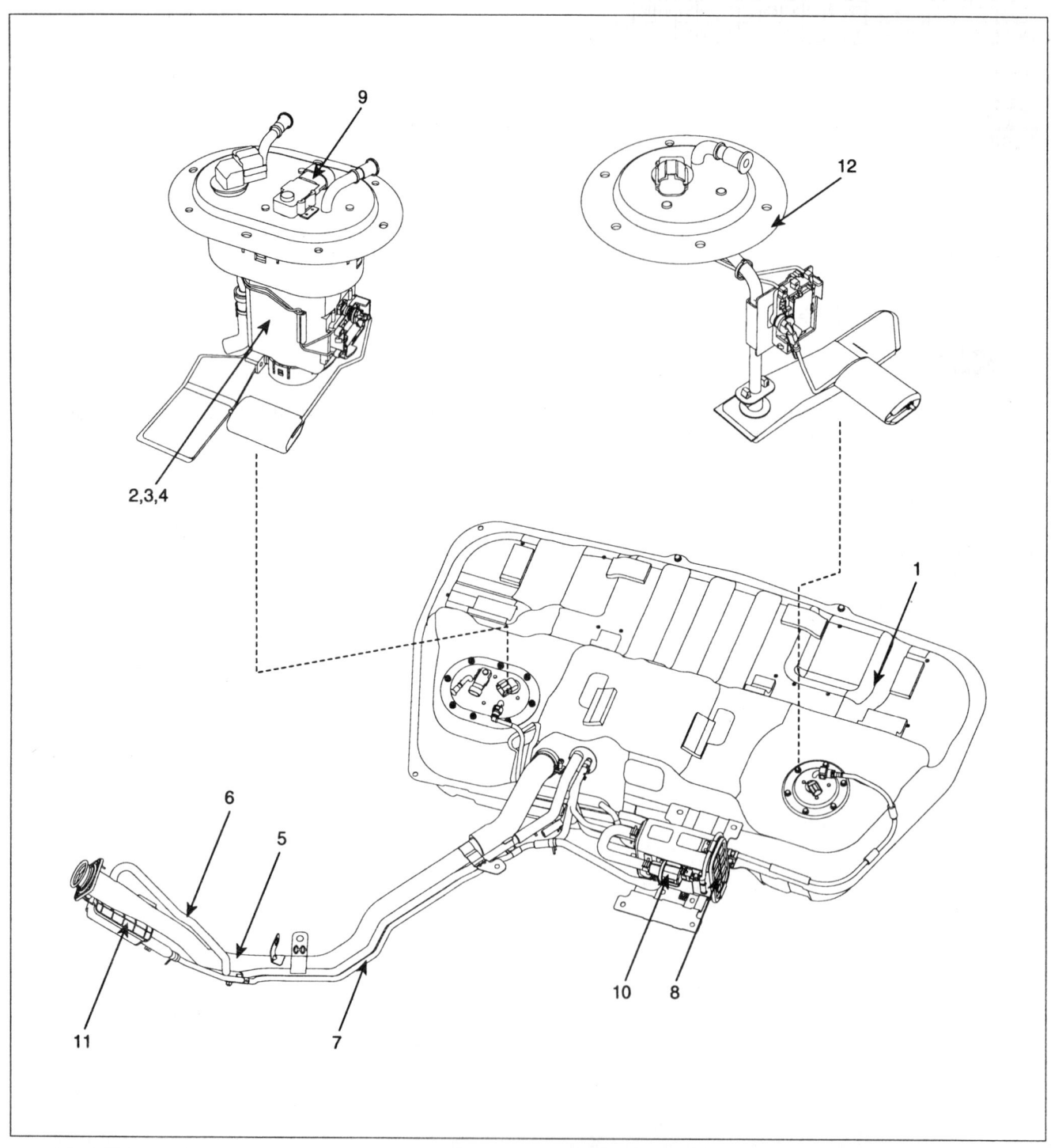

1. 연료 탱크
2. 연료 펌프
3. 연료 필터 (연료 펌프내 포함)
4. 연료 압력 레귤레이터 (연료 펌프내 포함)
5. 연료 주입 파이프
6. 레벨링 파이프
7. 벤틸레이션 호스
8. 캐니스터
9. 연료 탱크 압력 센서 (FTPS)
10. 캐니스터 클로즈 밸브 (CCV)
11. 연료 탱크 에어 필터
12. 서브 연료 센더

# 연료공급장치

## 연료 압력 시험  K1F2C96D

### 1. 준비

1. 2열 시트 쿠션을 탈거한다. (그룹 "BD" 참조.)
2. 서비스 커버를 탈거한다.

### 2. 내부압 제거

1. 연료 펌프 커넥터(A)를 분리한다.
2. 시동을 걸고 연료 라인 내의 연료를 모두 소모하여 엔진이 멈출때까지 기다린다.
3. 점화스위치를 OFF하고, 배터리 (-) 단자를 분리한다.

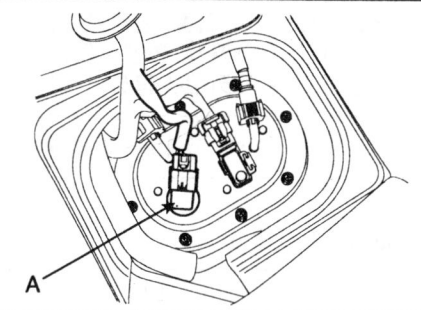

### 3. 연료 압력 측정 공구 (SST) 장착

1. 딜리버리 파이프에서 연료 공급 호스를 분리한다.

   ⚠ 주의
   연료 라인 내의 잔압으로 인하여, 연료가 방출될 수 있으니, 호스 연결부를 헝겊으로 덮는다.

2. 연료 압력 게이지 어댑터 **(09353-38000)**를 딜리버리 파이프와 연료 공급 호스 사이에 장착한다.
3. 연료 압력 게이지 커넥터 **(09353-24000)**를 연료 압력 게이지 어댑터 **(09353-38000)**에 연결한다.
4. 연료 압력 게이지 및 호스 **(09353-24100)**를 연료 압력 게이지 커넥터 **(09353-24000)**에 연결한다.
5. 연료 공급 호스를 연료 압력 게이지 어댑터 **(09353-38000)**에 연결한다.

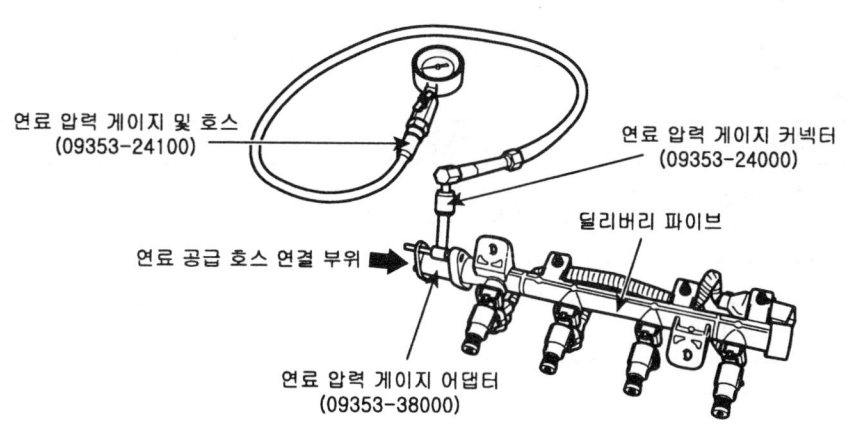

SJMFL7111D

## 4. 연료 라인 누유 점검

1. 배터리 (-) 단자를 연결한다.
2. 배터리 전압을 펌프 구동 단자에 연결하여, 연료 펌프를 작동시킨 다음, 연료 압력 게이지 혹은 연결부에서 연료 누유가 발생하지 않은지 점검한다.

## 5. 연료 압력 점검

1. 배터리 (-) 단자를 분리한다.
2. 연료 펌프 커넥터를 연결한다.
3. 배터리 (-) 단자를 연결한다.
4. 엔진을 구동시키고, 공회전 상태에서의 연료 압력을 측정한다.

   연료 압력: 3.45 ~ 3.55 kgf/cm²

● 연료 압력이 규정치와 다르다면, 아래표를 참조하여 해당 부품을 수리 또는 교체한다.

| 상태 | 원인 | 고장 부위 |
|---|---|---|
| 연료 압력 너무 낮음 | 연료 필터가 막힘 | 연료 필터 |
| | 연료 압력 레귤레이터 밀봉 불량으로 인한 연료 누설 | 연료 압력 레귤레이터 |
| 연료 압력 너무 높음 | 연료 압력 레귤레이터 내의 밸브가 고착됨 | 연료 압력 레귤레이터 |

5. 엔진을 정지시키고, 연료 압력 게이지의 지침 변화을 체크한다.

   엔진 정지 후, 연료 압력 게이지의 지침은 5분 정도 유지 되어야 함

● 연료 압력 게이지의 지침이 떨어지면 강하 정도를 점검한 후, 아래표를 참조하여 해당 부품을 수리 또는 교체한다.

| 상태 | 원인 | 고장 부위 |
|---|---|---|
| 엔진 정지 후, 연료 압력이 서서히 강하한다. | 인젝터에서 연료 누설 | 인젝터 |
| 엔진 정지 후, 연료 압력이 급격히 강하한다. | 연료 펌프 내의 체크 밸브 열림 | 연료 펌프 |

## 6. 내부압 제거

1. 연료 펌프 커넥터(A)를 분리한다.
2. 시동을 걸고 연료 라인 내의 연료를 모두 소모하여 엔진이 멈출때까지 기다린다.
3. 점화스위치를 OFF하고, 배터리 (-) 단자를 분리한다.

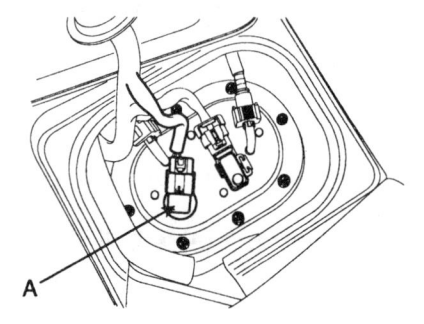

## 7. 연료 압력 측정 공구 (SST) 분리 및 연료 라인 연결

1. 연료 압력 게이지 및 호스 **(09353-24100)**를 연료 압력 게이지 커넥터 **(09353-24000)**로부터 분리한다.
2. 연료 압력 게이지 커넥터 **(09353-24000)**를 연료 압력 게이지 어댑터 **(09353-38000)**로부터 분리한다.
3. 연료 압력 게이지 어댑터 **(09353-38000)**를 딜리버리 파이프와 연료 공급 호스 사이에서 분리한다.

⚠ 주의
연료 라인 내의 잔압으로 인하여, 연료가 방출될 수 있으니, 호스 연결부를 헝겊으로 덮는다.

4. 연료 공급 호스를 딜리버리 파이프에 연결한다.

## 8. 연료 라인 누유 점검

1. 배터리 (-) 단자를 연결한다.
2. 배터리 전압을 펌프 구동 단자에 연결하여, 연료 펌프를 작동시킨 다음, 연료 라인 혹은 연결부에서 연료 누유가 발생하지 않은지 점검한다.
3. 차량 상태가 정상이면, 연료 펌프 커넥터를 연결한다.
4. 점검 종료

# 연료 펌프

## 탈거 (연료 필터 및 연료 압력 레귤레이터 포함) K56FB617

1. 준비 작업

    1) 2열 시트 쿠션을 탈거한다 (그룹 "BD" 참조).

    2) 서비스 커버 (A)를 탈거한다.

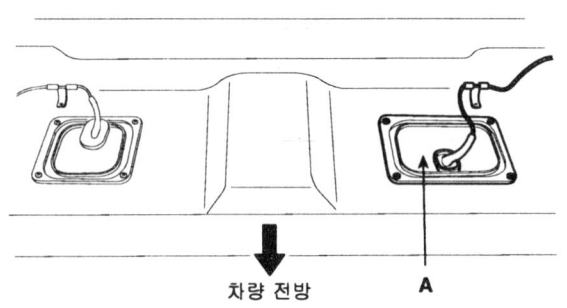

    3) 연료 펌프 커넥터 (A)를 분리한다.

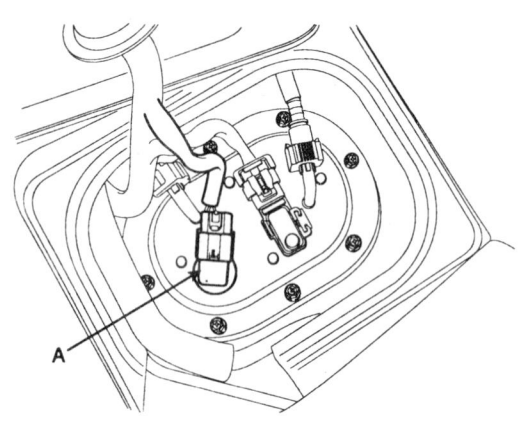

    4) 차량을 시동시킨다 (공회전).

    5) 연료 라인내의 연료가 모두 소진되어 엔진이 멈추면, 점화스위치를 OFF 한다.

2. 연료 공급 튜브 퀵-커넥터 (A), 진공 튜브 퀵-커넥터 (B), 및 연료 탱크 압력 센서 커넥터 (C)를 분리한다.

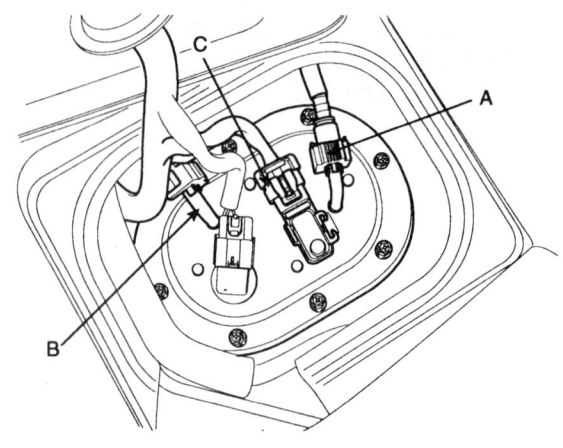

3. 연료 펌프 장착 볼트를 풀고, 연료 펌프 (A)를 연료 탱크로부터 탈거한다.

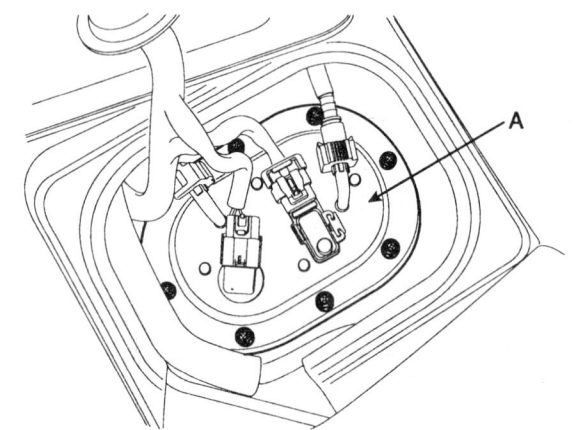

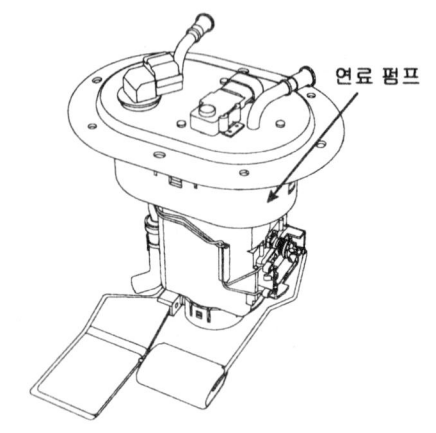

## 장착

1. "탈거" 절차의 역순으로 연료 펌프를 장착한다.

   연료 펌프 장착 볼트 : 0.2 ~ 0.3kgf·m

## 연료 탱크

탈거  K013DE6F

1. 준비 작업

    1) 2열 시트 쿠션을 탈거한다 (그룹 "BD" 참조).

    2) 서비스 커버 (A)를 탈거한다.

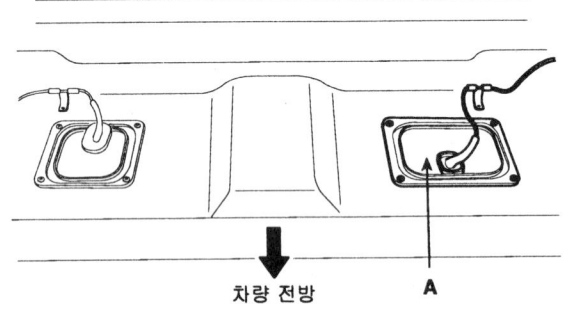

    3) 연료 펌프 커넥터 (A)를 분리한다.

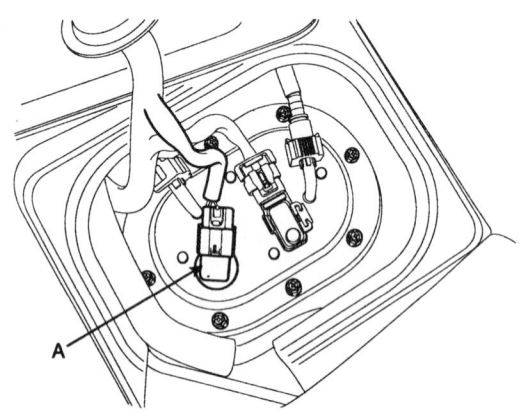

    4) 차량을 시동시킨다 (공회전).

    5) 연료 라인내의 연료가 모두 소진되어 엔진이 멈추면, 점화스위치를 OFF 한다.

2. 프론트 머플러와 메인 머플러 어셈블리를 탈거한다 (그룹 "EMA" 참조).

3. 연료 공급 튜브 퀵-커넥터 (A)와 연료 탱크 압력 센서 커넥터 (B)를 분리한다.

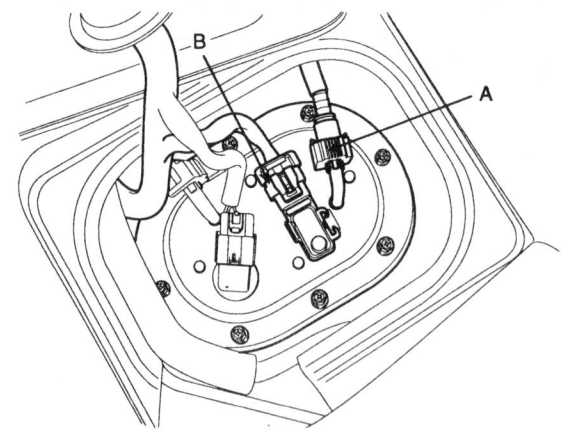

4. 서브 연료 센더 와이어링 커넥터 (A)를 분리한다.

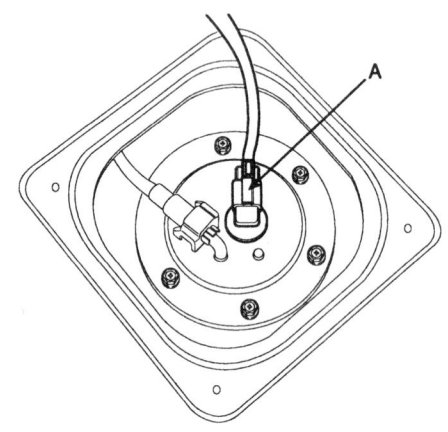

5. 차량을 들어올린 후, 잭으로 연료 탱크를 지지한다.

6. 연료 주입 호스 (A), 레벨링 호스 (B) 및 진공 호스 (C)를 분리한다.

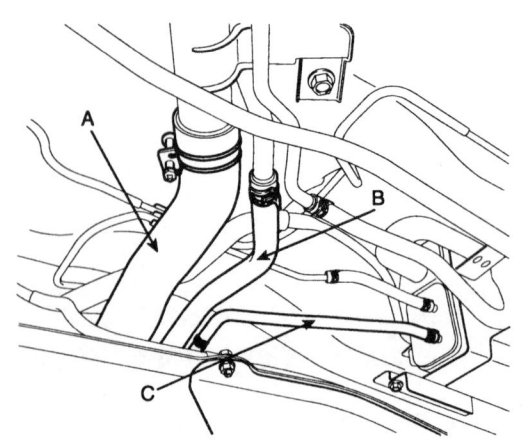

# 연료공급장치

7. 파킹 브레이크 케이블 고정 볼트 (A) 좌, 우측 각각 2개씩 푼다.

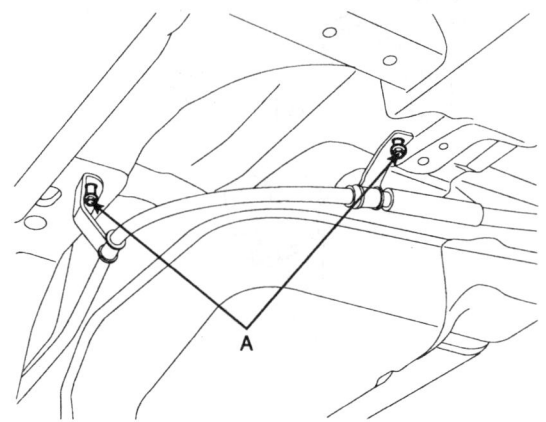

AFIE011I

8. 연료 탱크 밴드 (A) 장착 너트를 풀고, 연료 탱크를 탈거한다.

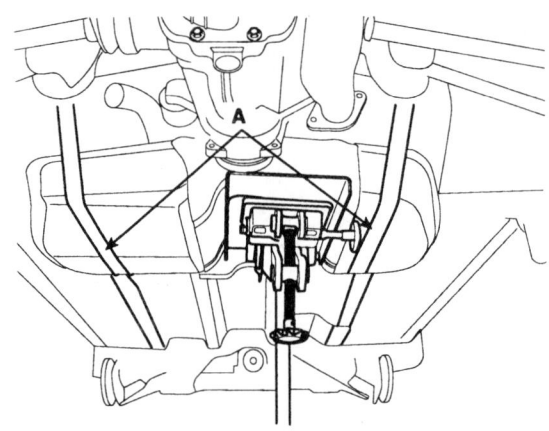

AFIE011H

## 장착 K00D83FA

1. "탈거" 절차의 역순으로 연료 탱크를 장착한다.

연료 탱크 장착 볼트 : 4.0 ~ 5.5 kgf·m

## 서브 연료 센더

### 탈거 K1DA1723

1. 시동 스위치를 OFF시키고 배터리(-) 단자를 분리한다.
2. 2열 시트를 탈거한다(그룹 "BD" 참조).
3. 2열 시트 밑에 있는 카페트를 젖힌다음 서브 연료 센더용 서비스 커버(B)를 탈거한다.

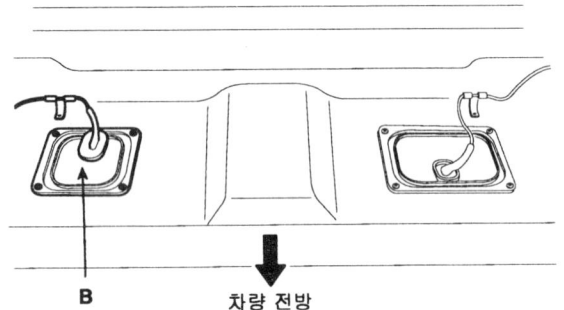

4. 서브 연료 센더 와이어링 커넥터(A)를 분리한다.

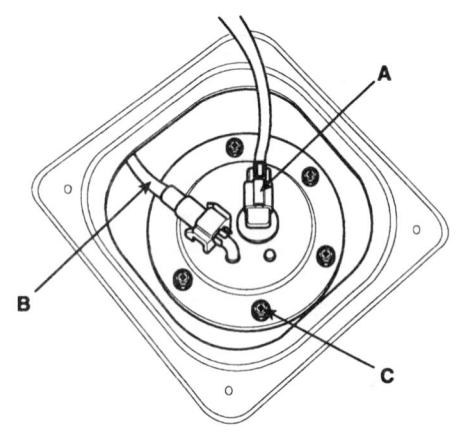

5. 석션 호스(B)를 분리한다.
6. 서브 연료 센더 플레이트 마운팅 볼트(C)를 푼다.
7. 서브 연료 센더 어셈블리를 탈거한다.

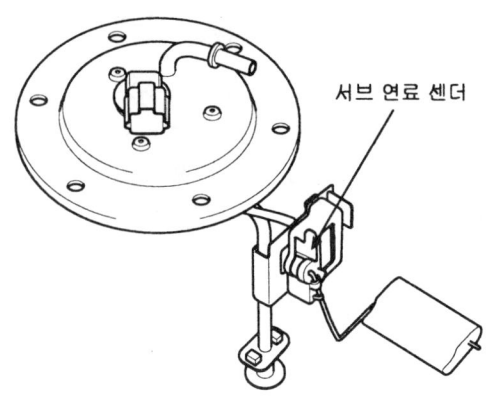

### 장착 K6EE386A

1. "탈거" 절차의 역순으로 서브 연료 센더를 장착한다.

서브 연료 센더 장착 볼트 : 0.2 ~ 0.3 kgf·m

# 전장 회로도

엔진 컨트롤 회로 (GASOLINE)
............................................................ SD313-9

엔진 컨트롤 회로 (GASOLINE) (1) — SD313-9

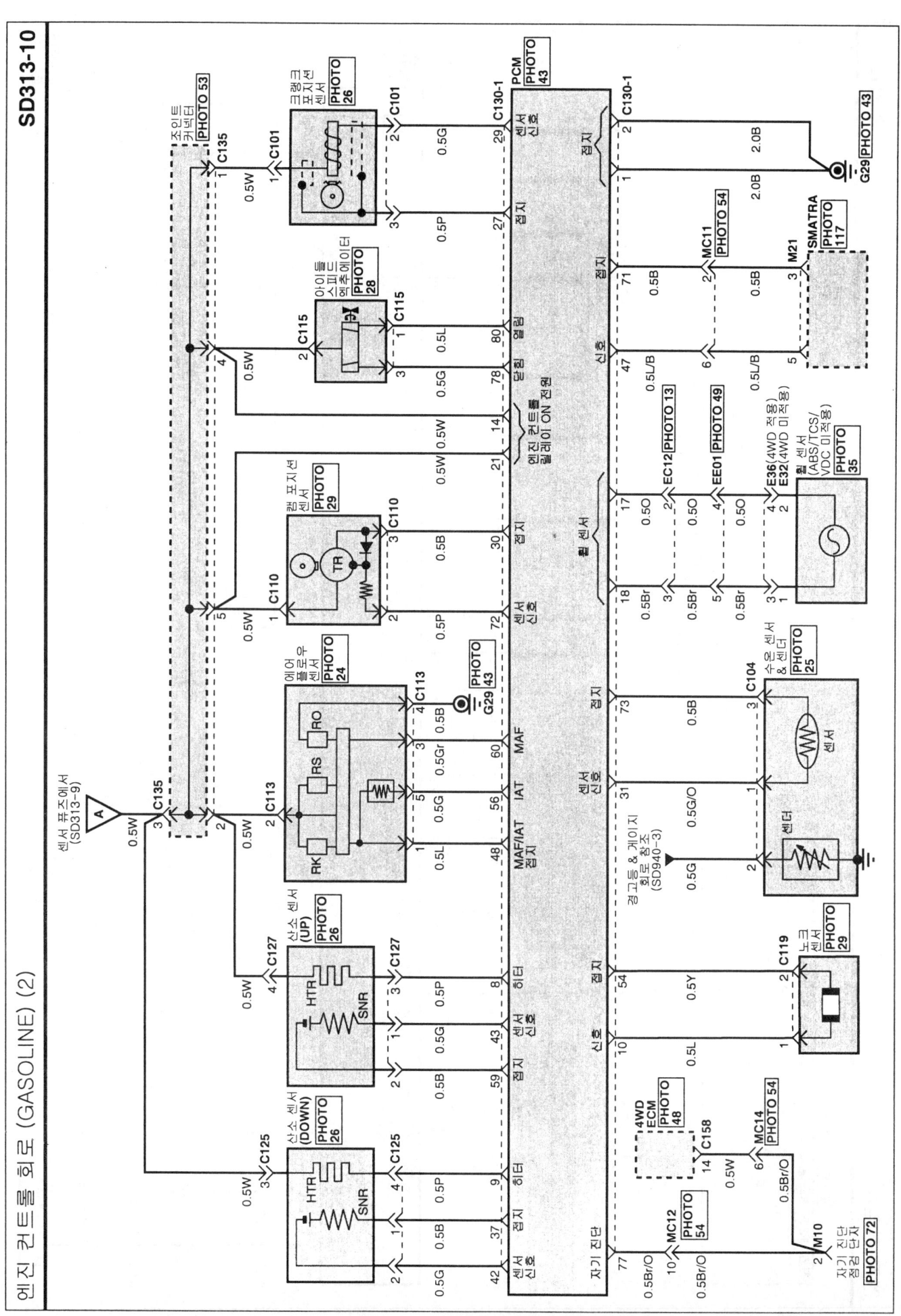

엔진 컨트롤 회로 (GASOLINE) (3)

# SD313-12

## 엔진 컨트롤 회로 (GASOLINE) (4)

### C101
AMP_JPT_03F_Gr_R1

### C104
KUM_WTS_03F_B

### C106
AMP_JPT_02F_B

### C110
AMP_JPT_03F_B_S1

### C112
AMP_JPT_02F_Gr

### C113
KSP_VDACODEB_05F_B

### C114
KET_090IIWP_03F_B

### C115
BSH_ISA_03F_Gr

### C119
AMP_JPT_02F_B

### C125
KUM_NMWP_04M_B

### C127
AMP_EJWP_04F_B

### BLANK

### C130-1
KET_ECU_81F_B_BOSCH

| 6 | 7 | 8 | 9 | 10 | 11 | * | 14 | * | 17 | 18 | * | * | 21 | 22 | 23 | 24 | 5 | 4 |
|---|---|---|---|---|---|---|---|---|---|---|---|---|---|---|---|---|---|---|
| * | 26 | 27 | * | 29 | 30 | 31 | 32 | 33 | 34 | * | 37 | 38 | 39 | * | * | 42 | 43 | 3 |
| 44 | 45 | * | 47 | 48 | * | 50 | 51 | 52 | * | 54 | 55 | 56 | * | 58 | 59 | 60 | 61 | 62 |
| * | 64 | 65 | 66 | 67 | 68 | 69 | 70 | 71 | 72 | 73 | * | 75 | 76 | 77 | 78 | 79 | 80 | 81 | 2 | 1 |

### C137-1
KUM_NDWP_02F_Gr

### C137-2
KUM_NDWP_02F_Gr

### C137-3
KUM_NDWP_02F_Gr

### C137-4
KUM_NDWP_02F_Gr

### C146
AMP_JPT_03F_B_S1

### C158
AMP_0407_26F_W_HD

| | 1 | | |
|---|---|---|---|
| | * | 15 | 14 |
| | 3 | 16 | |
| | 4 | 17 | |
| | 5 | 18 | |
| | 6 | 19 | |
| | 7 | 20 | |
| | 8 | 21 | |
| | 9 | * | |
| | 10 | 22 | |
| | 11 | 23 | |
| | 12 | 24 | |
| 13 | | 25 | |
| 26 | | | |

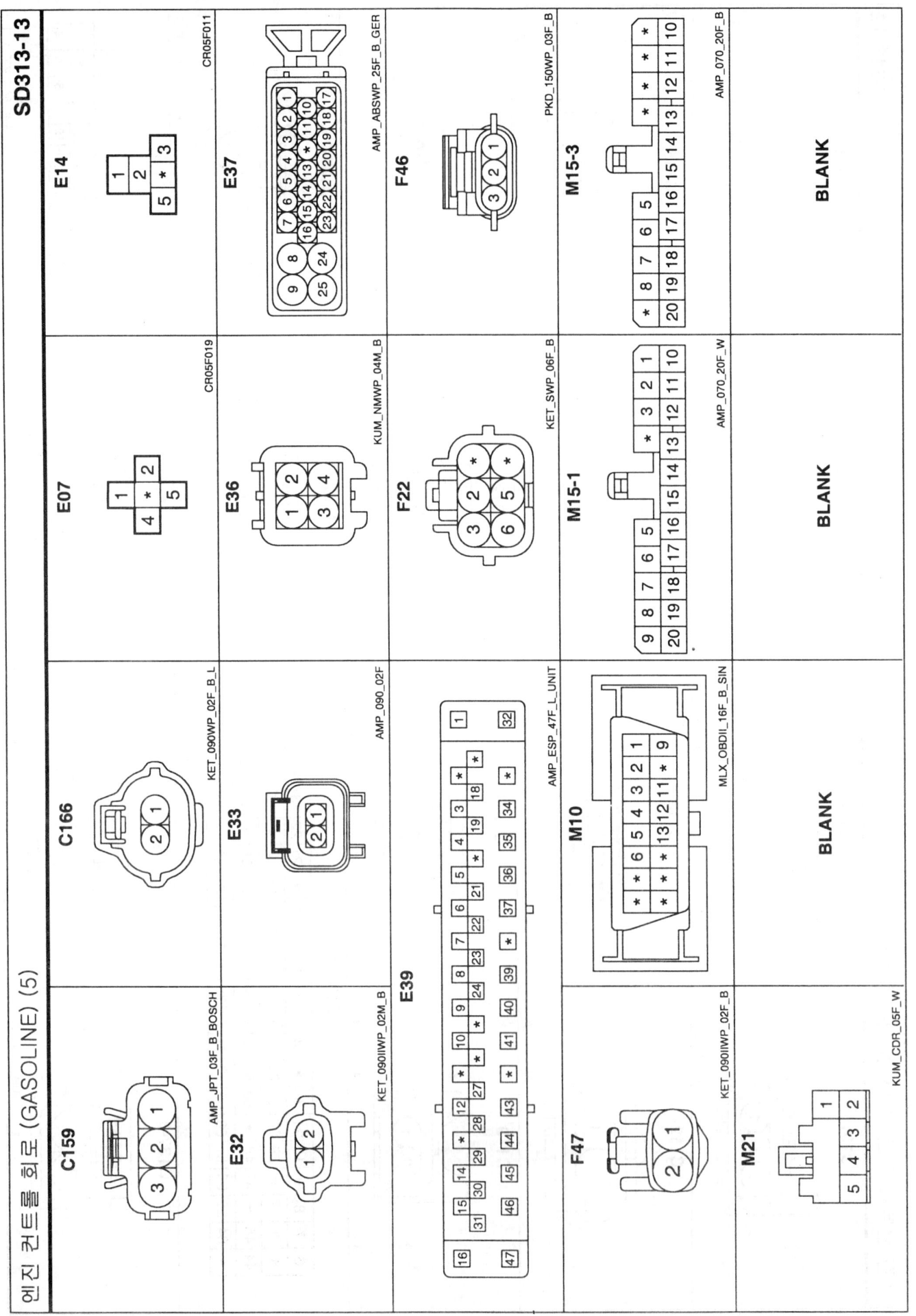

# 현대자동차 지침서(I)

승용

※ 약어 : 디젤엔진(㉡) 커먼레일(㉮), 터보인터쿨러(㉠), 디젤엔진COVEC-F(ⓒ)

| 도서명 | | 정가 | 도서명 | | 정가 | 도서명 | | 정가 |
|---|---|---|---|---|---|---|---|---|
| 엘란트라 | 엔 진('93) | 10,500 | 아반떼XD | 정비지침서(2000) | 25,000 | 자동변속기 | 승용·RV정비(2002) | 5,000 |
| | 새 시('93) | 22,000 | | 전기배선도(2000) | 8,000 | 수동변속기 | 승용·RV정비(2002) | 4,500 |
| 마르샤 | 엔 진('95) | 13,000 | | 정비지침서(2003) | 26,000 | | 승용·RV정비(2005) | 9,000 |
| | 새 시('95) | 19,000 | | 전장회로도(2003) | 6,300 | | | |
| 엑센트 | 엔진·섀시('95) | 21,000 | | 전장회로도(2005) | 6,000 | | | |
| | 전기회로도('95) | 7,500 | 아반떼(디젤) | 정비지침서(2005) | 24,500 | | | |
| 베르나 | 엔진·섀시('99) | 20,000 | NEW 아반떼 | 가솔린 엔진(2007) | 34,500 | | | |
| | 전기회로도('99) | 7,500 | | 새 시(2007) | 36,500 | | | |
| | 엔진·섀시(2002) | 21,000 | | 전장회로도(2007) | 9,000 | | | |
| | 전기회로도(2002) | 5,500 | 디 젤 | 엔진(2007) | 21,500 | | | |
| | 전장회로도(2004) | 5,100 | 그랜저/다이너스티 | 엔 진('96) | 20,000 | | | |
| NEW 베르나 | 엔 진(2006) | 35,700 | | 새 시('96) | 23,500 | | | |
| | 새 시(2006) | 29,900 | | 전기회로도('96) | 9,000 | | | |
| | 전장회로도(2006) | 7,800 | | 전장회로도(2003) | 7,000 | | | |
| 쏘나타(Ⅱ) | 엔 진('93) | 10,500 | | 전장회로도(2004) | 6,200 | | | |
| | 새 시('93) | 절판 | 아토스 | 정비지침서('97) | 20,000 | | | |
| | 전기회로도('93) | 9,500 | | 전기회로집('97) | 6,200 | | | |
| 쏘나타(Ⅲ) | 엔 진('96) | 12,500 | | 정비지침서(2001) | 18,000 | | | |
| | 새 시('96) | 19,000 | | 전기회로집(2001) | 5,500 | | | |
| EF쏘나타 | 엔 진('98) | 10,500 | 클 릭 | 정비지침서(2002) | 22,500 | | | |
| | 새 시('98) | 20,500 | | 전장회로도(2002) | 5,000 | | | |
| | 전기회로집('98) | 9,500 | NEW 클릭 | 정비지침서(2006) | 18,400 | | | |
| | 정비지침서(2001) | 8,000 | | 전장회로도(2006) | 5,700 | | | |
| | 전기회로집(2001) | 8,000 | | 정비보충판(D4FA-디젤 1.5) | 22,000 | | | |
| | 전장회로집(2003) | 7,500 | 라비타 | 정비지침서(2002) | 21,000 | | | |
| EF·XG·다이너스티 | LPG전장(2003) | 2,200 | | 전기회로집(2002) | 7,000 | | | |
| LPG엔진 | (통합본)(2001) | 7,000 | | 전장회로도(2003) | 4,900 | | | |
| NF쏘나타 | 엔 진(2005) | 17,000 | 그랜저XG | 엔 진('98) | 10,500 | | | |
| | 새 시(2005) | 28,000 | | 새 시('98) | 21,500 | | | |
| | 전장회로도(2005) | 5,100 | | 전기회로도('98) | 10,500 | | | |
| | 정비(LPI보충판)(2005) | 11,500 | | 정비지침서(2002) | 27,000 | | | |
| | 전장(보충)(2005) | 10,000 | | 전장회로도(2002) | 9,000 | | | |
| | 정비보충판(2005) | 27,000 | | 전장회로도(2005) | 8,000 | | | |
| | 정비보충판(2007) | 23,000 | 그랜저(TG) | 엔 진(2005) | 38,400 | | | |
| 스쿠프 | 정비지침서('93) | 13,000 | | 새 시(2005) | 32,800 | | | |
| 티뷰론 | 엔 진('96) | 7,000 | | 전장회로도(2005) | 10,700 | | | |
| | 새 시('96) | 16,500 | | 보충정비(LPI)(2005) | 20,500 | | | |
| 투스카니 | 정비지침서(2001) | 23,500 | | 정비보충판(2007) | 28,500 | | | |
| | 전기회로집(2001) | 7,000 | 에쿠스 | 엔 진('99) | 10,500 | | | |
| | 정비지침서(2005) | 15,700 | | 새 시('99) | 22,000 | | | |
| | 전장회로도(2005) | 4,800 | | 전기회로집('99) | 11,500 | | | |
| | 정비지침서(2007) | 28,000 | | 전기회로집(2000) | 14,000 | | | |
| 아반떼 | 엔 진('95) | 11,500 | | 정비지침서(2001) | 7,500 | | | |
| | 새 시('95) | 16,000 | | 정비지침서(2004) | 11,000 | | | |
| | 전기회로도('95) | 8,500 | | 전장회로도(2004) | 8,200 | | | |
| | | | | 정비보충판(2005) | 28,000 | | | |
| | | | | 전장회로도(2005) | 8,000 | | | |
| | | | | 정비보충판(2007) | 12,500 | | | |

# 현대자동차 지침서(Ⅱ)

※ 약어 : 디젤엔진(디) 커먼레일(커), 터보인터쿨러(터), 디젤엔진COVEC-F(C)

| 도서명 | | 정가 | 도서명 | | 정가 | 도서명 | 정가 |
|---|---|---|---|---|---|---|---|
| 싼타모 | 엔 진('99) | 12,000 | 투 싼 | 엔 진(2004) | 13,500 | | |
| | 새 시('99) | 19,000 | | 새 시(2004) | 27,000 | | |
| | 보디&전장('99) | 14,000 | | 전장회로도(2004) | 4,000 | | |
| 갤로퍼(Ⅱ) | 엔 진('99) | 11,500 | | 정비보충판(2005) | 14,000 | | |
| | 새 시('99) | 15,000 | | 전장회로도(2005) | 8,000 | | |
| | 보디&전장('99) | 21,000 | | 정비보충판(2007) | 12,000 | | |
| 디·C, (LPG V6엔진) | 정비지침서(2002) | 22,500 | 싼타페 | 정비지침서(2000) | 34,000 | | |
| | 전장회로도(2002) | 4,000 | | 전기배선도(2000) | 13,500 | | |
| 테라칸 | 정비지침서(2001) | 27,000 | | 전장회로도(2002) | 6,500 | | |
| 디·C, (LPG V6엔진) | 전기회로집(2001) | 7,000 | | 전장회로도(2003) | 6,000 | | |
| 디·C | J3엔진(2.9TCI)(2001) | 7,000 | NEW 싼타페 | 엔 진(2006) | 21,100 | | |
| | 전장회로도(2003) | 6,000 | | 새 시(2006) | 37,100 | | |
| | 정비지침서(2004) | 5,000 | | 전장회로도(2006) | 8,800 | | |
| | 전장회로도(2004) | 4,000 | | 정비보충판(2007) | 27,000 | | |
| 베라크루즈 | 엔진·변속기(2007) | 28,000 | | | | | |
| | 새 시(2007) | 37,000 | | | | | |
| | 전장회로도(2007) | 10,500 | | | | | |
| 포 터 | 정비지침서('96) | 20,000 | | | | | |
| | 전장회로도(2001) | 4,500 | | | | | |
| 포 터(Ⅱ) | 정비지침서(2004) | 32,500 | | | | | |
| | 전장회로도(2004) | 4,000 | | | | | |
| 그레이스 | 정비지침서('93) | 23,000 | | | | | |
| | 전기회로집(2001) | 5,000 | | | | | |
| 그레이스/포터 | 정비지침서(2002) | 21,500 | | | | | |
| 리베로 | 정비지침서(2000) | 25,000 | | | | | |
| | 전기배선도(2000) | 10,000 | | | | | |
| | 정비지침서(2002) | 19,500 | | | | | |
| 디, (VE, 루카스) | 전장회로도(2002) | 5,000 | | | | | |
| 트라제XG | 정비지침서('99) | 26,000 | | | | | |
| | 전기회로집('99) | 12,000 | | | | | |
| | 전장회로도(2002) | 7,000 | | | | | |
| | 정비지침서(2004) | 8,000 | | | | | |
| | 전장회로도(2004) | 6,000 | | | | | |
| | 전장회로도(2006) | 8,500 | | | | | |
| D4EA(트라제, 싼타페) 디·커·터 | 엔 진(2000) | 6,500 | | | | | |
| 스타렉스 | 엔 진('97) | 10,500 | | | | | |
| | 새 시('97) | 18,000 | | | | | |
| | 전기회로도(2000) | 8,000 | | | | | |
| 디·C·터, (LPG V6엔진) | 정비지침서(2001) | 24,000 | | | | | |
| | 전기회로집(2001) | 8,000 | | | | | |
| 디·커·터 | D4CB엔진(2002) | 5,000 | | | | | |
| | 정비지침서(2004) | 11,500 | | | | | |
| | 전장회로도(2004) | 5,500 | | | | | |
| 그랜드스타렉스 | 엔 진(2008) | 23,500 | | | | | |
| | 새 시(2008) | 35,500 | | | | | |
| | 전장회로도(2008) | | | | | | |

# 현대자동차 지침서(Ⅲ)

상 용

※ 약어 : 디젤엔진-티, 커먼레일-커, 터보인터쿨러-터, 디젤엔진COVEC-F-ⓒ,

| 도 서 명 | | 정가 | 도 서 명 | | 정가 | 도 서 명 | 정가 |
|---|---|---|---|---|---|---|---|
| 카운티 | 엔 진('98) | 9,000 | D6CB(엔진) | 정비지침서(2004) | 6,100 | | |
| | 새 시('98) | 18,500 | | 정비지침서(2007) | 7,000 | | |
| | 전장회로도(2003) | 8,000 | e에어로타운 | 정비지침서(2004) | 10,000 | | |
| 마이티(3.5톤) | 정비지침서('93) | 20,500 | D4DD | 엔 진(2004) | 8,000 | | |
| 마이티(Ⅱ) | 엔 진('98) | 9,000 | 슈퍼에어로시티 | 정비지침서(2005) | 5,800 | | |
| | 새 시('98) | 9,000 | | 전장회로도(2005) | 4,200 | | |
| 코러스 | 정비지침서('93) | 18,000 | 뉴파워트럭 | 전장회로도(2005) | 4,500 | | |
| 현대4.5/5톤트럭 | 정비지침서('93) | 12,500 | e에어로타운 | 정비지침서(2006) | 17,700 | | |
| 슈퍼5톤트럭 | 정비지침서('98) | 18,000 | | 전장회로로(2006) | 5,500 | | |
| | 전기회로집(2001) | 8,000 | 메가트럭 | 전장회로로(2006) | 6,200 | | |
| S-2000자동변속기 | 정비지침서(2002) | 12,500 | D6AB/D6AC | 엔진고장진단(2005) | 13,000 | | |
| 슈퍼트럭 | 새 시(2001) | 21,000 | | | | | |
| | 새 시(2003) | 21,500 | | | | | |
| 슈퍼트럭파워텍 | 전장회로도(2002) | 11,000 | | | | | |
| 대형트럭·특장차 | 새 시('93) | 16,500 | | | | | |
| 25톤트럭 | 정비지침서('96) | 14,000 | | | | | |
| 에어로버스 | 새시1편(2000) | 29,000 | | | | | |
| | 새시2편(2000) | 29,000 | | | | | |
| | 전기회로집(2000) | 18,000 | | | | | |
| 에어로퀸, 익스프레스, 에어로스페이스 | 정비지침서(2003) | 37,000 | | | | | |
| 슈퍼에어로시티 | 정비지침서(2000) | 16,500 | | | | | |
| | 전기회로집(2000) | 5,500 | | | | | |
| | 정비지침서(2003) | 17,500 | | | | | |
| | 정비지침서(2004) | 7,600 | | | | | |
| 에어로타운 | 정비지침서(2001) | 15,500 | | | | | |
| D6디젤(엔진) | 정비지침서('93) | 8,000 | | | | | |
| D8디젤(엔진) | 정비지침서('96) | 8,500 | | | | | |
| V8디젤(엔진) | 정비지침서('93) | 8,500 | | | | | |
| D6CA(엔진) | 정비지침서(2001) (16톤, 19톤, 19.5톤)커 | 8,000 | | | | | |
| D6AB/C(엔진) | 정비지침서(2001) (8톤카고, 8.5톤, 9.5톤, 11톤, 11.5톤, 14톤, 16톤) | 14,000 | | | | | |
| D6DA(엔진) | 정비지침서(2002) (5톤, 8.5톤, 에어로타운) | 8,000 | | | | | |
| C6DA | 정비지침서(2004) | 8,000 | | | | | |
| 글로버900CNG | 전장회로도(2003) | 5,500 | | | | | |
| 덤프, 트랙터, 믹서 | 정비지침서(2004) | 23,100 | | | | | |
| 현대 상용차 | 전기회로도('93) | 11,000 | | | | | |
| e마이티·마이티Qt | 정비지침서(2004) | 10,000 | | | | | |
| | 전장회로도(2004) | 5,400 | | | | | |
| e카운티 | 정비지침서(2004) | 10,500 | | | | | |
| | 전장회로도(2004) | 5,300 | | | | | |
| 뉴파워트럭(보충판) | 정비지침서(2004) | 14,000 | | | | | |
| | 전장회로도(2004) | 5,000 | | | | | |
| 에어로퀸, 익스프레스, 에어로스페이스 | 정비지침서(2004) | 10,400 | | | | | |
| | 전장회로도(2004) | 7,000 | | | | | |
| 메가트럭 | 정비지침서(2004) | 11,000 | | | | | |
| | 전장회로도(2004) | 4,500 | | | | | |

# 기아자동차 지침서(Ⅰ)

| 구분 차종 | 도서명 | 정가 | 구분 차종 | 도서명 | 정가 |
|---|---|---|---|---|---|
| 세 피 아(Ⅱ) | 정비지침서(전기배선도 첨부)('97) | 24,000 | 카니발(Ⅱ) | LPG전기배선도(2001) | 8,400 |
| 포 텐 샤 | 엔 진('97) | 17,000 | | 정비지침서(보충판)(2002) | 10,200 |
| | 새 시('97) | 20,000 | | 전장회로도(2003) | 9,300 |
| | 전기배선도(LPG·바디수리 포함)('97) | 15,000 | | 전장회로도(2004) | 6,600 |
| 크레도스(Ⅱ) | 정비지침서·전기배선도(LPG 포함)('97) | 36,000 | 쏘렌토 | 정비지침서(2002) | 26,000 |
| 엔터프라이즈 | 정비지침서('97) | 12,000 | | 전장회로도(2002) | 7,400 |
| | 정비지침서(보충판·전기배선도)('97) | 18,000 | | 정비지침서(보충판)(2002) | 7,000 |
| 비 스 토 | 정비지침서(전기배선도)('97) | 30,000 | | 전장회로도(가솔린)(2002) | 5,500 |
| | 정비지침서(2001) | 24,000 | | 전장회로도(2004) | 7,700 |
| | 전기배선도(2001) | 6,800 | | 정비지침서(보충판)(2004) | 7,900 |
| 스펙트라 | 정비지침서(전기배선도)(2001) | 29,000 | | 정비/전장회로도(보충판)(2005) | 25,000 |
| 스펙트라/스펙트라윙 | 전장회로도(정비·전장 포함)(2001·2003) | 7,700 | | 전장회로도(2006) | 9,000 |
| 옵 티 마 | 정비지침서(2000) | 21,000 | | 정비지침서(보충판)(2007) | 22,000 |
| | 전기배선도(2000) | 8,500 | 쎄라토 | 엔 진(2004) | 19,600 |
| 옵티마리갈 | 정비지침서(보충판 포함)(2001) | 36,200 | | 새 시(2004) | 32,500 |
| | 전장회로도(2001) | 8,700 | | 전장회로도(2004) | 6,700 |
| | 전장회로도(보충판:LPG 포함)(2003) | 9,500 | | 정비지침서(1.5디젤 보충판)(2005) | 24,100 |
| 리 오 | 정비지침서(전기배선도)(2001) | 31,000 | | 전장회로도(2007) | 10,000 |
| 리오SF | 정비지침서(전장수록)(2002) | 23,700 | 모 닝 | 정비지침서(2004) | 33,800 |
| | 전장회로도(2004) | 6,200 | | 전장회로도(2004) | 5,900 |
| 오피러스 | 엔진·전장회로도(2003) | 22,300 | | 정비지침서(보충판)(2007) | 15,000 |
| | 새 시(2003) | 23,600 | 스포티지 | 엔 진(2004) | 36,200 |
| | 정비·전장 보충판(2003) | 13,200 | | 새 시(2004) | 41,700 |
| | 정비지침서(보충판)(2005) | 26,000 | | 전장회로도(2004) | 11,500 |
| 스포티지 | 새 시('93) | 22,000 | | 정비지침서(보충판)(2007) | 12,500 |
| | 전기배선도(2001) | 7,000 | 프라이드 | 엔 진(2005) | 18,700 |
| 카스타 | 엔진·트랜스밋션('97) | 18,000 | | 새 시(2005) | 25,300 |
| | 새시·전기('97) | 16,000 | | 전장회로도(2005) | 6,800 |
| 레토나 | 엔 진('97) | 15,000 | | 정비지침서(1.5디젤 보충판)(2005) | 28,300 |
| | 새시·전기배선도(보충판 첨부)('97) | 17,000 | | 전장보충판(D4FA-디젤1.5, 5도어)(2005) | 5,000 |
| 카렌스 | 엔진·전기배선도('99) | 16,000 | | 정비지침서(보충판)(2007) | 20,000 |
| | 새 시('99) | 15,000 | 그랜드카니발 | 엔 진(2006) | 18,300 |
| | 정비지침서(2001) | 29,500 | | 새 시(2006) | 34,100 |
| | 전기회로도(2001) | 9,200 | | 전장회로도(2006) | 10,400 |
| 카렌스(Ⅱ) | 정비지침서(XTREK 공용)(2002) | 32,900 | | 정비지침서(보충판)(2006) | 19,000 |
| | 전장회로도(2002) | 10,500 | | 정비지침서(보충판)(2007) | 19,500 |
| | 정비지침서 보충판(2002) | 5,100 | 로 체 | 엔 진(2006) | 27,800 |
| | 정비지침서 / 전장회로도(2004) | 18,900 | | 새 시(2006) | 37,500 |
| 카렌스(Ⅱ)/XTREK | 전장회로도(2004) | 7,100 | | 전장회로도(2006) | 9,000 |
| 카니발 | 정비지침서('97) | 18,500 | NEW 오피러스 | 엔 진(2006) | 40,000 |
| | 전기장치(가솔린·디젤)('97) | 20,000 | | 새 시(2006) | 36,000 |
| | LPG(보충판·전기배선도)('97) | 15,500 | | 전장회로도(2006) | 13,500 |
| 카니발(Ⅱ) | 정비지침서(2001) | 28,000 | NEW 카렌스(Ⅱ) | 엔 진(2006) | 34,500 |
| | 전기배선도(2001) | 8,400 | | 새 시(2006) | 31,500 |
| | | | | 전장회로도(2006) | 8,500 |

# 기아자동차 지침서(Ⅱ)

| 승용차 | | | 전 차종 | | |
|---|---|---|---|---|---|
| 차종 | 도서명 | 정가 | 차종 | 도서명 | 정가 |
| **승용·RV·상용차** | | | **승용·RV·상용차** | | |
| 프레지오 | 정비지침서(전기포함)('95) | 27,000 | 아벨라 | 정비지침서('97) | 18,000 |
| | 정비지침서(2001) | 15,000 | | 바디수리서('97) | 5,000 |
| 봉고프론티어 | 정비지침서('97) | 18,000 | | 전기배선도('97) | 6,500 |
| | 정비지침서(2000전장 첨부)(2001) | 17,700 | 포텐샤 | 정비지침서('97) | 16,000 |
| 봉고(Ⅲ)1톤 | 정비지침서(2004) | 33,900 | | 전기배선도('97) | 10,000 |
| | 전장회로도(2004) | 6,000 | 크레도스 | 정비지침서('97) | 20,000 |
| 봉고(Ⅲ)코치 | 정비지침서(2004) | 30,700 | 세피아(Ⅱ) | 정비지침서('97) | 14,000 |
| | 전장회로도(2004) | 5,900 | | 전기배선도('97) | 6,000 |
| 봉고(Ⅲ) | 정비지침서(1톤,1.4톤 전장포함)(2004) | 12,400 | 엔터프라이즈 | 정비지침서('97) | 12,000 |
| 프런티어 | 2.5톤 정비지침서('97) | 15,500 | | 전기배선도('97) | 7,000 |
| | 정비지침서(1.3톤, 2.5톤, 전장회로도 수록)('97) | 14,000 | 캐피탈 | 전기배선도('97) | 10,000 |
| 타우너 | 정비지침서(전기배선도 첨부)(2001) | 16,000 | 콩코드 | 전기배선도('97) | 6,000 |
| 파맥스 | 2.5톤/3.5톤 정비지침서(2001) | 22,000 | 카니발 | 정비지침서('97) | 18,500 |
| 라이노 | 정비지침서(2001) | 13,000 | | 전기장치(디젤)('97) | 10,000 |
| | | | | LPG전기배선도('97) | 9,000 |
| | | | | LPG추보판('97) | 6,500 |
| | | | 카렌스 | 정비지침서('97) | 19,000 |
| | | | | 전기배선도('97) | 12,000 |
| | | | 카스타 | 엔진·트랜스밋션('97) | 18,000 |
| | | | | 섀시·전기('97) | 16,000 |
| | | | 프레지오 | 정비지침서('97) | 15,000 |
| | | | | 전기배선도('97) | 12,000 |
| | | | 봉고프런티어 | 정비지침서('97) | 12,000 |
| | | | | 전기배선도('97) | 6,000 |
| | | | 프런티어 | 전기배선도('97) | 6,000 |

# 골든벨 도서목록

## 자동차 정비 현장 실무서

- THE 도장 ☞ 20,000원
- THE 판금 ☞ 22,000원
- 차체수리(판금) 그리고 도장 ☞ 15,000원
- 자동차 검사실무 ☞ 16,000원
- 자동차 사고 손해사정 ☞ 18,000원
- 자동차 보수도장기능사실기 ☞ 25,000원
- 창업그리고 경영 ☞ 20,000원
- LPG자동차의 모든 것 ☞ 14,000원
- LPG자동차 시스템 ☞ 16,000원
- 자동차 LPG 공학(이론과 실무) ☞ 18,000원
- 유영봉의 휠 얼라인먼트 ☞ 35,000원
- 현대 커먼레일의 현장실무(Ⅰ) ☞ 43,000원
- 현대자동차 승용차 종합배선도 ☞ 43,000원
- 현대자동차 승용차 종합배선도(Ⅱ) ☞ 43,000원
- 현대자동차 승합차 종합배선도 ☞ 38,000원
- 현대 RV종합배선도 ☞ 43,000원
- 기아자동차 토탈 승용차 종합배선도 ☞ 38,000원
- 기아자동차 토탈 승용차 종합배선도(Ⅱ) ☞ 38,000원
- 기아자동차 토탈 승용차 종합배선도(Ⅲ) ☞ 33,000원
- 기아자동차 토탈 승합차 종합배선도 ☞ 38,000원
- 기아자동차 RV 종합배선도 ☞ 43,000원
- 외국차 배선도 보는법 ☞ 28,000원
- 릴레이 위치 및 와이어링 하니스 ☞ 38,000원
- 현대차 배선도보는법 및 트러블진단 ☞ 38,000원
- 엔진 튜닝은 이렇게 ☞ 15,000원
- 파워 엔진 튜닝 ☞ 15,000원
- HKS 엔진튜닝테크닉 ☞ 15,000원
- CAR AUDIO 기기장착과 튜닝의 세계 ☞ 15,000원
- 하이브리드카 ☞ 18,000원

## 자동차 입문서 및 오너정비 · 운전

- 쉽게 보는 김홍건의 자동차 공학 ☞ 8,000원
- 자동차를 말한다 ☞ 15,000원
- 冊으로 보는 자동차 박물관 ☞ 15,000원
- 세계의 고속철도 ☞ 25,000원
- 교통사고, 모르면 당한다 ☞ 7,000원
- 오토 CAR 운전 테크닉 ☞ 7,000원
- 시내 주행 기법 ☞ 7,000원
- 新아픈車 응급치료 ☞ 8,000원
- 자동차 홀로서기 ☞ 7,000원
- 자동차 10년타기 길라잡이 ☞ 8,000원
- 자동차도 화장을 한다. ☞ 8,000원
- 바이크 엔진 A to Z ☞ 13,000원
- 바이크 타는법 ☞ 10,000원

## 자동차정비이론서 및 현장감초서

- 차량 정비공학 ☞ 18,000원
- 최신 자동차 정비공학 ☞ 18,000원
- 자동차 정비교본 ☞ 13,000원
- 자동차 구조 & 정비 ☞ 16,000원
- 자동차 용어대사전 ☞ 25,000원
- 자동차 장치별 용어해설 ☞ 15,000원
- 섹션별 자동차 용어 ☞ 15,000원

## 자동차 관련 수험서

- 자동차 정비기능사 팡파르 ☞ 16,000원
- 자동차 검사기능사 한마당 ☞ 16,000원
- 자동차 정비검사기능사 축제 ☞ 16,000원
- 자동차 정비·검사 과년도문제집 ☞ 15,000원
- 포인트 카일렉트로닉스 문제 ☞ 14,000원
- 멀티 카일렉트로닉스 필기 ☞ 15,000원
- 카일렉트로닉스 실습 ☞ 16,000원
- 신 자동차 차체수리필기 ☞ 18,000원
- 자동차정비기능사 유형별 실기 ☞ 16,000원
- 자동차검사기능사 유형별 실기 ☞ 16,000원
- 자동차정비·검사 실기유형별 기능사 ☞ 19,000원
- 자동차 기능사답안지 작성법 ☞ 12,000원
- 자동차 정비·검사 新 실기교본 ☞ 16,000원
- 최신 자동차 정비 산업기사&기사 답안지 작성법 ☞ 12,000원
- 최신 자동차 검사 산업기사&기사 답안지 작성법 ☞ 15,000원
- 자동차 공학 및 정비 ① ☞ 16,000원
- 자동차 검사 ② ☞ 18,000원
- 자동차 기계열역학 ③ ☞ 18,000원
- 자동차 일반기계공학 ④ ☞ 16,000원
- 뉴자동차 정비 산업기사 / 뉴자동차검사 산업기사 ☞ 17,000원
- 휘어잡기자동차 정비 / 검사 산업기사 ☞ 19,000원
- 新자동차 정비·검사 산업기사 총정리 ☞ 17,000원
- 자동차 정비 / 검사산업기사 과년도문제집 ☞ 13,000원
- 학과총정리 기사&산업기사 ☞ 22,000원
- 최신자동차 정비기사 ☞ 18,000원
- 최신자동차 검사기사 ☞ 18,000원
- 자동차 정비 / 검사기사 과년도문제집 ☞ 15,000원
- 계산문제 이럴땐 이렇게 ☞ 15,000원
- 정석 차량기술사 ☞ 35,000원
- 자동차정비기능장(필기) ☞ 20,000원
- 자동차정비기능장(실기) ☞ 20,000원
- 자동차정비기사·산업기사 실기특강 ☞ 23,000원
- 자동차검사기사·산업기사 실기특강 ☞ 25,000원
- 新자동차 정비·검사 실기정복 ☞ 19,000원

| | |
|---|---|
| 제 목 : | **2007 투싼 정비지침서(보충판)** |
| 발행일자 : | 2007년 5월 21일 발 행 |
| 저 자 : | 현대자동차(주) 디지털써비스컨텐츠팀 |
| 발 행 인 : | 김 길 현 |
| 발 행 처 : | 도서출판 골든벨 |
| | 서울시 용산구 문배동 40-21 |
| 등 록 : | 제 3-132호(1987. 12. 11) |
| 대표전화 : | 02) 713-4135 / FAX : 02) 718-5510 |
| 홈페이지 : | http ://www.gbbook.co.kr |
| 관련번호 : | A2ES-KO71D |
| I S B N : | 978-89-7971-729-7 |
| 정 가 : | 12,000원 |